D1695438

Hans-Werner Niemann

Vom Faustkeil zum Computer

Hans-Werner Niemann

Vom Faustkeil zum Computer

Technikgeschichte – Kulturgeschichte – Wirtschaftsgeschichte

Ernst Klett Verlag

Bildnachweis:
Deutsches Museum München (S. 75, 79, 131)
Scala Florenz (S. 103)
Klett-Archiv (S. 28, 93)

CIP-Kurztitelaufnahme der Deutschen Bibliothek

Niemann, Hans-Werner:
Vom Faustkeil zum Computer:
Technikgeschichte – Kulturgeschichte – Wirtschaftsgeschichte /
Hans-Werner Niemann. – Stuttgart: Klett, 1984.

ISBN 3-12-925731-4

Satz und Druck: Wilhelm Röck, Weinsberg
Illustrationen: Sybille Ellinghusen, Oldenburg
Einbandgestaltung: Zembsch' Werkstatt, München

Inhalt

Vorwort 9

Einleitung 10

I Die Entwicklung der Technik in vorgeschichtlicher Zeit: Homo sapiens und Homo faber

I.1 Werkzeuge und Techniken der menschlichen Vorformen und des Menschen bis zum Ende der älteren Steinzeit 14

I.2 Seßhaftwerdung, Ackerbau und Viehzucht und die Folgen der neuen Wirtschaftsweise für die Technik 16

I.3 Vom Feuerstein zum Metall: Kupfer, Bronze, Eisen 20

I.4 Der Stand der Technik am Vorabend der ersten großen historischen Kulturen 23

II Die Technik im Alten Ägypten

II.1 Ägypten – eine „hydraulische Gesellschaft“ 25

II.2 Das ägyptische Bewässerungssystem 26

II.3 Ägyptische Steinbearbeitung 27

II.4 Der Pyramidenbau 29

III Die Technik im antiken Griechenland

III.1 Politische, wirtschaftliche, gesellschaftliche und geistige Rahmenbedingungen . . . 31

III.2 Bergbau und Metallbearbeitung 33

III.3 Griechische Mechaniker: Ktsebios und Heron 34

III.4 Hebevorrichtungen beim Tempelbau 39

III.5 Griechische Kriegsmaschinen 41

III.6 Landverkehr und -transport 43

III.7 Schiffbau 43

III.8 Zusammenfassung: die technische Leistung der Griechen 45

IV Die Technik im antiken Rom

IV.1 Politische, wirtschaftliche, gesellschaftliche und geistige Rahmenbedingungen . . 47

IV.2 Römischer Bergbau 49

IV.3 Wasserversorgung und Heizung 50
IV.4 Landverkehr 53
IV.5 Seeverkehr 56
IV.6 Die Ausnutzung der Wasserkraft in spätrömischer Zeit 57
IV.7 Militärtechnik der römischen Kaiserzeit 60
IV.8 Stagnation der römischen Technik? 61

V Gar nicht so finster: die Technik im Mittelalter

V.1 Politische, wirtschaftliche, gesellschaftliche und geistige Rahmenbedingungen . . 64
V.2 Die technische Revolution in der mittelalterlichen Landwirtschaft 67
V.3 Neue Energiequellen: Von der menschlichen und tierischen Muskelkraft zur Ausnutzung der natürlichen Energien des Wassers und des Windes 73
V.4 Die technische Entwicklung im Bereich des Bergbaus, der Metallerzeugung und Metallverarbeitung 78
V.5 Vom Steigbügel zur Feuerwaffe: Veränderte Kriegs- und Waffentechniken verwandeln die mittelalterliche Gesellschaft 82
V.6 Auf dem Weg zur arbeitsteiligen Massenproduktion: Textiltechnik und Textilproduktion 84
V.7 Technik und Kultur: Brille, Papier und Buchdruck revolutionieren das Geistesleben 88
V.8 Die Gewichtsräderuhr: Rationalisierung und Disziplinierung des modernen (Arbeits-)Menschen 90
V.9 Landverkehr 91
V.10 Seeverkehr 92
V.11 Technik und mittelalterliche Gesellschaft: Gesellschaftliche Begleitumstände und Folgen technischen Wandels 94
V.12 Zusammenfassung: Die technische Leistung des Mittelalters. Methoden, Ausbreitung und Hemmnisse von Innovationen 96

VI Renaissance: die Technik tritt aus der mittelalterlichen Ordnung

VI.1 Politische, wirtschaftliche, gesellschaftliche und geistige Rahmenbedingungen . . . 98
VI.2 Künstleringenieure und experimentierende Handwerksmeister 101
VI.3 Bergbau und Hüttenwesen auf dem Weg zur „Modernisierung“ 108
VI.4 Zusammenfassung: Stand und Auswirkungen der europäischen Technik der Renaissancezeit 112

VII Die Technik im Zeitalter des Barock

VII.1 Politische, wirtschaftliche, gesellschaftliche und geistige Rahmenbedingungen . . 113

VII.2 Auf dem Weg zur Dampfmaschine: die Energiequellen der Epoche 118

VII.3 Bergbau und Hüttenwesen 122

VII.4 Beginnende Mechanisierung der Textilverarbeitung 122

VII.5 Von Uhren, Automaten und Rechenmaschinen 124

VII.6 Die Entstehung einer Infrastruktur und die Entwicklung des Verkehrswesens zu Wasser und zu Lande 126

VIII Die Industrielle Revolution

VIII.1 Wesen und Voraussetzungen der Industriellen Revolution in England 128

VIII.2 Die Mechanisierung der Textilindustrie 130

VIII.3 Eine neue Energiequelle: die Dampfmaschine 136

VIII.4 Kohle und Eisen: die Grundstoffe der Industrialisierung 146

VIII.5 Maschinen produzieren Maschinen: der Werkzeugmaschinenbau 154

VIII.6 Der Aufstieg der chemischen Industrie 156

VIII.7 Die Revolutionierung des Verkehrswesens durch Eisenbahn und Dampfschiff
a) Eisenbahn 159
b) Dampfschiff 167

VIII.8 Politische, wirtschaftliche und gesellschaftliche Folgen der Industriellen Revolution 172

IX Ausblick: Die Technik vom letzten Drittel des 19. Jahrhunderts bis zur Gegenwart

IX.1 Immer neue Energieträger: Erdöl, Elektrizität, Atomenergie 177

IX.2 Die industrielle Massenproduktion: Verwissenschaftlichung der Technik, Großsynthesen, Rationalisierung, Fließband, Automation 190

IX.3 Der mobile Mensch erobert Zeit und Raum: Fahrrad, Automobil, Flugzeug, Weltraumfahrt 201

IX.4 Der moderne „informierte“ Mensch: neue Kommunikationstechniken (Telegrafie, Telefon, Rundfunk, Fernsehen) 213

IX.5 Der verwaltende und der verwaltete Mensch: die Bürotechnik und ihre sozialen Auswirkungen 220

Nachwort 224

Zitierte und weiterführende Literatur 226

Namen- und Sachregister 228

Vorwort

Unsere Welt von heute ist – geradezu schicksalhaft – von der Technik geprägt. Wir alle sind zum Nachdenken und Mitentscheiden darüber aufgefordert, wo und wie wir Technik haben wollen. Aber auch schon in früheren Epochen der Menschheitsgeschichte besaß die Technik, wie in dem vorliegenden Buch im einzelnen nachzulesen, starken Einfluß auf die Lebensbedingungen, weshalb sie auch im Denken des Menschen einen großen Raum eingenommen hat.

Die historische Aufarbeitung der Technik ist jedoch bisher noch nicht in dem Umfang und der Tiefe erfolgt, die der Bedeutung des Phänomens angemessen wäre. Das Forschungsdefizit hat eine äußerst mangelhafte Berücksichtigung im Unterricht an Universität und Schule nach sich gezogen.

Historiker und Ingenieure, die gleichermaßen diesen Rückstand beklagen, haben sich häufig genug in eine unfruchtbare Diskussion darüber verwickeln lassen, wer letztlich dazu berufen sei, Technikgeschichte zu schreiben. Dabei sollte doch eigentlich selbstverständlich sein, daß das Fach beides erfordert: sowohl den geschichtlichen Überblick und die Beherrschung der historischen Methode wie ein Verständnis der Technik als solcher.

Besser, als immer neue spitzfindige Argumente für den einen oder anderen Standpunkt beizubringen (die dann regelmäßig auf der anderen Seite die Formulierung der komplementären Gesichtspunkte provozieren) ist der Weg, den der Autor der vorliegenden Schrift eingeschlagen hat: Mit dem zur Verfügung stehenden Rüstzeug eine allgemeinverständliche Technikgeschichte für den Schulgebrauch zu schreiben und damit dem Historiker an der Schule das Angebot zu machen, Technikgeschichte im Unterricht zu berücksichtigen. Ich sehe hier einen wichtigen Ansatz, den circulus vitiosus zu durchbrechen. So dürfen wir hoffen, in den nächsten Jahren unter den Studierenden der Geschichte zunehmend solche zu finden, die bereits von der Schule ein Interesse für Technikgeschichte mitbringen.

Darüber hinaus erhoffe ich mir, daß im Technikunterricht (wo und in welcher Form er auch stattfindet) das mit dem vorliegenden Buch gemachte Angebot genutzt wird. Der historisch gebildete Ingenieur auf der einen Seite, der an der Technikgeschichte interessierte Historiker auf der anderen legen die Fundamente, auf denen einmal eine eigenständige Technikgeschichte gegründet sein wird.

Eine solche Technikgeschichte könnte dann auch einen wesentlichen Beitrag leisten in der politischen Diskussion um Technik und Umweltschutz. Der Mensch hat die Technik hervorgebracht, nun muß er sie bewältigen. Das ist eine geistige Aufgabe.

Prof Dr. Armin Hermann
Historisches Institut der Universität Stuttgart, Lehrstuhl für Geschichte der Naturwissenschaften und Technik

Einleitung

Was dieses Buch erreichen will, wen es ansprechen möchte und welches Verständnis von Technikgeschichte ihm zugrundeliegt, das läßt sich am besten durch ein kurzes Eingehen auf wesentliche Strömungen und Richtungen der Technikgeschichte verdeutlichen.

Die Geschichte der Technik wurde vor allem seit dem ausgehenden 19. Jahrhundert zunächst überwiegend von den Technikern und Ingenieuren selbst geschrieben. Sie wollten durch die Beschäftigung mit der Geschichte ihres Faches auch den eigenen Wert der Technik und ihre Gleichberechtigung mit Vertretern der älteren Universitätsfächer unterstreichen. Die Technikgeschichte diente somit u. a. dazu, das Selbstwertgefühl des in der damaligen Gesellschaft noch nicht voll anerkannten Ingenieurs und Technikers zu stärken und einen Beitrag zu seiner vollen sozialen Anerkennung zu leisten.

Die Ingenieure und Techniker, die sich mit der Technikgeschichtsschreibung befaßten, interessierte naturgemäß vor allem das technische Funktionieren bestimmter Erfindungen und Instrumente aus ingenieurwissenschaftlicher Sicht. Sie unterließen es dagegen im allgemeinen, Zusammenhänge zwischen der technischen Entwicklung einerseits und wirtschaftlichen, gesellschaftlichen und politischen Gegebenheiten andererseits aufzuzeigen. Conrad Matschoss, der herausragende Vertreter dieser frühen Technikgeschichtsschreibung, ging allerdings schon einen Schritt weiter. Auch er war bestrebt, die Technik und den Techniker in den kulturell und sozial maßgebenden Bildungskreisen aufzuwerten und stellte die Technik vor allem als Kulturträger dar. Er wollte damit die zu Beginn des 20. Jahrhunderts sehr verbreitete Auffassung widerlegen, Technik und Zivilisation seien etwas Ungeschichtliches, künstlich Aufgepfropftes, die „eigentliche" Kultur Bedrohendes. Matschoß betrieb die Technikgeschichte daher als Geisteswissenschaft und versuchte, die Wirkungen der Technik auf die Kultur darzustellen. Damit sollte gezeigt werden, daß sich Geist auch in der Technik und keineswegs nur in den sogenannten Geisteswissenschaften finden ließ. Um zu belegen, daß die Technik ein geistiges Produkt und damit Bestandteil der allgemeinen Menschheitskultur ist, befaßte sich Matschoß vor allem mit besonders herausragenden Erfindungen und mit der Biographie bedeutender Techniker.

Die engere, ingenieurwissenschaftliche Technikgeschichtsschreibung ist aber bis heute eine Hauptrichtung der Technikgeschichte geblieben. Nach dem Zweiten Weltkrieg war eine neue Generation von Technikhistorikern bemüht, diesen Ansatz zu erweitern und die Entwicklung der Technik in einen Zusammenhang mit allgemeinhistorischen Entwicklungen zu bringen (Friedrich Klemm, Albrecht Timm, Wilhelm Treue). Diese Richtung wurde nicht von Ingenieuren, sondern von allgemeinen Historikern vertreten.

Seit etwa zehn Jahren gibt es in der Technikgeschichtsschreibung neuere Ansätze, die vielfältigen Zusammenhänge zwischen der technischen Entwicklung und Erscheinungen in anderen Bereichen der Gesellschaft näher zu bestimmen. Eben dies ist eine sehr aktuelle Frage. Gegenwärtig wird überall lebhaft über die Technik und ihren Sinn diskutiert. Die Auseinander-

setzungen über die Nutzung der Atomkraft, die berechtigte Sorge um den Umweltschutz, die fortschreitende Automation und Arbeitslosigkeit, das Eindringen der Technik in immer weitere Bereiche des menschlichen Lebens haben zu einer großen Unsicherheit gegenüber der Technik geführt. Der Sinn der Technik und des technischen Fortschritts wird generell in Frage gestellt. Vielen, gerade auch Angehörigen der jungen und mittleren Generation, erscheint sie als etwas Bedrohliches, Unkontrollierbares, dem Einhalt geboten werden muß. Der Eindruck ist weit verbreitet, die Technik habe sich verselbständigt und technische Sachzwänge bestimmten das Leben und die Zukunft der Menschheit, ohne daß diese auf die weitere Entwicklung Einfluß nehmen könne. Die Technik erscheint als etwas Fremdes, Eigenständiges, das sich nach seinen eigenen Gesetzen entwickelt und immer mehr in einen Gegensatz zur Gesellschaft gerät.
Die Beschäftigung mit der Technikgeschichte kann einen erheblichen Beitrag dazu leisten, diese gegenwärtige Diskussion durch Information zu versachlichen. Dies setzt jedoch voraus, daß nicht nur einzelne Erfindungen und Innovationen beschrieben werden, sondern vielmehr versucht wird zu zeigen, daß die Technik nicht ausschließlich ihren eigenen Gesetzen und ihrer Sachlogik folgt, sondern in einem engen Zusammenhang mit der allgemeinen historischen Entwicklung steht.
Doch sollte man nicht das Kind mit dem Bade ausschütten. Ein großer Teil der Ängste gegenüber der Technik ist durch bloße technische Unkenntnis erklärbar. Unser Bildungssystem hat die alte, aus dem 19. Jahrhundert stammende Sprachlosigkeit zwischen Geisteswissenschaftlern auf der einen und Naturwissenschaftlern und Technikern auf der anderen Seite noch keineswegs ganz überwunden. Der Grundstein für diese beklagenswerte Teilung und wechselseitige Mißachtung wird bereits in der Schule und der Universität gelegt. Die Lehrer, die in der Schule Geisteswissenschaften, insbesondere Geschichte, unterrichten, haben in aller Regel kaum nennenswerte technische und naturwissenschaftliche Kenntnisse – abgesehen von einigen dunklen Erinnerungen aus der eigenen Schulzeit. Und umgekehrt gilt das gleiche. Die Spezialisierung der Hochschulwissenschaften leistet keinen Beitrag dazu, diese Trennung zu überwinden.
Es muß deshalb ein Anliegen dieses Buches sein, allen geistes- oder sozialwissenschaftlich interessierten oder ausgebildeten Lesern technische Zusammenhänge zunächst einmal möglichst einfach zu erklären und nahezubringen. Das oft vernachlässigte Interesse an dem bloßen Funktionieren bestimmter technischer Einrichtungen ist nicht nur legitim, sondern geradezu die Voraussetzung für weitergehende historische Einordnungen. Will man den Bereich der Technik in den Schulunterricht einbringen, so kann dies natürlich in den naturwissenschaftlichen Fächern geschehen. Dort, wo Zusammenhänge zwischen der technischen Entwicklung und anderen Bereichen der Gesellschaft aufgezeigt werden sollen, geschieht dies aber meiner Meinung nach am besten im Geschichtsunterricht. Der Geschichts- oder Sozialkundelehrer aber dürfte gerade da häufig überfordert sein, wo es um das Verstehen und Verständlichmachen technischer Innovationen geht.
Quantitativ liegt deshalb das Schwergewicht dieses Buches auf dem „technischen“ Teil im engeren Sinne. Es soll darüber hinaus aber auch deutlich gemacht werden, daß die Technik von Menschen und für Menschen gemacht wird. Die Menschen sind dieser Technik nicht ausgeliefert, sondern sie haben sie mit

ihrem Denken und ihren wirtschaftlichen Bedürfnissen zu allen Zeiten bewußt oder unbewußt gestaltet. Erfindungen können Zufälle sein und sind manchmal der Genialität eines einzelnen zu verdanken. Daß man aber über solche Erfindungen nachdenkt und daß diese, wenn sie einmal gemacht sind, sich auch verbreiten und durchsetzen setzt jedoch voraus, daß dafür ein wirtschaftliches oder sonstiges Bedürfnis besteht.
Technische Neuerungen können erhebliche Auswirkungen auf den einzelnen, seinen Arbeitsplatz oder sein gesamtes alltägliches Leben haben. Sie beeinflussen ebenso die Gesamtgesellschaft und ihre Wertvorstellungen, wie auch diese in umgekehrter Richtung Ausgestaltungen der Technik mitbeeinflussen können. Die Technikgeschichte kann solche Zusammenhänge und Wechselbeziehungen aufzeigen.
Nicht selten sind mehrere technische Lösungen eines bestimmten Problems möglich. Welche davon schließlich gewählt und verwirklicht wird, hängt auch von den wirtschaftlichen Bedürfnissen, dem gesellschaftlichen Zusammenleben, der Denkart und Vorstellungswelt und manchmal auch von so scheinbar technikfernen Dingen wie dem Schönheitsideal einer historischen Epoche ab. Nicht immer ist die gewählte technische Lösung auch die technisch vernünftigste. Die Eigengesetzlichkeit der Technik hat ihre Grenzen. Da sind die wirtschaftlichen Rahmenbedingungen, die ganz bestimmte Anforderungen an die Technik stellen; da sind z.B. auch kulturelle Barrieren, die die mögliche Entfaltung der Technik behindern können.
In umgekehrter Richtung gehen vielfältige Einflüsse von der Technik aus. Einige sind schon genannt worden. Die elementarste Wirkung der Technik in der Geschichte war wohl, daß sie erst das Überleben der Menschheit ermöglicht hat. An dieser Feststellung, so banal sie klingen mag, kommt man auch heute nicht vorbei, wo eher die menschheitsbedrohenden Aspekte der Technik im Vordergrund der Diskussion stehen. Am unmittelbarsten beeinflußt die Technik naturgemäß die wirtschaftliche Entwicklung, indem sie die Entwicklung der Gewinne, der Produktion, der Produktivität usw. mitbestimmt. Um zu zeigen, daß zwischen der Technik einer Epoche und anderen Aspekten der jeweiligen Zeit enge wechselseitige Zusammenhänge bestehen, ist dieses Buch chronologisch nach dem vertrauten historischen Gliederungsschema aufgeteilt. Damit soll dem Leser ermöglicht werden, das spezifische technische Gesicht einer Epoche kennenzulernen. Zugleich wird dadurch auch die Einordnung technikhistorischer Aspekte in allgemeine geschichtliche Betrachtungen (z.B. im Geschichtsunterricht) erleichtert. Innerhalb der Großepochen folgt die Untergliederung einem bestimmten Grundschema: im allgemeinen sind übergreifende historische Einordnungen und Rahmenbedingungen technischer Entwicklung vorangestellt. Es folgen dann spezielle technische Kapitel nach dem Grundmuster Energien und Antriebskräfte – Grundstoffverarbeitung – Arbeits- und Werkzeugmaschinen. Dieses Grundmuster wird unterbrochen und angereichert durch epochenspezifische Kapitel, die das technische Erscheinungsbild einer Epoche abrunden. Grundsätzlich soll durch dieses Gliederungsschema, bei dem bestimmte technische Bereiche in allen Epochen wieder behandelt werden, ein längsschnittartiges Lesen unter übergreifenden Aspekten ermöglicht werden.
Das Ziel dieses Buches wäre erreicht, wenn es einen kleinen Beitrag dazu leisten könnte, das Phänomen der Technik historisch einzuordnen, ein wenig besser

zu verstehen und seine isolierte Betrachtung aufzuheben. Dem Verfasser ist bewußt, daß er sich bei dem angesichts des Forschungsstandes gewagten Versuch, eine allgemeinverständliche, lesbare und damit notwendigerweise auch vereinfachende Gesamtdarstellung (wenn auch exemplarischer Art) zu schreiben, vielfältiger Kritik aussetzen wird. Doch muß dies im Interesse der Bedeutung des Themas in Kauf genommen werden.

I Die Entwicklung der Technik in vorgeschichtlicher Zeit: Homo sapiens und Homo faber

I.1 Werkzeuge und Techniken der menschlichen Vorformen und des Menschen bis zum Ende der älteren Steinzeit

Die „Vorgeschichte" – die Geschichte vor dem Einsetzen der schriftlichen Überlieferung – umfaßt den zeitlich größten Teil der Menschheitsgeschichte. In jenem so endlos langen und nur schwer vorstellbaren Zeitraum vollziehen sich gewaltige Entwicklungen, und die wohl gewaltigste ist die Entwicklung des Menschen selbst. Bevor der Mensch in seiner endgültigen biologischen Gestalt ausgebildet war, durchlief er eine lange Entwicklung. Doch was unterschied ihn schließlich vom Tier oder vom Menschenaffen? Drei Dinge im wesentlichen: der aufrechte Gang, die dadurch ermöglichte Entwicklung der Hand und ihrer Fertigkeiten und die Entwicklung des Gehirns zu seiner endgültigen Größe und Denkfähigkeit. Als die menschlichen Vorformen gelernt hatten, aufrecht zu gehen, wurden die vorderen Gliedmaßen als Hände frei, und diese Hände wurden nicht zuletzt zur Herstellung und Handhabung primitiver Steinwerkzeuge verwendet. Untrennbar mit der Entwicklung der Hand verbunden ist daher der Werkzeuggebrauch.

Die bewußte Herstellung von Werkzeugen ist eines der Kennzeichen, das den Menschen von seinen tierischen Vorläufern unterscheidet. Auch die Tiere gebrauchten „Werkzeuge". Der Mensch aber stellte sie bewußt und planvoll her, löste sie von ihrem mittelbaren Zweck ab, bewahrte sie auf und stellte schließlich sogar Werkzeuge zur Werkzeugherstellung her.

Neben der Kunst und der Entwicklung einer Symbolsprache war die Technik von vornherein ein Wesensmerkmal des Menschen. Sie entsprang dem planenden, auf die Zukunft gerichteten Denken des Menschen. Anfänglich schlug der Mensch nur zwei Steine gegeneinander. Mit dem einen Stein schlug er solange auf den anderen ein, bis eine scharfe Arbeitskante entstanden war. Diese ältesten Werkzeuge sind einfache **Gerölle**.

Der **Homo habilis** (= geschickter, zur Werkzeugherstellung befähigter Mensch) kann bereits zur Gattung „Homo" gerechnet werden. Es handelt sich aber noch nicht um den Homo sapiens, jene Menschenart, der wir angehören. Der Homo habilis hatte eine kräftig ausgebildete Hand, die sich gut zur Herstellung von Werkzeugen eignete. Aus Geröll stellten diese Vormenschen mit wenigen Schlägen sehr einfache Steinwerkzeuge her (pebble-Kultur), die sich über Hunderttausende von Jahren kaum veränderten und weiterentwickelten. In der ostafrikanischen Olduvay-Schlucht sind solche Geräte aus der frühesten Menschheitsphase ausgegraben worden. Die frühen Menschen dieses Gebietes benutzten spröde Lavagerölle oder den harten Quarzit, der kantig absplittert, als Grundmaterial. Die einfache Art, in der der frühe Mensch durch Behauen und Abschlagen des Steins solche primitiven Geräte herstellte, hat sich über mehr als eine Million Jahre kaum verändert.

Gleichzeitig mit dem Homo habilis lebten auf der Erde Vertreter einer anderen Vormenschenart, des **Homo erectus** (etwa

600000 v. Chr. bis 300000 v. Chr.). Zu dieser Gattung gehörte auch der sogenannte **Peking-Mensch** (Sinanthropus), der schon ein Gehirnvolumen von 1075 ccm erreichte. Der Peking-Mensch war bereits in der Lage, ständig ein Feuer zu unterhalten. Vor allem waren seine Werkzeuge vielseitiger. Aus groben Steinabschlägen stellte er zahlreiche Geräte her. Man hat auch aus einem Kern geschlagene **Faustkeile** gefunden. Die bewußte Art, in der der Peking-Mensch Werkzeuge herstellte, zeugt ebenso wie das **Vorhandensein des Feuers** von einer großen Erfindungsgabe und von deutlichen geistigen Zügen, die an die Stelle des tierischen Instinktes treten. Sicherlich ist es kein Zufall, daß beim Peking-Menschen eine deutliche Erhöhung der Gehirnkapazität und der verfeinerte Werkzeuggebrauch miteinander zusammengehen. Schädeluntersuchungen haben ergeben, daß der Peking-Mensch vielleicht schon gesprochen haben könnte.

Der vor etwa 70000 Jahren in ganz Europa verbreitete **Neandertaler** kam in seiner äußeren Gestalt und seinem Verhalten der Gattung des Homo sapiens bereits sehr nahe.

Vor allem war der Neandertaler in der Werkzeugherstellung sehr viel geschickter als noch der Homo erectus. Es war geradezu eine technische Revolution, daß er die Steinwerkzeuge jetzt aus den feinen Abschlägen herstellte, die er mit Hilfe des Faustkeils produzierte. Die Werkzeuge waren nun zahlreicher und spezialisierter.

Mit ihrer Hilfe bearbeitete der Neandertaler Holz und Felle, errichtete Hütten und Zelte. Um 35000 v. Chr. trat dann der **Homo sapiens** auf. Seine Werkzeuge sind durch die typischen Klingen und Sticheln gekennzeichnet.

Die Menschen der älteren Steinzeit (bis ca. 10000 v. Chr.) waren umherziehende **Sammler und Jäger**, die in Höhlen lebten. Die Neandertaler jagten in den damaligen Urwäldern Europas Wisente, Elefanten und Bären. Mit diesen großen Tieren konnten sie nur fertig werden, wenn die Männer einer zusammenlebenden Horde gemeinsam zur Jagd gingen. Unentbehrlich bei der Jagd waren die primitiven Werkzeuge aus Stein, Holz oder Tierknochen. Mit ihrer Hilfe hoben die Neandertaler Fallgruben aus. Die hineingefallenen Tiere wurden dann mit Steinwürfen getötet. Die so erlegten Tiere gaben den Menschen Nahrung, Kleidung (Felle, Häute) und Werkzeuge, die aus den Knochen hergestellt wurden. Höhlenzeichnungen aus Südfrankreich, die aus der Zeit von 15000 bis 8000 v. Chr. stammen, belegen, daß die Menschen der damaligen Zeit einen beachtlichen technischen Erfindungsreichtum besaßen. Zu sehen sind dort ausgeklügelt konstruierte Tierfallen, mit denen Bison, Mammut oder Rentiere gefangen wurden. Ging ein Tier in eine solche Falle, löste es eine Art Hebelmechanismus aus. Schräg aufgestellte Baumstämme wurden auf diese Weise zu Fall gebracht und begruben das Tier unter sich.

Die ersten unbearbeiteten Werkzeuge des Menschen waren Knüppel und Stein, die er fertig in der Natur vorfand. Der nächste Schritt war die bewußte Bearbeitung des Steins oder des Holzes. Diese Stufe ist mit dem Faustkeil (über 1 Million Jahre) erreicht. Der **Faustkeil**, der meist nur eine schlecht ausgearbeitete Spitze hatte, wurde aus einer Feuersteinknolle durch Abschlagen hergestellt. Er wurde als Waffe und als Werkzeug zum Schlagen, Schneiden, Schaben, Kratzen usw. benutzt. Das Rohmaterial fanden die Menschen an den Flußufern. Über Jahrtausende hinweg wurden diese ersten Werkzeuge verfeinert. Feuersteinschaber und kleine Steinspitzen ergänzen die Faustkeile. Aus Knochen wurden Ahlen und Spitzen herge-

stellt. Aus Geweihen fertigte der Mensch Hacken. Indem er einen Faustkeil an einem Holzstock befestigte, „erfand" er die Axt. Die vielseitigen Werkzeuge sind natürlich der Zeit zum Opfer gefallen und nicht überliefert.
In all den langen Jahrtausenden vom Auftreten der ersten Menschenarten bis zum Ende der letzten Eiszeit (ca. 12000 v. Chr.) hatte der Mensch ständig dazugelernt, wenn es galt, der Natur seinen Lebensunterhalt abzuringen und die vielfältigen Gefahren der Umwelt zu meistern. Dabei betätigte sich der Mensch von Anfang an als Erfinder – notgedrungen. Was wir heute von unseren Vorfahren wissen, ist uns vor allem durch seine Werkzeuge bekannt. Wäre der Homo sapiens (der intelligente Mensch) nicht immer auch ein Homo faber (ein Werkzeuge herstellender und gebrauchender Mensch) gewesen – wir wüßten vielleicht gar nichts von ihm.

Die Fähigkeit, Werkzeuge herzustellen und anzuwenden, hatte dem Menschen eine Überlegenheit über die Tiere verschafft. Nachdem der Mensch das Feuer auch selbst entfachen und unterhalten konnte, gelang es ihm, die kalte Eiszeit zu überleben. Er konnte seine Nahrung durch den Genuß gekochten Fleisches verbessern und anreichern und sich über größere Teile der Erde auch in klimatisch ungünstige Gebiete ausbreiten.

Die ständige Verbesserung und Verfeinerung seiner Werkzeuge hatte sein mühsames und gefährliches Leben ein wenig leichter und sicherer gemacht. Seit den Tagen des Homo habilis hatten die Vormenschen gelernt, sich immer feinerer Werkzeuge als technischer Hilfsmittel zu bedienen, ihren Verstand zu gebrauchen und der Natur planvoll gegenüberzutreten.

I.2 Seßhaftwerdung, Ackerbau und Viehzucht und die Folgen der neuen Wirtschaftsweise für die Technik

Die Menschen am Ende der Altsteinzeit (ca. 10000 v. Chr.) führten immer noch ein unstetes und unsicheres Leben als Jäger und Sammler. Sie lebten von dem, was die Natur ihnen an Pflanzen und Tieren bot. Sie waren nicht seßhaft, sondern folgten dem Jagdwild und bauten wohl deshalb auch keine festen Behausungen. Sie betrieben keine nennenswerte Vorratshaltung.

Erst Nahrungsvorräte aber machen das menschliche Leben stetiger und planbarer und sind somit der Urgrund aller Kultur. Nahrungsvorräte und -überschüsse befreiten den Menschen von der unkalkulierbaren Jagd, gaben ihm damit mehr Zeit zum Denken und Planen und machten es schließlich möglich, Gruppen von Menschen zu anderen Tätigkeiten einzusetzen als zur Nahrungssicherung (z. B. als Handwerker). Seßhaftwerdung, Ackerbau und Viehzucht sind damit die unabdingbare Voraussetzung für eine arbeitsteilige Wirtschaft und Gesellschaft und für eine entwickelte Kultur. Es war deshalb eine der größten Umwälzungen in der Geschichte der Menschheit, daß die Menschen in der jüngeren Steinzeit seßhaft wurden und begannen, Ackerbau und Viehzucht zu betreiben.

Für die immer zahlreicher werdenden Menschen bot die Jagd nicht mehr genug Nahrung. In unseren Breiten waren die Großtiere mit dem Ende der letzten Eiszeit ausgestorben und die Rentiere mit dem Eis nach Norden gewichen. Der eingeengte Nahrungsspielraum für immer mehr Menschen legte eine völlig neue Wirtschaftsweise nahe, den Ackerbau und die Viehzucht. Mit dem Anbau von Feldfrüchten und der Zähmung von Tieren konnten vom Ertrag eines Quadratkilometers Boden 8- bis 80mal mehr Menschen ernährt werden als zuvor. Die neue Wirtschaftsweise setzte sich jedoch sehr langsam und zu sehr unterschiedlichen Zeiten in den einzelnen Gebieten der Erde durch (8000–4000 v. Chr.). Zuerst scheint sie sich in den Hügelländern zwischen dem nördlichen Syrien und dem östlichen Iran verbreitet zu haben. Von dort dehnte sie sich in die großen Flußtäler von Euphrat, Tigris, Nil und Indus aus und bildete dort die materielle Grundlage für die Entstehung der ersten Hochkulturen.

Von diesem Zeitpunkt an blieb die Landwirtschaft für Jahrtausende das Rückgrat jeder menschlichen Wirtschaft, bis die Industrielle Revolution des 19. Jahrhunderts unserer Zeitrechnung das Angesicht der Welt ein zweites Mal grundlegend verändern sollte.

Zwischen 8000 und 4000 v. Chr. begannen die Menschen also, den Boden mit Hacken und einfachen Grabstöcken zu bearbeiten. Durch Zufall dürften die Menschen jener Zeit gemerkt haben, daß aus dem Samen von Gräsern im nächsten Jahr neue Gräser wuchsen. Vielleicht war es eine Frau, die diese für die weitere Entwicklung der menschlichen Kultur so wichtige Entdeckung machte, denn der Frau oblag es, Kräuter, wilde Früchte, Pilze und Samen von Gräsern zu sammeln. Bald hatten die Menschen gelernt, durch wiederholte Aussortierung der größten Samenkörner aus den Grassamen Getreidearten (zunächst Hirse, Hafer, Gerste, Weizen) zu züchten und diese anzubauen. Den Boden ihrer kleinen Äcker wühlten die Menschen der Jungsteinzeit noch mühsam mit Stöcken und Steinhacken auf. Um das Jahr 5000 tritt dann an mehreren Stellen der damals bewohnten Welt gleichzeitig – in Indien, China und Ägypten – der **Pflug**, eine der wichtigsten Erfindungen der Menschheit, auf. Er war zunächst nichts anderes als ein primitiver Grabstock mit einer langen Stange und einem Querholz zum Ziehen. Zuerst wurde dieser Pflug vom Menschen, dann vom Ochsen gezogen. Wenn man zwei Ochsen vor einen solchen hölzernen Hakenpflug spannte, konnten schon größere Felder bearbeitet werden. Indem die Menschen Tiere vor den Pflug spannten, bedienten sie sich erstmals einer nicht-menschlichen Kraftquelle – ein Weg, der später im europäischen Mittelalter entscheidend weiterverfolgt wurde. Der primitive Hakenpflug, der den Boden nur ganz leicht anritzte, ist zum Teil noch heute in China, Indonesien, Indien und vielen Entwicklungsländern in Gebrauch. Seine Pflugschar war aus Holz oder aus Stein. Später verbesserten die Germanen den Pflug, indem sie ihn mit Bronzehaken versahen, auf Räder stellten und von Ochsen ziehen ließen.

Ungefähr gleichzeitig mit der Erfindung des Pfluges wurde in den Flußtälern von Nil, Euphrat und Tigris die **Bewässerung** eingeführt, worüber noch in einem besonderen Kapitel berichtet wird. Durch Akkerbau, Viehzucht und die künstliche Bewässerung konnten Ernteüberschüsse erzielt werden. Die Bevölkerungszahl in jenen Gebieten stieg an. Die Nahrungsmittelüberschüsse erlaubten es jetzt, Handwerker und Kaufleute zu ernähren, die nicht mehr mit der Nahrungsmittelproduktion beschäftigt waren, sondern sich auf handwerkliche oder händlerische Betätigungen spezialisieren konnten. So entwickelte sich in den asiatischen Gebieten zwischen dem Iran, dem Irak und der Türkei, wo man zuerst intensiven Ackerbau betrieben hatte, im 6. Jahrtausend auch die **Töpferei** als eigenständiges Handwerk. Die erzeugten Nahrungsüberschüsse mußten schließlich aufbewahrt werden. Auch die Weberei, die sich wahrscheinlich aus der alten Flechtkunst entwickelte, die Leder- und Holzbearbeitung lagen hier schon sehr früh in den Händen von

Spezialhandwerkern. Die gesellschaftliche Arbeitsteilung auf der Grundlage von Nahrungsmittelüberschüssen war bereits fortgeschritten.
Ackerbau, Viehzucht und Bewässerung veränderten das Leben des Menschen von Grund auf. Ihre Voraussetzungen waren Seßhaftigkeit und planende Vorausschau. Sie befreiten den Menschen von den Risiken der Jagd. Sie sicherten seine Nahrung und ermöglichten sogar eine Vorratshaltung.

Der Mensch ging von der aneignenden zur produzierenden Wirtschaftsweise über. Seine Kost wurde abwechslungsreicher, er selbst kräftiger, widerstandsfähiger und gesünder. Die Menschen lebten länger und vermehrten sich zusehends. Vielleicht lebten auf der Erde vor der Einführung des Ackerbaus etwa 20 Millionen Menschen – wer wollte es schon genau wissen. Jetzt aber begann die Jahrtausende anhaltende Vermehrung und Ausbreitung des Menschengeschlechts über die ganze Erde.

Ackerbau und Viehzucht gewöhnten den Menschen an jene geregelte Arbeit, ohne die wirtschaftlicher, technischer und zivilisatorischer Fortschritt nicht denkbar sind.
Die **jüngere Steinzeit** brachte nicht nur den Übergang zum Ackerbau, sondern auch zahlreiche Fortschritte im handwerklichen Bereich. Das Arsenal der jungsteinzeitlichen Werkzeuge ist beeindruckend: Wir finden Hebel, Kneifzangen, Äxte, Hacken, Ahlen, Leitern, Meißel, Spindeln, Webstühle, Sicheln, Sägen, Fischangeln, Nadeln, Spangen, Stifte usw. Sobald Nadeln und Stifte erfunden waren, begannen die Frauen der jüngeren Steinzeit, auf rechteckigen hölzernen Webstühlen zu weben. Mit einer hölzernen Nadel führten sie den waagerechten „Schußfaden" durch die auf dem Holzrahmen des Webstuhls senkrecht gespannten „Kettfäden" und stellten auf diese Weise warme und dichte Stoffe her. Zunächst stellte man Leinen aus Flachs her, lernte aber bald, die Schafe zu scheren und ihre Wolle zu spinnen und zu verweben. Die Entwicklung einer Textiltechnik war notwendig geworden, da nach dem Übergang des Menschen zur Seßhaftigkeit und produzierenden Wirtschaftsweise die Häute und Felle der Beutetiere, aus denen der Mensch zuvor seine Kleidung hergestellt hatte, weitgehend entfielen.
Ohne die Töpferscheibe zu kennen, verstanden es die Frauen, aus Lehm dünnwandige und einfache Gefäße mit ihren bloßen Händen zu formen, in denen sie die Produkte von Ackerbau und Viehzucht aufbewahren konnten (Milch, Getreidebrei usw.). Zunächst benutzten sie ein Korbgeflecht und verschmierten es mit Lehm. Dann machten sie die Entdekkung, daß Lehm und Ton hart wurden, wenn man sie über Feuer hielt. Die **Töpferei** war erfunden! Die frühesten uns bekannten Tongefäße (z.B. die von Catal Hüyük, 7. Jahrtausend v. Chr.) lehnen sich eng an die Formen von Körben oder Holzschalen an.

Die Töpferscheibe war vielleicht die erste „Maschine", die die Menschen erfanden. Gegen Ende des 4. Jahrtausends v. Chr. trat sie zuerst in Mesopotamien auf. Sie ist ein technikgeschichtlicher Einschnitt ersten Ranges: erstmals stellte der Mensch die Drehbewegung in den Dienst seiner Arbeit. Das Prinzip des schon vorher erfundenen Rades (s. Seite 19) wurde bei der Töpferscheibe angewandt, um eine Hilfs-„Maschine" zu konstruieren.

Mit der Töpferscheibe, einem drehbaren runden Arbeitstischchen, ließen sich gleichmäßige Gefäßwandstärken erzielen. Für den Brand des Tons entwickelte man in Mesopotamien im 5. Jahrtausend v. Chr. Zwei-Kammer-Brennöfen, in denen Keramik und Feuer räumlich voneinander getrennt waren. Durch Trennplatten oder Heißluftkanäle konnten Brenntemperaturen und Luftzufuhr geregelt werden. Die Töpferei war ein hochspezialisiertes Handwerk geworden, das sich mancherorts zum Großbetrieb auswuchs.

Eine andere, sehr wichtige frühe „Maschine" war der **Fidelbohrer**. Mit seiner Hilfe verstanden es handwerkliche Spezialisten, kreisrunde und saubere Löcher in tagelanger, mühseliger Arbeit mit Hilfe eines Bohrholzes oder Bohrknochens in die härtesten Steine zu bohren. Die Verbindung von Steinwerkzeug und Holzschaft wurde dadurch weitaus fester, die Werkzeuge stabiler und haltbarer. Bäume konnten jetzt zum Beispiel viel schneller gefällt werden.

Nachdem die Menschen zu Ackerbau und Viehzucht übergegangen und seßhaft geworden waren, wohnten sie auch nicht mehr in Höhlen oder unter Felsvorsprüngen, sondern bauten sich dauerhafte und stabile Behausungen. Leitern, Hebel und Scharniere halfen ihnen dabei. Tüchtige Zimmerleute verbanden Balken und Pfähle mit kräftigen Holzpflöcken.

Jene technisch so fruchtbaren Jahrtausende der Jungsteinzeit sahen auch eine erste **Umwälzung des Transportwesens**. Zunächst war der Mensch noch sein eigenes Lasttier gewesen, so, wie das heute noch in Süd- und Ostasien der Fall ist. Dann lud er den gezähmten Tieren Lasten auf. Schließlich ließ er die Tiere Äste ziehen, auf denen die Lasten ruhten. Eine der größten und folgenreichsten Erfindungen in der Geschichte der Menschheit

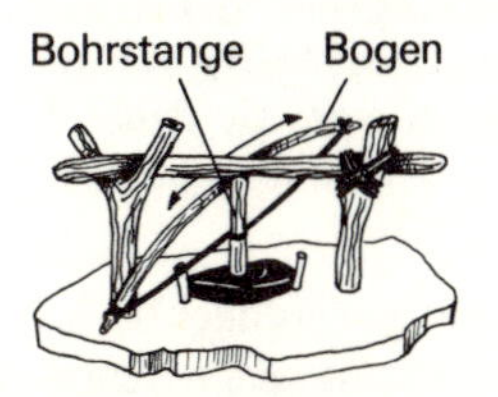

Abb. 1: Fidelbohrer

aber war das **Rad**, das aus dem primitiven Schlitten einen einfachen Karren machte. Schon vor 5000 Jahren rollten die ersten dieser **primitiven Wagen** über die Ebenen östlich des Mittelmeers. Die Räder waren massive Holzscheiben, aus Brettern so zusammengehauen, daß ungefähr ein Kreis entstand. Sie waren mit der Achse fest verbunden, diese drehte sich also unter dem Wagen. Aus den massiven und plumpen Holzscheiben entwickelte sich allmählich das leichte Speichenrad. Als Nomaden aus den nördlichen Steppen um 2000 v. Chr. das Pferd in den Nahen Osten brachten, verbreitete sich auch der leichte Streitwagen, dem die kleinasiatischen Hethiter zum großen Teil ihre militärischen Erfolge verdankten. Das Prinzip des Rades lag auch der Töpferscheibe und den Wasserrädern zugrunde.

Der Räderkarren erlaubte den Transport größerer Lasten und die Versorgung der städtischen Zentren mit Lebensmitteln. Im Lande der Sumerer wurden einige der ältesten Fahrzeuge mit Rädern gefunden. Die Sumerer betrieben einen lebhaften Handel mit Ägypten und Indien. In der gesamten Jungsteinzeit fanden bestimmte Handelsgüter trotz der noch einfachen Verkehrsmittel ihren Weg über sehr weite Strecken (z.B. Bernstein, Diorit, Jade, Obsidian usw.).

Auch nach der Erfindung des Rades und des Räderkarrens blieb der Wasserweg der wichtigere Transportweg, da es noch kein Straßensystem gab. Bereits die Menschen der Jungsteinzeit bauten Flöße, Kähne und Boote.

Die Materialien, die man für den Bau von Schiffen verwandte, richteten sich ganz nach den örtlichen Verhältnissen. In Mesopotamien baute man Einbäume, Flöße und Boote aus geflochtenen Weideruten. Dieses Skelett wurde dann mit Häuten bespannt oder mit einer Asphaltschicht abgedichtet. Für seetüchtige Schiffe verwendete man Holz aus den Bergen. Solchen mesopotamischen Schiffen ist es gelungen, die Arabische Halbinsel zu umfahren und die ägyptische Küste am Roten Meer zu erreichen. In vorgeschichtlicher Zeit kannte man bereits Segel- und Ruderschiffe, die von Sklaven oder Kriegsgefangenen bewegt wurden. Allerdings konnte man mangels geeigneter Navigationsinstrumente nur in Sichtweite der Küsten fahren. Segelschiffe, wie sie seit ca. 3500 v. Chr. in Ägypten in Gebrauch waren, sind technikgeschichtlich sehr bedeutsam, da sie einen wegweisenden Versuch darstellen, die natürliche Energie des Windes an die Stelle menschlicher Kraft zu setzen.

Bereits seit der Jungsteinzeit gab es eine gewisse Spezialisierung auf bestimmte Erzeugnisse zwischen den einzelnen Gebieten der Erde und einen aufblühenden Handel, der für den Austausch dieser Produkte sorgte. Die Ähnlichkeit von Werkzeugen, Tongefäßen, Zeichnungen usw. bei weit voneinander entfernten Menschengruppen beweist, daß die Menschen der damaligen Zeit weitreichende wirtschaftliche und kulturelle Kontakte hatten. Als die Menschen lernten, sich der Metalle zu bedienen, nahm die regionale wirtschaftliche Spezialisierung weiter zu.

I.3 Vom Feuerstein zum Metall: Kupfer, Bronze, Eisen

Über eine Million Jahre lang waren Steine, Holz und Knochen die Materialien gewesen, aus denen die Menschen ihre Werkzeuge herstellten. Schon in der Jungsteinzeit hatten die Menschen Metallklumpen, die sie vorfanden, geschnitten, geschliffen und behämmert, um aus ihnen Schmuckstücke oder dergleichen herzustellen. Sie übertrugen also die Technik der Steinbearbeitung auf ein ganz neues Material und erkannten noch nicht, daß man das Metall leicht formen und bearbeiten konnte, wenn man es erhitzte.

In Westeuropa und Ostanatolien wurden Kupfergegenstände gefunden, die belegen, daß die dortigen Menschen bereits im 7. vorchristlichen Jahrtausend das Metall und das Erz zu schmelzen verstanden. Um 3500 v. Chr. verbreitete sich bei den Völkern östlich des Mittelmeers das Schmelzverfahren, das es ihnen ermöglichte, den Erzen die Metalle abzugewinnen. Das aus dem Erz erschmolzene Metall ließ sich leichter zu Werkzeugen und Waffen verarbeiten als der Stein.

Die eigentliche **Metallurgie** (Erzaufbereitung, Schmieden, Gießen) breitete sich vom Nahen Osten aus, wo sie ursprünglich erfunden wurde. Wahrscheinlich war sie eine zufällige Entdeckung. Erzhaltige Steine wie Malachit, Lapislazuli und Türkis verwandten die damaligen Töpfer, um Glasuren herzustellen. Vielleicht war es ein Töpfer, der die zufällige Entdeckung machte, daß diese Steine geschmolzenes Metall abgaben, wenn sie erhitzt wurden.

Die Entdeckung der eigentlichen Metallbearbeitung hatte weitreichende soziale Folgen: Der Schmied war einer der ersten hauptberuflichen Handwerker der Weltgeschichte. Die Förderung, das Schmelzen und Bearbeiten des Metalls waren kaum nebenberuflich möglich. Es entstand eine Schicht meist selbständiger Handwerker, die nicht mehr mit der Beschaffung von Nahrung und Kleidung befaßt waren. Der gesellschaftliche Aufbau wurde gegliedert – auch deshalb, weil die Anschaffung und Nutzung der neuen und teuren Metallwerkzeuge und -waffen nur wenigen Menschen möglich war, die dadurch weiter an wirtschaftlicher und politischer Macht gewannen.

Das wichtigste Metall war zunächst das **Kupfer**, dessen Verwendung sich in Europa vom 3. vorchristlichen Jahrtausend an

verbreitete (von der Balkan- und Pyrenäenhalbinsel aus nach Norden).
Der Metallguß in Sand- und Lehmformen ermöglichte es, das geschmolzene Kupfer zu feinen und genauen Werkzeugen und Schmuckstücken auszugießen. Für viele Werkzeuge und Waffen aber war das Kupfer zu weich. Sein hoher Schmelzpunkt (1083° C) bereitete dem vorgeschichtlichen Schmied einige Schwierigkeiten, da er größere Kupfermengen während des Gusses nicht ausreichend lange flüssig halten konnte.
Erst eine Mischung aus 9 Teilen Kupfer und 1 Teil Zinn ergab eine widerstandsfähigere Legierung: die **Bronze**, die einem ganzen Zeitalter der Menschheitsgeschichte ihren Namen gab. Bronze war härter als Kupfer, hatte einen niedrigeren Schmelzpunkt und ergab einen dichteren Guß. Die Völker am Mittelmeer (Kreter, Ägypter) entwickelten die Technik der Bronzeherstellung zuerst (3. Jahrtausend v. Chr.). Wahrscheinlich kam man wiederum durch Zufall auf die richtige Legierung der beiden Metalle Kupfer und Zinn. Man lernte aber bald, die Bronze planmäßig herzustellen. Erst 1000 Jahre später verbreitete sich die Bronze in Europa. Die Kenntnis der neuen Metalltechnologie wurde Europa wahrscheinlich durch die mykenische Kultur Griechenlands vermittelt.
Die mitteleuropäische Urnenfelderkultur entwickelte eine besondere Perfektion in der Bronzetechnik. In zwei großen Wanderungsbewegungen (ab 1400 v. Chr.) unterwarfen sich diese Völker dank ihrer langen bronzenen Hiebschwerter, ihrer bronzenen Speerspitzen, ihrer Helme, Panzer, Beinschienen und Schilde den Balkan und den östlichen Mittelmeerraum.

Die Bronze förderte die Ausbildung des Handels. Kupfer hatte es noch an verhältnismäßig vielen Stellen der Welt gegeben. Zinn jedoch, der zweite Bestandteil der Bronze, war viel seltener (in Europa z. B. nur in England, Spanien und dem sächsisch-böhmischen Erzgebirge) und konnte deshalb nur über einen weitreichenden Handel beschafft werden.

Die Bronze regte die Produktion und Verfeinerung von Waffen und Werkzeugen ungeheuer an. Töpfe, Schalen und andere Gefäße, Sicheln, Nadeln und andere Werkzeuge, Schmuckstücke und Waffen wurden aus der neuen Legierung hergestellt. Der Bronzeguß ermöglichte auch die Herstellung einer ganz neuartigen Waffe, des Schwertes. Die neue Metalltechnik war so schwierig, daß sie von spezialisierten Handwerker-Künstlern betrieben wurde. Aber Kupfer und Bronze lösten die alte Technik, die auf der Steinbearbeitung beruhte, nicht über Nacht ab. Noch lange gab es Werkzeuge aus Kupfer, Bronze, Stein und Holz nebeneinander. In der Konkurrenz zur neuen Bronzetechnik entwickelte sich sogar eine verbesserte und verfeinerte Feuerstein-Technik.
Bronzegegenstände waren ein ausgesprochener Luxus für die „gehobenen Gesellschaftsschichten" der Priester, Aristokraten und Könige. Die weniger vornehmen und reichen Schichten benutzten weiterhin Steinwerkzeuge. Die **Feuersteinbearbeitung** erreichte am Ende der Jungsteinzeit (3. Jahrtausend v. Chr.) ihren technischen Höhepunkt. Der Feuerstein konnte jetzt so gezielt und präzise bearbeitet werden, daß man auch große zweckmäßige und formschöne Geräte herstellen konnte. Zunächst wurde die Feuersteinkontrolle in sogenannter harter Schlagtechnik direkt beschlagen, bis sie annähernd die Form des gewünschten Werkzeugs hatte. Dann wurde das Werkstück mit Hilfe eines Meißels oder eines Keils aus hartem, zugleich aber elastischem Material (z. B. Röhrenknochen oder Geweih) und einem Schle-

gel weiter verfeinert. Bei dieser „weichen Schlagtechnik" berührte das Schlagwerkzeug also nicht direkt die Steinknolle. Der auf diese Weise hergestellte Geräterohling hatte eine muschelartige und kantige Oberfläche, die in einem dritten Arbeitsschritt geebnet und geglättet wurde. Dabei drückte man mit einem harten, angespitzten Gegenstand, der elastisch sein mußte, gegen den in der Hand gehaltenen Rohling, bis die Kanten absprangen und eine glatte Oberfläche entstanden war.

Um Spitzenprodukte aus Feuerstein herstellen zu können, benötigte man einwandfreies, noch nicht verwittertes Steinmaterial, wie es in der Erde unterhalb der Frostgrenze lag. Dieser Feuerstein konnte nur bergmännisch gewonnen werden, und so gab es denn vor allem in Nordwesteuropa schon in der Jungsteinzeit viele Feuersteinbergwerke. Die gestiegenen Anforderungen an die Steinwerkzeuge führten so zur **Aufnahme des Bergbaus**. Damit löste der technische Wandel zugleich tiefgreifende soziale Veränderungen aus: der Beruf des Bergmannes ist zumindest für Nord- und Mitteleuropa der erste spezialisierte handwerkliche Beruf.

Die Herstellung von **Schmiedeeisen** war in Kleinasien bereits um 2500 v. Chr. bekannt. Schmiedeeisen war aber weicher als Bronze und konnte sich zunächst nicht durchsetzen. Seit etwa 1300 beginnt das Eisen neben die Bronze zu treten. In Mitteleuropa wurde das Eisen jedoch erst ab 700 v. Chr. in nennenswertem Umfang verwendet. Besondere Fähigkeiten in der Verarbeitung des Eisens erlangten die Kelten. Der schwere eiserne Pflug und die Sense hoben den Lebensstandard der Kelten. Sie vermehrten sich schließlich aufgrund des vergrößerten Nahrungsspielraums so stark, daß sie zur Auswanderung gezwungen wurden und ganz Süd- und Osteuropa unterwarfen. Das leichter herzustellende und auch geschmeidigere Eisen verdrängte allmählich die Bronze. Aber auch das Eisen war kostbar und teuer. 7 bis 8 Zentner Holzkohle waren notwendig, um einen Zentner Eisen in irdenen Schmelzöfen zu schmelzen. Man verwendete das teuere Metall daher nur für Gegenstände, die sich in dieser Qualität allein aus Eisen herstellen ließen (z.B. Schwerter, Spitzen für die Pflugschar, eiserne Hackenklingen, Sicheln, Messer usw.). Insbesondere wurde jetzt mit Hilfe des Eisens das Kornmahlen mechanisiert. Hatte man zuvor diese Arbeit mühsam mit Mörsern erledigt, so tritt seit etwa 600 v. Chr. die drehbare Handmühle auf. Sie bestand aus zwei kreisförmigen Steinen, deren oberer mittels eines eisernen Zapfens drehbar auf dem unteren gelagert war. Schon der Antrieb von Hand bedeutete eine große Arbeitsersparnis (obwohl man die Kurbel noch nicht kannte). Später wurden größere Mühlsteine dann auch von im Kreis gehenden Tieren bewegt.

Trotz Bronze und Eisen blieb das Holz noch bis ins 19. Jahrhundert unserer Zeitrechnung hinein das Material, aus dem die meisten Werkzeuge und Maschinen hergestellt wurden. Insofern beginnt die eigentliche „Eisenzeit" erst mit der „Industriellen Revolution".

Das Metall veränderte das Leben der Menschheit grundlegend. Da es seltener war als der Stein, war es auch kostbarer und begehrter. Ein Dorf oder ein Stamm konnten ihre wirtschaftlichen Bedürfnisse nicht mehr aus ihrem eigenen Gebiet decken. Der Handel, den es in bestimmten Bereichen schon vorher gegeben hatte, wurde jetzt zur Notwendigkeit. Die Abhängigkeit vom Handel und den begehrten Rohstoffen brachte eine neue konfliktreiche Bewegung in die Welt. Der Handel begünstigte die Entstehung von (staatlicher) Organisation und Autorität, ohne die er nicht denkbar ist.

Schon die Bronzezeit sah gegenüber der jüngeren Steinzeit eine bedeutende Steigerung der Produktivität, die die Unterhaltung und

Ernährung von Königen, Adligen, Priestern, Beamten und Soldaten ermöglichte, die nicht oder wenigstens nicht unmittelbar an der Produktion beteiligt waren. Der Aufbau dieser staatlichen Organisation (wie z.B. in Ägypten) aber war notwendig, um die organisatorischen Rahmenbedingungen für weiteren Fortschritt zu schaffen.
Kam die teure Bronze unmittelbar nur wenigen zugute, so hob die Verwendung des billigeren (aber weiterhin wertvollen) Eisens langfristig doch den Lebensstandard breiterer Gesellschaftsschichten. Es erhöhte die Produktivität der Landwirtschaft. Auch Bauern konnten sich nun die Erzeugnisse der Handwerker leisten, die für einen größeren Markt zu arbeiten begannen. Bauern, Handwerker und Händler konnten ihre wirtschaftliche und gesellschaftliche Position verbessern. Den gleichen „Demokratisierungseffekt" hatte die Tatsache, daß mit dem billigeren Eisen auch die Ausrüstung von Massenheeren möglich wurde, was nicht ohne Auswirkungen auf die innere Ordnung der Staaten bleiben konnte.

I.4 Der Stand der Technik am Vorabend der ersten großen historischen Kulturen

Mit dem Ackerbau, der Viehzucht, der Entwicklung der handwerklichen Grundtechniken, der Arbeitsteilung und Spezialisierung der Gesellschaft und der Entfaltung des Handels hatte die jüngere Steinzeit die wichtigsten Grundlagen für die folgenden ersten hochzivilisierten Kulturen geschaffen, wenn man einmal von der Schrift, der staatlichen Organisation und dem für die Vorhersage der jährlichen Nilüberschwemmung so wichtigen Kalenderwesen absieht. Die Menschen der damaligen Jahrhunderte und Jahrtausende vollbrachten diese Leistungen nicht immer zufällig, sondern waren Erben einer generationenlangen, allein auf der praktischen Erfahrung beruhenden „Wissenschaft". Viele der grundlegenden Erfindungen jener Zeit traten gleichzeitig an ganz verschiedenen Stellen der Welt auf, häufig als Reaktion auf geänderte Lebensbedingungen. Der Handel sorgte dafür, daß sich neue technische Erkenntnisse auch verbreiteten. Wiege jener um 4000 v. Chr. neu entstandenen „Kultur" war das Gebiet östlich des Mittelmeeres. Von dort drangen viele Erkenntnisse in das Mittelmeergebiet und die Länder an der Donau, schließlich nach ganz Westeuropa.

Die Menschen der vorgeschichtlichen Zeit kannten bereits alle grundlegenden Techniken und Fertigkeiten, auf denen das wirtschaftliche Leben noch in der Antike und im Mittelalter beruhte. Sie bedienten sich des Feuers, hatten vielfältige Werkzeuge entwickelt, betrieben den Akkerbau, zähmten und züchteten Tiere, erfanden den Pflug, die Töpferei, Spinnerei und Weberei, stellten organische und anorganische Farben her, bearbeiteten das Metall, bauten Schiffe und Räderfahrzeuge und ersannen bereits einfache „Maschinen" wie die Handmühle, den Hebel, die Haspel, den Fidelbohrer. Viele der grundlegenden Erfindungen jener Zeit waren wechselseitig eng miteinander verknüpft: Die Verbreitung des Metalls wäre ohne die Verbesserung der Transporttechnik nicht möglich gewesen. Die Produktivitätssteigerung der Landwirtschaft ermöglichte erst die Freistellung spezialisierter Handwerker von der Nahrungsmittelproduktion. Hätten diese Handwerker ihrerseits nicht spezielle Metallwerkzeuge entwickelt, so wäre wohl auch der Bau von Räderwagen, Segelschiffen und Töpferscheiben nicht möglich gewesen. Und doch war das Tempo des technischen Fortschritts, gemessen an unseren aus dem Industriellen Zeitalter herrührenden Vorstellungen, natürlich sehr gering. Es dauerte Hunderttausende von Jahren, bis die Vorfahren des Menschen auf den Gedanken kamen, einen Stiel an ihrem Faustkeil zu befestigen. Aber das geringe Tempo des technischen Fortschritts beruhte nicht auf mangelnder Intelligenz, sondern wohl eher auf den ungünstigen Rahmenbedingungen. Die primitiven steinzeitlichen Gesellschaften konnten zunächst keine nennenswerten Nahrungsvorräte ansammeln und sich allein schon deshalb keine langen „Experimente“ und ausgiebiges Nachdenken leisten. Im Vordergrund stand für sie immer die unmittelbare Lebenserhaltung. Dabei mitzuhelfen war im wesentlichen die Aufgabe der Technik.

II Die Technik im Alten Ägypten

II.1 Ägypten – eine „hydraulische Gesellschaft"

Die technischen Aufgaben, die die Menschen zu bewältigen hatten, haben zu allen Zeiten Einfluß darauf gehabt, wie sie zusammen gelebt haben. Und anders herum gilt das gleiche: in welchen Formen (in welcher staatlichen und gesellschaftlichen Ordnung) die Menschen zu verschiedenen Zeiten zusammen gelebt haben, hatte Einfluß darauf, was sie technisch leisten konnten und wie sie die gestellten Aufgaben technisch lösten. Die jeweilige Art der Technik und der gesellschaftliche Aufbau stehen also in einem gewissen Zusammenhang. Nichts zeigt dies deutlicher als die Geschichte der alten Ägypter.

Das Leben der Ägypter hing vom Nil ab. Jedes Jahr aufs neue überschwemmte er das Land und ermöglichte so den Menschen auf einem schmalen Uferstreifen Ackerbau und Viehzucht. Der Rest des Landes bestand aus unfruchtbarer Sand- und Steinwüste. Doch war das Wasser des Nils abgeflossen, verdorrten die Pflanzen in der sengenden Hitze. Um nicht zu verhungern, mußten die Ägypter lernen, das Nilwasser über eine möglichst große Uferzone zu verteilen, es aufzufangen und möglichst lange festzuhalten, damit es auch in der Dürrezeit die Pflanzen bewässern konnte. Aber auch gegen das Hochwasser mußten sie sich schützen, damit es keinen Schaden anrichtete. Der Nil stellte also viele technische Aufgaben größten Ausmaßes. Sie zu bewältigen überstieg die Kraft eines einzelnen oder einer Sippe. Größere Zusammenschlüsse der Menschen waren dafür notwendig. Zunächst sorgten die Stämme, in denen mehrere verwandte Sippen zusammengeschlossen waren, für diese und andere Aufgaben. Dann entstanden zahlreiche kleinere Königreiche, mit Gaukönigen an der Spitze, beiderseits des Nils. Mit Hilfe von Beamten und Bewaffneten boten diese Gaukönige ihren Untertanen den Schutz und die Sicherheit, die notwendig waren, um die gestellten Gemeinschaftsaufgaben in Angriff nehmen zu können. Um 3000 v. Chr. schlossen sich das Nordreich und das Südreich zu einem einheitlichen Staat zusammen. An seiner Spitze stand der Pharao, König und Gott in einer Person. Er regierte nun das ganze Niltal. Dieser Gottkönig übernahm als Oberbefehlshaber nicht nur den Schutz gegen äußere Feinde und die Überfälle der Wüstenvölker, sondern er organisierte auch alle Arbeiten, die zur Regulierung des Nils notwendig waren und überwachte ihre Ausführung. Die durch den Nil gestellten technischen Großaufgaben konnten beim damaligen Stand der Technik am besten durch einen zentral gelenkten Staat erfüllt werden. Der Pharao bediente sich dazu eines Heers von Beamten – Ägypten war der erste Beamtenstaat der Geschichte. Wie sehr Aufbau und Bürokratie des ägyptischen Staates mit der Bewältigung der durch den Nil gestellten Aufgaben verbunden waren, zeigt schon die Tatsache, daß die wichtigsten Beamten jene waren, die die Ausführung der öffentlichen Arbeiten überwachten. Als die zentralistische ägyptische Monarchie entstand, wurde der sogenannte *adjmer* (= Gräber von Kanälen) zum Oberhaupt der Provinz. Eine Wasserverwaltung war damit beauftragt, den König über die Ernteaussichten zu informieren. Die

Sicherstellung der Ernte und die Sorge für das Bewässerungssystem waren die Hauptaufgaben der Verwaltung. Gute Dienste leistete dieser Verwaltung die Erfindung der Schrift. Die Schreiber waren das eigentliche Rückgrat der ägyptischen Verwaltung.

Die Gelehrten streiten sich darüber, ob zuerst das ägyptische Reich da war und die Bewässerung in Angriff nahm, oder ob es zuerst die Bewässerungsanlagen gab und diese dann die Entstehung des Reiches förderten. Wahrscheinlich ist die erste Annahme. In jedem Fall aber begünstigten sich die große technische Aufgabe der Bewässerung des Niltals und die Ausbildung eines zentralen Staates gegenseitig. Man könnte sagen, daß der ägyptische Staat zu einem guten Teil selbst ein technisches Instrument zur Bewältigung der Gemeinschaftsaufgaben im Zusammenhang mit der Nilüberschwemmung und insofern eine **„hydraulische Gesellschaft“** (Wittfogl) war.

II.2 Das ägyptische Bewässerungssystem

Entlang den Ufern des Stromes errichteten die Ägypter Schutzdeiche. Ein ausgeklügeltes Netz von Staudämmen und Kanälen regulierte die jährlichen Überschwemmungen. Von Assuan bis zum Nildelta sorgte eine Reihe hintereinander angelegter Becken dafür, daß die Gewalt der Überflutung gehemmt wurde und das Wasser länger auf den Feldern stehenblieb. Das gesamte Tal des Nils wurde nach und nach geebnet. Ein Kanalsystem leitete das Wasser auf entfernter und höher liegende Ländereien, die sonst nicht überschwemmt worden wären.

Die Aufgabe der Felderbewässerung förderte auch den Maschinenbau. Höher gelegene Felder am Rande der Wüste konnten nur künstlich bewässert werden, wenn man einfache Maschinen wie Schöpfeimer und Wasserräder zu Hilfe nahm. Der **Schaduf** ist das einfachste Gerät, um Wasser vom niedrigen auf das höhere Niveau zu heben. Noch heute wird er in Ägypten benutzt. Zwischen zwei Pfosten ist ein beweglicher langer Hebelarm angebracht. An seinem einen Ende hängt ein Schöpfeimer, am anderen Ende ist er mit einem Gegengewicht (z.B. einem dicken Lehmklumpen) beschwert. Ein Mensch läßt den Eimer ins Wasser hinab und hievt ihn mit Hilfe des Gegengewichtes wieder hoch. Von Hand wird der Eimer dann meistens in einen kleinen Kanal entleert, von dem aus das Feld durch weitere Stichkanäle bewässert wird.

Zur Hebung des Wassers, ein Problem, das jahrtausendelang zu den technischen Grundproblemen gehören sollte, verwandten die Ägypter auch **Wasserräder**, die zunächst von der Strömung angetrieben wurden. An ihrem äußeren Radkranz waren Töpfe oder Holzeimer befestigt. Beim Drehen des Rades schöpften diese Gefäße das Wasser und gossen es, am oberen Punkt des Rades angelangt, in einen Bewässerungsgraben.

Auch die kompliziertere **Sakiya**, die vermutlich im 6. Jahrhundert v. Chr. von den persischen Eroberern in Ägypten eingeführt wurde, ist heute noch verbreitet. Sie besteht aus drei miteinander verzahnten hölzernen Speichenrädern. Das Antriebsrad steht waagerecht und wird von Ochsen gedreht. Seine Drehung überträgt sich auf ein senkrecht stehendes Rad, an dessen Rand eine Kette von Tonkrügen befestigt ist. Das Rad mit den Krügen taucht in einen Wasserschacht ein, die Krüge füllen sich und entleeren sich, am oberen Punkt des Rades angekommen, in eine Holzrinne. Diese mündet wiederum in einen Stichkanal, durch den die Felder

bewässert werden. Die „Sakiya“ war bereits ein einfaches „Getriebe“.
Auch für den Fall, daß die Überschwemmung einmal ausblieb oder unbefriedigend verlief, traf der ägyptische Staat Vorsorge. In jeder Provinz gab es einen „Speicher“ zur Vorratshaltung für Notfälle. Der größte dieser Speicher war der königliche Schatz.
Um 2000 v. Chr. ließen einige Könige einen Seitenarm des Nils (Bahr-el-Jusef) bis zum Fayumbecken, einer Wüstensenke, verlängern, König Amenemhet III. ließ am Eingang dieser Oase einen großen Staudamm bauen. Der fruchtbare Nilschlamm konnte jetzt auch in diese neue Provinz geleitet werden. Das im Fayumbecken gespeicherte Wasser erlaubte es, für einen Teil Ägyptens die Dauerbewässerung im Niltal einzuführen.
Die Ägypter waren ausgezeichnete **Kanalbauer**. Um 1875 v. Chr. ließ König Sesostris am ersten Wasserfall des Nils bei Elephantine einen 78 m langen, 10 m breiten und 8 m tiefen Kanal erbauen, auf dem die Schiffe die gefährliche Stelle umfahren konnten. Ein anderer Kanal verband das Mittelmeer mit dem Roten Meer und war 150 km lang. Wie wichtig diese Kanäle für die Existenz der Ägypter waren, zeigt die spätere Geschichte. Unter der Herrschaft der Araber verfiel das ägyptische Kanalsystem. Im 8. Jahrhundert n. Chr. hatte deshalb das volkreiche Ägypten die Hälfte seiner Bevölkerung durch Hungersnöte verloren.
Man sieht: Der ägyptische Staat hatte sich die Sicherung der Nahrungsproduktion zur wichtigsten Aufgabe gemacht. Dies setzte langfristige Planungen und organisatorisches Talent voraus. Die Fähigkeit zur Planung und Organisation ist eine in hohem Maße technische Tugend. Um die jährlichen Überschwemmungen des Nils besser voraussagen zu können, gingen die Ägypter sogar den Weg zur „angewandten Wissenschaft“, wie man heute sagen würde. Die ägyptischen Wissenschaftler – Priester zumeist – betrachteten die Gestirne und waren in der Lage, den Tag des Beginns der Nilüberflutung vorauszusagen. Sie hatten bereits ein Sonnenjahr von 365 Tagen ermittelt und schufen 2769 v. Chr. auch den ersten Kalender. Hoch entwickelt war auch die **Geometrie**. Für die Ägypter war auch sie eine angewandte Wissenschaft: Jedes Jahr nach der Nilüberschwemmung mußte schließlich das Land neu vermessen werden. **Astronomie, Mathematik und Geometrie** betrieben die Ägypter, weil diese Wissenschaften ihnen halfen, die mit der Nilüberschwemmung verbundenen Aufgaben zu bewältigen und dem Hunger zu entgehen.

II.3 Ägyptische Steinbearbeitung

Man hat Ägypten einen **„Staat aus dem Stein“** (G. Evers) genannt. Tatsächlich verdankt die ägyptische Hochkultur, die sich uns um 3000 v. Chr. präsentiert, ihre Entstehung nicht zuletzt der technischen Beherrschung des Steins als Baustoff.
In den ägyptischen Kalk- und Sandsteinbrüchen arbeiteten die Steinmetze von Anfang an mit Metallmeißeln, die zunächst aus Kupfer bestanden. Die Meißel wurden mit Holzschlegeln oder Steinhämmern – je nach Härte des Materials – geschlagen. Die Steinbrucharbeiter gingen meist von einer waagerechten Tonzwischenschicht aus und meißelten Steinblock um Steinblock von oben nach unten mit ihren kurzen Metallmeißeln heraus – eine Arbeit, die uns angesichts der Größe solcher Steinblöcke oder Statuen heute kaum noch vorstellbar erscheint.
In den Steinbrüchen wurden nicht nur Bausteinblöcke herausgehauen: Steinmetze und Bildhauer stellten vor Ort auch

Statuen, Säulenbasen, Stelen oder Opferplatten her.
Bei sehr hartem Gestein, wie dem beliebten Rosengranit von Assuan, verwendete man anstelle der zu weichen Kupfer- oder Bronzemeißel scharfkantige Steinbrocken aus dem sehr harten Dolerit als Arbeitswerkzeuge. Mit solchen Steinhämmern schlug man den gewünschten Block Stück für Stück heraus. Diese mühsame Arbeitsmethode kann man an dem riesigen unvollendeten Obelisken in einem Steinbruch bei Assuan nachvollziehen. Der 42 Meter lange Obelisk ist bereits nach der genannten Art an drei Seiten mit Doleritthämmern vom Felsen gelöst worden. Nur an der Unterseite ist er noch nicht abgetrennt worden. Die Abspaltung an der Unterseite geschah üblicherweise ebenfalls durch Abklopfen mit Steinhämmern. Dabei unterlegte man den Steinblock stückweise mit Granitblöcken, je weiter die Abtrennung voranschritt.
War ein solcher monumentaler Obelisk erst einmal abgetrennt, geglättet, mit Hilfe von Quarzsand und Steinen poliert und die Inschriften eingemeißelt, wurde er auf Holzrollen und zwei hintereinander gehängten Schlitten auf einer aufgeschütteten Sandbahn zum nahen Nil gezogen. Spezialschiffe brachten ihn dann an seinen Bestimmungsort. Auf welche Weise ein so gewaltiger Block verladen wurde, ist uns nicht genau bekannt. Doch dürfen wir annehmen, daß dabei einfache Zug- und Hebelgeräte angewandt wurden, vor allem aber ein Riesenaufgebot an Menschen notwendig war. Um den Obelisken an seinem endgültigen Standort aufzurichten, schüttete man Sand auf und zog ihn auf schrägen Rampen hinauf, um ihn dann auf sein Fundament herabzulassen.
Aus einer Grabzeichnung, die den Transport einer Kolossalstatue vom Steinbruch zum Aufstellungsort zeigt, können wir entnehmen, auf welche Weise die Ägypter solche Aufgaben lösten:
Die Statue war etwas über 8 Meter hoch und ca. 60 Tonnen schwer. Sie mußte vom Steinbruch bis zum Aufstellungsort über eine Wüstenstrecke von 40 km transportiert werden. Zu diesem Zweck hatte man die Figur auf einen großen Holzschlitten montiert, der von 172 Männern an vier Seilen gezogen wurde. Andere Arbeiter gossen ständig Wasser vor die Kufen des

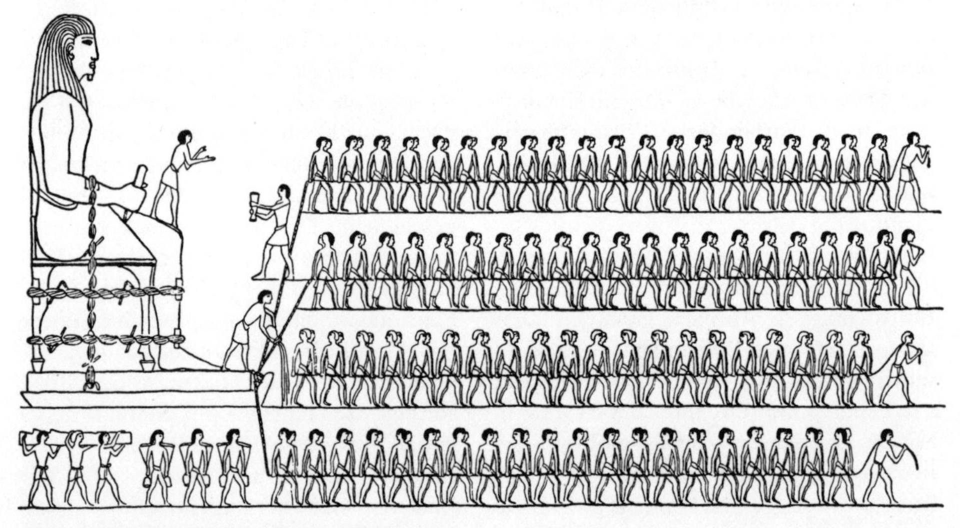

Abb. 2: Transport einer Monumentalstatue

Schlittens in den Sand, um die Gleitfähigkeit zu erhöhen und die Reibungshitze zu verringern. Was uns heute so unfaßbar erscheint, wurde also in erster Linie durch die Muskelkraft zahlreicher Menschen bewirkt. Es gibt allerdings auch Hinweise darauf, daß gelegentlich auch Zugochsen zum Einsatz gekommen sein könnten. In jedem Fall aber erfolgte der Transport so großer Werkstücke weniger mit Hilfe komplizierter Technik als vielmehr mit einem Großaufgebot menschlicher oder tierischer Muskelkraft.

II.4 Der Pyramidenbau

Die bekanntesten technischen Großtaten der Ägypter sind zweifellos die **Pyramiden**. Ob unsere heutigen Baumeister und Ingenieure wohl noch imstande wären, sie so zu bauen? Man darf es bezweifeln.

Der erste Ingenieur überhaupt, der uns namentlich bekannt ist, war Imhotep. Unter der Regierung des Pharaos Djoser baute er die erste Pyramide (um 2700 v. Chr.). Vorher waren die Pharaonen in sogenannten Mastabas, rechteckigen Ziegelbauten, die über einer unterirdischen Grabkammer errichtet worden waren, beigesetzt worden. Diese Mastabas waren zunächst aus Schlammziegeln, einem sehr anfälligen und wenig dauerhaften Baumaterial, gefertigt. Seit der dritten Dynastie ließen die Pharaonen größere Mastabas aus Stein anstelle von Ziegeln bauen. Pharao Djoser und Imhotep bauten zunächst bei Sakkara eine große quadratische Steinmastaba mit einer Seitenlänge von 61 und einer Höhe von 8 Metern. Diese Mastaba wurde schließlich zu einer sechsstufigen Steinpyramide von 61 m Höhe und einer Grundfläche von 110 × 125 Metern erweitert. Die verwendeten Steine waren noch verhältnismäßig klein, da es die Bauarbeiter noch nicht verstanden, größere Natursteine zu bearbeiten. Wenige Jahre später entstand die Pyramide von Medum. Als Stufenpyramide begonnen, füllte man schließlich ihre Stufen auf und machte eine glattwandige Pyramide daraus.

Wie entstanden die imposanten ägyptischen Pyramiden? Wie wurden diese Millionen von schweren Natursteinblöcken herangeschafft und aufgetürmt? Der Bau der Cheops-Pyramide (2500 v. Chr.) dauerte nach Herodot 20 Jahre. 20000 Menschen arbeiteten ständig daran. Die Bauern mußten jedes Jahr 3 Monate an der Pyramide mitarbeiten. Tausende von Bauern und Sklaven schleppten 2,3 Millionen übermannshohe Steinquader auf hölzernen Schlitten und Walzen kilometerweit aus den Steinbrüchen oder vom Wüstenrand heran und verluden sie auf Schiffe. Am Zielort wurden die Blöcke auf einem eigens dafür angelegten Kanal- und Hafensystem bis an den Fuß des Pyramidenplateaus gebracht. Ein einziger dieser Steinblöcke von etwa 1,20 m Kantenlänge wog ca. 2500 kg.

Zunächst wurde der quadratische Grundriß der Pyramide mit vier Ecksteinen markiert. Dann setzte man die herbeigeschafften Gesteinsblöcke auf Stoß aneinander. Lage auf Lage wurde so aufgeschichtet. Eine dünne Mörtelschicht erleichterte das Verschieben der Blöcke. Bei fortschreitendem Bau wurden die Gesteinsblöcke wahrscheinlich auf einer mitwachsenden, spiralenförmig um die Pyramide gelegten Rampe aus Gesteinsschutt, Nilschlammziegeln und Holzbohlen hochgezogen. Als die Pyramide schließlich fertig war, hätte man auf ihrer Grundfläche die Kathedralen von Florenz und Mailand, St. Peter in Rom, die Westminsterabtei und St. Paul's Cathedral in London gleichzeitig unterbringen können.

Der griechische Historiker Herodot behauptete, die Pyramiden seien mit Baumaschinen (etwa nach Art der griechischen Krane, s. S. 39) errichtet worden. Doch finden sich in Kunst, Literatur und Architektur keine Spuren davon, daß die Ägypter hölzerne Baumaschinen gehabt hätten.

Die menschliche Arbeitskraft stand ausreichend und billig zur Verfügung. Sie war die Antriebskraft der Ägypter. Darüber hinaus wurden nur einfache technische Hilfsmittel benutzt.

Doch sind die Pyramiden keineswegs allein der Sklavenarbeit zu verdanken. Auch freie Handwerker und Bauern arbeiteten daran mit – letztere, um ihre Steuern abzutragen. Nicht weniger notwendig waren Organisationstalent und technisches Wissen. Man darf davon ausgehen, daß die Erbauer der Pyramiden vorher Konstruktionszeichnungen angefertigt haben. Mathematische Grundkenntnisse waren erforderlich, etwa, um den Neigungswinkel der Pyramiden zu berechnen.

Die **Sklaverei** spielte in der ägyptischen Gesellschaft eine geringere Rolle, als man gemeinhin annimmt. Die meisten Sklaven waren zudem als Hausbedienstete reicher Männer tätig. Vermutlich gab es beim Bau der Pyramiden einen kleinen Stab geschickter „Facharbeiter". Dazu kamen Zehntausende von Bauern, die der Pharao zur Zwangsarbeit aushob. Sie waren aber trotz ihrer Verpflichtung zur Zwangsarbeit keine Sklaven. Auch die Soldaten des Pharao wurden zur Mitarbeit herangezogen.

III Die Technik im antiken Griechenland

III.1 Politische, wirtschaftliche, gesellschaftliche und geistige Rahmenbedingungen

Die griechische Kultur hat die geistige, kulturelle und politische Entwicklung des Abendlandes für Jahrtausende entscheidend beeinflußt. Vor allem in der Geometrie und Philosophie kamen die Griechen zu Erkenntnissen, die fortbestehen werden, solange es die Menschheit gibt. Noch heute mühen sich Schüler mit ihren geometrischen Lehrsätzen und den so beliebten Beweisen ab. Die Griechen waren die eigentlichen Begründer einer theoretischen Wissenschaft. Die alten Hochkulturen am Nil, in Mesopotamien, am Indus und in China hatten über hervorragende Kenntnisse in verschiedenen Einzelwissenschaften verfügt. Diese beruhten jedoch ausschließlich auf der Erfahrung und wurden nicht zu einem geschlossenen System verarbeitet. Erst die Griechen leisteten auf diesem Gebiet Hervorragendes. Ihre Liebe zur abstrakten theoretischen Wissenschaft war allerdings so groß, daß sie die technische Nutzanwendung ihrer Erkenntnisse darüber vergaßen. Die Griechen entwickelten als erste eine wissenschaftliches Bewußtsein und trugen damit 2000 Jahre später (seit der Renaissance, s. dort) viel zur Entwicklung der modernen abendländischen Technik bei. Sie selbst aber verzichteten im allgemeinen darauf, Techniker zu sein, obwohl sie durchaus in der Lage gewesen wären, komplizierte, rationelle und sinnvolle Maschinen zu bauen. Ihre Kriegsmaschinen und die spielerischen Apparate der alexandrinischen Mechaniker (s. S. 34ff.) zeigen dies deutlich.

Es schickte sich für den griechischen Bürger nicht, sich mit so banalen Dingen wie Handwerk und Technik zu befassen. Handwerkliches und technisches Schaffen wurden als niedrige Tätigkeiten verachtet, während die Landwirtschaft als durchaus ehrenwertes Gewerbe galt. Wer sich mit handwerklichen oder technischen Tätigkeiten befaßte, lief Gefahr, als „Banause" (banausos = Mensch ohne geistige Interessen) verspottet zu werden. Viele Menschen des 19. und 20. Jahrhunderts, insbesondere diejenigen, die sich für besonders gebildet hielten, dachten und denken noch genauso. Die Griechen überließen handwerkliche und technische Beschäftigungen daher überwiegend den Sklaven oder den Fremden (= Metöken). Der griechische Bürger dagegen widmete sich ganz der Politik in der Volksversammlung oder der „reinen" Wissenschaft und Philosophie.
Mit dem Wort *techne,* von dem unser Wort Technik abgeleitet ist, bezeichnete der Grieche jede Art von praktischer Tätigkeit. Ungleich höher in seiner Wertschätzung aber stand ihm das theoretische Wissen, *episteme* genannt. Um 400 v. Chr. drückte ein Athener das so aus: „Was man mechanische Künste nennt, trägt ein gesellschaftliches Brandmal und wird in unseren Städten gänzlich mißachtet."
Für „niedrige" Arbeiten hatten die Griechen schließlich Sklaven genug, was den wenigsten Schülern bewußt ist, wenn sie die Schule verlassen, da die Griechen vor allem als „Musterdemokraten" behandelt werden. Doch schon nach der Einwanderung der griechischen Völker (1200 v. Chr.) waren die bisherigen Bewohner des Landes zu Leibeigenen gemacht wor-

den. Den Nachschub garantierten regelrechte Sklavenhändlergesellschaften, deren Geschäftsbeziehungen das ganze Mittelmeer umspannten. Die Sklavenarbeit war das materielle Rückgrat der griechischen Zivilisation. Sklaven wurden im Bergbau, im Gewerbe und in der Hauswirtschaft eingesetzt.
Viele der großen athenischen Privatvermögen beruhten auf bergbaulicher oder gewerblicher Tätigkeit. Die handwerkliche Gütererzeugung bildete die Regel. Aber es gab auch große Werkstätten *(ergasteria)* mit einem hohen Grad von Arbeitsteilung bei der Herstellung der Waren – so in der Rüstungsproduktion oder in Exportgewerben wie der Ledererzeugung und -verarbeitung, der Keramikproduktion oder der Tuchweberei.

In der hellenistischen Zeit nahmen die auf Sklavenarbeit beruhenden großen Werkstätten weiter zu. Ihre erhöhte Produktivität beruhte nicht auf dem Einsatz von Maschinen, sondern nur auf einer fortgeschrittenen Arbeitsteilung. Der Herstellungsprozeß blieb ansonsten handwerklich.

Die größte der athenischen Werkstätten, eine Schildmanufaktur, beschäftigte 120 Sklaven. Wir hören von einer Schuhmanufaktur mit 10, einer Kunsttischlerei mit 20 und einer Rüstungsmanufaktur mit 30 Sklaven. Selbst so prominente athenische Politiker wie Perikles und Alkibiades waren sich nicht zu fein, solche Werkstätten zu besitzen.
Zu den Faktoren, die einer stärkeren Entwicklung der Technik nicht eben förderlich waren, gehört auch das wissenschaftlich-geistige Umfeld. Zwar hatten die jonischen Naturphilosophen des 5. Jahrhunderts die Wende zu einer verstandesmäßigen Philosophie und Naturwissenschaft eingeleitet, aber auch die Wissenschaft des 5. Jahrhunderts stand noch ganz im Schatten der Volksreligion und der Philosophie. Naturwissenschaft wurde als Anhängsel der Philosophie betrieben, der die ganze Liebe des Griechen galt. Die Naturwissenschaft sollte gar nicht unmittelbar praktische Ergebnisse bringen, sondern war nur ein Hilfsmittel zur philosophischen Erklärung der Welt.
Die Philosophen seit Sokrates beschäftigten sich vor allen Dingen mit Fragen der Ethik, der Moral und der Metaphysik, statt über die Probleme der äußeren Welt und der Natur nachzudenken. Die wichtigsten Strömungen der griechischen Philosophie waren keineswegs geeignet, die wissenschaftliche Naturerkenntnis und eine Wissenschaft von der Technik zu fördern. Die einflußreichste aller philosophischen Richtungen, der Platonismus, beschäftigte sich mit den ewigen und unveränderlichen „Ideen". Die konkreten Einzelerscheinungen in der Natur betrachtete er lediglich als unwichtige Widerspiegelung der ewigen göttlichen Ideen. Die Erforschung dieser Einzelheiten war daher zweitrangig. Für den Platoniker spielte daher auch das Experiment, die Grundlage der exakten Naturwissenschaft, keine Rolle. Die Ideen, so glaubten die platonischen Philosophen, waren allein durch logisches abstraktes Denken erfaßbar. Mathematik und Geometrie konnten allenfalls helfen, die „Ideen" zu erkennen. Als Platon, der Begründer dieser Philosophie, aber hörte, daß zwei Wissenschaftler wie Eudoxos und Archytas mechanische Experimente anstellten, war er entrüstet, weil sie den Adel und die Reinheit der Mathematik zerstörten. Die Mechanik wurde so aus der Mathematik verbannt und wurde nur noch als militärische Hilfswissenschaft (zur Konstruktion von Kriegsmaschinen) betrieben. Die platonische Auffassung von der Ewigkeit und Unveränderlichkeit der „Ideen" verhinderte es auch, daß die Griechen eine Lehre von der Bewegung (= Dynamik) ent-

warfen. Ihnen kam es auf die unveränderlichen göttlichen Ideen, auf das „Schöne", das „Gute" usw. an. Diese Ideen aber bewegten sich nicht, sie waren ewig. Wozu also eine Lehre von der Bewegung? Sie wäre nach Ansicht eines platonischen Philosophen zur Erklärung der Welt nicht nötig gewesen. Für die Entwicklung eines Maschinenwesens hätte sie allerdings großen Nutzen gebracht.

Ausgerechnet ein Schüler Platons, Aristoteles, wurde der vielleicht größte und einflußreichste Wissenschaftler der Antike. Auf vielen Gebieten sammelte er naturwissenschaftliche Beobachtungen. Doch galt sein Hauptinteresse der Logik, dem klaren Denken. Im „Organon" faßte er seine Abhandlungen über die Logik zusammen. Dieses Buch sollte für 2000 Jahre das Lehrbuch der Logik schlechthin bleiben. Seine auf der Beobachtung und dem Experiment beruhenden naturwissenschaftlichen Arbeiten blieben demgegenüber jahrhundertelang unbekannt.

Die hellenistischen Königreiche des dritten vorchristlichen Jahrhunderts scheinen der Wissenschaft günstigere Voraussetzungen geboten zu haben als die griechischen Demokratien. Das weit nach Osten vorgeschobene Großreich Alexanders des Großen förderte die „internationale" Beeinflussung der Gedanken. Es gab in der hellenistischen Zeit einen weltlich gesinnten Handelsstand in Städten wie Alexandrien, Antiochien, Pergamon und Syrakus. Schulen, Universitäten und Bibliotheken vermehrten sich, und die Wissenschaft erfreute sich königlicher Förderung. Unter der Schirmherrschaft eines solchen hellenistischen Monarchen, Hierons II. von Syrakus, arbeitete einer der bedeutendsten antiken Wissenschaftler und Techniker, der 287 v. Chr. geborene Archimedes. Als eine der ganz wenigen Ausnahmen verband Archimedes wissenschaftliche Arbeit und technisches Schaffen in einer Person. Die Welt verdankt Archimedes einige grundlegende mathematische und physikalische Erkenntnisse. Er fand das Gesetz des Auftriebs, entwikkelte eine Methode zur Feststellung des spezifischen Gewichts und wandte die Geometrie auf die Mechanik an. Archimedes baute merkwürdige Mechanismen – nicht, um sie zu nützlichen Dingen zu benützen, sondern um die wissenschaftlichen Gesetze zu ergründen, nach denen sie funktionierten. Sein Interesse galt also der reinen Wissenschaft. Besonders angetan hatten es ihm der Hebel und der Flaschenzug. Beide technischen Prinzipien fanden dann auch Verwendung, als die Römer im Jahre 212 Syrakus angriffen. Archimedes baute in dieser Situation Kriegsmaschinen (s. auch S. 42), mit denen er die Römer beschoß und ihre Schiffe aus dem Wasser hob.

Solche technischen Arbeiten hinderten aber selbst Archimedes nicht daran, die Mechanik und jede Wissenschaft, deren Ziel praktische Anwendung war, als gemein und niedrig zu verachten.

III.2 Bergbau und Metallbearbeitung

Es ist bekannt, daß der Bergbau vor allem für Athen eine große Bedeutung hatte. Die Silberminen von Laureion waren an private Unternehmer verpachtet. In der Blütezeit des Silberbergbaus, im 5. Jahrhundert v. Chr., waren dort 30000–40000 Arbeiter, meist ausländische Sklaven, beschäftigt. Die Arbeit geschah ohne nennenswerte technische Hilfsmittel. In engen Gängen arbeiteten die Sklaven auf den Knien, auf dem Rücken oder auf dem Bauch. Hammer und Meißel waren die üblichen Abbaugeräte. In riesigen Mörsern wurde das Erz mit großen eisernen Stößeln zerkleinert und dann in kleine

Schmelzöfen geschoben. Beim Schmelzen nahm man bereits Blasebälge zu Hilfe, um die notwendigen Temperaturen zu erreichen.
Die Gewinne aus diesen **Silberminen** waren ungeheuer. Auf ihnen beruhte zu einem guten Teil der athenische Staat. Als die Silberminen im Peleponnesischen Krieg von den Spartanern erobert wurden, war die athenische Wirtschaft am Ende. Im vierten Jahrhundert waren die Gruben erschöpft. Dies trug zum Niedergang Athens bei. Die **Bronze** war das gebräuchlichste Metall der Antike, das vom Eisen nie ganz verdrängt wurde. Schon vorgeschichtliche Kulturen hatten es verstanden, aus Kupfer massive Güsse herzustellen. Das Massivgußverfahren wurde später auch für die Bronze übernommen. Güsse in größerem Format wurden erst durch eine grundlegende Neuerung möglich, die den Griechen des 6. Jahrhunderts zugeschrieben wird, das **Hohlgußverfahren aus der verlorenen Form**. Aus Ton formte man zunächst einen Kern, der in etwa die Form des gewünschten Endproduktes hatte. Über diesen Kern wurde dann in der Stärke der späteren Metallschicht eine Wachsschicht gezogen, deren Oberfläche sehr sorgfältig durchmodelliert wurde. Diese Wachsschicht wurde wiederum mit mehreren Tonschichten bedeckt. Damit Kern und Tonschicht sich nicht gegeneinander verschoben, waren dazwischen eiserne Verbindungsstäbe angebracht. Beim Guß mußte das Wachs abfließen können. Dafür sorgten entsprechende Kanäle. Nach dem Ausschmelzen des Wachses und dem Brennen der Doppelform erfolgte der Metallguß. War das Metall erkaltet, zerschlug man den Mantel und entfernte den Kern.

Eisen verwendete man in der gesamten Antike fast nur als Schmiedemetall. Die für den Guß notwendigen Temperaturen konnte man noch nicht erzielen. Die Ausschmelzung des Eisens war schwierig und aufwendig. Das Metall blieb deshalb teuer und selten.

III.3 Griechische Mechaniker: Ktsebios und Heron

Zu Lebzeiten des Archimedes und im darauffolgenden 2. Jahrhundert v. Chr. gab es eine ganze Reihe erstaunlicher wissenschaftlicher Erkenntnisse und technischer Neuheiten. Schon um 280 formulierte Straton von Syrakus den Satz: „Die Natur scheut den leeren Raum." Er hatte damit das Vakuum (den luftleeren Raum) entdeckt, das 2000 Jahre später bei der Entwicklung der Dampfmaschine eine große Rolle spielen sollte. Straton erkannte sogar, daß sich ein luftleerer Raum künstlich erzeugen ließ.
Im 3. Jahrhundert v. Chr. entwickelte Ktsebios von Alexandria, der Sohn eines Friseurs, eine Wasserpumpe mit Kolben, Zylindern und Ventilen, die Wasseruhr und die hydraulische Orgel. Die Pumpe hatte zwei senkrechte Zylinder, deren Kolben durch einen Kipphebel hin- und herbewegt wurden. Kolben und Zylinder waren offenbar aus Bronze gefertigt und erstaunlich genau geschliffen. Auf dem Boden der Zylinder gab es runde Einlaßlöcher, die durch ein einfaches Scheibenventil, das auf vier Stiften locker gelagert war, verschlossen wurden, wenn beim Pumpen Druck auf sie ausgeübt wurde. An den Auslaßleitungen befanden sich Klappenventile. Diese bestanden aus zwei kleinen bronzenen Platten, die miteinander durch ein Gelenk verbunden waren. Die eine, senkrecht vor dem Auslaßrohr befestigte Platte, hatte ein Loch in der Mitte (s. Abb. 3). Drückte der Kolben im linken Zylinder bei geschlossenem Scheibenventil das Wasser zusammen, öffnete

sich das linke Auslaßventil zum Auslaßrohr hin. Das in das Auslaßrohr gedrückte Wasser verschloß das zweite Klappenventil vor dem rechten Zylinder und wurde durch das Steigrohr nach oben gedrückt.

Im 1. Jahrhundert n. Chr. gab der wohl fähigste technische Autor der gesamten Antike, ein Erfinder namens HERON, in Alexandrien, dem wissenschaftlichen Mittelpunkt der damaligen Welt, mehrere Abhandlungen über Mathematik und Physik heraus. In seinen „Mechanika" beschrieb er verschiedene technische Hilfsmittel wie Rad, Welle, Hebel, Flaschenzug und Schraube und erläuterte ihre Verwendung. In einer anderen Schrift befaßte er sich in 78 Versuchen, bei denen es sich mehr um spielerische Tricks handelte, mit dem Luftdruck. Heron erkannte die Komprimierbarkeit der Luft. Er konstruierte eine Druckpumpe, eine Feuerwehrpumpe mit Kolben und Ventilen, eine Wasserorgel, eine hydraulische Uhr, einen Münzautomaten, der am Tempeleingang Wasser für rituelle Waschungen spendete, zwei kleine, mechanisch angetriebene vollautomatische Puppentheater und – eine Art **Dampfmaschine**. Die Feuerspritze war durchaus funktionstüchtig. 1889 fand man in einem spanischen Bergwerk eine Druckpumpe, die genau Herons Beschreibung entspricht.

Seine Dampfmaschine hat Heron selbst unter der Überschrift „Über einem geheizten Kessel soll sich eine Kugel um einen Zapfen bewegen" wie folgt beschrieben:

„Unter dem Kessel, welcher Wasser enthält und oben durch einen Deckel verschlossen ist, wird ein Feuer angezündet. Mit dem Kessel steht ein gebogenes Rohr, dessen Ende in eine Hohlkugel eingepaßt ist, in Verbindung. Dem Rohrende gegenüberliegend befindet sich der Lagerzapfen, welcher auf dem Deckel des Kessels ruht; und lasse die Kugel zwei gebogene Röhren enthalten, an den entgegengesetzten Enden eines Durchmessers angebracht, mit der Kugel in Verbindung stehend und in einander entgegengesetzten Richtungen gebogen, wobei die Biegungen rechtwinklig und senkrecht zu den Röhren verlaufen müssen. Wenn der Kessel heiß wird, kann man feststellen, daß der durch das Rohr in die Kugel eintretende Dampf durch die gebogenen Röhren austritt und die Kugel in Drehung versetzt."

(Zitiert nach: L. Sprague de Camp, Ingenieure der Antike, 1964, S. 297f.)

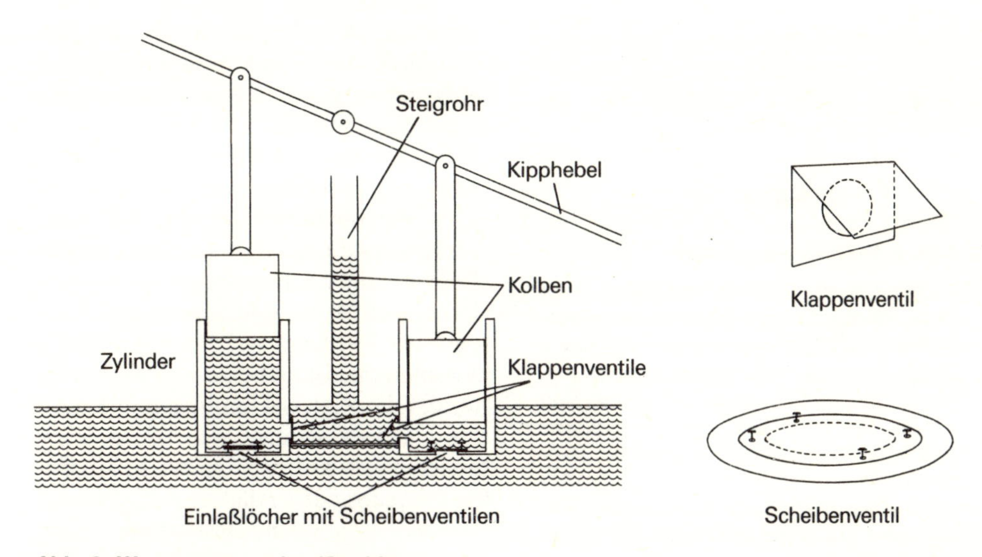

Abb. 3: Wasserpumpe des Ktsebios

Nach dieser Beschreibung müßte die „Dampfmaschine“ ungefähr wie in Abb. 4 dargestellt ausgesehen haben.

Herons Kugel drehte sich! Im Prinzip hatte er damit erkannt, daß sich strömender unter Druck stehender Dampf in eine mechanische Bewegung umsetzen ließ.

Lag es da nicht nahe, diese wahrhaft umwälzende Erkenntnis zu verwenden, um einen „Motor“ zu bauen, der den Menschen einen großen Teil der mühseligen körperlichen Arbeit abnehmen konnte? In seiner Freude am Spielerischen und Scherzhaften kam Heron nicht auf diesen Gedanken. So, wie sie bei Heron auftritt,

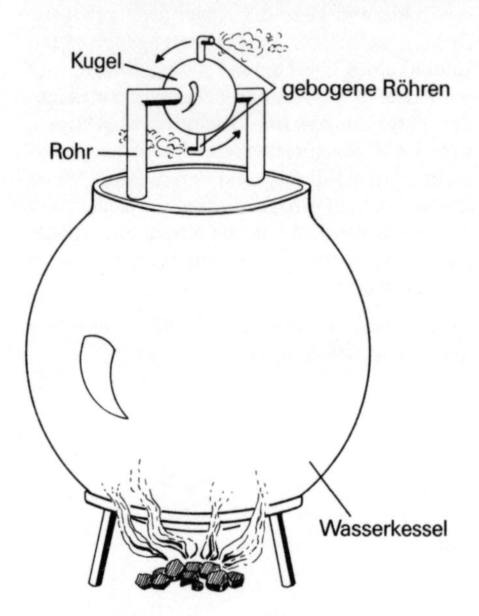

Abb. 4: Herons Dampfkugel

Funktionsweise: Ein Wasserkessel steht auf einem Gestell. Durch Erhitzen des im Kessel befindlichen Wassers entsteht im Kessel ein Druck. Durch das Rohr strömt Dampf in die Kugel und strömt durch die gebogenen Röhren aus. Der Dampf wird durch die gebogenen Röhren in eine Richtung ausgetrieben, so daß die Kugel nach dem Rückstoßprinzip in die entgegengesetzte Richtung in Drehung versetzt wird. Damit war das Prinzip des Strahlantriebs erkannt.

wäre diese „Dampfmaschine“ allerdings auch kaum von praktischem Nutzen gewesen. Die hohe Geschwindigkeit der rotierenden Kugel hätte mit Hilfe eines Schneckengetriebes, das Heron durchaus bekannt war, untersetzt werden müssen. Dies hätte zu erheblichen Reibungsverlusten geführt. Der Wirkungsgrad der Maschine war auch deshalb niedrig, weil bei der Feuerung des Kessels viel Energie verlorenging. Technisch gesehen lag das Hauptproblem an der Verbindung zwischen dem Rohr und der rotierenden Kugel. War diese Verbindung locker, so senkte das zwar die Reibung, hatte aber hohe Dampf- und Energieverluste zur Folge. War sie fester und dichter, waren die Dampfverluste geringer, zugleich aber die Reibungsverluste höher. Dieser Konflikt wäre mit modernen Kugellagern lösbar gewesen. Man hat ausgerechnet, daß der Wirkungsgrad der Maschine vermutlich etwa 1% betragen hätte. Selbst wenn es möglich gewesen wäre, ein Modell in großem Maßstab zu bauen, hätte es höchstens 1/10 PS geleistet – soviel wie eine Menschenkraft – und dabei enorme Brennstoffmengen verbraucht. Die Beschaffung des Brennmaterials und der Unterhalt des Feuers wären wesentlich aufwendiger gewesen als die Nutzung der Kraft eines Mannes.

Wenn Herons „Dampfmaschine“ so auch nicht gebrauchsfähig war, so kannte er doch alle Elemente, die zum Bau einer Dampfmaschine nötig waren. Bei seinem Entwurf einer Druckpumpe verwendete Heron aus Metall gefertigte Zylinder mit passenden Kolben, und ihm war auch ein Ventilmechanismus bekannt. Heron wußte, daß Druckkessel am besten in Kugelform gebaut wurden, weil sie so einen höheren Druck aushielten. Wir haben keine befriedigende Erklärung dafür, warum er die wichtigsten Bestandteile einer Dampfmaschine – Kessel, Ventile, Kolben und Zylinder – nicht miteinander kombinierte. Im Prinzip hätte er nur die Arbeitsweise einer Kolbenpumpe, die Druck vom Kolben aufnahm und so Flüssigkeit oder Luft in den Zylinder drückte, umkehren müssen. Man hat auf das Fehlen von geeignetem Brennstoff hingewiesen, um Herons Unterlassung zu erklären. Wahrscheinlich aber waren neben den erwähnten technischen Schwierigkeiten auch wirtschaftliche und soziale Gründe, das Fehlen eines wirtschaftlichen und sozialen Anreizes zur Einsparung von Arbeitskräften, mit maßgebend. Anstatt eine wirkliche Dampfmaschine zu ersinnen, was ihm theoretisch möglich gewesen wäre, verwandte Heron den Dampf, um einen Ball in der Luft schweben zu lassen, einen künstlichen Vogel singen und eine Statue ein Horn blasen zu lassen. Er erfand Apparate, mit denen Zauberer ungewohnte Tricks ausführen konnten, und einen mechanischen Tempeltüröffner. Erhitztes Wasser lief in dieser merkwürdigen „Maschine" in einen Eimer. Das dadurch zunehmende Gewicht des Eimers sorgte mit Hilfe von Flaschenzügen dafür, daß die Türen dem Tempels auf gar wundersame Weise geöffnet wurden.

Es bleibt ein nur schwer erklärliches Phänomen, daß weder Heron selbst noch seine antiken oder mittelalterlichen Nachfolger auf den Gedanken verfallen sind, die im Grundsatz erkannte Kraft des Dampfes zum Bau von „Kraftmaschinen" auszunutzen. Die technischen Schwierigkeiten waren zwar nicht zu übersehen, aber allein die Erkenntnis des Prinzips und seiner Funktionstüchtigkeit hätte doch eigentlich Anreiz sein müssen, für diese technischen Probleme praktikable Lösungen zu suchen.

Und doch hatten Herons Arbeiten langfristig einen gewissen, wenn auch nicht genau auszumachenden Einfluß auf die Entwicklung der Technik in späteren Jahrhunderten. Die Ingenieure der Renaissance studierten seine Werke mit großem Interesse. Im 17. Jahrhundert erinnerte man sich seiner, als das Problem der Nutzung des Dampfes in den Vordergrund trat. Der Marquess von Worcester, der eine Unterdruckpumpe zur Wasserhaltung in den englischen Kohlebergwerken konstruieren wollte, hatte über Herons Dampfmaschine gelesen. Allerdings gelang erst seinen Nachfolgern Savery und Newcomen der Bau praktisch verwendbarer Pumpen (s. S. 137ff.).

Wie die Dampfkraft, so wurde auch die Windkraft, die bei Heron ebenfalls schon zu Antriebszwecken ausgenutzt wurde, in der gewerblichen Praxis und in einem über das Spielerische hinausgehenden Maßstab während der Antike nicht ausgenutzt. Dies geschah erstmals im europäischen Hochmittelalter in nennenswertem Umfang.

In einer Schrift Herons befindet sich bereits ein Entwurf eines Windrades, das ein Orgelgebläse antrieb. Dies ist das einzige Mal, daß in der Schrift von der Anwendung der Windkraft die Rede ist. Weder Griechen noch Römer scheinen sie in der Praxis zu Antriebszwecken benutzt zu haben. Eine befriedigende Erklärung dafür gibt es nicht. Herons Windmaschine war durchaus funktionstüchtig. Ein einfacher Mechanismus setzte die Drehbewegung des Windrades in die Auf- und Abbewegung der Pumpe um.

Die radialen Stangen und der Kipphebel mit der Platte waren ein einfacher, allerdings auch sehr mangelhafter Ersatz für die im Altertum nicht bekannte Nockenwelle, die erst im Mittelalter angewendet wurde, um eine Drehbewegung in eine Auf- und Abbewegung umzusetzen (s. S. 74 und 75).

Das Windrad war zunächst nur ein Spielzeug. Aber hätte nicht der Gedanke nahegelegen, das Modell ins Große zu übertragen und so eine leistungsfähige Windkraftmaschine für gewerbliche Zwecke zu bauen? Warum zumindest nicht der Versuch gemacht wurde, ist nur schwer begreifbar. Dies um so mehr, als nicht nur Herons Windrad, sondern auch das Wasserrad Vitruvs (s. S. 57f.) die Entwicklung einer Windmühle eigentlich nahelegten. In gewissem Sinn ist ja die Windmühle nur ein auf den Kopf gestelltes Wasserrad, dessen Antrieb dann natürlich nicht mehr das Wasser, sondern der Wind besorgt.

Es ist häufig die Meinung vertreten worden, das Vorhandensein einer großen Zahl von Sklaven sei der eigentliche Grund dafür gewesen, daß die Griechen keinen wirtschaftlichen Anreiz hatten, die Produktion durch technischen Fortschritt zu verbilligen. Aber Sklaven waren nicht unbedingt billiger als freie Arbeiter. Außerdem gab es in den griechischen „Manufakturen" neben den Sklaven immer auch freie Arbeiter. Richtig allerdings ist, daß die Sklaven und die Fremden (Metöken) in wirtschaftlichen Krisenzeiten einen Puffer bildeten. Ging es einem Unternehmer wirtschaftlich schlecht, konnte er zuerst die Sklaven verkaufen und seine Kosten dem gesunkenen Umsatz anpassen, ohne gezwungen zu sein, seine Waren durch Einführung neuer Techniken zu verbilligen.

Die Handwerker stellten für den begrenzten lokalen Bedarf offenbar auch mit einfachen technischen Mitteln genügend Waren her. Dort, wo ein echtes wirtschaftliches Bedürfnis bestand, waren die Griechen durchaus in der Lage, sinnvolle Maschinen zu entwerfen. In der wichtigen, für den Export arbeitenden Olivenölindustrie, setzten sie Mühlen und Olivenpressen ein. Bei komplizierteren Pressen verwandten die Griechen bereits Schrauben, um die Backen der Presse zusammenzudrücken.

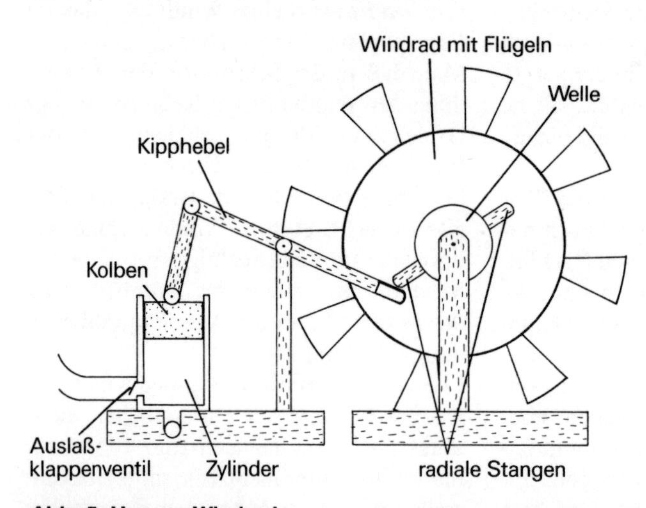

Abb. 5: Herons Windrad

Funktionsweise: Der von rechts blasende Wind wirkt auf die Flügel des Windrades und versetzt das Rad in eine Linksdrehung. Auf der Welle des Windrades sind zwei radiale Stangen befestigt. Dreht sich das Windrad, drückt die Stange auf die Platte des Kipphebels und hebt so den Kolben an. Ist die Stange bei fortschreitender Drehung des Windrades über das vordere Ende der Platte abgerutscht, fällt der Kolben im Zylinder nach unten und komprimiert die im Zylinder befindliche Luft, die daraufhin durch das Auslaßklappenventil in die Orgelpfeifen einströmt.

III.4 Hebevorrichtungen beim Tempelbau

In der gesamten griechischen und römischen Antike wurde alle Arbeit im wesentlichen durch Menschen- oder Tierkraft verrichtet. Der Mensch bewegte und trug Lasten, doch seine Leistungskraft war begrenzt. Die Säulen der griechischen Tempel aus dem 5. Jahrhundert konnte selbst eine große Zahl von Menschen ohne technische Hilfsvorrichtungen nicht bewegen. Diese Säulen waren aus einer Anzahl von Abschnitten gebaut worden, die man Säulentrommeln nannte. Ein solcher Abschnitt hatte einen Durchmesser von etwa 2 m. Wollte man ihn tragen oder bewegen, so war dies nur möglich, wenn man einen solchen Säulenabschnitt an der unteren Kante anfaßte. Hier konnten aber kaum mehr als 18 Personen gleichzeitig anfassen. Eine solche Anzahl von Menschen wäre nicht in der Lage gewesen, diese Steine, die nicht selten über eine Tonne wogen, aufzuheben oder auch nur zu bewegen. Man hat immer wieder auf die Sklaven hingewiesen, wenn man darüber nachdachte, wie die Griechen wohl ihre großartigen Gebäude errichtet haben mögen. Aber auch Sklaven wären nicht in der Lage gewesen, solche Steinblöcke mit der bloßen Hand zu bewegen. Nebenbei gesagt verfügten die griechischen und römischen Baumeister auch keineswegs immer über eine große Zahl von Sklaven. Die Griechen müssen also mechanische Hebevorrichtungen mit Winden und Flaschenzügen oder Rampen benutzt haben.

Keile, Rollen und schiefe Ebenen hatte man schon in Ägypten benutzt, um schwere Lasten zu bewegen. Griechische Techniker erfanden im 7. Jahrhundert v. Chr. den **Flaschenzug**. Indem man das Seil beim Flaschenzug über die lose Rolle laufen ließ (siehe Abb. 6), konnte man Kraft sparen und die Belastung der Seile vermindern. Die Griechen (und auch die Römer) hatten v-förmige Krane mit Flaschenzügen. Sie verwendeten dabei Dreirollenzüge mit einer Übersetzung von 3:1 oder Fünfrollenzüge mit einer Übersetzung von 5:1.

Bei einem Fünfrollenzug konnte mit einem Seil, das eine Tragkraft von 0,5 t hatte, eine Last von bis zu 2,5 t gehoben werden. Verwendete man zwei Seile und zwei nebeneinanderhängende Fünfrollenzüge, konnten bis zu 5 t gehoben werden. Die Lasten wurden meistens mit einer scherenförmigen Greifzange erfaßt, die in eingemeißelte Löcher im Stein griff. Eine andere Möglichkeit war es, Seile um sog. Transportbossen zu legen, die man später abschlug.

Die Winden der griechischen Krane wurden nicht mit **Kurbeln** bewegt, sondern mit **Haspeln**. Die Kurbel, von der man nicht genau weiß, ob sie in der Antike überhaupt bekannt war, erlaubt zwar eine höhere Arbeitsgeschwindigkeit, da man nicht nachfassen muß, hat jedoch eine geringere Leistungsfähigkeit als die Haspel, die deshalb für Krane geeigneter war.

Eine andere Möglichkeit zum Antrieb von Kranen, aber auch anderen mechanischen Vorrichtungen, war die von einem oder mehreren Menschen mit den Füßen bewegte **Tretmühle**. Die Menschen liefen in der Trommel des Tretrades. Die Bedienungsmannschaft eines Schwerlastkranes mit Trommel bestand aus ca. 5 Personen. Drei von ihnen liefen im Tretrad und bewegten so die Last. Mindestens eine weitere Person richtete den gehobenen Stein an seinem vorgesehenen Platz aus. Die Koordination übernahm ein weiterer Arbeiter, der unten neben dem Tretrad stand und Sichtkontakt sowohl zu den Männern im Tretrad als auch zu dem Mann an der Spitze hielt.

Schwere Lasten konnten auch mit einem **Göpel** – einer senkrecht gestellten Haspel – gehoben werden.
Die schwersten Steine beim Bau eines griechischen Tempels waren die Architrave. Um den Architrav des Artemis-Tempels in Ephesus auf die Säulen zu setzen, errichtete der Architekt Chersiphon zwischen den Säulen einen Hügel von Sandsäcken und brachte den Architrav dann mit Hilfe eines Kranes grob in die vorgesehene Stellung. Indem man dann den Sand aus den Säcken herausließ, konnte man den Stein genauer ausrichten.

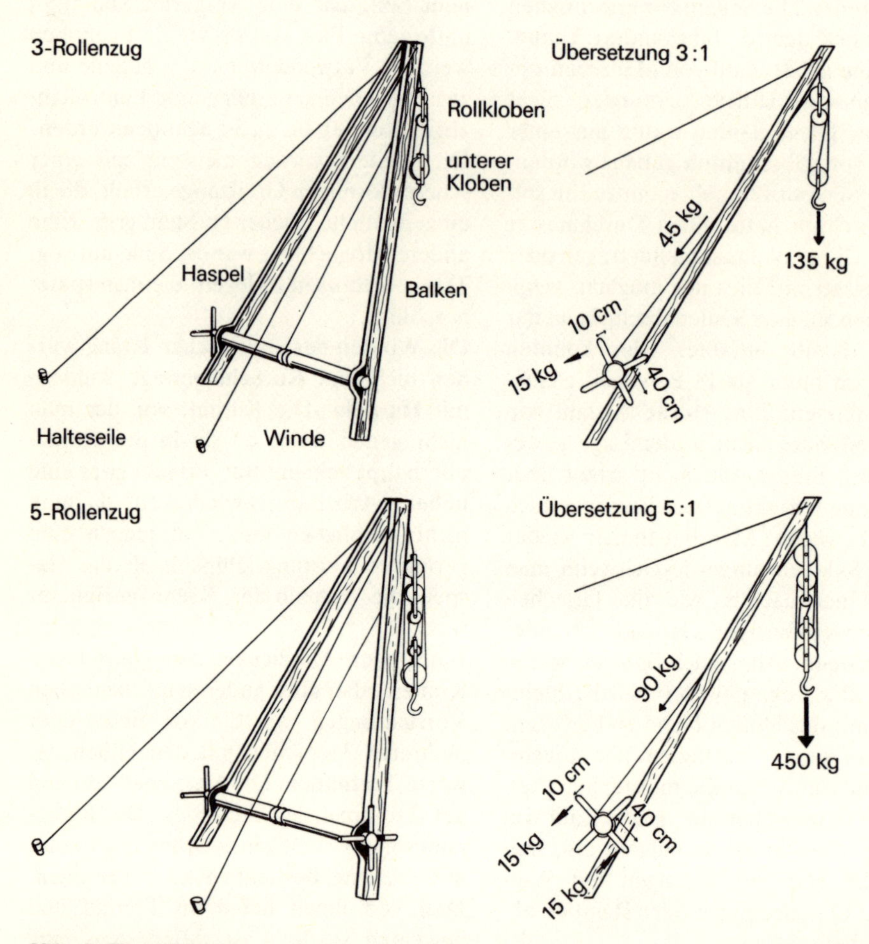

Abb. 6: Flaschenzug

Beschreibung: An der Spitze der beiden v-förmig zusammengefügten Balken sind Seile befestigt, die den Kran in seiner Lage halten. An der Spitze des Dreirollenkrans ist ein Rollkloben mit zwei übereinanderliegenden Rollen befestigt. Das Seil geht über die obere der beiden Rollen nach unten und um die Rolle des unteren Klobens herum, dann herauf um die untere Rolle des oberen Klobens und wird dann am unteren Kloben befestigt. Das andere Ende des Seils ist an einer Winde befestigt, die mit Hilfe einer vierspeichigen Haspel gedreht wird. Die Seilführung beim Fünfrollenzug ist aus der Skizze ersichtlich.

III.5 Griechische Kriegsmaschinen

Nur auf dem Gebiet der Kriegführung scheint für die Griechen ein echtes Bedürfnis bestanden zu haben, Maschinen zu entwickeln. Bereits in der griechischen Antike konzentrierte sich ein großer Teil der technischen Energie – leider – auf das militärische Gebiet. In den Kriegen der Athener auf Sizilien und in den kriegerischen Unternehmungen des Tyrannen Dionysius von Syrakus fanden neue Geschütze Verwendung. Seit dem beginnenden 4. Jahrhundert wurde das Militärwesen zunehmend zu einem Spezialberuf. Es setzte jetzt eine rasante Entwicklung der Militärtechnik ein.

Die griechischen Staaten setzten in ihren Kriegen ganze Batterien von Wurfmaschinen und **Katapulten** ein und bedienten sich auch der Verneblung und des Gasangriffs. Seit den Tagen Alexanders des Großen wurden die neuen Kriegsmaschinen aus leicht transportierbaren und zusammensetzbaren Teilen hergestellt. Je mehr sich in der Zeit nach Alexander dem Großen das stehende Heer anstelle der freiwilligen Bürgerheere durchsetzte, um

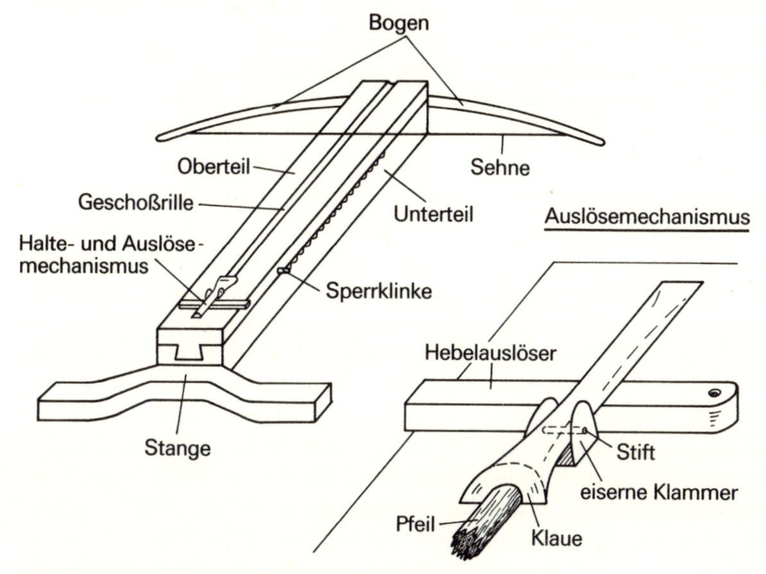

Abb. 7: Bogen-Katapult (Bauchschußwaffe)

Aufbau: Der Bogen war am Unterteil der Waffe befestigt. In das Unterteil war das verschiebbare Oberteil (Diostra) mit der Geschoßrille eingepaßt. Am rückwärtigen Ende des Oberteils befand sich der Halte- und Auslösemechanismus. Er bestand aus einer eisernen Klammer, einer Klaue und einem unter die Klaue gedrückten Hebel (Auslöser), der drehbar gelagert war. Klammer und Klaue waren mit einem Stift verbunden.

Funktionsweise: Sollte der Bogen gespannt werden, schob der Schütze das Oberteil nach vorn über den Bogen hinaus, bis die Klaue sich über die Sehne legte. Dann drückte er den Auslösehebel unter die Klaue, so daß diese vorn nicht hochkippen konnte. Das vordere Ende des Oberteils, das über den Bogen hinausragte, wurde nun gegen eine Wand oder gegen den Boden gedrückt. Indem der Schütze seinen Bauch mit voller Kraft gegen die am Unterteil befestigte Stange stieß, wurde das Oberteil zurückgeschoben und die Bogensehne gespannt. Eine Sperrklinke sicherte die Waffe. Nach Einlegen des Pfeils konnte der Schuß ausgelöst werden, indem der Schütze den Auslösehebel nach hinten stieß, so daß die Klaue vorne hochkippte und die Sehne mit dem Pfeil freigab.

so mehr fanden mechanische Waffen Verwendung.
Der Vorläufer aller Katapulte war der im östlichen Mittelmeerraum seit der frühen Antike bekannte Bogen. Seine Leistungsfähigkeit aber war abhängig von der Steifheit des Bogens und der Länge des Zuges – und damit von der Fähigkeit und Kraft des Menschen. Vermutlich im 4. Jahrhundert v. Chr. entwickelten die Griechen den Bogen zu einer „Bauch-Schußwaffe“ (Gastrophetes) weiter, die diese Begrenzungen überwand und einen ersten Ansatz zur Mechanisierung der Schußwaffen bildete. Bei dieser Waffe handelte es sich im wesentlichen um eine Armbrust, deren Bogen so steif war, daß er nicht mehr von Hand gespannt werden konnte. Sie wurde gespannt, indem man sie mit dem Bauch (daher der Name) gegen eine Wand oder gegen den Boden drückte. Die Waffe hatte einen ausgeklügelten Halte- und Auslösemechanismus.
Auf der nächsten Stufe der Entwicklung wurde die Bogensehne mit Hilfe einer Haspel und zwei Schnursträngen gespannt, die um eine kleine Winde liefen. Mit solchen Katapulten konnten nicht nur Pfeile, sondern auch Steine verschossen werden, wenn sich am Ende der Bogensehne eine entsprechende Schlaufe für die Aufnahme des Steins befand. Bogenkatapulte konnten Pfeile von einem Meter Länge über ca. 335 m und einpfündige Bleikugeln über 275 m weit verschießen.

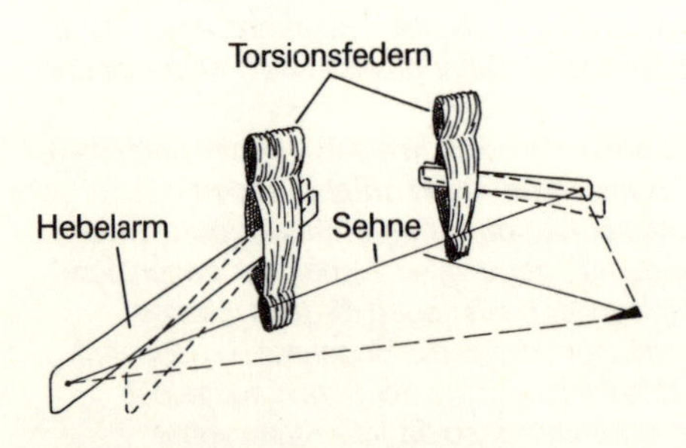

Abb. 8: Torsionsfeder-Katapult

Solche Pfeile durchdrangen mit Leichtigkeit einen mit Eisenblech beschlagenen Schild.
Seit dem 4. Jahrhundert v. Chr. benutzte man sogenannte **Torsionsfedern**, um die nötige Spannung für ein Katapult zu erzeugen. Solche Federn bestanden aus einem Bündel elastischen Materials (Frauenhaare, Achillessehnen von Tieren). Durch zwei senkrecht angebrachte Bündel wurden zwei waagerechte Arme oder Hebel gesteckt, deren Enden mit einer Sehne verbunden waren. Zog man die Sehne nach hinten, wurden die Arme gespannt. Ließ man die Sehne los, schnellten die Arme zurück und gaben der Sehne die nötige Schnellkraft.
Die griechischen Kriegsmaschinen entstanden nicht nur auf der Grundlage praktischer Erfahrungen, sondern waren häufig das Ergebnis von Zeichnungen und Berechnungen.
Selbst ein Wissenschaftler wie Archimedes baute Kriegsmaschinen im Auftrage des Tyrannen Hieron von Syrakus. Im Jahre 212 v. Chr. griffen die Römer Syrakus an. Archimedes stellte hinter den Verteidigungsmauern Katapulte auf, die schwere Steine auf die Angreifer schleuderten. Große Krane, die mit Hebeln gedreht werden konnten, ließen schwere Gewichte aus Blei oder Stein auf die herannahenden römischen Schiffe fallen. Andere Krane sollen die römischen Schiffe mit starken Haken gepackt und gegen den Felsen geschleudert haben. Wahrscheinlich handelte es sich dabei um Auslegerkrane. Auf einem hohen Turm hinter der Befestigungsmauer war mit einem drehbaren Zapfen ein waagerechter Auslegerbalken befestigt. Der hintere Teil des Auslegers konnte mit Hilfe eines Flaschenzugsystems heruntergezogen werden, so daß die Schiffe aus dem Wasser gehoben wurden.
Die Römer übernahmen die griechischen

Kriegsmaschinen und scheinen sie kaum verbessert zu haben, wenn man einmal davon absieht, daß sie sie mit Rädern versahen und von Pferden ziehen ließen.

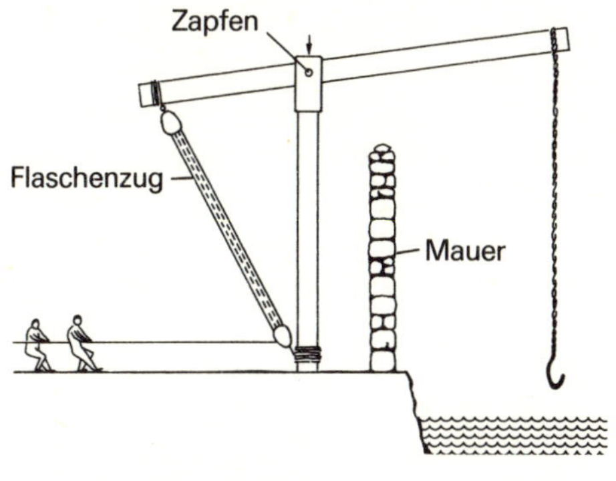

Abb. 9: Ausleger-Kran

III.6 Landverkehr und -transport

Neben der Menschenkraft wurde auch die Tierkraft in der griechischen und römischen Antike als Antriebsenergie ausgenutzt. Sowohl im klassischen Griechenland als auch in Rom herrschte dabei der Ochse vor, während das anspruchsvollere Pferd vor allem in Nordeuropa eine größere Rolle spielte. Der langsamere, aber auch billigere Ochse konnte eine schwerere Last ziehen als zwei Pferde und geschlachtet werden, wenn er zu alt zur Arbeit war. Pferde wurden in der Antike deshalb nur dort benutzt, wo es auf Geschwindigkeit ankam, z. B. im Krieg oder beim Wagenrennen. Sie waren gewissermaßen die Sportflitzer, Luxuslimousinen und vor allem auch Statussymbole. Im klassischen Griechenland bezeichnete das Wort *hippeus* (= Berittener) eine soziale Gruppe, die reich genug war, ein eigenes Pferd zu besitzen. Die nächst niedrigere Klasse nannte man in Athen *Zeugiten*. Das waren Leute, die lediglich ein Gespann Ochsen besaßen. Zum Transport von leichten Handelswaren und Personen benutzte man in der Antike auch kleine, von Eseln oder Maultieren gezogene Fahrzeuge. Esel und Maultiere waren in der Unterhaltung nur wenig teurer als Ochsen, dafür aber erheblich schneller.
Im antiken Griechenland gab es nur wenige und schlechte Straßen, die vorwiegend aus Staub bestanden und oft so schmal waren, daß nicht einmal zwei Karren aneinander vorbeifahren konnten. Immer wieder brachen die einfachen Karren auseinander oder blieben im Schmutz stekken. Häufig benutzten die Griechen deshalb den Maulesel, der weniger Platz beanspruchte, da er Lasten auf dem Rücken transportieren konnte.
Einen regelmäßigen Postdienst gab es in Griechenland nicht. Post und Nachrichten wurden durch Läufer überbracht (der „Marathon-Läufer“ ist der bekannteste). Nachrichten übermittelte man auch durch Feuersignale oder Brieftauben.

III.7 Schiffbau

Die Griechen waren ein ausgesprochenes Seefahrervolk. Ihr umfangreicher Ein- und Ausfuhrhandel ging überwiegend über das Meer. Schiffe waren für die griechischen Stadtstaaten aber auch nötig, um ihre Herrschaft über oft weit auseinanderliegende Gebiete und das Mittelmeer aufrechtzuerhalten. Die Griechen bauten ihre Schiffe schon sehr früh nach der sogenannten „Kraweel-Bauart“. Bei diesem Schiffstyp überlappten sich die Planken nicht, sondern waren glatt aneinandergefügt. Man verwandte dabei zwischen zwei Brettern Einlegekeile und befestigte sie mit hölzernen Zapfen in den Planken. Je nach Größe des Schiffes stemmte man alle 7–22 cm Nuten in die Schiffsplanken und schob in sie dann die verbindenden Einlegekeile (kurze Holzbretter) ein.

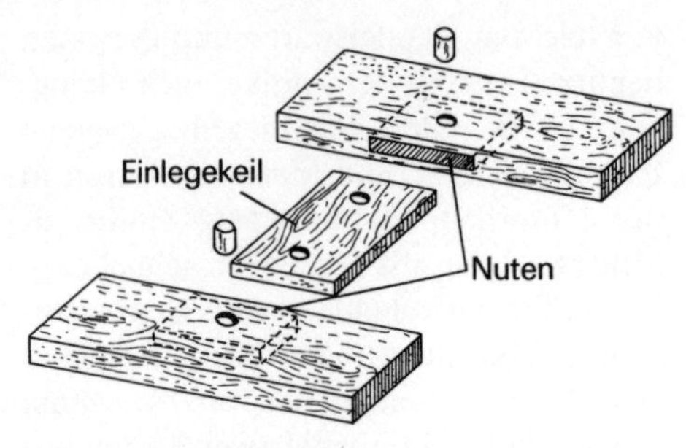

Abb. 10: Einlegekeile

Zur Abdichtung der Planken verwendete man ein aus Harz hergestelltes Dichtmaterial.
Man kann bei den Griechen – wie auch bei den Römern – grundsätzlich „lange" Schiffe (Kriegsschiffe mit Rudern) und „runde" Schiffe (Handelsschiffe mit Segel) unterscheiden. Die Griechen bauten Kriegsschiffe, deren Ruderer (oft in mehreren Reihen übereinander) auf festen Bänken saßen. Kissen sorgten dafür, daß die Ruderer keine Blasen bekamen.
Das beste Kriegsschiff der Antike war die griechische **Trireme** (Schiff mit 3 übereinanderliegenden Ruderbänken), die es seit etwa 650 v. Chr. gab. Die Ruderer auf der obersten Ruderbank brauchten sehr viel längere Riemen und mußten sie steiler ins Wasser halten. Gelöst wurde dieses Problem dadurch, daß man für die obere Ruderreihe Ausleger baute. Trotzdem hatten die Ruderer in der oberen Reihe erheblich schwerere Arbeit zu leisten und wurden deshalb auch höher bezahlt. Einen beneidenswerten Arbeitsplatz hatten allerdings auch die Ruderer im Laderaum nicht: sie gingen als erste unter, wenn das Schiff sank oder wurden als erste von feindlichen Entertruppen gefangengenommen.
Griechische Triremen des 5. Jahrhunderts verdrängten ungefähr 250 Tonnen. Sie konnten 2500 Hektoliter Getreide aufnehmen und entwickelten die für damalige Verhältnisse geradezu sensationelle Geschwindigkeit von 12 km in der Stunde. Dies entspricht der Geschwindigkeit eines modernen Rennachters. Später entwickelte man auch „Vierdecker" und „Fünfdekker". Ein „Fünfdecker" hatte wahrscheinlich nicht 5 übereinanderliegende Ruderreihen, sondern ebenfalls nur 3, wobei aber wahrscheinlich zwei Männer am oberen und mittleren und einer am unteren Riemen saßen. Die „Fünfdecker" blieben die Standardschiffe bis zum Ende der römischen Republik (31 v. Chr.). Sie waren größer als die Triremen und konnten bis zu 120 Mann Kampftruppen befördern, fuhren aber auch erheblich langsamer.
Griechische Handelsschiffe hatten ein quadratisches Segel quer zum Mast, manchmal auch ein Toppsegel und ein Hilfssegel an einem Bugsprit. Bei gutem Rückenwind konnten solche Schiffe in griechischer und römischer Zeit Geschwindigkeiten von 4–5 Knoten (ca. 7–9 km/h) erreichen. Das Segeln war unproblematisch, solange der Wind von hinten oder rechtwinklig zum Schiff von der Seite blies. Kam er jedoch von vorne, so mußte in einem Zick-Zack-Kurs gegen den Wind gekreuzt werden, wodurch sich die Reisestrecke manchmal mehr als verfünffachte.
Griechische und römische Schiffe wurden nicht durch ein Steuerruder am Achtersteven gesteuert, sondern durch je ein Steuerbrett an jeder Seite des Schiffes in der Nähe des Hecks.
In hellenistischer Zeit kannte man bereits eine Art Trockendock zur Reparatur von Schiffen. Für ein großes Kriegsschiff des Ptolemäus baute man dicht am Hafen von Alexandria einen rechtwinkligen Graben, der etwas größer als das Schiff war. In diesem Graben befand sich ein hölzernes Gerüst zur Aufnahme des Schiffes. Durch einen Stichkanal ließ man Wasser in den Graben laufen, das Schiff wurde hineinge-

zogen, der Kanal geschlossen und schließlich das Wasser mit Hilfe einer Druckpumpe der oben beschriebenen Art (s. S. 35) herausgepumpt. Das Schiff saß nun auf dem Gerüst und konnte repariert werden.

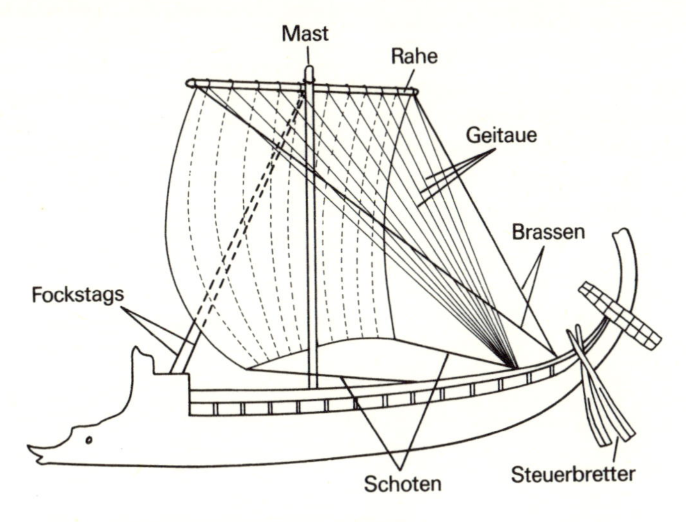

Abb. 11: Frühes griechisches Schiff

III.8 Zusammenfassung: Die technische Leistung der Griechen

Nicht nur die Werke eines Heron zeigen, daß die Griechen technisch keineswegs unbegabt waren. Sie erfanden z.B. um 700 v. Chr. den Flaschenzug und im 6. Jahrhundert den Bronzehohlguß aus der verlorenen Wachsform. Doch mit Ausnahme der Kriegsmaschinen und der Hebevorrichtungen beim Tempelbau scheinen sie kein Bedürfnis empfunden zu haben, Maschinen in der Praxis wirklich nutzbar zu machen.
Trotz der ausgeprägten wissenschaftlichen und theoretischen Neigung der Griechen entwickelten sie doch keine sehr ausgeprägte Naturwissenschaft. Ihnen fehlten aber auch die geeigneten technischen Instrumente, und die Verbindung von Wissenschaft und Technik war locker und mangelhaft. Die Griechen kannten überhaupt nicht den Begriff des Wissenschaftlers, sondern sprachen stets von „Philosophen". Angewandte Naturwissenschaft war bis auf wenige Ausnahmen nicht Sache der „Wissenschaftler", sondern namenloser Handwerker und Sklaven. Insgesamt blieben die technischen Leistungen der Griechen auch im sogenannten „Goldenen Zeitalter" (5. Jahrhundert) recht bescheiden. Selbst die so beeindrukkenden griechischen Tempel bedeuteten aus technischer Sicht keinen nennenswerten Fortschritt. Die griechischen Architekten erfanden nicht den Dachbinder und unternahmen auch nicht den Versuch, Bögen zu konstruieren, die in den Ländern des Orients schon seit längerem bekannt waren.

Daß die meisten griechischen Straßen vornehmlich aus Staub oder Schlamm bestanden, haben wir schon gehört. In den Städten gab es keine Abwasseranlagen. Ertönte der Warnruf „Exito“ („es kommt was raus!“), mußte man schleunigst den Kopf einziehen, denn jemand war gerade im Begriff, Abfälle auf die Straße zu werfen. (Allerdings gab es solche Verhältnisse auch noch in vielen europäischen Städten des 18. Jahrhunderts unserer Zeitrechnung!)

Die normalen griechischen Stadtstaaten hatten weder die Bevölkerungszahl noch den Reichtum, die nötig waren, so großzügige öffentliche Bauten wie die Ägypter oder Mesopotamier zu errichten. Und doch leisteten die Griechen einen wichtigen Beitrag zur Entwicklung der Technik, indem sie sich bemühten, rationale Erklärungen für das Funktionieren vieler Mechanismen zu geben, die bereits ihre Vorgänger erfunden hatten. Archimedes und Heron beschrieben die Gesetze des Hebels und anderer Vorrichtungen. Die technischen Schriften der Griechen übten großen Einfluß auf das technische Wissen in der mittelalterlichen abendländischen und mohammedanischen Welt aus.

IV Die Technik im antiken Rom

IV.1 Politische, wirtschaftliche, gesellschaftliche und geistige Rahmenbedingungen

Die Römer waren tatkräftige und praktisch veranlagte Menschen. Aber auch sie entwickelten die Technik nicht wirklich nennenswert über den Stand hinaus, den sie bereits bei den Griechen erreicht hatte. So änderte sich zum Beispiel an den Methoden der Bodenbearbeitung jahrhundertelang nichts. Man benutzte den leichten hölzernen Pflug, der nicht viel mehr war als ein mit einem Haken versehener Stock, der den Boden nur leicht anritzte. Daneben fanden Hacke, Spitzhaue, Spaten, Heugabel und Rechen Verwendung. Lediglich auf einigen großen Gütern in Gallien setzte man seit Mitte des 1. Jahrhunderts nach Christi Geburt eine neue große **Erntemaschine** ein, an deren Rand Zähne angebracht waren. Die Maschine auf zwei Rädern wurde von einem Ochsen durch das Getreidefeld geschoben. Die von den Zähnen angerissenen Ähren fielen in den Kasten der Erntemaschine. Palladius hat die Maschine wie folgt beschrieben:

„Der ebene Teil Galliens benutzt folgendes Gerät zum Ernten des Korns. Das ganze Feld wird so durch den Einsatz eines einzigen Ochsen abgemäht, wenn man die Arbeit des Menschen nicht mitzählt. Man baut also ein Wagengestell, das auf zwei niedrigen Rädern ruht. Dieses viereckige Gestell hat einen Aufbau aus Brettern; diese stehen auf den Außenseiten schräg und bilden einen nach oben sich erweiternden Kasten. An der Vorderseite dieses Wagenkastens sind die Bretter weniger hoch. Dort stehen in einer Reihe sehr viele Greifzähne, die nach oben etwas gekrümmt sind; diese werden (durch die Deichselhaltung) auf die Höhe der Ähren eingestellt. An der Rückseite dieses Gefährtes sind zwei kurze Deichseln befestigt wie die Stangen einer Sänfte. Dort wird ein Ochse ... mit dem Kopf zum Wagen hin ins Joch gespannt und angeschirrt ... Wenn der Lenker beginnt, die Maschinen durch das Feld zu fahren, werden die einzelnen Ähren von den Greifzähnen gepackt und in den Kasten befördert. Dabei werden die Ähren von den Halmen abgerissen, die stehen bleiben. Die richtige Höhe der Greifzähne stellt der Fuhrmann ein, der hinter dem Zugtier hergeht. Und so wird durch wenige Hin- und Herfahrten in kurzem Zeitraum das ganze Feld abgeerntet. Diese Maschine ist auf ebenem und flachem Gelände und auf solchen Gütern praktisch, wo das Stroh nicht benötigt wird."

(Nach: Franz Kiechle, Sklavenarbeit und technischer Fortschritt im römischen Reich. Wiesbaden 1969, S. 131)

Diese Maschine eignete sich nur für ebene und großflächige Äcker und brachte zudem hohe Körnerverluste mit sich. Obwohl die Erntearbeit mit ihr mindestens dreimal rentabler war als diejenige von Menschenhand, blieb die Maschine auf Gallien beschränkt und war wohl nur für größere Güter rentabel. Sie verbreitete sich auch in spätrömischer Zeit nicht weiter, als der Mangel an Arbeitskräften – u.a. bedingt durch den Rückgang der Sklaven – dies eigentlich nahegelegt hätte. Doch auch im gewerblichen Bereich blieben revolutionäre technische Innovationen aus. Die Fortschritte, die hier erreicht wurden, bezogen sich in erster Linie auf eine fortgeschrittene Arbeitsteilung in großen Manufakturen, deren technische Ausstattung aber nicht-maschinell, d.h. traditionell handwerklich blieb. Solche zentralisierten Großbetriebe gab es nicht nur in der späten Kaiserzeit, als staatliche **Manufakturen** eingerichtet wurden, um

den Bedarf von Heer und Verwaltung zu decken, sondern bereits als private Unternehmungen seit hellenistischer Zeit.
So gab es in Ligurien große Webereien, die die Mehrzahl der römischen Sklaven mit grober Kleidung versahen. Manufakturen gab es in der Kaiserzeit auch auf dem Sektor der Glaserzeugung. Die Arbeiter waren nicht nur Sklaven, sondern teilweise auch Freie. In noch größerem Stil erfolgte in der augusteischen Zeit die Herstellung von Gebrauchskeramik (arretinische *terra sigillata*).
Die Herstellung dieser neuen Art von Keramik erfolgte in großen Manufakturen durch eine entwickelte Arbeitsteilung und mit Hilfe standardisierter Serienproduktion.
Das dabei angewandte Verfahren hatte große Ähnlichkeit mit dem Schriftsatz: mit stempelartigen „Patrizen" wurden die gewünschten Ornamente von innen in eine Formschüssel aus Ton gedrückt. Diese Formschüsseln dienten dann als „Modeln" für die herzustellenden Keramikgefäße, indem man in sie den weichen Ton hineinstrich. Nach dem Trocknen konnte man das Gefäß entnehmen und auf diese Weise ganze Serien identischer Gefäße herstellen. Die Modeln wurden von zwar unfreien, aber dennoch mit ihrem eigenen Namen signierenden Kunsthandwerkern hergestellt. Weniger qualifizierte Arbeitskräfte formten dann serienweise aus diesen Formschüsseln die Gefäße.
Obwohl unfrei, waren die Arbeitskräfte derartiger, für den Luxusbedarf arbeitender Manufakturen gesuchte Fachleute. Der Begründer der Terra-sigillata-Produktion in Arezzo, M. Perennius Tigranus, holte kleinasiatische Sklaven in die Stadt, die die in Kleinasien entwickelte Technik dieser neuen Keramikart nach Italien übertrugen. Neben den hochqualifizierten Kunsthandwerkern, die die Modeln formten und entwarfen, gab es andere Sklaven, die einfacheres Geschirr herstellten, und ferner eine weitere Gruppe von Verpackern, Brennern, Verladern usw.
Betriebe wie diese Terra-sigillata-Manufakturen waren auf ein großes Absatzgebiet angewiesen. Bevor sie entstehen und bestehen konnten, mußte die Sicherheit des Handels im Mittelmeerraum durch stabile politische Verhältnisse wiederhergestellt sein, was in der frühen Kaiserzeit der Fall war. Nachdem diese Voraussetzungen später mit der zunehmenden Schwächung des Imperiums entfallen waren, gingen die Manufakturen wieder ein.
Großbetriebe gab es daneben auch im spätrepublikanisch-frühkaiserzeitlichen Rom im kombinierten Bäcker- und Müllergewerbe, in dem von Tieren angetriebene Rotationsmühlen und Teigknetmaschinen eingesetzt wurden.

Alle diese Manufakturen und Großbetriebe waren auf einen ausgedehnten Absatzmarkt angewiesen. Gegenüber dem Handwerk besaßen sie keine durchschlagende technologische Überlegenheit. Dazu kamen die Probleme des antiken Transports, der nur auf dem Seeweg und über Flußläufe rentabel war. Unter diesen unsicheren Verhältnissen konnte die Manufaktur daher in der römischen Antike das Handwerk nicht wirklich verdrängen.

Von der römischen Naturwissenschaft, die hinter der griechischen zurückblieb, gingen ebenfalls keine Impulse für eine entscheidende Weiterentwicklung der Technik aus. Die Technik selbst oblag in ihrer vollen Breite dem „Architekten", der nicht nur die römischen Staatsbauten erstellte, sondern auch Kriegsmaschinen, Wasseruhren, Hebevorrichtungen und dergl. konstruierte. Eine Spezialisierung der „Ingenieure" gab es nicht.
Unter diesen Voraussetzungen lagen die wichtigsten technischen Leistungen der Römer auf dem Gebiet des Straßen-, Brücken- und Hochbaus und der Kon-

struktion von Aquädukten, die entweder von militärischem Nutzen für das römische Imperium waren oder den gesellschaftlichen und politischen Verhältnissen durch Repräsentation am stärksten Ausdruck verliehen.

IV.2 Römischer Bergbau

In Italien betrieben bereits die Etrusker seit dem 8. Jahrhundert v. Chr. Kupfer-, Eisenerz-, Blei- und Zinnbergbau. Sie verhütteten die Metalle in kegelstumpfförmigen Hochöfen, die den Hangaufwind ausnutzten.
Die Römer entwickelten die Bergbaumethoden der Griechen und Etrusker lediglich weiter. Die römischen Minen befanden sich grundsätzlich in Staatseigentum. Sie wurden aber an private Unternehmer verpachtet, die sie dann von Tausenden von Sklaven ausbeuten ließen. Die Arbeit in den römischen Bergwerken war gefürchtet. Die Arbeiter kamen manchmal tagelang nicht ans Tageslicht. Der Abbau der Erze geschah mit Hilfe eiserner Keile und Hämmer.
Die Römer verbesserten vor allen Dingen die Abteufung in größere Tiefen, indem sie riesige Entwässerungsanlagen bauten. In Spanien holten die Römer Silber aus einer Tiefe von über 200 m. Um das Wasser aus der Grube zu bekommen, setzte man mehrere hintereinander angeordnete ca. 5 m lange **Archimedische Schrauben** ein. Jede dieser Schrauben hob das Wasser um etwa 1,5 m.
Die der Überlieferung nach von Archimedes (3. Jahrhundert v. Chr.) erfundene Wasserschraube wurde hergestellt, indem man um eine hölzerne Welle flache Streifen aus Weidenholz oder Weidenrute, die mit Pech bestrichen waren, nagelte. Dies geschah in mehreren Schichten, bis der Durchmesser der gesamten Schraube doppelt so groß war wie derjenige der Welle. Um die so hergestellte Schraube wurde dann eine hölzerne, ebenfalls mit Pech bestrichene Tonne herumgebaut, die mit eisernen Reifen zusammengehalten wurde und mit den Schraubenblättern fest verbunden war. Das gesamte Gehäuse wurde durch Menschenkraft in Drehung versetzt. Die Pumpe war schräg angeordnet und reichte am unteren Ende in das zu fördernde Wasser hinein, das bei Drehung der Schraube nach oben in einen weiteren Pumpensumpf befördert wurde, wo es von der nächst höheren Schraube weitergehoben wurde.
Wie im einzelnen der Antrieb durch Menschenkraft geschah, ist nicht genau belegt. Denkbar wäre ein direkter Antrieb mit den Füßen oder aber ein indirekter über

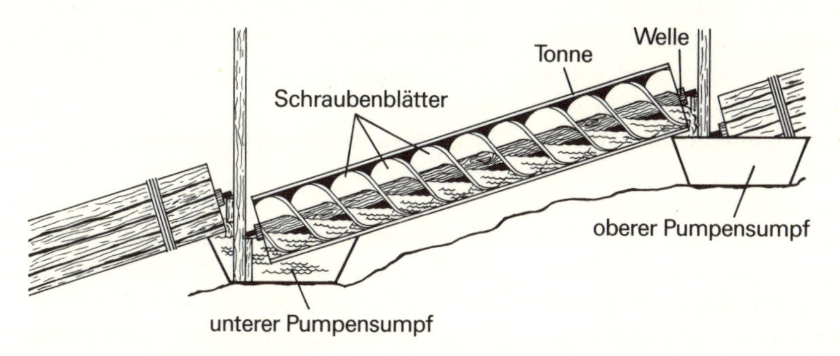

Abb. 12: Hintereinander angeordnete Archimedische Schrauben zur Wasserförderung in einem Bergwerk

eine Tretmühle, deren Bewegung mit Hilfe eines einfachen Getriebes auf die Wasserschraube übertragen werden konnte. In jedem Fall aber handelte es sich um eine menschliche Tretbewegung als Antriebskraft. Man hat errechnet, daß eine Archimedische Schraube etwa 10000 l Wasser pro Stunde heben konnte.

Im Bergbau, wo es darauf ankam, Wasser über größere Höhen zu heben, war eine Reihe weiterer „Pumpen" in Gebrauch, die gegenüber der Archimedischen Schraube den Vorteil einer größeren Förderhöhe hatten. Da war zunächst das Schöpfrad, ein großes hölzernes Rad, um dessen Rand Wassereimer befestigt waren. Bei einem Schöpfrad wurde jedoch viel Wasser vergossen, bevor die Eimer den oberen Punkt des Radkranzes erreichten und ihr Wasser in eine Rinne gossen. Möglicherweise wurden solche Schöpfräder von Tieren angetrieben, die um eine Antriebswelle im Kreise gingen. In diesem Falle mußte es irgendein zwischengeschaltetes Getriebe geben.

In einem der römischen Rio-Tinto-Bergwerke in Spanien hat man ein **Speichenrad**, eine Weiterentwicklung des Schöpfrades, gefunden, das Wasserverluste weitgehend vermied. Das Rad hatte 24 Speichen und einen Durchmesser von 4,5 Metern. Zwischen jeweils zwei Speichen befanden sich in der Felge des Rades 24 Wasserkammern mit Einfluß- und Ausflußlöchern. Durch diese Öffnungen füllte sich die Felge unter Wasser und wurde ganz oben wieder entleert, wo das Wasser in eine Rinne lief. In einem der Bergwerke fand man Reste einer ehrgeizigen Entwässerungsanlage aus 8 hintereinander angeordneten Paaren solcher Speichenräder, die das Wasser um insgesamt fast 30 Meter hoben. Dafür waren 16 kräftige Männer notwendig. Sie förderten pro Stunde beachtliche 11160 l.

Alle diese Pumpen wurden wohl auch außerhalb des Bergbaus, wie z.B. bei der Bewässerung in der Landwirtschaft verwendet. Der Bau größerer Anlagen aus mehreren hintereinander angeordneten Pumpen dürfte sich jedoch nur im Bergbau gelohnt haben.

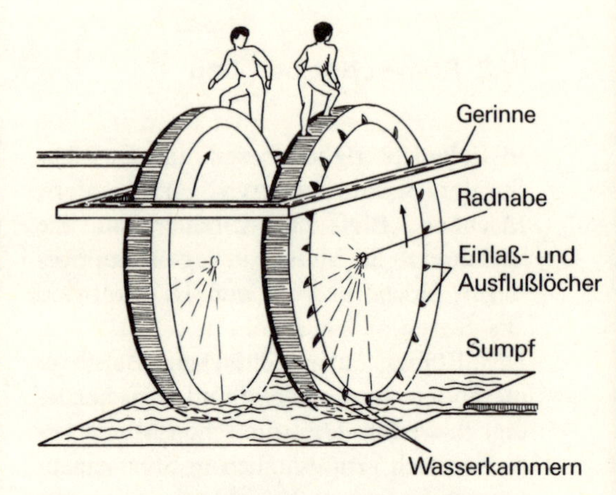

Abb. 13: Speichenräder zur Wasserförderung

Die Einlaß- und Ausflußlöcher waren jeweils direkt neben den Trennwänden (Speichen) der 24 Wasserkammern angeordnet. Sobald sie in das Wasser eintauchten, begannen sich die Kammern zu füllen. Wenn die Ein- und Ausflußlöcher aus dem Wasser herauskamen, befanden sie sich am oberen Rand der jeweiligen Wasserkammer, so daß nur wenig Wasser herauslaufen konnte. Hatten die Ausflußlöcher die Höhe der Radnabe überschritten, floß das Wasser durch sie in das Gerinne heraus. Geringfügige Wasserverluste waren dabei unvermeidlich.

IV.3 Wasserversorgung und Heizung

Beachtenswerte Leistungen vollbrachten die Römer im Bau von Wasserleitungen. Über 10 Aquädukte wurde die Stadt Rom in der Kaiserzeit mit 1000000 m^3 (= 1 Mrd. Liter) frischem Wasser täglich versorgt. Zur Zeit des Kaisers Augustus hatten die meisten römischen Privathäuser Rohrleitungen und Wassersprudel. Die Römer waren allerdings nicht die ersten, die Aquädukte bauten. Schon König Sanherib von Assyrien, Polykrates von Samos und die Phönizier hatten dies getan.

Die gebräuchlichste Form der römischen Wasserleitungen war die offene Leitung, die aus einer im Stein eingelegten und mit Mörtel oder Zement abgedichteten Rinne bestand. Bei der offenen Leitung mußte das Gefälle stets auf der gleichen Höhe gehalten werden. Versperrte ein Hügel den Weg der Leitung, baute man eine abfallende Rinne rund um den Berg herum. Das war sehr aufwendig. Die offene Leitung war außerdem leicht der Verschmutzung ausgesetzt, wenn man sie nicht mit teuren Steinplatten abdeckte. Im Kriegsfall konnte eine solche Leitung um einen Berg herum leicht zerstört werden. Man zog es deshalb vor, einen Tunnel durch den Berg zu bohren. Im Nahen Osten waren diese Bergstollen bereits seit längerem bekannt gewesen, und auch die Griechen hatten solche Tunnel bereits im 6. Jahrhundert v. Chr. gebaut. Auf der Insel Samos hatten die Griechen damals einen Tunnel von 1100 m Länge und 2,5 m Höhe und Breite durch einen Berg geführt.

Nach der Beschreibung des Römers Vitruv führte man den Stollen eines solchen Tunnels mehr oder weniger geradeaus und brachte von der Oberfläche des Berges alle 35,5 m senkrechte Schächte nieder. Diese Schächte erleichterten die Ausrichtung des Tunnels. Man konnte an der Oberfläche einfach eine gerade Linie markieren und auf dieser Linie Schächte mit Hilfe von Loten nach unten bauen. Hatte der waagerechte Stollen dann den ersten Schacht erreicht, erleichterten unter dem Mittelpunkt des Schachtes liegende Sichtstangen die horizontale Ausrichtung des Tunnels, der dann bis zum nächsten senkrechten Schacht weitergeführt wurde. War die Wasserleitung fertiggestellt, ermöglichten die Schächte außerdem den Zugang zum Tunnel und seine bessere Wartung. Es ist möglich, daß das Niederbringen der senkrechten Schächte, die dann horizontal durch den Stollen (Tunnel) miteinander verbunden wurden, eine Übertragung der damals üblichen Bergbautechnik auf das Gebiet der Wasserversorgung darstellte und daß die Techniker und Arbeitskräfte, die solche Wasserleitungen bauten, einschlägige Erfahrungen aus dem Bergbau hatten.

Dort, wo beim Bau von Wasserleitungen in Tälern ein größeres Gefälle erreicht worden wäre, als notwendig war und um Geländeeinschnitte zu überbrücken, bauten die Römer die **Aquäduktbögen**, jene mächtigen, imposanten Bauwerke. Allerdings war der größte Teil der römischen Wasserleitungen unterirdisch verlegt. Bei der Aqua Claudia wurde z. B. nur ein Siebentel der Gesamtlänge der Wasserleitung (57 km) auf Bögen geführt. Beim Bau der Aquäduktpfeiler errichtete man zunächst

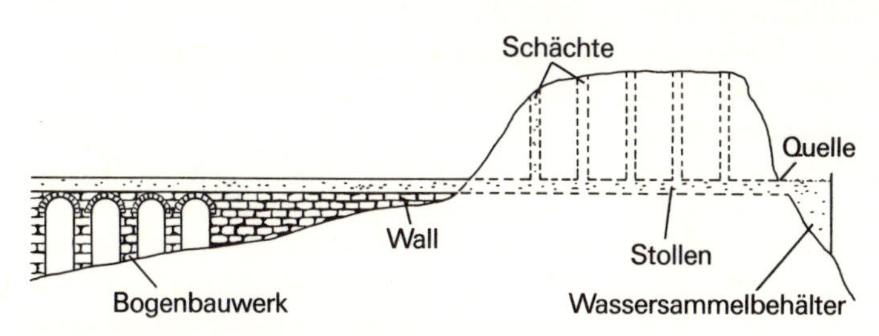

Abb. 14: Römischer Aquädukt

aus Ziegeln oder quadratischen Hausteinen das Pfeilergehäuse und füllte die Pfeiler dann mit Schotter oder Beton aus. Die Bögen bestanden aus keilförmig zugehauenen Steinblöcken.
Die Römer bauten auch geschlossene Wasserleitungen aus Blei oder Töpferware. Vitruv gab der Töpferware den Vorzug. Die Römer kannten offenbar die Vergiftungsgefahr durch Bleirohre. Aber Blei war auch teurer und verlangte von den Handwerkern besondere Fertigkeiten. Tonrohre für Wasserleitungen waren etwa 1 bis 1,2 m lang. Als Dichtungsmasse empfahl Vitruv ungelöschten, mit Olivenöl angerührten Kalk. Geschlossene Leitungen hatten vor allen Dingen mit zwei Problemen zu kämpfen: dem Wasserdruck, der bei Bleirohren die Lötverbindungen aufsprengte oder bei Tonrohren mit der Zeit Löcher hervorrief, und den Ablagerungen, die zur Verstopfung der Leitung führen konnten. Die Römer bekämpften die Ablagerungen, indem sie am Einlauf der Leitung Absetzbecken bauten.
Diese technischen Schwierigkeiten bei geschlossenen Leitungssystemen waren wahrscheinlich auch der Grund dafür, daß die Römer keine Druckwasserleitungen wie die Griechen bauten, obwohl ihnen dieses Prinzip durchaus bekannt war. Bei der Druckwasserleitung mußte nicht ständig ohne Rücksicht auf die natürliche Bodengestaltung für das nötige Gefälle gesorgt werden. Sie folgte vielmehr dem Auf und Ab der natürlichen Bodenform und paßte sich ihr unauffällig an. Der **Druckwasserleitung** lag das Prinzip der kommunizierenden Röhren zugrunde. Dieses Prinzip besagt, daß in mehreren, oben offenen, aber unten miteinander verbundenen Röhren eine Flüssigkeit gleich hoch steht – ohne Rücksicht auf den Durchmesser oder die Form der Röhren. Wenn der Ausgangspunkt einer Druckwasserleitung also nur ein wenig höher lag als alle sich zwischen dem Anfang und dem Ende der Leitung befindlichen Punkte, wurde der Endpunkt der Leitung mit Wasserdruck versorgt.
Das System der Druckwasserleitung war zwar weniger aufwendig, dafür aber auch ungleich anfälliger gegen Bruch und Undichtigkeit. Nach der Fertigstellung konnte eine solche Leitung nur unter großem Aufwand inspiziert und gereinigt werden. In der griechischen Stadt Pergamon in der Türkei gab es seit 200 v. Chr. eine Druckleitung, die ungefähr 360 m über Meereshöhe begann, dann um 183 m hinab in ein Tal, wieder aufwärts um 58 m auf einen niedrigen Hügel, wiederum abwärts um 40 m in ein zweites Tal und schließlich aufwärts um 137 m zur Zitadelle von Pergamon führte. Diese Leitung hat offenbar nicht sehr lange zufriedenstellend gearbeitet. Als die Stadt 133 v. Chr. unter römische Herrschaft geriet, ersetzten die Römer die Leitung durch eine Gefälleleitung mit Aquäduktbögen, wobei durch den Hügel zwischen den beiden Tälern ein Stollen gebaut wurde.
Die Gefälleleitung hatte deutliche technische Vorteile – jedenfalls beim damaligen Stand der Technik. Sie entsprach aber sicher auch besser dem Stilempfinden der Römer, das sich auch in den übrigen Staatsbauten der Kaiserzeit ausdrückt. Die mächtigen Bogen der Aquädukte drückten Macht und Überlegenheit über die Natur aus und zeugten auch von der politischen Macht und Größe des römischen Weltreiches.
Die römischen Wasserleitungen mündeten an einem Punkte oberhalb der zu versorgenden Stadt üblicherweise in einen häufig mit Filtern versehenen Verteiler. Durch drei übereinander angeordnete Hauptleitungen floß das Wasser dann in die Stadt. Sank der Wasserstand ab, fiel zuerst die obere Leitung für die private Wasserversorgung aus, dann diejenige für die Ther-

men und öffentlichen Zierbrunnen und zuletzt die Leitung für die Straßenbrunnen. Seit dem Ende des 1. Jahrhunderts v. Chr. konnten sich Privathaushalte – auf eigene Kosten – an das Versorgungsnetz anschließen. Sie erhielten dann von einem Eichbeamten genormte Wasserdüsen, damit nicht unkontrolliert zu große Wassermengen „abgezweigt" werden konnten.
Die Abwässer der römischen Bäder und Manufakturen durchspülten öffentliche Abortanlagen, die an das Kanalsystem angeschlossen waren.
Es gehörte zum Wohnkomfort römischer Bürgerhäuser, daß sie auch **Warmwasserleitungen** und **Zentralheizungen** kannten. Wahrscheinlich war die römische Hypokaustenheizung (Fußbodenheizung) eine griechische Erfindung, die dann jedoch vor allem im Römischen Reich vervollkommnet wurde und allgemeine Anwendung fand. Eingeführt hat sie in Italien um 90 v. Chr. ein rühriger Geschäftsmann namens C. Sergius Orata, der unter anderem auch die Austern- und Fischzucht betrieb und zu rationalisieren suchte. Um seine Fischzuchtbehälter zu erwärmen, verwendete er als erster die Hypokaustenheizung. Orata verwendete diese Methode der Beheizung eines Wasserbassins mittels heißer Luft, die durch Hohlräume unterhalb des Bassins zog, auch, um Badewannen zu erwärmen. In der Folgezeit verbreitete sich diese Heizmethode dann vor allem in römischen Badeanlagen, sehr bald aber auch in Privathäusern.
Von einem Heizraum (praefurnium) aus wurde heiße Luft in 50–90 cm hohe Hohlräume unter dem Fußboden, die Hypokausten, geleitet. Der Fußboden wurde durch dichtstehende Pfeiler aus Ziegeln oder feuerfestem Stein gestützt. Über Abzugsschächte in der Wand gelangten die Abgase ins Freie.
Im 1. Jahrhundert nach Chr. wurde dieses Heizsystem dadurch verbessert, daß man von den Hypokausten aus auch die Innenmauern beheizte, indem man die Luft durch Hohlziegel streichen ließ und so eine bessere Wärmenutzung erreichte. Schließlich ließ man die erwärmte Luft sogar durch eine regulierbare Öffnung in der Wand direkt in das Zimmer streichen. Damit war bereits um 100 n. Chr. ein optimaler Stand der Heiztechnik erreicht, der danach kaum noch verbessert werden konnte. In modernen Versuchsnachbauten hat man festgestellt, daß die römischen Fußboden- und Wandheizungen eine gleichmäßige, zugfreie und überaus angenehme Wärme abgaben. Mit einer Wärmeausnutzung von ca. 90% war dieses System darüber hinaus auch noch außerordentlich wirkungsvoll und sparsam.

Die Hypokaustenheizung war zunächst aus rein kommerziellen Interessen eingeführt worden. Schon bald aber gehörte sie zum unverzichtbaren Wohnstandard eines wohlhabenden Bürgerhaushaltes. Ohne sie wäre die Übertragung römischer Zivilisation auf nördlichere und klimatisch härtere Gegenden in der Kaiserzeit so nicht möglich gewesen.

IV.4 Landverkehr

Bekannt sind die technischen Leistungen der Römer im **Straßenbau**. Mehr als 100000 km gut befestigter Straßen – in Deutschland gab es bis zum 19. Jahrhundert kaum bessere – waren die Lebensadern des Weltreiches.
Die römischen Straßen bestanden im Grunde aus einem mächtigen, horizontalen Mauerwerk, das sich aus vier Schichten aufbaute: einem Fundament, einer wasserdichten Schicht, die das Wasser vom Fundament abhielt, einer Bindeschicht und dem eigentlichen Straßenpflaster. Die römischen Straßenbauer verwandten Kalkmörtel, mischten ihn mit

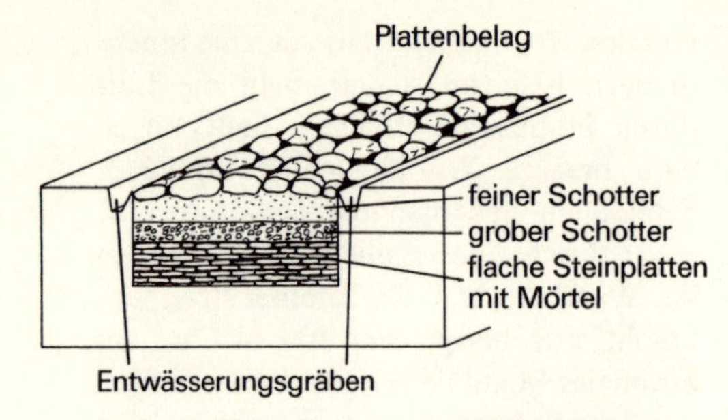

Abb. 15: Aufbau einer römischen Straße

Bruchsteinen und zerstampften Ziegeln und stellten so eine breiige Masse her, die in die Zwischenräume des Steinfundamentes eindrang und ihm eine große Festigkeit verlieh. Solche Straßen hielten durchschnittlich 70–100 Jahre. Das ist ein sehr langer Zeitraum, wenn man bedenkt, daß auf diesen Straßen Fahrzeuge mit eisernen Rädern verkehrten.

Die Römer konnten aus Kalkmörtel und Kies bereits Betonstraßen herstellen. Dieses Verfahren ist eine echte römische Erfindung. In den Alpen hauten die Römer Straßen in steile Hänge ein und versahen sie mit künstlichen Wagenfurchen, um die Fahrzeuge sicher zu Tal zu bringen. Fernverkehrsstraßen aus der Kaiserzeit hatten nicht selten eine Breite von 24 m. Sie hatten eine Mittelbahn von 12 m Breite, die den Truppenbewegungen vorbehalten war, und 2 Seitenwege für den allgemeinen Verkehr. Von den Persern hatten die Römer gelernt, daß für die Beherrschung eines großen Reiches gute Verkehrswege unerläßlich waren. War ein neues Gebiet unterworfen, wurden sofort Straßen gebaut, auf denen die römischen Legionen jederzeit heranrücken konnten. Allerdings profitierte auch der Handel von diesen Römerstraßen. Das gesamte Straßennetz war auf Rom ausgerichtet – alle Wege führten bekanntlich nach Rom.

Im Kaiserreich konnte man von Britannien bis zum Euphrat auf gut ausgebauten Straßen reisen. Die römische Staatspost brachte es auf durchschnittlich 8–10 km in der Stunde. Sonderkuriere und Boten konnten unter Umständen 10–16 km in der Stunde schaffen. Bis in die Tage Napoleons erreichte die Reisegeschwindigkeit nicht wieder diesen Stand. Ein Brief Caesars aus Großbritannien brauchte 29 Tage, um Cicero in Rom zu erreichen. Als der konservative englische Parteiführer Sir Robert Peel in der 1. Hälfte des 19. Jahrhunderts von Rom nach London reiste, brauchte er für die gleiche Strecke 30 Tage.

Raststätten, Hotels, Pferdewechselstationen, Straßenmeistereien und Landkarten ermöglichten den Römern ein halbwegs komfortables Reisen. Dazu trug vor allem auch der römische **Reisewagen** mit vier Rädern bei. Er war geräumig und bequem, hatte sogar eine Einrichtung zum Schlafen, eine drehbare Vorderachse und vor allem eine gut arbeitende Federung. Die Karosserie war mit Lederriemen oder Seilen an Stützen über der Achse aufgehängt.

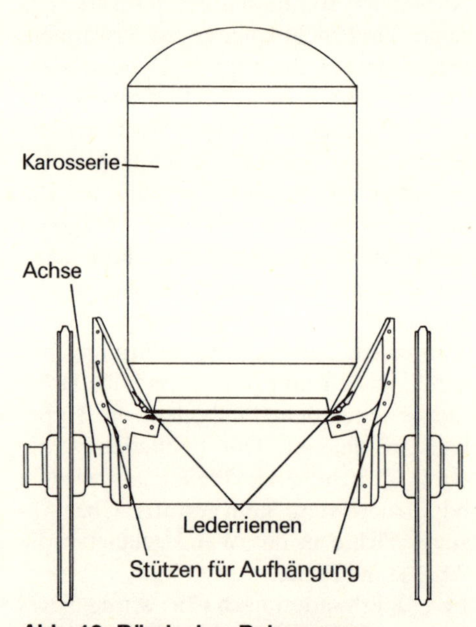

Abb. 16: Römischer Reisewagen

Der von Rindern oder Maultieren gezogene schwere römische **Lastwagen (plaustrum)** mutete demgegenüber mit seinen schweren Scheibenrädern, die fest auf einer quietschenden drehbaren Achse saßen, eher urtümlich und vorgeschichtlich an.

Die römischen Ingenieure verstanden es auch, gute **Brücken** zu bauen. Eine Brücke über den Rhein war 425 m lang. Der Kaiser Trajan ließ 106 n. Chr. eine Brücke über die Donau schlagen. Sie ruhte auf 20 Pfeilern von je 45 m Höhe. Der berühmte Pont du Gard bei Nîmes, der noch erhalten ist, ist eine 45 m hohe und 275 m lange Brücke, die gleichzeitig auch noch einen Aquädukt trägt. Die beiden römischen Verbindungsbrücken zwischen der Tiberinsel und dem Festland (die Pons Cestius und die Pons Fabricius) werden noch heute benutzt und müssen Schwärme von Motorrollern und Fiats „ertragen“. Die von den Römern gebauten Steinbrükken bestanden aus einem oder mehreren Steinbögen. Bei großen Bogenkonstruktionen zog man den Stein dem Beton vor, weil es schwierig war, so große Verschalungen für Beton zu zimmern.

Die Steinblöcke der Brücken waren untereinander mit Eisenklammern verbunden, die in Blei eingegossen waren. Wo es nicht möglich war, den Fluß zum Bau der Pfeiler umzuleiten, verwandte man Pozzulanerde, einen Mörtel, der auch unter Wasser abband.

Für längere Transporte benutzten die Römer Lasttiere, vor allem **Maultiere** oder **Esel**, die eine Transportgeschwindigkeit von etwa 5 km/Stunde erreichten. Das Maultier hatte gegenüber dem Pferd viele Vorzüge: es konnte besser Hitze und Kälte ertragen, hatte härtere Hufe, war auf felsigen Pfaden oder steilen Abhängen sicherer auf den Beinen und brauchte nur 5 Stunden Schlaf am Tag. Unter günstigen Umständen konnte es mit einer mäßigen Last 80 km am Tag zurücklegen. Ein größerer Maulesel konnte 120 kg tragen. Für schwere Lasten benutzte man den Ochsen. Die Ochsen wurden mit einem Joch und zwei Riemen angeschirrt. Das Joch lag vor dem Buckel des Ochsen und wurde von einem Unterbrustgurt und einem Halsgurt daran gehindert, nach rückwärts über den Buckel abzugleiten. Der Buckel trug die Hauptlast beim Ziehen.

Wenn die Römer überhaupt Pferde verwandten, um Wagen zu ziehen, übernahmen sie diese für Ochsen angebrachte Anschirrmethode, die jedoch für den Körperbau des Pferdes völlig ungeeignet war. Das Pferd hatte keinen Buckel, der die Hauptlast aufnehmen konnte, die infolgedessen auf den Gurten lag. Der Kehlgurt tendierte dazu, nach oben abzugleiten, da der Hals des Pferdes länger und gebogener als derjenige des Ochsen ist. Der Gurt drückte dadurch auf die Luftröhre des Pferdes und nahm ihm so einen großen Teil seiner Zugkraft.

Erst im Mittelalter (s. S. 69) erfand man ein geeignetes Zuggeschirr für das Pferd, das nun eine der Hauptantriebskräfte wurde.

Die mangelnde Schnelligkeit und Zugkraft des Ochsen behinderte also ohne Zweifel den Landtransport während der Antike. Es ist deshalb nicht verwunderlich, daß man häufig darüber nachgedacht hat, warum es den Römern nicht gelungen ist, die Pferdekraft durch die Einführung einer geeigneten Anschirrmethode besser zu nutzen. Als Erklärung wurde auch hier das reichliche Angebot an Sklaven ins Gespräch gebracht, das eine Weiterentwicklung des Transportwesens und den verstärkten Einsatz tierischer Arbeitskraft überflüssig gemacht habe. Doch Sklaven hat man wohl kaum vor Wagen gespannt, und auch die eigentlichen Transportspezialisten der Römerzeit – die Gallier – erfanden das neue Zuggeschirr nicht, ob-

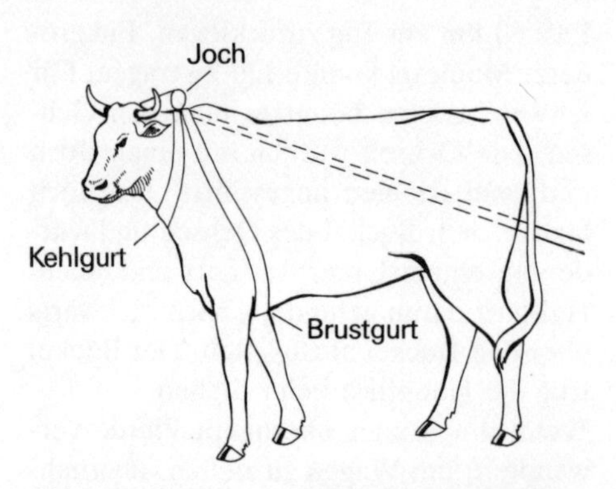

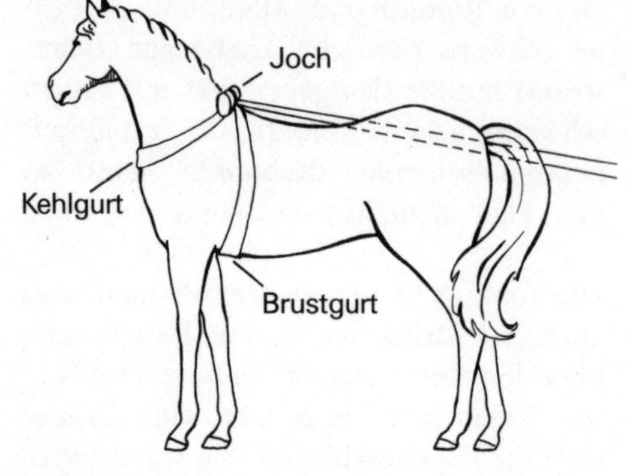

Abb. 17: Ochsen- und Pferdeanspannung

wohl bei ihnen die Sklaverei längst nicht diese Rolle spielte. Das gleiche gilt für das frühe Mittelalter, als die Sklaverei ebenfalls rückläufig war. Im Orient blieb die antike Anschirrmethode sogar bis in die Neuzeit erhalten. Die Gründe für die Stagnation auf diesem Gebiet müssen also augenscheinlich anderswo gesucht werden. Offenbar war die Tradition so stark, daß man sich niemals auch nur die Mühe machte, den Körperbau des Pferdes systematisch zu untersuchen. Es kommt hinzu, daß die damaligen Pferde, wenn man bildlichen Darstellungen trauen soll, viel kleiner waren als die unsrigen und so wahrscheinlich auch bei einem besseren Geschirr kaum in der Lage gewesen wären, schwere Lasten zu ziehen.

IV.5 Seeverkehr

Der **Warentransport über See** war zur Zeit der römischen Republik sehr risikoreich. Die kleinen Segel- oder Ruderschiffe konnten nur entlang der Küsten fahren und schafften nur etwa 10 km in der Stunde. Im Kaiserreich gab es größere Schiffe, die Segel und zusätzlich 2 oder 3 Ruderreihen besaßen. Ein schnelles Segelschiff konnte in 24 Stunden bis zu 230 Knoten (= 426 km) zurücklegen. Ein normales Handelsschiff konnte bei anhaltendem Nordwest-Wind die Straße von Brindisi in Süditalien nach Alexandria in Ägypten in 18–20 Tagen schaffen. Mußte es auf der Rückfahrt aber gegen den Wind kreuzen, wurde die Strecke unter Umständen fünfmal so lang und konnte 40–65 Tage oder sogar noch mehr beanspruchen.

Ein kleines römisches Handelsschiff hatte ungefähr eine Ladefähigkeit von 120–150 Tonnen. Es war ca. 18 m lang und 6–7 m breit. Aber Schiffe von 400–500 t Tragfähigkeit waren keine Seltenheit. Mit solchen Handelsschiffen sicherte Rom vor allen Dingen seine lebenswichtigen Getreideversorgung. Das Getreide wurde insbesondere im Niltal angebaut.

Insgesamt betrachtet haben die Römer die Schiffbautechnik kaum nennenswert über den griechischen Stand hinaus weiterentwickelt. Nach dem Zweiten Punischen Krieg verfiel die römische Flotte und wurde erst unter Augustus wieder aufgebaut. Brauchte man Kriegsschiffe, so griff man auf diejenigen der süditalienischen Griechenstädte zurück oder ließ sie dort bauen. Es gibt kaum Hinweise auf die Verwendung zwei- oder dreimastiger Schiffe in der römischen Antike. Man hat deshalb gefolgert, daß in aller Regel einmastige Schiffe mit einem dreieckigen Toppsegel und einem kleinen Bugsegel vorgeherrscht hätten und sich folgerichtig gefragt, warum die Römer denn nicht versucht hätten, die Schnelligkeit und Manövrierfähigkeit ihrer Schiffe durch eine Vermehrung der Mastenzahl zu erhöhen. Nun weiß man aus einer Grababbildung des 5. Jahrhunderts v. Chr., daß den Römern Zweimast-Segler prinzipiell durchaus bekannt waren. Wenn man – wie es scheint – dennoch überwiegend einmastige Schiffe baute und die Takelung nicht weiterentwickelte, so liegt das nicht notwendigerweise an mangelnder technischer Phantasie oder zu geringem handwerklichen Können, sondern erklärt sich unter Umständen auch aus der Tatsache, daß die römischen Handelsschiffe ausgesprochene Massengüter wie Getreide beförderten, bei denen es nicht in erster Linie auf hohe Geschwindigkeit, sondern auf das Fassungsvermögen der Schiffe ankam. Eine kompliziertere Takelung hätte außerdem erhöhte Anforderungen an die Zahl der Besatzung gestellt und damit die Betriebskosten erhöht.

Auch das sich infolge der arabischen Expansion im frühen Mittelalter verbreitende dreieckige Lateinsegel (Rah-Segel), das die Schnelligkeit und die Manövrierfähigkeit der Schiffe erheblich steigerte, hätte für die römische Schiffahrt kaum Vorteile gebracht: diese Art der Takelung machte nur kleinere Schiffe schneller und manövrierfähiger. Bei größeren Schiffen ging die bei der Lateintakelung notwendige Erhöhung der Besatzungszahl auf Kosten der Ladefähigkeit und Größe des Schiffes. Dazu paßt, daß die Lateintakelung des frühen und hohen Mittelalters tatsächlich in einer Zeit vorherrschte, die keinen nennenswerten Massentransport über See mehr kannte. Als dieser Massentransport im Spätmittelalter und in der Renaissance wieder zunahm, griffen die Schiffbauer erneut auf das antike Vierecksegel zurück – zum Beispiel bei der nordeuropäischen Kogge – und verbesserten es erheblich. Diese Verbesserungen der Vierecktakelung hätte eigentlich durchaus auch den Römern möglich sein müssen – doch offenbar genügte ihre traditionelle Schiffbautechnik den Ansprüchen, die der Transport von Massengütern stellte.

IV.6 Die Ausnutzung der Wasserkraft in spätrömischer Zeit

Das **Wasserrad,** das im Mittelalter die Antriebsmaschine schlechthin werden sollte, war den Römern bereits im 1. Jahrhundert vor Christi Geburt bekannt. Plinius beschreibt eine Mühle, in der ein vertikal angebrachtes, unterschlächtiges Wasserrad (d.h. ein Wasserrad, bei dem das Wasser unterhalb der Nabe am unteren Rand angriff) einen Mörser betrieb. Vitruv berichtet Ende des 1. Jahrhunderts v. Chr. ebenfalls von einem unterschlächtigen Wasserrad. Das von Vitruv erwähnte Wasserrad setzte mit Hilfe eines Zahnradgetriebes einen Mühlstein in Bewegung.

Die Wasserkraft wurde wahrscheinlich zuerst zum Pumpen von Wasser mit Hilfe von Schöpfrädern oder Eimerketten, erst danach zu Mahlzwecken benutzt. Der Gedanke, ein Schöpfrad (s. S. 50) zu einem Wasserrad weiterzuentwickeln, lag relativ nahe – zumal bei einem unterschlächtigen Wasserrad. Vitruv hat denn auch in seiner Beschreibung der Wassermühle auf das Vorbild der Schöpfräder ausdrücklich hingewiesen:

„Nach demselben Prinzip (wie die Schöpfräder) werden auch die Wassermühlen betrieben, bei denen sonst alles ebenso ist, nur ist an dem einen Ende der Welle ein Zahnrad angebracht. Dies ist senkrecht auf die Kante gestellt und dreht sich gleichmäßig mit dem Rad in derselben Richtung. Anschließend an dieses größere Zahnrad ist ein (kleineres) Zahnrad horizontal angebracht, das in jenes eingreift. So erzwingen die Zähne jenes Zahnrades, das an der Welle (des Schaufelrades) angebracht ist, dadurch, daß sie die Zähne des horizontalen Zahnrades in Bewegung setzen, die Umdrehung der Mühlsteine. Bei dieser Maschine führt ein Mühlentrichter, der darüber hängt, das Getreide zu, und durch dieselbe Umdrehung wird das Mehl erzeugt."

(Vitruv, De architectura, 10, 5, 2, nach: Franz Kiechle, Sklavenarbeit, a.a.O., S. 118f.)

Wir haben hier ein unterschlächtiges Wasserrad mit einem Getriebe aus zwei Kammrädern (verzahnten Rädern) vor uns:

Welche Art von Wasserrad – das oberschlächtige oder das unterschlächtige – zuerst auftrat, ist nicht gewiß. In jedem Fall war das oberschlächtige Wasserrad, bei dem das Wasser am oberen Radrand angriff, sehr viel wirksamer. Bei einem Durchmesser von 2,13 m konnte es eine Leistung von etwa 2 bis 2,5 PS erbringen. Das entspricht der Kraft eines Rasenmähermotors. Allerdings war das unterschlächtige Wasserrad um ein Vielfaches billiger, da man keine Radgrube bauen mußte, keine Anlagen zur Hebung des Wassers benötigte und das Rad überall aufstellen konnte, wo Wassergefälle vorhanden war.

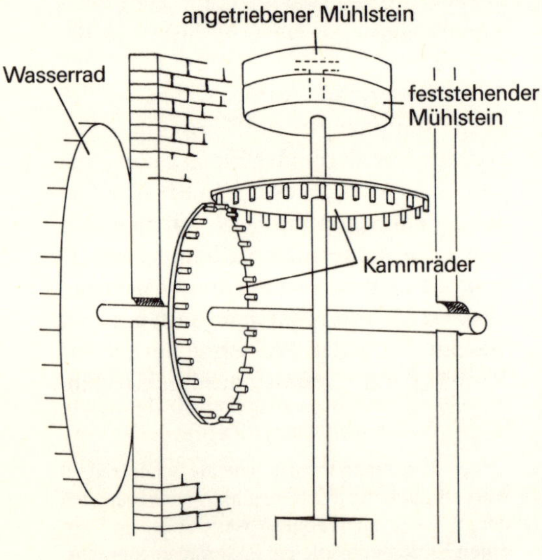

Abb. 18: Wassermühle mit einem Getriebe aus zwei Kammrädern

Nur wenige Jahre nach Vitruvs Werk berichtet uns ein anderer Text von einem oberschlächtigen Wasserrad. In dem „Epigramm des Antipater" wird ein solches Wasserrad überschwenglich besungen:

„Laßt die Hände nun ruhn, ihr Mädchen vom Mahlstein;
Schlaft länger, wenn auch das Krähen des Hahnes den Morgen ankündigt.
Ceres hat ihren Nymphen befohlen, eurer Hände frühere Arbeit zu tun.
Von oben auf das Rad springen die Geister des Wassers,
Drehen die Achse und mit ihr die Speichen des Rads, das wirbelnd umläuft,
Dadurch die schweren, zermalmenden Mahlsteine tanzen lassend."

(Nach: Kiechle, Sklavenarbeit, a.a.O., S. 119)

Sowohl das unterschlächtige als auch das oberschlächtige Wasserrad waren also zur Zeit des Augustus – am Ende des 1. Jahrhunderts v. Chr. – nicht nur bekannt, sondern offensichtlich bereits so weit entwikkelt, daß sie kaum noch fortentwickelt werden konnten. Ganz offensichtlich wurden Wassermühlen zu Mahlzwecken aber zunächst überwiegend auf den größeren Gütern eingesetzt und ersetzten dort die Handmühle. Dies alles geschah zu einer Zeit, als Sklavenarbeit reichlich zur Verfügung stand. Die Sklavenarbeit hat jedenfalls hier nicht den technischen „Fortschritt" behindert.

Außerhalb der größeren Güter, wo sie zu Mahlzwecken verwendet wurde, hat sich die Wassermühle aber erstaunlich wenig verbreitet, und dies, obwohl sie in ihrer Leistung den mit tierischer oder menschli-

cher Kraft betriebenen Mühlen eindeutig überlegen war. Nach Ausgrabungen in Pompeji hat man eine Wassermühle rekonstruiert und errechnet, daß sie etwa 150 kg Korn pro Stunde vermahlen konnte, während zwei Menschen an einer solchen Kornmühle nur 7 kg je Stunde schafften.
Trotz dieser deutlichen Überlegenheit der Wassermühle wurde das Korn im Bäckergewerbe noch jahrhundertelang mit Tierkraft gemahlen. In der Stadt Rom wurde erst am Ende des 4. Jahrhunderts Getreide in Wassermühlen gemahlen. Ein wichtiger Grund für dieses Beharrungsvermögen des Bäckerhandwerks dürfte darin gelegen haben, daß traditionell das Müller- und Bäckerhandwerk eine Einheit bildeten. Diese wäre aber durch die Nutzung der Wassermühlen zerstört worden, da nicht überall, wo ein Bäckergeschäft eröffnet wurde, auch Wasserkraft zur Verfügung stand, während Esel überall eingesetzt werden konnten. Das Mühlengewerbe hätte sich deshalb vom Bäckergewerbe loslösen müssen. Offensichtlich waren jedoch die verkrusteten Strukturen der Kaiserzeit nicht in der Lage, eine solche Entwicklung zu vollziehen.
Obwohl prinzipiell bekannt, scheint sich das Wasserrad jedoch erst in spätrömischer Zeit verbreitet zu haben. Seit dem 3. und 4. Jahrhundert fand es in Teilen des Reiches größere Verbreitung. Wassermühlen gab es danach insbesondere in den Gebieten nördlich der Alpen, wo die Wasserverhältnisse günstiger waren. In Barbegal bei Arles (Frankreich) befand sich schon um 200 n. Chr. eine große, mit Wasserkraft betriebene Getreidemühle. 32 Mahlwerke konnten hier, angetrieben von 16 Wasserrädern, pro Tag 28 t Mehl erzeugen. Das Wasser wurde mit Hilfe eines Aquäduktes herangeführt. Die einzelnen Mühlenhäuser der Anlage waren in einer doppelten Reihe so übereinander angeordnet, daß die Kraft des Wassers optimal ausgenutzt wurde.
Ein Gedicht über die Mosel, das der römische Dichter Ausonius im 4. Jahrhundert n. Chr. schrieb, erweckt den Eindruck, als habe es an der Mosel schon Wasserräder gegeben, die Sägen zum Schneiden von Steinen antrieben. Wir wissen nicht genau, ob das stimmt, und ob die Drehbewegung des Wasserrades – wenn es diese hydraulische Säge überhaupt gegeben hat – mit einem Nocken oder einer Kurbel mit Verbindungsstange auf die Säge übertragen worden ist. Nur so hätte man die Drehbewegung des Rades in die erforderliche Hin- und Her-Bewegung der Säge umsetzen können. Es ist nicht auszuschließen, daß es sich bei der fraglichen Gedichtstelle ohnehin um eine Einfügung aus dem 10. Jahrhundert n. Chr. handelt.

Sieht man einmal von der Verwendung zu Mahlzwecken ab, so ist die Wasserkraft in der Kaiserzeit nicht in dem Maße ausgenutzt worden, wie dies technisch ohne Frage möglich gewesen wäre. Wie das Beispiel des Bäckergewerbes zeigt, liegt dies weniger an dem Vorhandensein vieler Sklaven als wahrscheinlich an der allgemeinen wirtschaftlichen Erstarrung. Hinzu kommt, daß sich das gewerbliche Leben der Kaiserzeit vor allen Dingen in den Städten konzentrierte, was die Verwertung der Wassermühle ebenfalls nicht begünstigt hat. Wenn man bedenkt, welch große Bedeutung die Wasserkraft als wichtiger technischer Schritt weg von der Ausnutzung menschlicher und tierischer Muskelkraft hin zur Nutzbarmachung anorganischer natürlicher Energie bedeutete, so ist das Bild einer gewissen Stagnation, das die römische Kaiserzeit auf diesem Felde bietet, umso unerklärlicher – zumal alle technischen Möglichkeiten seit langer Zeit gegeben waren. Die neue Kraftmaschine verbreitete sich seit dem 3. Jahrhundert zuerst in den Randgebieten des Römischen Reiches wie Gallien, England und dem Mosel-Rhein-Raum, die dann auch zu den Mittelpunkten der gewerblichen Entwicklung im Mittelalter wurden.

IV.7 Militärtechnik der römischen Kaiserzeit

Wenn man an die Römer denkt, denkt man nicht zuletzt an ihre ausgesprochene militärische Begabung. Um so mehr muß es überraschen, daß die unübersehbare Stagnation der Technik, die sich in der späten Kaiserzeit auf vielen Gebieten nachweisen läßt, auch für die römische Militärtechnik gilt. Die Heere der Kaiserzeit verwendeten nach wie vor **Katapulte**, die sich kaum von denjenigen der Griechen unterschieden. Die einzige nennenswerte Weiterentwicklung ist der sogenannte **Onager** (= Maultier), eine Steinschleuder, die für das 4. nachchristliche Jahrhundert belegt ist. An einem hölzernen Arm war eine Schleuder für Steinkugeln befestigt. Der Arm wurde mit Darmsaiten gespannt und dann mit einem Bolzen verriegelt. Das Spannen des Hebelarms geschah mit Hilfe einer von zwei oder mehreren Männern bewegten Winde. Schlug man den Bolzen mit einem Hammerschlag heraus, wurde der Hebelmechanismus ausgelöst und der Hebel schlug gegen ein Polster, wobei der Stein herausgeschleudert wurde.

Beim Anschlag vollführte der Onager einen wahren Bocksprung, möglicherweise rührt daher sein Name.

Die Vorteile des Onagers lagen vor allem darin, daß er einfacher zu bauen und zu bedienen war als eine Steinschleuder mit zwei Federn. Der eigentliche Nachteil aller Sehnenkatapulte blieb auch hier bestehen: unter feuchten Witterungs- und Klimaverhältnissen wurden die Sehnen nahezu unbrauchbar. Gerade angesichts der Ausdehnung des Römischen Reiches, das auch solche Klimazonen (zum Beispiel in „Deutschland") umfaßte, hätte es nahegelegen, nach einer zuverlässigeren Waffe zu suchen. Und es wäre mit den technischen Mitteln der Antike ohne weiteres möglich gewesen, eine solche Waffe zu bauen.

Man hätte sich dabei nur an die Hebelgesetze erinnern müssen, die schon Archimedes beim Bau seines Auslegerkrans, mit dem er die römischen Schiffe aus dem Wasser hob (s. S. 43), ausgenutzt hatte. Genau das gleiche taten – bewußt oder unbewußt – auch die Araber, von denen wir im 8. Jahrhundert n. Chr. hören, daß sie in Spanien mit ihren Geschützen Stadtmauern zerstörten. Die antiken Torsionsgeschütze wären dazu kaum in der Lage gewesen, so daß es sich bei diesen Geschützen um eine neuartige Konstruktion, eine sogenannte **Blide** (= Hebelkatapult), gehandelt haben muß. Diese Bliden beruhten auf der Leistungsfähigkeit eines ungleicharmigen Hebels (wie auch schon der Kran des Archimedes). Wurde der Hebelschwung des langen Hebelarms plötzlich abgestoppt, wurde das am Ende des langen Arms befindliche Geschoß weggeschleudert. Solche Bliden konnte man in Schwung versetzen, indem eine

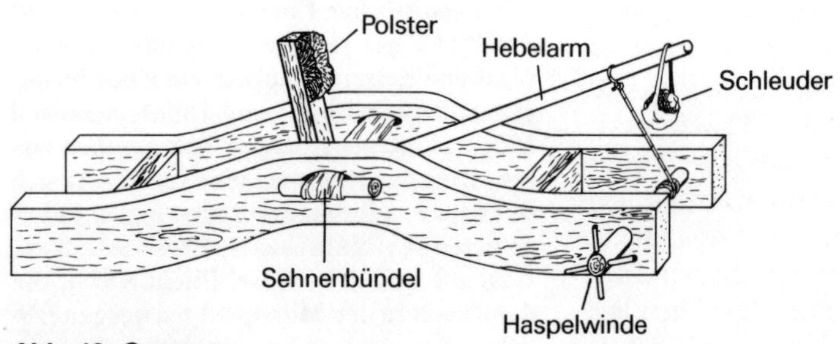

Abb. 19: Onager

große Anzahl (manchmal weit über 1000) Personen den kürzeren Hebelarm herunterzog (Ziehkraftblide). Später (um 1200) brachte man am kürzeren Hebelarm ein Gegengewicht an (z.B. einen Kasten mit Sand, Steinen oder Blei), das dann den Antrieb übernahm. Bliden hatten den Vorteil, daß sie bei allen Witterungsbedingungen einsetzbar waren und daß ihre Leistungsfähigkeit weitaus größer war als diejenige eines Torsionskatapultes. So konnten mit solch einem Hebelkatapult 90 kg schwere Steine über mehrere hundert Meter Entfernung verschossen werden. Die Mechanik, die einem solchen Geschütz zugrunde lag, war sehr einfach und ging in keiner Weise über den technischen Kenntnisstand der Antike hinaus. Warum also wurden sie nicht von den Römern „erfunden“ und angewendet? Wir haben Belege dafür, daß die Römer der Kaiserzeit überzeugt waren, Torsionskatapulte seien das Non-plus-ultra der Kriegstechnik, Verbesserungen seien deshalb weder nötig noch möglich und man befinde sich auf dem Gipfel des waffentechnischen Standards der Zeit. Vielleicht war dieses „Selbstbewußtsein“ ein Grund, warum man gar nicht auf den Gedanken kam, systematisch nach neuen Waffen zu suchen.
Das griechische Torsionskatapult überlebte die Römer noch lange: noch 1588 wurden solche Katapulte gebaut.

IV.8 Stagnation der römischen Technik?

Abgesehen von der erwähnten allmählichen Verbreitung des Wasserrades in der Spätzeit hat das römische Weltreich die Technik und die Naturwissenschaften nicht maßgeblich weiterentwickelt. Einige Historiker haben deshalb auch an diesen technischen Stillstand erinnert, als sie über die Gründe nachgedacht haben, die zum Untergang des Weströmischen Reiches geführt haben. Dieses Reich ist gewiß nicht nur daran zugrunde gegangen, daß es keine bessere Technik hatte. Auch das Oströmische Reich hatte keine andere Technik und hielt doch dem Ansturm der germanischen Völker in der Völkerwanderungszeit stand. Der Untergang des Weströmischen Reiches hatte politische Gründe: die unterschiedliche Politik der beiden Reichsteile in Ost und West, das Erstarken des Reichsadels, der seine eigenen Interessen verfolgte, die Schwierigkeiten, eine sehr lange Reichsgrenze gegen die anstürmenden Germanen zu verteidigen und die mit der Verteidigung dieser Grenzen steigenden steuerlichen Lasten für Armee und Verwaltung. Diese Lasten überstiegen schließlich die Leistungsfähigkeit der Wirtschaft. Wären die Germanen nicht gewesen, hätte sich der wirtschaftliche und technische Stillstand im Weströmischen Reich kaum verhängnisvoll ausgewirkt. In dem Augenblick aber, als die steuerlichen und finanziellen Anforderungen des Staates durch die Verteidigungsanstrengungen stark anstiegen, geriet die wirtschaftliche Kraft des Weströmischen Reiches an ihre Grenzen. Der niedrige Stand der römischen Landwirtschaftstechnik spielte dabei doch eine gewisse Rolle. Der leichte antike Hakenpflug war für die schwereren Böden im zentraleuropäischen Teil des Weströmischen Reiches nicht geeignet. Insgesamt konnte daher im westlichen Teil des Reiches kein großer Überschuß über den Eigenbedarf an Nahrungsmitteln erwirtschaftet werden. Außergewöhnlichen Belastungen, wie sie durch die Germaneneinfälle eintraten, war die weströmische Wirtschaft daher nicht gewachsen.

Doch weshalb stagnierte die spätrömische Technik? Man hat dafür viele Gründe verantwortlich gemacht: die ungeistige Einstellung der Römer, die Ausbreitung des jenseitsorientierten Christentums, die Starrheit der wirtschaftlichen Vorschriften und vor allem die Sklaverei, die die Entwicklung einer fortgeschrittenen Technik nicht erforderlich gemacht habe, da jederzeit genügend billige Arbeitskräfte zur Verfügung gestanden hätten. Dagegen ist einzuwenden, daß gerade in spätrömischer Zeit die Zahl der Sklaven stark im Rückgang begriffen war, da keine neuen militärischen Eroberungen mehr erfolgten. Aber auch jetzt gab es keine nennenswerten technischen Fortschritte.

Immer wieder begegnet uns in der späten Kaiserzeit die Überzeugung, daß man sich eigentlich auf dem Gipfel der technischen Leistungsfähigkeit befinde und ein weiterer Fortschritt nicht mehr möglich und notwendig sei. Die Römer hatten aufgehört, in der Kategorie des Fortschritts zu denken und machten demzufolge auch keine Fortschritte mehr – trotz rückläufiger Sklavenzahl. So hätte die Verbreitung und Weiterentwicklung einer in Gallien seit dem 1. Jahrhundert n. Chr. auf großen Gütern erfolgreich angewendeten **Erntemaschine** (s. S. 47) dem spätantiken Mangel an landwirtschaftlichen Arbeitskräften abhelfen und – zusammen mit dem offenbar schon bekannten Räderpflug – die Produktivität der Landwirtschaft heben können. Doch nichts dergleichen geschah. Die Erntemaschine wurde nicht weiterentwickelt, obwohl dies mit den damaligen Mitteln möglich gewesen wäre und sie verbreitete sich auch nicht mehr im außergallischen Raum.
Stagnation kennzeichnet auch das spätrömische Militärwesen. Als die Germaneneinfälle zunahmen, verwendeten die Römer immer noch mit großer Selbstverständlichkeit Torsionskatapulte, wie sie die Griechen schon in hellenistischer Zeit gebaut hatten (s. S. 41 f.). Dabei hätten Hebelkatapulte, die mit den technischen Mitteln und Kenntnissen der Römer ohne weiteres konstruierbar gewesen wären, viel mehr geleistet. Die römische Militärtechnik aber verharrte in ihren eingefahrenen Gleisen. Das sind nur zwei Beispiele. Sie zeigen aber, daß in der spätrömischen Antike trotz rückläufiger Sklavenzahl keine grundlegenden technischen Verbesserungen mehr erreicht – und offensichtlich auch gar nicht mehr angestrebt wurden. Die Sklaven waren also keineswegs für diese Stagnation verantwortlich. Das zeigt sich auf der anderen Seite auch daran, daß gerade in der Zeit, als es Sklaven tatsächlich in großer Zahl gab, wichtige technische Verbesserungen eingeführt wurden und die Gewerbe auf bestimmten Gebieten einen sehr hohen Standard erreicht hatten (z. B. in der Glaserzeugung oder Keramikproduktion).
Die Gründe für die unübersehbare Stagnation der Technik in der späten Kaiserzeit müssen also anderswo gesucht werden.

Blickt man auf die nächsthöhere Stufe der Technik, die Technik des europäischen Mittelalters, so fällt auf, daß die dort so wichtige Wasserkraft als Antriebsenergie und die Rohstoffe Kohle und Eisen – d. h. alle natürlichen Hilfsquellen, die auf der nächsten Ebene der Technik ausgenutzt werden – im Mittelmeergebiet kaum vorhanden waren. Hier waren die Länder nördlich der Alpen in einer besseren Lage.

Es kommt hinzu, daß der Fortschritt der Wissenschaften durch ein feindliches geistiges Umfeld, durch Religion, Mystizismus, Zauberglaube und dergleichen nicht gerade gefördert wurde. Auch die erstarrte spätrömische Gesellschaftsordnung seit Diokletian war dem wissenschaftlichen und technischen Fortschritt nicht förderlich. Diokletian schrieb im Jahre 301 n. Chr. die Preise und Löhne fest, und jedermann wurde nun gezwungen, das Handwerk auszuüben, das bereits sein Vater praktiziert hatte. Einem Bäcker hätte es also gar nichts genutzt, einen verbesserten Webstuhl oder eine neue Maschine zu erfinden, da er ja doch sein Leben lang Bäcker bleiben mußte und nicht in den Genuß der materiellen Erträge seiner Erfindung gekommen wäre. Die Gesellschaft war unbeweglich geworden und fast zu einem Kastensystem erstarrt.

Die römischen Ingenieure vollbrachten große Leistungen vor allem auf dem Bausektor. Wenig Interesse zeigten sie dagegen für den Maschinenbau. Vielleicht liegt einer der Gründe dafür in der Staatstechnik des kaiserlichen Rom und den Eigenarten des politisch-gesellschaftlichen Lebens. Führende Politiker konnten sich am ehesten öffentlichen Ruhm erwerben, wenn sie große staatliche Bauten errichten ließen. Ein großer Teil der technischen Energie konzentrierte sich daher auf dieses Gebiet.

Der Schwerpunkt der römischen Güterproduktion lag eindeutig in der auf der Landwirtschaft beruhenden Hauswirtschaft. Daneben gab es zwar durchaus eine zeitweise nicht geringe Zahl freier Handwerker. Aber für sie bestand kein Bedürfnis, wirklich grundlegende Verbesserungen der gewerblichen Technik vorzunehmen. Die Kaufbedürfnisse und die Kaufkraft des größten Teils der römischen Bevölkerung waren nicht allzu groß. Ein großer Teil der Bevölkerung bestand aus „Proletariern“, die von verarmten Bauern abstammten, und ein kaufkräftiger Mittelstand im modernen Sinn existierte nicht. Industrielle Luxuswaren für die Oberschichten kamen aus dem Osten des Reiches.

Auch gab es in Rom noch keine spezialisierten **Ingenieure**. Der ganze weite Bereich der Technik oblag eigentlich dem Architekten. Er erstellte nicht nur die römischen Staatsbauten, sondern war auch für die Konstruktion von Kriegsmaschinen, Wasseruhren oder Hebevorrichtungen und dergleichen zuständig. Vitruv, der uns die einzige technische Abhandlung aus römischer Zeit hinterlassen hat, berichtet uns von den vielseitigen Anforderungen, die an einen solchen römischen „Architekten“ gestellt wurden. Es ist nicht erstaunlich, daß es unter diesen Voraussetzungen nicht zu einer engen Verbindung von Wissenschaft und Technik bei den Römern kam.

Neben der Erstarrung der wirtschaftlichen und gesellschaftlichen Strukturen scheint es vor allem die damit einhergehende Sattheit und Verflachung des Geisteslebens, die mangelnde Bereitschaft zur Initiative, ja die Resignation (die sich u.a. in der philosophischen Richtung der späten Stoa ausdrückt) gewesen zu sein, die jedes Überschreiten des herkömmlichen technischen Standards verhindert hat. Das spätrömische Weltreich reagierte nicht mehr auf die Herausforderungen, die die Einfälle der Germanenstämme mit sich brachten – weder auf militärischem Gebiet noch auf dem Felde der landwirtschaftlichen Produktion. Die zukunftsweisende Technologie arbeitssparender Maschinen wurde dann auch im gallisch-fränkischen Raum, in Britannien und im Donaugebiet, an den Rändern des Römischen Reiches, entscheidend weiterentwickelt. Die Zukunft gehörte den „Barbaren“.

V Gar nicht so finster: Die Technik im Mittelalter

V.1 Politische, wirtschaftliche, gesellschaftliche und geistige Rahmenbedingungen

Das Römische Weltreich brach unter dem Ansturm germanischer Völkerstämme zusammen. Die Zentralgewalt löste sich auf. An ihre Stelle trat eine Vielzahl selbständiger politischer Einheiten. In dieser neuen Welt spielten Dörfer, Klöster und Herrensitze, die nur für ihren eigenen Bedarf Güter produzierten, zunächst die Hauptrolle. Der Handel wurde allerdings in kleinerem Umfang weiterbetrieben.
Im Laufe des Mittelalters fanden sich die kleinen politischen Einheiten allmählich wieder zu Herzogtümern, Territorialstaaten, König- oder Kaiserreichen zusammen.

Die politische Zersplitterung führte dazu, daß es keine zentral gelenkte Staatstechnik wie im römischen Kaiserreich geben konnte. Es existierte keine Zentralgewalt mehr, die große technische Projekte in Angriff nehmen und finanzieren konnte.
Der Adel hatte seit dem 7. Jahrhundert im Merowingerreich gegenüber dem Königtum entscheidend an Macht gewonnen. Das Reich zerfiel mehr und mehr in Adelsherrschaften, die oft einen beträchtlichen Umfang erreichten. Der wirtschaftliche Schwerpunkt verschob sich in die sich selbst versorgende Landwirtschaft. Der Einfluß des grundbesitzenden Adels in der Gesellschaft wurde, begünstig durch die gewandelte Militärstrategie und -technik (siehe S. 82), immer größer.

Binnenverkehr und Geldwesen erlebten in diesem frühen Mittelalter einen Niedergang. Der Handel mit dem Mittelmeerraum litt unter der Ausbreitung des Islam. Viele der alten Römerstädte verfielen. Die **Grundherrschaft**, deren erste Ansätze bereits in spätrömische Zeit zurückgehen, wurde die beherrschende Wirtschaftsform.
Die Wikingereinfälle des 9. und 10. Jahrhunderts brachten Erschütterungen mit sich, die Westeuropa zivilisatorisch auf den Stand der vorrömischen Zeit zurückwarfen. Ausgesprochene Ingenieure oder Architekten wie in der Antike gab es nicht mehr. Ihre Arbeit wurde von den pragmatischen Handwerkern wahrgenommen. Nach dem Zusammenbruch des Römischen Reiches ging viel vom technischen Wissen der Antike verloren. Doch änderte sich das Bild allmählich vom 10. Jahrhundert an. Um jene Zeit begann das Abendland vom technischen Wissen und den Schriften der Byzantiner und **Araber** zu lernen und wurde auf diesem Wege auch wieder mit den klassischen antiken Schriften vertraut gemacht. Die Araber hatten sich die besonders in Syrien bewahrte griechische Wissenschaft zu eigen gemacht. Häufig sind antike Texte (z.B. die „Mechanik" des Heron von Alexandrien und die „Pneumatika" des Philon von Byzanz) nur durch die arabische Übersetzung erhalten. Auch die Lehren des Aristoteles gelangten so in den Islam. Bald begnügte sich Europa nicht mehr damit, die Technik und das Wissen der mohammedanischen Länder zu übernehmen, sondern entfaltete selbst einen zunehmenden Erfindungsreichtum und wachsende technische Energie. In den folgenden Jahrhunderten wandte das christliche Abendland viele technische Errungenschaften in großem Maßstab an, die in der Antike zwar bekannt waren, aber noch nicht in großem Maßstab Anwen-

dung gefunden hatten. Die fortgeschrittensten Staaten des westlichen Europa verfügten um das Jahr 1500 über eine Technik, deren Niveau deutlich höher lag als jemals zuvor in der Geschichte der Menschheit.

Im Hochmittelalter (bis 1350) hatte die Landwirtschaft ihre Erträge durch große technische Fortschritte gesteigert (s. S. 67ff.). Sie konnte jetzt mehr Nahrungsmittel erzeugen als die landwirtschaftlichen Erzeuger selbst verbrauchten. Dadurch war es möglich geworden, größere Gruppen von Menschen zu ernähren, die nicht mit der Herstellung von Lebensmitteln beschäftigt waren. Diese Menschen siedelten sich vor allen Dingen in den neu entstehenden oder sich vergrößernden Städten an. Die meisten von ihnen waren als Handwerker tätig. Für ihre Erzeugnisse gab es immer mehr Abnehmer, ihr Absatzmarkt wurde größer.

Die Landwirtschaft brauchte Arbeitsgeräte, die nun so kompliziert und aufwendig waren, daß sie die Bauern meist nicht mehr selbst herstellten. Sie waren jetzt zum Teil nicht mehr aus Holz, sondern aus Eisen. Eisen aber konnte nicht so leicht von jedem Laien bearbeitet werden. Man brauchte handwerkliche Spezialisten. Auch der allmählich steigende Wohlstand der Landbevölkerung im 11., 12. und 13. Jahrhundert steigerte die Nachfrage nach den vielfältigsten handwerklichen Erzeugnissen. Dazu kam ein kräftiger Anstieg der europäischen Bevölkerungszahl.

Der Handel belebte sich, gefördert durch die besseren Verkehrsverhältnisse und Transportmöglichkeiten. Das bessere Pferdegeschirr (s. S. 69) erlaubte jetzt die Beförderung größerer Lasten auf größeren Wagen. Die Kreuzzüge hatten die Europäer mit fremden Kulturen und deren Reichtum bekannt gemacht. Dadurch wuchsen die materiellen Bedürfnisse und Ansprüche der Menschen. Der geistige Horizont der Europäer verbreiterte sich. Fremde Kulturkreise boten auch zahlreiche Vorbilder für technische Neuerungen. Wenn Handwerk und Gewerbe den angewachsenen Bedarf einer immer größeren Bevölkerungszahl decken wollten, mußten sie andere Herstellungsmethoden und -techniken ersinnen. Eine grundsätzliche Fortentwicklung der Technik war notwendig geworden. Größere Mengen gewerblicher Erzeugnisse mußten jetzt in kurzer Zeit erzeugt werden, und auf die **Sklavenarbeit**, die in der Antike die Regel gewesen war, konnte man nicht mehr zurückgreifen. Zwar gab es noch in der Karolingerzeit und darüber hinaus Sklaven, aber ihre Zahl ging immer mehr zurück. Das Christentum lehrte, daß die Menschen vor Gott gleich seien und betonte die Würde des einzelnen Menschen. Auf diese Weise trug es wesentlich zur Überwindung der Sklaverei bei.

Das **Christentum** und die **Kirche** boten aber auch in anderer Hinsicht positive Voraussetzungen für die Entwicklung der Technik, denn die Klöster wurden im Hochmittelalter bedeutende Zentren technologischer Neuerungen. Hier wurden auch die griechischen und arabischen Werke der technischen und naturwissenschaftlichen Tradition übersetzt. Die Klöster entfalteten darüber hinaus als Sitze der Gelehrsamkeit eine eigene technisch-naturwissenschaftliche Literatur. Der deutsche Mönch Theophilus legte dazu um 1100 den Grund mit seiner Schrift „Schedula diversarum artium“, die Anweisungen für den Glockenguß, die Metallverarbeitung, die Farbgewinnung, die Glasmalerei usw. enthielt.

Die **Zisterzienser** trugen so manche technische Neuerung nach Osten und förderten ihre Verbreitung. Sie bauten Wassermühlen, betätigten sich im Bauhandwerk, im Bergbau, in der Eisenverarbeitung, im Tuchgewerbe, in der Gerberei und in der Brauerei.

Obwohl die geistige Tätigkeit im frühen Mittelalter fast ganz zu einem Monopol des Klerus geworden war, bot das Christentum der Wissenschaft und der Technik eine bessere geistige Grundlage als die Antike. Im Christentum galt die Arbeit als ein göttlicher Auftrag an den Menschen („Du sollst arbeiten"). Auch der Wert der Natur wurde stärker anerkannt, und in dieser Natur war der Mensch ein kleiner Gott auf Erden, dessen Auftrag lautete, sich die Erde untertan zu machen.

Die Anerkennung von Handwerk und Technik zeigt sich auch an den kirchlichen **Wissenschaftslehren des Mittelalters**. Bis etwa 1130 hatte man die Wissenschaften in Theoretik, Praktik und Logik eingeteilt. Hugo von Saint Victoire, einer der einflußreichsten Theologen des 12. Jahrhunderts und Lehrer an der Klosterschule von Saint Victoire in Paris, erweiterte diese Einteilung und nahm als viertes Gebiet die Mechanik (mechanische Künste, artes mechanicae) auf. Er teilte die Mechanik wiederum in sieben mechanische Künste auf: Weberei, Schmiedetechnik, Bautechnik, Schiffbau, Ackerbau und Jagd, Heilkunde und Schauspielkunst. Er nannte sie auch „herrliche Künste", mit denen der Mensch durch Anwendung seines Verstandes seine natürlichen Bedürfnisse befriedigen könne. Die Mechanik wurde als Gabe Gottes aufgefaßt, mit deren Hilfe der Mensch seine körperlichen Schwächen ausgleichen könne. Auch die Mechanik war auf diese Weise religiös verankert.
Die Wissenschaft machte im Hochmittelalter bedeutsame Fortschritte. Für die Entwicklung der Technik waren sie jedoch nicht von unmittelbarer und greifbarer Bedeutung, eher schon für das allgemeine intellektuelle Klima. Seit der Jahrtausendwende war ein Teil der Schriften des Aristoteles durch die lateinische Übersetzung des Boethius bekannt geworden. Die Logik des Aristoteles stellte die Wissenschaften auf eine neue, nicht mehr ausschließlich von der Religion beherrschte, verstandesmäßige Grundlage. Im 12. Jahrhundert erschienen zahlreiche Übersetzungen arabischer Werke über Astronomie, Astrologie, Metereologie und Mathematik. Vor allem aber lernten die Europäer jetzt die Originalschriften des Aristoteles kennen. Von den Arabern lernten die europäischen Wissenschaftler, der Erfahrung und der Beobachtung mehr zu vertrauen als alten Autoritäten oder kirchlichen Dogmen.
Mittelpunkt der Naturwissenschaften im 13. Jahrhundert war Oxford. Dort wirkende Naturwissenschaftler wie Robert Grosseteste und Roger Bacon betrachteten die Naturwissenschaften zwar immer noch als einen Weg zur Gotteserkenntnis, betonten dabei aber die Rolle des Experimentes und der Mathematik. Dies sollte später für die Entwicklung der modernen Naturwissenschaft von entscheidender Bedeutung werden – und damit letztlich auch für die Entwicklung der modernen Technik. Damals aber waren diese Konsequenzen noch nicht erkennbar. Naturwissenschaften und Technik waren weitgehend ohne Berührungspunkte, mit nur wenigen Ausnahmen: Im Jahre 1271 stellte Robert von England die Theorie der Pendeluhr auf, die schließlich zur Erfindung der Gewichtsräderuhr (s. S. 90) führte, und die optischen Abhandlungen des arabischen Wissenschaftlers al-Haitham, die zahlreiche Wissenschaftler anregten, sich mit der Lichtbrechung zu befassen, hatten im Spätmittelalter die Erfindung der Brille zur Folge.
Das 13. Jahrhundert sah auch bereits technische Utopien. Jener Roger Bacon schrieb hellsichtig:

„Ein fünfter Teil der experimentellen Naturwissenschaft betrifft die Herstellung von Instrumenten von wunderbarem Nutzen, wie zum Beispiel von Flugmaschinen oder von Maschinen, die Fahrzeuge ohne Tiere und doch mit unvergleichlicher Geschwindigkeit vorwärtstreiben, oder von Schiffen, die sich ohne Ruder schneller vorwärtsbewegen, als es durch Muskelkraft für möglich gehalten würde. Denn diese Dinge sind in unserer Zeit vollbracht worden, auf daß keiner sie gering schätze oder über sie erstaune. Und dieser Teil lehrt, wie man Instrumente verfertigen kann, um unglaubliche Gewichte ohne Schwierigkeiten oder Mühsal zu heben oder zu senken ... Man kann Flugmaschinen bauen, in deren Mitte ein Mann sitzt und eine sinnreiche Vorrichtung betätigen kann, mittels derer künstliche Schwingen wie die Flügel eines fliegenden Vogels schlagen ... Man kann auch Maschinen bauen, um im Meer und in den Flüssen gefahrlos bis auf den Grund zu gehen."

(Bacon, De secretis operibus artis et naturae, Kap. IV, zitiert nach: A. G. Little [Hg.], Roger Bacons Essays. Oxford 1914, S. 178)

Im 14. Jahrhundert wurde die Vorherrschaft der Theologie und des christlichen Lehrgebäudes erschüttert. Die von dem englischen Franziskaner Wilhelm von Ockham ausgehende, sich selbst als „modern" bezeichnende Philosophie des „Nominalismus" war der Welt und den Einzeldingen zugewandt und stellte auch die zukünftige Naturwissenschaft auf eine neue Grundlage. Für die zeitgenössische Technik war dies alles jedoch zunächst von recht geringer Bedeutung.

V.2 Die technische Revolution in der mittelalterlichen Landwirtschaft

Die mittelalterliche Wirtschaft und Gesellschaft bauten auf der Landwirtschaft und dem Besitz an Grund und Boden auf. Auch die wachsende wirtschaftliche Bedeutung des Fernhandels und der Städte seit dem 11. Jahrhundert änderte nichts daran, daß die Entwicklung der Landwirtschaft entscheidend für die gesamtwirtschaftliche Entwicklung blieb. Dies sollte in Deutschland im Grunde genommen bis zur Mitte des 19. Jahrhunderts so bleiben. Die Landwirtschaft war im Mittelalter die Grundlage des Reichtums, der Macht und der sozialen Stellung der gesellschaftlich maßgebenden Aristokratie.

Die Abgaben, die die Bauern an ihre Grundherren zu leisten hatten, schufen eine wachsende Nachfrage nach handwerklichen Erzeugnissen. Auf diese Weise ernährte das Land die Stadt auf dem Wege über die bäuerlichen Abgaben. Die Steigerung der landwirtschaftlichen Produktion, die Schaffung eines agrarischen Mehrproduktes war die unabdingbare Voraussetzung für die Ausweitung des handwerklich-gewerblichen Produktionsbereiches. Auch der sogenannte „Handelskapitalismus" des Hochmittelalters war letztlich abhängig von der Ertragssteigerung der Landwirtschaft.

Aus diesen Gründen sollen bei der Betrachtung der technischen Errungenschaften des Mittelalters die Fortschritte der landwirtschaftlichen Technik zuerst behandelt werden. Ohne sie werden die Entwicklung der Städte, des Handels, des Handwerks, die Bevölkerungsvermehrung und der gesellschaftliche Differenzierungsprozeß des Hochmittelalters nicht verständlich. Unter dem Begriff „landwirtschaftliche Technik" ist dabei nicht nur die Erfindung und Einführung neuer landwirtschaftlicher Geräte und Werkzeuge, sondern in einem weiteren Sinne ebenso die Gestaltung der landwirtschaftlichen Bearbeitungsverfahren zu verstehen.

Der Ertrag des Bodens im frühen Mittelalter war so gering, daß die Menschen der Karolingerzeit bei jeder Mißernte von einer Hungersnot, vielleicht sogar vom Tod bedroht waren. Hungersnöte, Epidemien, denen die schlecht ernährten Menschen in Massen zum Opfer fielen, sind denn auch die Themen, von denen die karolingischen Annalen so häufig berichten. Die außerordentlich geringen Erträge des Bodens waren vor allem auf das unzureichende Bearbeitungswerkzeug und die mangelnde Düngung zurückzuführen. Es ist in der Wissenschaft viel darüber gestritten worden, ob die **Pflüge** zur Zeit Karls des Großen noch die antiken Hakenpflüge (aratra) oder bereits richtige Holzpflüge waren. Der antike Hakenpflug war im wesentlichen ein von zwei Ochsen gezogener Stock. Er konnte zwar von jedem Bauern selbst hergestellt werden, war aber eigentlich nur für die lockeren Böden des Mittelmeergebietes geeignet. Der Boden mußte deshalb alle paar Jahre noch zusätzlich mit der Schaufel bearbeitet werden. Der eigentliche Pflug dagegen, der schwere sächsische Räderpflug, hatte ein Messer, das die Grasnarbe aufriß (das sogenannte Sech), eine Schar, die den Boden waagerecht abschnitt, und ein Streichbrett, das die Erde umlegte und gleichzeitig zerkrümelte. Da der Pflug Räder hatte, konnte man die Tiefe der Furche regulieren.

Eiserne Bestandteile des schweren Pfluges hat man an zahlreichen Orten Mittel- und Osteuropas bereits aus der Zeit der Völkerwanderung gefunden. Der voll entwickelte **Räderpflug** ist spätestens für das 6. Jahrhundert bezeugt. In jenem Jahrhundert tritt er bei den slawischen Völkern auf. Von dort scheint er zu den Wikingern gelangt zu sein. Man hat in der frühen Verwendung des Pfluges sogar eine wesentliche Ursache für die Expansion der skandinavischen Völker, wie zum Beispiel der Normannen nach dem Süden, gesehen. Der Ertrag des Bodens soll durch den Pflug demnach so stark gesteigert worden sein, daß die Bevölkerungszahl der Skandinavier so lange anstieg, bis schließlich der Nahrungsspielraum zu eng wurde und Tausende von Wikingern Skandinavien verlassen mußten.

Es ist in der Wissenschaft umstritten, ob in der Karolingerzeit in West- und Mitteleuropa schon echte Pflüge in Gebrauch waren. Einige angelsächsische Quellen sprechen dafür, daß es schon im 9. Jahrhundert Pflüge mit eiserner Schar und eisernem Streichbrett gab. Doch war dies nicht die Regel. Der primitive antike Hakenpflug blieb noch lange auch außerhalb des Mittelmeergebietes verbreitet. Der sich allmählich nördlich des Mittelmeergebietes ausbreitende eiserne Pflug konnte schon deshalb nicht voll ausgenützt werden, weil er stärkere Gespanne als die Ochsenzugkraft erforderte. Landarbeit

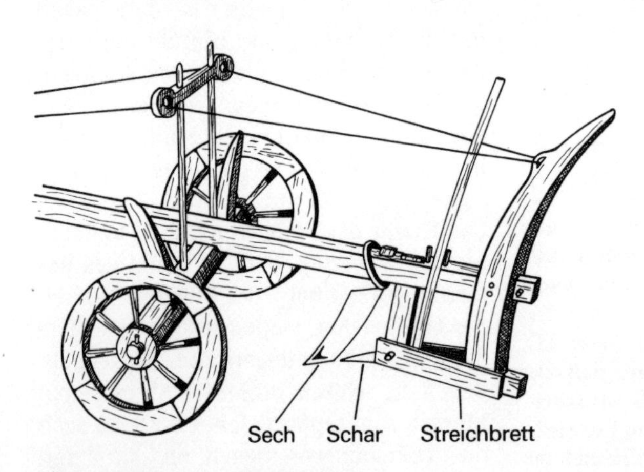

Abb. 20: Schwerer Räderpflug

und Transport wurden in der Karolingerzeit aber vor allem vom Ochsen verrichtet, dessen Zugkraft weit geringer als die des Pferdes ist. Das Pferd fand vor allem im Krieg Verwendung. Daneben war es das Verkehrsmittel für Menschen der gehobenen Gesellschaftsschichten. Als Arbeitstier wurde es noch kaum verwendet.

Eiserne Pflüge waren zunächst auch deshalb nicht die Regel, weil die Kultur der Karolingerzeit vor allem auf der Verwendung und Bearbeitung des Holzes beruhte. Erst zwischen dem 9. und dem Anfang des 11. Jahrhunderts verbreitete sich der Gebrauch des Eisens.

Der zunächst noch von 6–8 Ochsen, dann von Pferden gezogene schwere eiserne Räderpflug brachte eine große Arbeitsersparnis mit sich. Beim antiken Hakenpflug blieb nämlich zwischen zwei Pflugreihen jeweils ein schmaler Grat Boden stehen, so daß noch einmal quer gepflügt werden mußte. Die Felder neigten demzufolge zu einer quadratischen Grundform. Beim Räderpflug mit Streichbrett, der die Erdscholle wendete und zur Seite warf, erübrigte sich das Querpflügen. Der einzelne Bauer konnte also jetzt mehr Land bearbeiten. Der schwere eiserne Räderpflug hatte aber auch eine Veränderung des gesellschaftlichen Lebens auf dem Lande zur Folge. Ein solcher Pflug war nämlich teuer, nicht nur des dabei verwendeten Eisens, sondern auch der hohen Kosten für das Zuggespann wegen. Nur die reichsten Bauern konnten solche Summen aufbringen. Die anderen waren gezwungen, Pflug und Gespann von größeren Bauern gegen eine Abgabe zu entleihen. Der kleine Bauer wurde abhängiger vom Reichen und Mächtigen. Manche der reichen Bauern nannten sich jetzt „nobilis“ (adlig). Aber auch wenn sie nicht in den Adel aufstiegen, vergrößerte sich der wirtschaftliche und soziale Abstand zu den ärmeren Standesgenossen. Viele Bauern beschritten den Weg der gegenseitigen Hilfe, um dieser Abhängigkeit zu entrinnen. Sie bildeten bäuerliche Produktionsgenossenschaften, die die Bearbeitung der Felder mit den verbesserten technischen Mitteln aufeinander abstimmten.

Um den schweren Räderpflug optimal einzusetzen, war jedoch die Einführung eines **neuen Anspannsystems für Pferde und Ochsen** notwendig. In der Antike waren die Pferde – wie die Ochsen – durch ein auf ihrem Nacken liegendes Joch an den Wagen geschirrt worden (siehe auch S. 55). Seit dem 10. Jahrhundert verbreitete sich dann eine neue Methode der Pferdeanschirrung: das wahrscheinlich aus Zentralasien stammende **Kummet**, ein steifer Ring, der den Druck auf Schultern und Brustkorb des Tieres verteilte und seine Zugkraft voll zur Entfaltung brachte. Das Joch und die Deichsel wurden außerdem durch zwei seitlich am Pferd vorbeigeführte Stangen ersetzt, so daß der Zug auf beiden Seiten gleichmäßig war.

Bei der Anspannung der Ochsen zeitigte das Stirnjoch die gleiche positive Wirkung wie das Kummet beim Pferd. Die Leistungsfähigkeit der Tiere steigerte sich so auf das Vier- bis Fünffache. Mit dem neuen Spannsystem, dem Kummet, eignete sich jetzt auch das Pferd zur Feldarbeit. Der Ochse wurde zwar nicht verdrängt, aber auf vielen Feldern vom Pferd ersetzt, das eine um ca. 50% höhere Leistung als der Ochse erbrachte und darüber hinaus täglich ein bis zwei Stunden länger arbeiten konnte. Das seit dem 9./10. Jahrhundert im Abendland verbreitete, mit Nägeln befestigte **Hufeisen** trug ebenfalls zur verbesserten Ausnutzung der tierischen Arbeitskraft bei. Das Ergebnis war eine wesentliche Beschleunigung der landwirtschaftlichen Arbeit.

Eine weitere technische Errungenschaft von großer Bedeutung war die von Pferden mit Hilfe des Kummets gezogene **Egge**, die erstmals auf einem Teppich vom Ende des 11. Jahrhunderts abgebildet ist und zunehmend an die Stelle von Rechen und Hacke trat.

Die Produktivität der Landwirtschaft hatte im frühen Mittelalter jedoch nicht nur unter dem Fehlen geeigneter Bearbeitungsgeräte gelitten, sondern ebenso unter dem Mangel an Dünger. So behalf man sich damit, daß man von den Bauern Abgaben in Form von Mist erhob oder sie verpflichtete, ihr Vieh eine bestimmte Anzahl von Tagen auf die Ländereien des Grundherrn zu treiben, damit die Exkremente der Tiere als Dünger verwendet werden konnten. Als Dünger dienten daneben verbranntes Gras, Stroh oder Asche von verbranntem Strauchwerk, Kalk, Mergel und Torf. Unter diesen Voraussetzungen erreichten die Erträge der Getreidearten in der Karolingerzeit nicht einmal das Doppelte der Aussaat. Um 1200 dürfte der Ertrag beim Weizen etwa beim Dreifachen der Aussaat gelegen haben (zum Vergleich: zwischen 1750 und 1820 betrug er in Nordwesteuropa etwa das Zehnfache der Aussaat).

Einen großen Produktivitätsverlust brachte auch die im Abendland vorherrschende **Zweifelderwirtschaft** mit sich. Dabei wurde das Land jedes Jahr in zwei Hälften eingeteilt, von denen nur eine bebaut wurde und die andere als Brachland Gelegenheit hatte, sich wieder zu erholen. Viele Äcker waren unter diesen Bedingungen schnell erschöpft und mußten nach einigen Jahren wieder aufgegeben werden. Neue Böden mußten durch Brand und Rodung hinzugewonnen werden. Auf diese Weise war die Landwirtschaft stark raumbeanspruchend. Naturkatastrophen, Wetterunbilden, Dürre, Insektenplagen u. ä. bedeuteten daher Hungersnot, da die geringen Erträge eine Vorratshaltung nicht zuließen. Ein Ausgleich durch Herbeischaffung von Nahrungsmitteln aus anderen Gebieten scheiterte schon daran, daß auch dort kaum größere Überschüsse vorhanden waren. Hinzu kamen die völlig unzureichenden und teuren Transportmöglichkeiten. Doch vom Stand der Verkehrstechnik im Mittelalter wird noch an anderer Stelle die Rede sein.

Abgesehen von eigentlich immer vorhandenen lokalen Hungersnöten waren besonders die Jahre 1005/1006, 1043–45 und 1090–95 Zeiten fast allgemeiner Hungersnot. Die ständige Unterernährung der Menschen begünstigte zahlreiche Krankheiten (Tuberkulose, Haut- und Mangelkrankheiten) und eine hohe Kindersterblichkeit. Der Hunger trieb die Menschen nicht selten zum Verzehr von Aas oder gar von Menschenfleisch. Die Quellen berichten grausige Dinge über die Verbreitung des hungerbedingten Kannibalismus im 11. Jahrhundert.

Lebte das Abendland in jenem 11. Jahrhundert ständig am Rande der Hungersnot, so begannen wichtige technische Neuerungen in der Landwirtschaft gleichzeitig, diese Gefahr langfristig zu bannen. Diese technischen Fortschritte der Landwirtschaft im oben erläuterten umfassenden Sinne waren so bedeutend, daß man mit Fug und Recht von einer „Technisierung“ oder gar einer „Revolutionierung“ der Landwirtschaft im 11. Jahrhundert gesprochen hat. Die Auswirkungen dieser technischen Revolution im agrarischen Bereich haben in der Tat nicht nur das wirtschaftliche, sondern langfristig auch das gesellschaftliche Gesicht des Mittelalters von Grund auf verändert. Dabei waren diese technischen Innovationen aus der Sicht des Menschen des 20. Jahrhunderts durchaus einfach.

Der eiserne Räderpflug, die Egge, die neue Anschirrmethode und die damit verbundene steigende Verwendung des Pferdes in der Landwirtschaft waren die wichtigsten Neuerungen, die die Produktivität der Landwirtschaft und die Bodenerträge erhöhten. Doch darf man sich diese Ertragssteigerung auch nicht zu groß vorstellen. Immerhin dürfte sich zum Beispiel der Durchschnittsertrag für Weizen bis 1300 im Vergleich zum Stand im 9. Jahrhundert ungefähr verdoppelt haben (auf etwa das Dreifache der Aussaat).

Die steigende Verwendung des Pferdes förderte den vermehrten Anbau des auch als Pferdefutter dienenden Hafers. Der Hafer und die Gerste, beides Frühjahrssaaten, traten nun neben den Anbau der Herbstsaaten (Weizen, Roggen). Der dadurch eingetretene Fruchtwechsel steigerte die Erträge der Ländereien noch zusätzlich. Zudem wurde so die Gefahr von Mißernten verringert. Die Qualität der Nahrungsmittel verbesserte sich ferner durch den Anbau von Hülsenfrüchten (Erbsen, Saubohnen), die bekanntlich viele wertvolle Proteine (Eiweißstoffe) enthalten und eine wichtige Ergänzung zu den Kohlehydraten des Getreides bildeten.

Im Zusammenhang mit dem vermehrten Anbau von Frühjahrssaaten steht ein weiterer wichtiger Fortschritt der hochmittelalterlichen Landwirtschaftstechnik: die allmähliche **Einführung der Dreifelderwirtschaft**. Sie bedeutete einen quantitativen und einen qualitativen Fortschritt: Mengenmäßig stieg die Erzeugung gegenüber der Zweifelderwirtschaft um 16,6% (jetzt wurden jedes Jahr ⅔ statt ½ des Landes bebaut, nur ⅓ statt ½ blieb als Brachland liegen). Da die beiden jeweils bebauten Feldstücke verschieden bebaut wurden – das eine mit Herbstsaat, das andere mit Frühjahrssaat – trat ein wirkungsvoller Fruchtwechsel ein. Eine schlechte Frühjahrsernte konnte immer noch durch eine gute Sommerernte gemildert werden (und umgekehrt). Die Gefahr von Hungersnöten sank, die menschliche Ernährung wurde abwechslungsreicher und die Nahrung durch die Kombination von Kohlehydraten (Getreide) und Proteinen wertvoller und kräftiger. Südlich der Alpen und der Loire, wo die Sommer für eine Frühlingssaat nicht feucht genug waren, verbreitete sich die Dreifelderwirtschaft nicht. Die Dreifelderwirtschaft, die erstmals im 8. Jahrhundert zwischen Rhein und Seine eingeführt wurde, und der schwere Räderpflug, der eine Bearbeitung der schweren und fruchtbaren Böden ermöglichte, hoben nicht nur die Produktivität des Landbaus, sondern trugen dazu bei, daß sich der Mittelpunkt der Zivilisation seit den Tagen Karls des Großen immer mehr nach Norden verlagerte.

Doch die **Agrarrevolution des 11. Jahrhunderts** bestand nicht nur in einer Verbesserung der Landwirtschaftstechnik und der Anbaumethoden. Die Steigerung der landwirtschaftlichen Produktion beruhte auch auf einer ständigen Ausdehnung der bebauten Flächen durch Rodung und Kolonisation. Das 11. und 12. Jahrhundert sind eine Periode der Rodungen und Urbarmachung von Sümpfen, Gehölzen und Heidegebieten. Der landwirtschaftliche Anbau wird nun mit Hilfe der neuen technischen Mittel auch auf die weniger fruchtbaren Gebiete ausgedehnt. Seit dem 14. Jahrhundert verbreitete sich anstelle der **Sichel** ein neues Erntegerät: **die Sense**. Mit der Sichel wurde das Getreide meistens knapp unterhalb der Ähren abgeschnitten. Das Stroh blieb stehen. Als die Bauern jedoch immer mehr in der Nutzung der Allmende eingeschränkt wurden, brauchten sie das Stroh, um Einstreu für die Viehställe zu haben. Es war deshalb ein neues Erntegerät erforderlich, das auch das Stroh verwertete. Wirtschaftliche und soziale Veränderungen auf dem Land führten hier zu der Verbreitung eines neuen Erntegerätes, das bereits seit dem 9. Jahrhundert be-

kannt war, aber vorher nur zum Grasschnitt benutzt wurde.
Im 13. und vollends im 14. Jahrhundert haben sich die wesentlichsten der oben genannten technischen Verbesserungen in der Landwirtschaft (vor allem die Bespannung des eisernen Pfluges mit Pferden und die Dreifelderwirtschaft) weitgehend durchgesetzt. Jetzt erscheinen auch die ersten Traktate über mittelalterliche Landwirtschaft, die die Agrarwissenschaft neu beleben.
Worin sind nun die wesentlichen Voraussetzungen und Folgen der technischen Revolutionierung der Landwirtschaft im christlichen Abendland vom 9./10. Jahrhundert an zu sehen? Die Verwendung des eisernen Räderpfluges, die Verbesserung der Anspannmethoden beim Ochsen und beim Pferd, die zunehmende Verwendung des Pferdes, der Übergang zur Dreifelderwirtschaft, die Verbesserung der Fruchtfolge usw. waren „technische" Verbesserungen, die durch das starke Anwachsen der europäischen Bevölkerung unausweichlich geworden waren. Um 1050 gab es in Europa ca. 46 Mill., um 1100 ca. 48 Mill., um 1150 ca. 50 Mill. und um 1200 ca. 61 Mill. Menschen. Bei dem damaligen Stand der Produktionstechnik war dies eine gewaltige Bevölkerungsvermehrung. Sie stellte die Landwirtschaft vor Aufgaben, die nur durch eine Revolutionierung der Agrartechnik zu bewältigen waren. Aber der technische Fortschritt im nordwestlichen Europa ging bereits auf die Karolingerzeit zurück. Man muß deshalb davon ausgehen, daß er nicht nur die „Antwort" auf den durch die Bevölkerungsvermehrung steigenden „Bedarf" war. Vielmehr haben die Fortschritte der landwirtschaftlichen Technik auch selbst zu der Bevölkerungsvermehrung des 11., 12. und 13. Jahrhunderts beigetragen.

Die landwirtschaftliche Produktion überstieg im 11. Jahrhundert – dank den technischen Fortschritten – erstmals den Verbrauch. Damit war die Möglichkeit gegeben, eine größere Zahl von Menschen zu ernähren und gleichzeitig einen größeren Teil von ihnen aus der unmittelbaren Nahrungsmittelerzeugung herauszunehmen. In den sich nun ausbreitenden Städten entstanden Verbrauchszentren, die zugleich Mittelpunkte des handwerklichen Aufschwungs wurden. Bisher hatte die Haus- oder Gutswirtschaft neben der Nahrung auch die anderen Bedürfnisse der Menschen, wie z. B. die Kleidung, befriedigt. Jetzt ermöglichte die gestiegene Produktivität der Landwirtschaft eine weitere gesellschaftliche Arbeitsteilung und Spezialisierung: die Ausbreitung und Auffächerung des Handwerks.

Erst diese Spezialisierung des Handwerks schuf ihrerseits die Voraussetzung für den technischen Fortschritt im Handwerk, für die Verbesserung der handwerklichen Geräte und Werkzeuge. Die letzten Endes vom Mehrprodukt der Landwirtschaft abhängigen Städte wurden zu Orten neuer technischer, künstlerischer, geistiger und sozialer Erfahrungen, die schließlich das gesamte Wirtschaftsleben umgestalteten. Durch den Handel mit Handwerksprodukten erstarkten die Städte und ihr Bürgertum so sehr, daß sie schließlich den Kampf gegen die gesellschaftliche Vorherrschaft des Landadels aufnehmen konnten.
Der landwirtschaftliche Überschuß und die Entstehung der städtischen Verbrauchszentren erhöhten die Bedeutung des Geldes in der einstigen mittelalterlichen Naturalwirtschaft. Die Verbesserung der landwirtschaftlichen Technik ließ die Zahl der Unfreien, die für die Arbeit auf den Herrenhöfen notwendig waren, absinken. Unter diesen Umständen konnte es sich für die Grundherren lohnen, ehemals Unfreien ein Stück Land und eine eigene Wirtschaft zur selbständi-

gen Bearbeitung gegen Leistung von Abgaben und Frondiensten zu überlassen, da die Grundherren dann nicht mehr eine unter den gewandelten technischen Verhältnissen zu große Zahl von Arbeitskräften ganzjährig unterhalten mußten. Unfreie und Freie verschmolzen jetzt zur Schicht der abhängigen Bauern. Die Fortschritte der landwirtschaftlichen Technik besserten also die bäuerlichen Lebensbedingungen, zumal die Grundherren dazu übergingen, die Frondienste allmählich in Geldabgaben umzuwandeln. Da Geldabgaben nur schwer und unter erheblichen Widerständen zu erhöhen waren, wirkten sie sich in Zeiten steigender Agrarpreise und verbesserter Produktivität sehr günstig für die Bauern aus. Die Bauern hatten jetzt auch ein eigenes finanzielles Interesse an der Steigerung ihrer Produktivität. Gleichzeitig ermutigten die verbesserten Transportmöglichkeiten (s. S. 91ff.) die Bauern, Überschüsse zu produzieren. Wie der Geldzins, so bewirkten auch die Möglichkeit der Abwanderung in die Städte und die Rodung, die erst mit Hilfe des schweren Pfluges möglich war, eine Verbesserung der bäuerlichen Lage. Die technische Entwicklung begünstigte zugleich eine Verstärkung der sozialen Unterschiede in der Dorfgemeinschaft. Es wuchs der Abstand zwischen denjenigen, die als Handarbeiter ausschließlich auf die Hakke als Werkzeug angewiesen waren und denjenigen, die wenigstens gelegentlich mit dem Pflug ihres Grundherrn arbeiten durften.

Fassen wir noch einmal zusammen: Der technische Fortschritt der mittelalterlichen Landwirtschaft ermöglichte erst ein starkes Bevölkerungswachstum, die Entstehung der Städte und die zunehmende gesellschaftliche Differenzierung und Spezialisierung, die schließlich zur Umwandlung der feudalen Gesellschaftsordnung führte. Die ganz wesentlich erst durch den technischen Fortschritt ermöglichte Ertragssteigerung der hochmittelalterlichen europäischen Landwirtschaft überwand allmählich den Hunger als allgegenwärtige Bedrohung und war eine der entscheidenden Voraussetzungen für die wirtschaftliche, politische und kulturelle Blüte des Hochmittelalters.

Es ist wohl kaum übertrieben zu behaupten, daß die Ausbreitung der Christenheit, die Rodungen, der Bau der Städte mit ihren imposanten Kathedralen und die Kreuzzüge, die die ungeheure Vitalität des Hochmittelalters ausmachen, ohne die technischen Fortschritte in der Landwirtschaft und die Verbesserung der Ernährung so nicht möglich gewesen wären. Es ist häufig behauptet worden, daß die Grundherrschaft, die Herrschaft des Adels und der Kirche über Grund und Boden und die darauf wirtschaftenden Menschen, ein Hindernis für den wirtschaftlichen Fortschritt gewesen sei. Zwar zerstörte die Grundherrschaft einen Teil der alten bäuerlichen Freiheiten – andererseits aber band sie die sonst zersplitterten landwirtschaftlichen Kleinproduzenten in eine übergeordnete, arbeitsteilige Organisation ein. Gegenseitige Hilfe und die Investitionen des Grundherrn erleichterten die Einführung neuer, teurer Technologien. Insbesondere die königlichen Grundherrschaften und die Klöster wirtschafteten nach den rationellsten Methoden und nahmen Investitionen in großem Stil vor.

V.3 Neue Energiequellen: von der menschlichen und tierischen Muskelkraft zur Ausnutzung der natürlichen Energien des Wassers und des Windes

Mit der Ausdehnung der gewerblichen Produktion war eine neue Antriebskraft unabdingbar geworden. Seit längerem wurde bereits in der Landwirtschaft die **Wassermühle** eingesetzt (z.B. zum Mahlen des Korns, vgl. S. 58).

Etwa seit dem Jahr 1000 wurde die Wasserkraft nun auch zu gewerblichen Zwecken genutzt. Das war eine umwälzende Neuerung. Sie war durchaus vergleichbar mit der Erfindung der Dampfmaschine zu Beginn des industriellen Zeitalters. Indem der Mensch die Kraft des fließenden Wassers nutzte, bediente er sich der Kräfte der Natur zum Antrieb von Maschinen. Vorher hatten diese mühselige Arbeit Tiere oder bedauernswerte Menschen verrichten müssen.

Ende des 11. Jahrhunderts gab es z.B. in England schon 5000 Wassermühlen. Für gewerbliche Zwecke konnte man die Wassermühle jedoch in größerem Umfange erst einsetzen, als es gelungen war, die Drehbewegung des Wasserrades in Auf- und Abbewegungen umzuwandeln. Nur so konnte man Hämmer, Stößel, Schlegel, Sägen usw. mit dem Wasserrad verbinden. Die Umsetzung in eine Auf- und Abbewegung gelang durch eine wichtige Neuerung: die sogenannte **Nockenwelle** (oder **Daumwelle**, s. S. 75). Sie wurde zu Beginn des 11. Jahrhunderts eingeführt, war aber in einer einfachen Vorform schon dem antiken Mechaniker Heron (vgl. S. 37) bekannt gewesen.

Vor allem die Klöster, insbesondere die Zisterzienserklöster, förderten die Verbreitung der Wasserkraft. Ein Zisterziensermönch aus dem Kloster Clairvaux hat uns einen wahren Lobgesang auf die Wasserkraft hinterlassen. Er schrieb im 12. Jahrhundert:

„Der Teil des Flusses aber, der in die Abtei eindringt, soweit es die Mauer zuläßt, stürzt sich als erstes mit Macht auf die Mühle, wo er sich geschäftig tummelt, sowohl um das Korn unter dem Druck der Mühlsteine zu mahlen als auch um das zarte Sieb zu bewegen, welches das Mehl von der Kleie trennt. Doch schon ist er im nächsten Haus, füllt den Kessel und übergibt sich dem Feuer, das ihn aufkochen läßt, um für die Mönche ein Getränk zu bereiten. Sollte nämlich die Rebe den Fleiß des Winzers undankbar und mit Unfruchtbarkeit lohnen und ihm das Blut der Traube verweigern, so springt sogleich die Tochter der Ähre ein. Doch noch kann sich der Fluß nicht für frei und ledig halten. Gleich neben der Kornmühle rufen ihn die Walker zu sich. Denn hat er den Brüdern beim Mahlen ihre Nahrung bereitet, so fordern sie ihn jetzt, an ihre Bekleidung zu denken. Er widerspricht auch nicht und weigert sich nicht, das zu tun, was man von ihm verlangt. Er hebt und senkt im Wechsel die schweren Stampfen oder Hämmer oder besser gesagt, die Holzfüße – denn dieses Wort paßt für das Hüpfen der Walkstöcke sehr viel besser – und erspart den Walkern große Mühen. Gnädiger Gott! Welchen Trost gewährst Du Deinen demütigen Dienern, damit nicht allzu großer Jammer sie niederdrückt! Wie sehr erleichterst Du Deinen Kindern, die bußfertig sind, die Mühsal und befreist sie vom Übermaß der Arbeit! Wie viele Pferde erschöpften ihre Kräfte, bei wie vielen Menschen ermatteten die Arme während jener Arbeiten, die dieser freundliche Fluß, dem wir Kleidung und Nahrung verdanken, ohne unser Zutun für uns verrichtet! Er ersetzt unsere Mühen durch die seinen und erhofft nach aller schweren Last des Tages für sich nur einen einzigen Lohn: die Erlaubnis, frei fortzusprudeln, nachdem er alles Verlangte erfüllt hat. So dreht er immer eiliger die vielen schnellen Räder, so stürzt er schäumend hinaus. Fast möchte man sagen, er selbst wird gemahlen, wird weicher. Doch danach tritt er in die Lohgerberei ein, wo er für die Schuhe der Brüder ebensoviel Fleiß und Mühe aufwendet wie zuvor, darauf teilt er sich in viele kleine Arme und eilt dienstfertig zu vielen verschiedenen Pflichten, sucht überall diejenigen auf, die seiner Dienste bedürfen... Zuletzt, um vollen Dank zu ernten und nichts ungetan zu lassen, trägt er den Abfall fort und läßt alles sauber zurück.“

(Zitiert nach: Die Technik von den Anfängen bis zur Gegenwart. Hrsg. v. U. Troitzsch und W. Weber. Braunschweig 1982, S. 134f.)

In Clairvaux gab es also zu jener Zeit bereits eine Getreide- und eine Walkmühle. In den **Walkmühlen** wurde das Gewebe mechanisch geschlagen. Das, wie wir oben erfahren, sehr anstrengende Walken mit den Füßen war überflüssig geworden. Drei kräftige, bis zur Erschöpfung arbeitende Männer waren bis dahin nötig gewesen, um ein einziges Stück Tuch zu walken. Ein durch Wasserkraft angetriebener Stampfer schaffte dies viel schneller und zugleich gründlicher. Walkmühlen gab es in Norditalien und Frankreich schon gegen Ende des 11. Jahrhunderts, in England und Deutschland etwas später. Besonders auf Besitzungen des Templerordens, auf klösterlichen, bischöflichen und königlichen Gütern verbreiteten sich Walkmühlen im 13. Jahrhundert. In solchen Walkmühlen bewegte ein Mühlrad abwechselnd zwei Hämmer hoch. Die Konstruktion dieser Walkmühlen ähnelte sehr stark den **Hammermühlen** der Schmiede (s. Abb. 21).

Daß gerade die hochmittelalterlichen Klöster zu ausgesprochenen Mittelpunkten technischer Modernisierung und rationeller Gestaltung des Arbeitsprozesses wurden, mag zunächst überraschen. Aber hier, in den Klöstern, wurde eine gegenüber der antiken Auffassung völlig andersartige, positive Bewertung der körperlichen Arbeit geboren.

Zu den Anforderungen, die die Regel des Heiligen Benedict an die Mönche stellte, gehörte neben dem „Bete" auch das „Arbeite". Die Arbeit erhielt geradezu einen religiösen Sinn. Da die Mönche aber beten und arbeiten zugleich sollten, war die Zeit für jede dieser beiden Haupttätigkeiten begrenzt und genau bemessen. Es ist deshalb nicht verwunderlich, daß die feste Einteilung des Tagesablaufes, die Uhr, die Kontrolle und die Disziplin in den klösterlichen Gemeinschaften eine so wichtige Rolle spielten. Diese Normierung des Tagesablaufs bildete eine günstige Voraussetzung für die Anwendung neuer mechanischer Arbeitsvorrichtungen und neuer Methoden der Energieausnutzung, zumal das eigene Arbeitskräftepotential der Klöster der religiösen Pflichten wegen nur begrenzt zu wirtschaftlichen Tätigkeiten zur Verfügung stand.

Die Wasserkraft als neue Art der Energiegewinnung fand im Hochmittelalter immer weitere Verwendung. Neben den Getreide-, Öl- und Schleifmühlen, neben Papier- und Walkmühlen gab es Sägemühlen und Hammermühlen.

Bei den hydraulischen Sägemühlen wurde der Baumstamm automatisch vorgescho-

Abb. 21: Eisenhammer mit Wasserradantrieb

Das Wasserrad sitzt auf einer Welle, die mit Nocken versehen ist. Dreht sich das Wasserrad, so drückt der nächstgelegene Nocken auf das Ende des beweglich gelagerten Eisenhammers, der sich daraufhin hebt. Rutscht der Nocken bei weiterer Drehung des Wasserrades über das Ende des Hammerstiels ab, so fällt der Hammer mit vollem Gewicht nach unten auf den Amboß.

ben. Die schnelle und wirkungsvolle Arbeit dieser Sägemühlen lieferte das Bauholz für die zahlreichen Kirchen, Kathedralen und Privathäuser sowie Holz für gewerbliche Zwecke (Bergbau, Metallverarbeitung).
Von besonderer Bedeutung für die Metallverarbeitung waren die zahlreichen **Hammerwerke**. Um zu verdeutlichen, nach welchen Prinzipien Wasserräder auf die vielfältigste Art und Weise benutzt wurden, um Arbeitsenergie zu liefern und auf Arbeits-„Maschinen" zu übertragen, ist in Abb. 21 außerhalb des Kapitels über die Metallverarbeitung eine solche Hammermühle dargestellt. Sie hat – wie gesagt – nicht nur eine sehr große Ähnlichkeit mit den Walkmühlen, sondern verdeutlicht darüber hinaus auch besonders gut die Funktion der so wichtigen **Nockenwelle**.

Die Wassermühle als Antriebskraft war eine umwälzende technische Neuerung, aber eine Wassermühle war teuer. Deshalb konnte nicht jeder Bauer oder Handwerker eine Wassermühle bauen. In der Regel war dies nur reichen Kaufleuten, adligen Grundbesitzern oder kirchlichen Institutionen (z.B. Klöstern) möglich.

Es war nicht selten, daß Grundherren als Besitzer solcher Wassermühlen Handmühlen zerstörten, um die Leute zu zwingen, ihre Mühlen zu benutzen. Seit dem 10. Jahrhundert beanspruchten die Grundherren das Monopol für ihre Getreidemühlen, und es entstanden langwierige Streitigkeiten zwischen den Gemeinden und den Grundherren. So zerstörten z.B. die Mönche von Juniêges als Grundherren im Jahre 1207 die Handmühlen in Viville, und die Mönche von St. Albans in England führten eine Kampagne gegen die Handmühle, die vom Ende des 13. Jahrhunderts bis zur sogenannten „Peasant Revolt" im Jahre 1381 reichte.

Die Verwendung der Wasserkraft verlagerte die gewerblichen Standorte an die Wasserläufe in den Tälern. Die Herstellung gewerblicher Erzeugnisse, die bis dahin fast ausschließlich in handwerklichem Rahmen erfolgt war, wurde am Ort der Mühle zentralisiert. Es entstanden räumliche Zusammenballungen von Gewerbebetrieben. Dies war nur möglich, weil die technische Entwicklung gleichzeitig den Transport der Waren über weitere Strecken ermöglicht hatte. Die Zusammenfassung gewerblicher Betriebe an bestimmten Orten förderte die Konkurrenz und belebte den Erfindungsgeist.

Am Schluß der Ausführungen über die Anwendung der Wasserkraft sei darauf verwiesen, daß Näheres über die Ursprünge der Nutzung von Wasserkraft in Kap. IV.6 nachgelesen werden kann. Besondere Anwendungsformen der Wasserkraft werden außerdem auch noch in diesem Kapitel (z.B. Bergbau und Metallverarbeitung) geschildert.
Seit dem 12. Jahrhundert machten sich die Europäer neben der Wasserkraft auch die Energie des Windes mit Hilfe von **Windmühlen** zunutze. Windmühlen hatten die Araber schon lange vorher gekannt. In Persien hatte es vielleicht schon seit dem 7./8. Jahrhundert Windmühlen gegeben, deren Windrad allerdings mit einer vertikalen Welle versehen war.
Arabische Geographen, die Persien im 10. Jahrhundert bereisten, berichteten zum erstenmal von solchen Windmühlen. Wahrscheinlich gelangte die Kenntnis dieser Mühlen über Spanien oder durch die Kreuzzüge nach Europa. Die europäische Windmühle, die dann aus solchen Anregungen hervorgegangen sein mag, sah allerdings ganz anders aus: sie hatte ein Windrad mit horizontaler Welle (s. S. 77) und war eine eigenständige Erfindung des Westens. Es ist möglich, daß die Europäer weniger durch das östliche Vorbild als vielmehr durch die Wassermühle Vitruvs (s. S. 58) angeregt wurden, eine Wind-

mühle mit horizontaler Welle und einem Zahnrad-Winkelgetriebe zu bauen. Eine waagerechte Welle mit senkrecht stehenden Flügeln war in jedem Fall besser geeignet, die in den Gegenden an der Atlantik- und Nordseeküste herrschenden wechselnden Winde optimal auszunutzen, da eine solche Mühle gedreht werden konnte.

Gegenüber dem Wasserrad hatte die Windmühle unter nördlichen klimatischen Verhältnissen den Vorteil, daß ihre Arbeit nicht durch gefrierendes Wasser gestoppt werden konnte. Die Windmühle erschien dann auch zuerst im europäischen Nordwesten (Normandie). Gegen Ende des 12. Jahrhunderts waren Windmühlen in England, den Niederlanden und Nordfrankreich sehr verbreitet. Sie wurden vor allem dort genutzt, wo kein ausreichendes Gefälle zum Antrieb von Wasserrädern vorhanden war, andererseits aber häufig ein kräftiger Wind blies. Die ersten Windmühlen wurden in den Wind ausgerichtet, indem sie in voller Größe gedreht wurden **(Bockwindmühle)**. Deshalb mußten sie notwendigerweise recht klein bleiben. Erst vom Ende des 15. Jahrhunderts an wurde die Windmühle größer und konnte damit den Wind besser ausnutzen. Im Spätmittelalter wurde ein neuer Windmühlentyp erfunden, bei dem nur der obere Teil der Mühle in den Wind gedreht wurde (Turm-, Dach- oder Kappenwindmühle).

Die Windmühle wurde im Mittelalter nicht nur gebraucht, um Korn zu mahlen, sondern auch, um Pumpen für Entwässerungszwecke anzutreiben usw. Sie war eine sehr vielseitige und noch dazu billige Kraftquelle – billig vor allem deshalb, weil sich im Gegensatz zum Wasserrad die Anlage von Teichen, Staudämmen usw. erübrigte. In Holland blieb die Windmühle bis zum Siegeszug der Dampfmaschine die ausschlaggebende Antriebsmaschine. Die Leistung einer Turmwindmühle war dreimal so groß wie die eines einfachen Wasserrades und dreihundertmal so groß wie die eines Mannes.

Das Mittelalter bediente sich, wie wir gesehen haben, in großem Maße der Kraft des Tieres (s. Landwirtschaft), des Wassers und des Windes. Die Sklaverei, die unter christlichem Einfluß schon vorher stark zurückgegangen war, war damit vollends überflüssig geworden. Der Grundstein für die systematische Ausnutzung mechanischer Kräfte, die für die moderne Zivilisation kennzeichnend ist, wurde bereits im Mittelalter gelegt. Wasser- und Windmühlen hatten eine erste Zentralisierung der gewerblichen Produktion zur Folge.

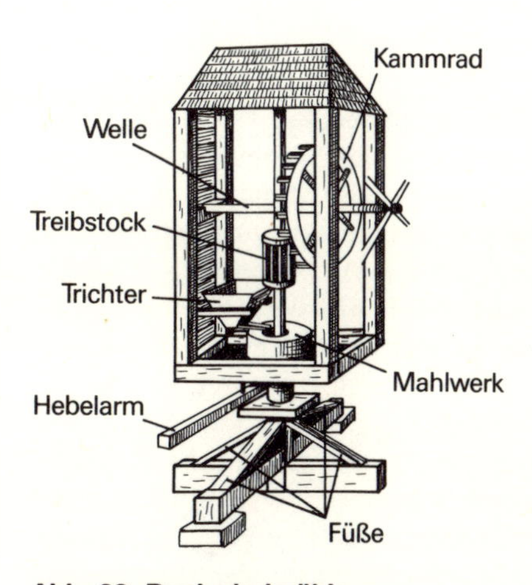

Abb. 22: Bockwindmühle

Auf der Welle der Windmühlenflügel befindet sich das Kammrad, das in den Treibstock greift und dadurch das Mahlwerk in Gang setzt. Das Getreide wird durch den Trichter in das Mahlwerk geschüttet. Die gesamte hölzerne Mühle ist drehbar auf hölzernen Füßen gelagert und kann mittels eines Hebelarms in den Wind gedreht werden.

V.4 Die technische Entwicklung im Bereich des Bergbaus, der Metallerzeugung und -verarbeitung

Im 12. und 13. Jahrhundert gelang es, mit Hilfe verbesserter Destillationsvorrichtungen, Vitriole, Alaune und Salpeter zu destillieren und auf diese Weise Salpetersäure herzustellen. Salpetersäure ist ein starkes Oxydationsmittel. Sie löst alle Metalle außer Gold, Platin und einigen anderen. Insbesondere kann man mit ihrer Hilfe Silber und Gold voneinander scheiden. Salpetersäure hatte daher eine große Bedeutung für den Bergbau und die Metallgewinnung.

Die steigende Verwendung des Eisens und anderer Metalle seit dem Hochmittelalter förderte den Bergbau. Gegen 1175 wurden im Erzgebirge reichhaltige Kupfer-, Silber- und Goldminen entdeckt. Städte wie Goslar, Freiberg und Annaberg erlebten einen wahren Goldrausch. Deutschland wurde zum europäischen Hauptlieferanten für Edelmetalle.

Der **Edelmetallbergbau** war im Mittelalter und zu Beginn der Neuzeit der technische Führungssektor. Im Montanbereich gab es nicht die hemmenden und innovationsfeindlichen Beschränkungen der Zünfte. Wo sich die Landesherren selbst aus finanziellen Interessen am Bergbau beteiligten, wirkte sich das fördernd auf die technische Entwicklung aus. Schließlich war ihnen an einer ertragreichen Produktion sehr gelegen.

Eisen wurde damals im Harz, in Westfalen, in Nordspanien, der Lombardei, England, den Niederlanden usw. abgebaut. Schwedisches Eisenerz wurde von der Hanse nach Deutschland gebracht. Kupfer baute man u. a. in Mitteldeutschland und in Ungarn ab. Der englische Bergbau lieferte Blei und Zinn, Spanien Quecksilber und Silber, Italien Blei und Alaun. Seit dem 12. Jahrhundert baute man in England bereits Kohle ab. Sie wurde schon so stark verwendet, daß Klagen über Luftverschmutzung laut wurden. 1301 verbot die Stadt London den Gebrauch von Kohle, weil sie die Stadt zu vergiften drohe. Bereits 1237 war die englische Königin Eleonore aus ihrem Schloß oberhalb der Stadt Nottingham ausgezogen, weil sie den Kohlerauch der Stadt nicht mehr ertragen konnte.

Die Arbeitsgeräte des Bergbaus im 13. Jahrhundert waren sehr einfach. Das Gezähe des mittelalterlichen Bergmannes bestand aus dem Bergeisen (einer Art Meißel zum Lösen des Gesteins), dem Berghammer oder Schlägel, der Kratze und der Trage. Für die Förderung aus dem Schacht verwendete man die Haspel. Vermutlich seit dem Ende des 12. Jahrhunderts wurden wagenartige Karren zum Transport der Erze eingesetzt.

Der Bergbau erfolgte vielerorts bereits in Großunternehmungen wie im Harz, in Sachsen, in Böhmen und Ungarn. Er wurde stark belebt durch die Anwendung der Wasserkraft, mit deren Hilfe Pumpen angetrieben werden konnten, die das Grubenwasser entfernten.

In dem Maße, in welchem der Bergbau in immer größere Tiefen vordrang, vergrößerten sich die Probleme mit der Wasserhaltung. Hier setzte man im späten Mittelalter große Kunsträder zur Wasserhaltung ein. Der allgemeine Mangel an Edelmetall wurde dadurch gelindert, daß man lernte, Silber und Kupfer voneinander zu trennen. Dieses sog. „Saiger-Verfahren“ sowie technische Vorrichtungen zur Wasserhaltung sind im Kapitel über den Renaissance-Bergbau näher beschrieben.

Große Fortschritte machte im Hoch- und Spätmittelalter die Metallgewinnung und -verarbeitung. In der Karolingerzeit hatten die Bauern die Herstellung von Eisen noch als Nebenerwerb betrieben und vor allem den Bedarf der Grundherrschaft an

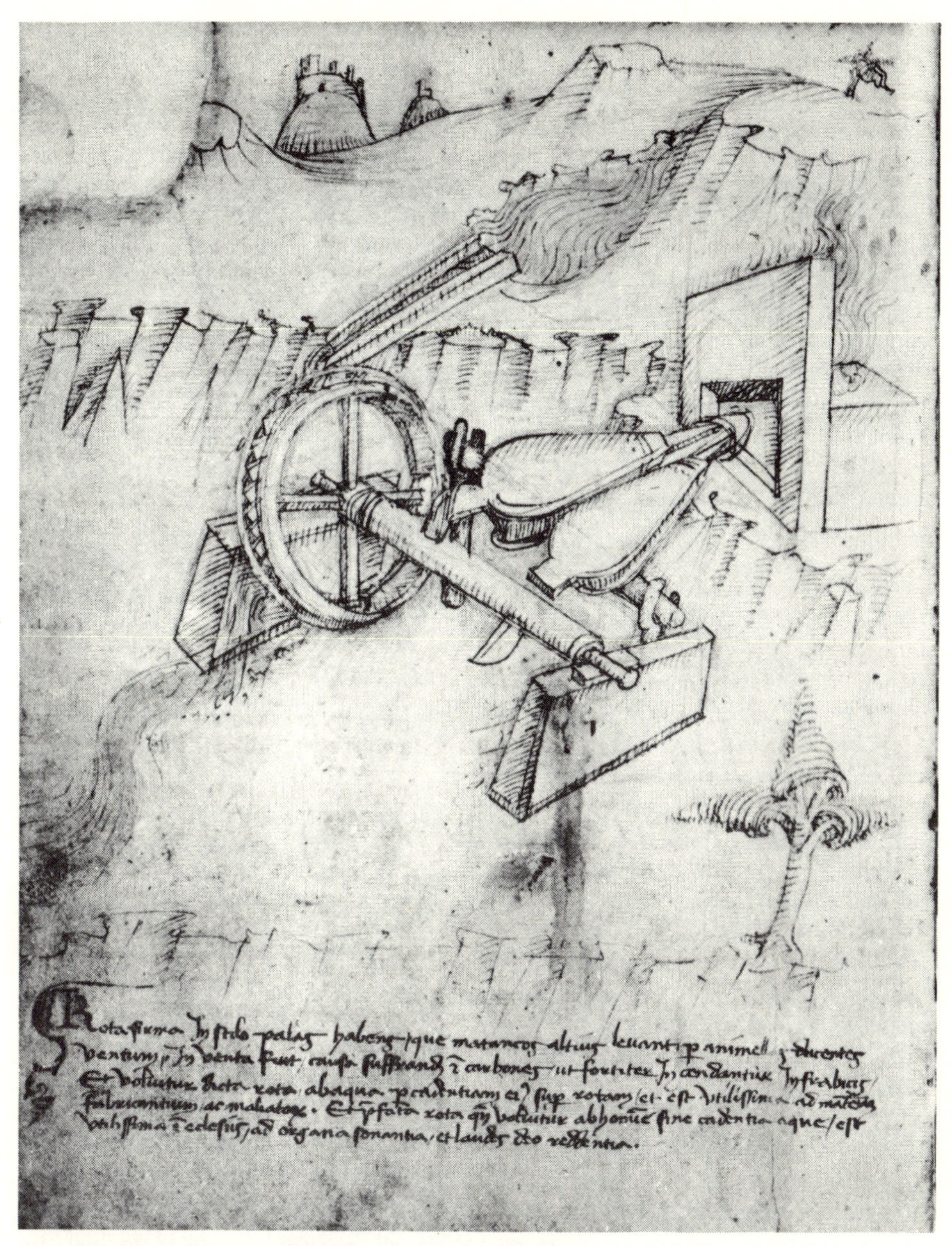

Abb. 23: Wasserrad zum Betrieb von zwei Blasebälgen

In dieser Skizze nach einer Handschrift von 1449 heben die auf der Welle des Wasserrades angebrachten Nocken abwechselnd die obere Hälfte der ledernen Blasebälge hoch, wobei die Bälge Luft ansaugen. Das Zusammendrücken der Bälge geschah vermutlich durch Gewichte, die in der Originalzeichnung nicht abgebildet sind. Durch das Zusammendrücken der Blasebälge strömte Luft in den Schmelzofen und erzeugte so die notwendigen Schmelztemperaturen. Der Antrieb zweier Blasebälge im Gegentakt erzeugte einen kontinuierlichen Luftstrom.

landwirtschaftlichen Geräten gedeckt. Die Verbreitung des Steigbügels (s. S. 82) und des Hufeisens seit der Zeit Karl Martells bewirkte einen größeren Bedarf an Eisen vor allem auch für (Aus-)Rüstungszwecke. Im Hochmittelalter erhielt die Eisenproduktion weitere Anstöße – insbesondere in Gegenden mit starker Bevölkerungszunahme wie Frankreich und England. In England und Frankreich nahm die Eisenproduktion im 13. Jahrhundert einen erheblichen Aufschwung. In England (einschließlich Wales und Schottland) gab es zwischen 1250 und 1300 bereits 150 Eisenhütten. Am Ende des Mittelalters wurden in ganz Europa schätzungsweise 60000 t Eisen jährlich hergestellt.

Noch um das Jahr 1000 war die Verwendung des Eisens recht selten gewesen. Der wichtigste Werkstoff war damals immer noch das Holz gewesen, aus dem die meisten Werkzeuge und Geräte hergestellt wurden. Die Schmiede, die das kostbare Eisen verarbeiteten, waren in jener Zeit noch immer mit einem Hauch von Geheimnis und Zauber umgeben.

Im 13. Jahrhundert trat das Holz allmählich hinter dem Eisen zurück. Schießpulverwaffen und mechanische Uhren waren die ersten, ganz aus Metall hergestellten „Maschinen".

Das Schmelzen des Eisens geschah mit Hilfe von Holzkohle in primitiven Schmelzöfen, wie sie dem Prinzip nach bereits dem vorgeschichtlichen Schmied bekannt waren. In solchen einfachen, mit dem Durchzug des Windes arbeitenden Schachtöfen ließ sich pro Tag nur ein einziger Eisenklumpen erschmelzen. Als man im 13. Jahrhundert anstelle der alten, auf der Höhe liegenden Öfen neue, im Tal gelegene **Stuck- oder Stücköfen** verwendete, die von wasserradgetriebenen **Blasebälgen** angefacht wurden, bedeutete das eine erhebliche Steigerung der Tagesproduktion und der erzielten Schmelztemperaturen.

Die mit Hilfe des Blasebalges erzeugten hohen Schmelztemperaturen erlaubten die Entwicklung des sog. indirekten Schmelzverfahrens, das sich jedoch erst im 15. Jahrhundert verbreitete. Ziel dieses Verfahrens war nicht mehr die Gewinnung von Roh- und Schmiedeeisen, sondern von flüssigem Roheisen, das bei Temperaturen von ca. 1250° C erschmolzen wurde und leicht „abgestochen" werden konnte, so daß der Ofen nicht mehr täglich gelöscht zu werden brauchte. Das bedeutete eine erhebliche Produktivitätssteigerung. Allerdings benötigte man dazu größere Hochöfen und mußte eine zweite Verarbeitungsstufe anschließen, in der das erstarrte Produkt noch einmal auf einem sogenannten Frischfeuer geschmolzen werden mußte, um den im Roheisen enthaltenen Kohlenstoff zu verringern. Bei diesem **Frischvorgang** wurden große Mengen von Holz und Holzkohle benötigt, was schon damals zu Rohstoffproblemen und Entwaldungen führte.

Das indirekte Schmelzverfahren wurde auch beim Eisenguß, einer der weitreichendsten technischen Innovationen des Mittelalters angewandt. Erst der Einsatz von Wasserrädern als Antriebskraft für große Blasebälge erzeugte die hohen Temperaturen, die dazu nötig waren. Seit dem Ende des 13. Jahrhunderts trat das bei 1535° C geschmolzene Gußeisen an die Stelle des bei 800° C bearbeiteten Schmiedeeisens.

Die neuen Gebläseöfen verdrängten die alten Schmelzöfen aber keineswegs. Letztere wurden noch jahrhundertelang verwendet, um Schmiedeeisen herzustellen. Die Kohle wurde erst seit dem 17. Jahrhundert zur Eisengewinnung verwendet. Im Mittelalter benutzte man sie vor allem zum Hausbrand oder zum Kalkbrennen.

Um Schwerter und Panzer, Nägel, Hufeisen, Pflüge, Radreifen, Glocken, Kanonen usw. herzustellen, benötigte das Metallgewerbe im späteren Mittelalter immer mehr Holzkohle.

Das war eine ständige Bedrohung für die europäischen Wälder bis ins 18. Jahrhundert, als man zur Verwendung der Kohle überging.

Alle Eisenwaren wurden im Mittelalter zunächst durch Hämmern hergestellt. Das Wasserrad und die Nockenwelle erlaubten es, Hammerwerke zu bauen, wie sie auf S. 75 beschrieben wurden. Der bereits für den Beginn des 11. Jahrhunderts belegte Ortsname Schmidmühlen in der Oberpfalz ist ein erster Hinweis auf die Verwendung wasserradgetriebener Schmiede- oder Eisenhämmer im Metallgewerbe.

Um die Antriebskraft des Wassers immer und ohne Schwankungen zur Verfügung zu haben, legte man in den Eisenrevieren der Oberpfalz und des märkischen Sauerlandes Stauwehre und Mühlenteiche an, die dort bis heute das Landschaftsbild prägen.

Im späteren Mittelalter gab es Schwierigkeiten in der Versorgung mit Grobdraht, der als Halbfertigprodukt für die verschiedensten Zwecke gebraucht wurde, z.B. für Näh-, Steck- und Sicherheitsnadeln, Nägel, Haken, Ösen, Ketten, Mausefallen, Käfige, Bürsten, Drahtsiebe und vieles andere mehr. Die Art, in der man dieses ernste Problem anging, ist typisch für die planmäßige Arbeit spätmittelalterlicher Fachleute. Durch systematische Arbeit, durch Versuche und Beobachtungen lernte man im späteren Mittelalter, Draht mechanisch in **Drahtmühlen** zu ziehen. Das Ausgangsmaterial, der sogenannte „Grobdraht", der in dünnen Metallstäben geschmiedet oder gegossen worden war, wurde dabei durch ein mit Löchern versehenes Zieheisen gezogen. Vor der Erfindung des Zieheisens hatte man den gesamten Draht mit einem Hammer bearbeiten müssen. Der Durchbruch zur modernen, mit Wasserkraft arbeitenden Drahtziehmühle geschah in Nürnberg zwischen 1408 und 1415 als Ergebnis tatkräftiger Förderung durch den Rat der Stadt. Die Nürnberger Gewerbe erlebten daraufhin einen gewaltigen Aufschwung.

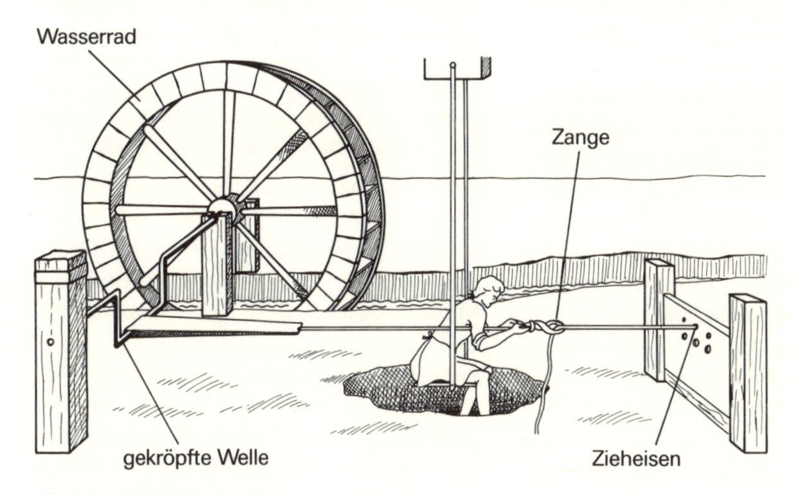

Abb. 24: Drahtziehmühle

Die gekröpfte Welle des Wasserrades bewegte eine Zange, die sich beim Ziehen selbsttätig schloß. Der Draht wurde so durch Löcher im Zieheisen gezogen. Die Arbeit des auf einer Wippe sitzenden Drahtziehers bestand lediglich darin, für den Vorschub und das erneute Zugreifen der Zange am Draht zu sorgen.

Die Erfindung des mechanischen Drahtzuges wirkte auf viele andere Bereiche der Wirtschaft fördernd ein, stellte aber auch neue Anforderungen an die Metallverarbeitung. Nur völlig gleichmäßige, korn- und schlackenfreie Metalle ließen sich durch eine Ziehmaschine zu Draht ausziehen. Es mußten deshalb neue Verfahrensweisen in der Metallherstellung und -legierung entwickelt werden, die dann auch auf andere Metallgewerbe übertragen wurden.

V.5 Vom Steigbügel zur Feuerwaffe: veränderte Kriegs- und Waffentechniken verwandeln die mittelalterliche Gesellschaft

Die wirtschaftliche, gesellschaftliche und politische Bedeutung des Adels ging seit dem späten Mittelalter aus einer Reihe von Gründen zurück (so fielen im Spätmittelalter z. B. die Preise für landwirtschaftliche Erzeugnisse). Besonders folgenreich für den Adel aber war die Entwicklung der mittelalterlichen Kriegstechnik.

Das seit dem 8. Jahrhundert ausgeprägte Gesellschaftssystem des europäischen Mittelalters (der „Feudalismus") beruhte ganz wesentlich auf der militärischen Rolle des berittenen adligen Kriegers, der in schwerer Rüstung mit der Lanze zur Kavallerieattacke antrat. Eine wichtige Rolle dabei spielte der **Steigbügel,** dessen Ursprung in der Wissenschaft heftig umstritten ist. Schon in spätrömischer Zeit verwendeten die Steppenvölker Lederschlingen, um den Reitern das Aufsteigen zu erleichtern. Die Sarmaten hatten schon im ersten vorchristlichen Jahrhundert eine unbesiegbare Reiterei mit großen Pferden und kettengepanzerten Reitern, die wahrscheinlich eine Art Steigbügel benutzten. Die Einführung des eisernen Steigbügels in Westeuropa im 8. Jahrhundert n. Chr. stellte die Kriegsführung auf eine neue Grundlage. Vorher hatten die Reiter keinen ausreichenden Halt gehabt und hatten deshalb im Kampf im wesentlichen auch nur als gut bewegliche Bogenschützen und Speerschleuderer eingesetzt werden können. Der Steigbügel gab den Reitern seitlichen Halt. Der Reiter konnte jetzt eine lange Lanze zwischen seinem Körper und dem Oberarm halten und damit zu Pferde auf seine Gegner einstürmen, ohne selbst vom Pferd gestoßen zu werden. Der Schlag gegen den Feind wurde nun nicht mehr mit der Muskelkraft des Reiters, sondern durch die vereinte Stoßkraft von Pferd und Reiter ausgeführt. So hat das Mittelalter auch in der Kriegsführung die Muskelkraft weitgehend durch die Tierkraft ersetzt. Im fränkischen Heer wurde der Steigbügel zwischen 732 und 755 eingeführt.

Damit wurde die Kavallerie gegenüber der Infanterie immer wichtiger. Doch die Ausrüstung für einen berittenen Krieger war überaus teuer. Diese Elite-Krieger zu Pferde mußten deshalb in die Lage versetzt werden, eine solche Ausrüstung selbst zu bezahlen. Unter den damaligen wirtschaftlichen Verhältnissen konnte dies nur geschehen, indem man sie mit ausreichend Land versah.

Eine komplette Ausrüstung der neuen Art (mit Panzerung) kostete den Gegenwert von 20 Ochsen oder soviel wie die Pfluggespanne von 20 Bauernfamilien. Karl Martell zog deshalb viele Kirchengüter ein und verlieh sie an eine große Zahl von Gefolgsleuten. Diese mußten ihm dafür Kriegsdienst zu Pferde leisten und die Ausrüstung selbst stellen. Der schon länger bekannte Treueeid gegenüber einem Herrn verband sich dabei mit der Vergabe eines Lehens in Form von Land. Daraus entstand das System des Feudalismus, das das Mittelalter gesellschaftlich prägte. Eine grundlegende Veränderung im Bereich der Militärtechnik hatte dabei mitentscheidenden Einfluß auf eine grundlegende Veränderung der gesellschaftlichen Verhältnisse und eine Umverteilung des Einkommens im fränkischen Königreich. Allerdings muß gesagt werden, daß die Entstehung der Grundherrschaft ein langer Prozeß war, der bereits in spätrömische Zeit zurückreichte. Die geänderte Militärtechnik und -taktik beschleunigte diesen Prozeß allerdings entscheidend.

Der Kriegsdienst wurde nun die Angelegenheit einer bestimmten, kleinen Gesellschaftsschicht. Wer materiell nicht in der Lage war, eine Ritterausrüstung zu stellen, dessen sozialer Status verschlechterte sich. Die Kluft zwischen denjenigen, die nicht nur die militärische, sondern auch die gesellschaftliche und politische Führung hatten, und den Bauern vertiefte sich. Aus freien Bauern, die einst das Rückgrat des Infanterieheeres gebildet hatten, wurden allmählich auch rechtlich Menschen zweiter Klasse. Die Lehen der Ritter aber wurden bald erblich, und es entstand ein erblicher, relativ geschlossener Ritterstand. Die berittene Kriegerelite, eben jene Ritter, schuf sich in den folgenden Jahrhunderten eine besondere weltliche Kultur, deren Werte ganz ihrem Kampfstil entsprachen. Zwei Tugenden bestimmten diese Kultur: Lehenstreue gegenüber dem Herrn und Tapferkeit im Kampf.

Das **Schießpulver** versetzte dieser herausragenden militärischen, gesellschaftlichen und politischen Rolle des Adels einen empfindlichen Stoß. Schon im 1. Jahrhundert v. Chr. kannten die Chinesen wahrscheinlich Salpeter, einen der Bestandteile des Schießpulvers. Um das Jahr 1000 n. Chr. waren ihnen auch die explosiven Eigenschaften einer bestimmten Mischung aus Salpeter, Schwefel und Holzkohle bekannt. Das eigentliche Schießpulver wurde im abendländischen Europa in der zweiten Hälfte des 13. Jahrhunderts bekannt. Vielleicht hatten die Mongolen diese Neuheit aus China mitgebracht. Eine europäische Erfindung war in jedem Fall das **Schießpulvergeschütz** (um 1320), das erst nach der Erfindung des Metallgusses hergestellt werden konnte. Zunächst wurden die Kanonen aus einer ähnlichen Bronze gegossen, wie man sie auch für den Glockenguß verwandte. Häufig wurden sie auch vom gleichen Gießer hergestellt. Vor allem in Flandern und Deutschland befanden sich die Mittelpunkte der spätmittelalterlichen Kanonenfabrikation. Einige dieser frühen Feuerwaffen waren aus geschmiedeten Eisenstreifen hergestellt, die von eisernen Bändern zusammengehalten wurden. Doch in der zweiten Hälfte des 14. Jahrhunderts stellte man die Feuerwaffen zunehmend nach dem Gußeisen-Verfahren her. Allerdings gelang es erst 1720 dem Erzgießer Keller aus Kassel, ein vollständiges Geschütz aus einem Guß herzustellen. Der Rohguß mußte allerdings noch ausgebohrt werden. Erst im 19. Jahrhundert verbilligte sich die Herstellung von Kanonen durch die Gußstahlerzeugung.

Die ersten Kanonen verschossen runde Steine und später gußeiserne Kugeln. Bei kleineren Feuerwaffen verwendete man seit dem 14. Jahrhundert Bleikugeln. Die Größe der Kanonen- und Gewehrkugeln war allerdings den Kalibern der Geschütze und Läufe nicht genau angepaßt. Die volle Kraft des Schießpulvers konnte so nicht ausgenutzt werden. Noch 400 Jahre später schlug sich James Watt mit einem ganz ähnlichen Problem herum: die Unzulänglichkeit der damaligen Bohrvorrichtungen machte es unmöglich, Kolben und Zylinder seiner Dampfmaschine genau ineinander zu fügen.

Im Spätmittelalter wurden die Büchsenmacher und Kriegsingenieure die eigentlichen Ingenieure der Zeit. Die Kriegsingenieure wurden zu gefragten Spezialisten, die ihre Dienste Königen, Territorialherren und Städten anboten.

Die neuen Feuerwaffen bewirkten eine neue Art der Kriegsführung. Ritterburgen und Ritterrüstungen boten keinen ausreichenden Schutz gegen die Durchschlagskraft der Feuerwaffen. Jetzt kam die Zeit der Festungsanlagen und Söldnerheere. Der Adel büßte seine militärische Rolle weitgehend ein.

Die neuen Handfeuerwaffen konnte sich fast jeder Bürger leisten. Mit den neuen Kanonen konnten die Burgmauern jener kleinen Feudalherren, die ihrem König Trotz geboten hatten, leicht zusammengeschossen werden. Damit war der Weg zu einer neuen Herrschaftsform, zum absoluten Staat, frei geworden.
Die veränderte Kriegstechnik brachte dem Bürgertum Gewinn. Kriegsentscheidend wurde immer mehr das Fußvolk. Die Bürger und die Städte konnten jetzt eigene Milizen aufstellen oder sich Söldnertruppen halten.
Die Erfahrungen, die man mit den Kanonen machte, führten dazu, daß man ganz neue Festungstypen entwarf. So hatten die Wiener dicke Erdwälle um ihre Stadt gelegt, als sie 1529 von den Türken angegriffen wurden. Diese Wälle fingen die Kanonenkugeln mit Leichtigkeit ab. Die Festungsingenieure zogen daraus ihre Lehren und entwickelten neuartige Festungen mit einem Stern- oder Vieleckgrundriß, der den Kanonen geringere Angriffsfläche bot, und riesigen Erdwällen vor den Mauern.
Die Erfindung der Feuerwaffen führte zur **Mechanisierung des Krieges**. Die neuen Waffen wurden alsbald normiert. Ebenso die Soldaten: man steckte sie in Uniformen und unterzog sie einem militärischen Drill.
Selbst die Wissenschaft wurde von der neuen Kriegstechnik beflügelt. Das Problem der Geschoßbahn beschäftigte die internationale Gelehrtenwelt. Dabei stießen die Wissenschaftler auf das Gesetz fallender Körper, auf das Problem der Schwerkraft und den Luftwiderstand.

Die Kanone war im Grunde eine Einzylinder-Verbrennungsmaschine und damit der Ahnherr unserer Motoren. Leonardo da Vinci unternahm als erster den Versuch, die Kugeln durch einen Kolben zu ersetzen, wobei ihm als Antriebsenergie immer noch das Pulver diente. Auch Huygens verwandte in seiner Kolbenmaschine von 1673 (s. Seite 121) noch Schießpulver.

Das Schießpulvergeschütz ist ein Beispiel für das große Interesse, das spätmittelalterliche Techniker dem Phänomen der Ausdehnung von Dämpfen und Gasen entgegenbrachten, das auch der Dampfmaschine zugrunde lag. Um 1420 entwarf Giovanni da Fontana bereits ein tankähnliches Militärfahrzeug, das von Raketen angetrieben werden sollte. Um 1500 entwarf Francesco di Giorgio raketenangetriebene Petarden auf Rädern, die Festungen angreifen sollten.

V.6 Auf dem Weg zur arbeitsteiligen Massenproduktion: Textiltechnik und -produktion

Das Mittelalter hat nicht nur die Wasser- und Windkraft als neuartige Antriebskräfte genutzt. Es hat auch den zweiten Schritt getan und die Arbeitsmaschinen weiterentwickelt. Besondere Fortschritte machte auch hier das Textilgewerbe. Im 12. Jahrhundert wurde der **Trittwebstuhl** eingeführt. Er beschleunigte die Herstellung des Gewebes sehr. Um dies zu verstehen, muß man sich in Erinnerung rufen, daß beim einfachen Handwebstuhl, der schon sehr alt war (vgl. S. 18), die „Schußfäden" mit dem „Schiffchen" abwechselnd unter und über die senkrecht gespannten Kettfäden geführt werden mußten. Das war eine zeitraubende und nervenaufreibende Tätigkeit. Der nächste Schritt in der Entwicklung des Webstuhls bestand darin, daß man quer zu den Kettfäden zwei senkrechte Holzrahmen, die sogenannten „Schäfte" anbrachte. Auf diese Holzrahmen waren viele senkrechte Schnüre („Litzen") gespannt, in deren Mitte sich Ösen befanden. Durch diese Ösen eines Schaftes wurde jeder zweite Kettfaden geführt. Die dazwischenliegenden Kettfäden wurden durch die Ösen des zweiten Schaftes geführt. Jetzt konnte man mit Hilfe der Schäfte abwechselnd jeden zweiten Kettfaden ohne weiteres anheben. Das mühsame Durchfädeln des Schußfadens war hinfällig geworden. Man hob jetzt einfach einen Holzrahmen (Schaft) hoch und zog den Schußfaden mit einem Mal durch alle Kettfäden hindurch. Dann hob man den zweiten Schaft, führte den nächsten Schußfaden hindurch, und so ging es abwechselnd weiter, bis ein dichtes Gewebe entstanden war. Zunächst mußten die beiden Schäfte mit der Hand angehoben werden. Der Webvorgang wurde dadurch verlangsamt. Der Weber brauchte immer eine Hand zur Anhebung der Schäfte. Beim neuen Trittwebstuhl hatte man im 12. und 13. Jahrhundert zwei Fußhebel eingeführt, die jetzt abwechselnd die Schäfte hoben. Der Weber hatte nun beide Hände für die Einführung des Schußfadens frei. Die Arbeit wurde beschleunigt.

Der Fußhebel am Trittwebstuhl war eine einfache Erfindung, und man fragt sich, warum sie nicht viel eher eingeführt wurde. Die Erklärung liegt wohl darin, daß jahrhundertelang kein Bedarf für eine wesentliche Verbesserung des Webstuhls bestanden hatte. Im frühen Mittelalter hatten die Menschen ihre Textilien noch selbst im eigenen Haus hergestellt, ebenso wie die meisten anderen handwerklichen Dinge. Erst mit wachsendem Wohlstand, dem Bevölkerungsanstieg, der Entstehung von Städten und der Spezialisierung in viele verschiedene Berufe, stellte man nicht mehr alles selbst her.

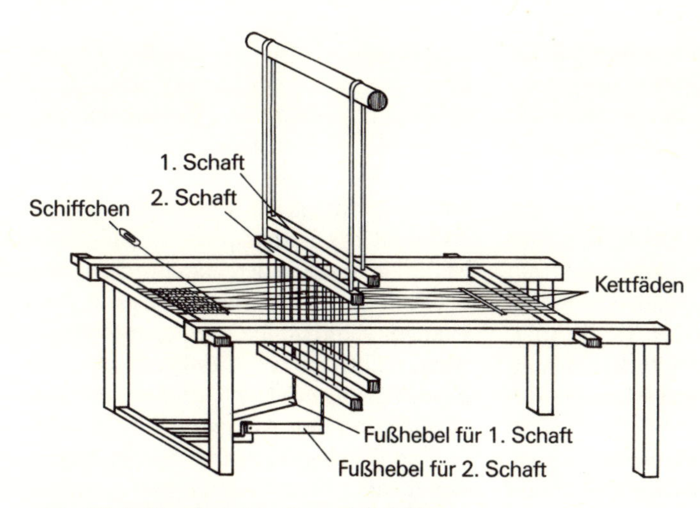

Abb. 25: Trittwebstuhl mit zwei Schäften

Die genaue Funktionsweise wird im Text erläutert. Die Führung der Kettfäden durch Ösen ist in dieser Skizze nicht sichtbar. Siehe dazu Prinzipienskizze auf S. 134.

Auf diese Weise entstand ein „Markt" für Handwerkserzeugnisse, der mit den herkömmlichen technischen Mitteln nicht mehr zu befriedigen war. Dies übte einen ständigen Anreiz aus, die gewerbliche Technik fortzuentwickeln.

Es ist deshalb kein Zufall, daß eine andere, sehr wichtige Neuerung im Textilbereich ebenfalls ins 13. Jahrhundert fiel: **das Handspinnrad**. Bis dahin hatte man sich beim Spinnen des Rockens und der Handspindel bedient. Der Rocken war ein senkrechter Stab, um den die Wollfasern so herumgeschlungen wurden, daß sie sich leicht zu einem Faden ausziehen ließen. Der Faden mußte dann noch aufgedreht (gezwirnt) werden. Dies geschah mit Hilfe der Handspindel (einer Art Doppelkegel). Die Fäden wurden an der Spindel befestigt. Durch Drehen der Spindel wurden die Fäden aufgezwirnt. Das Handspinnrad vereinte beide Elemente, Rocken und Spindel, in einem Gerät. Allerdings konnte man mit dem Handspinnrad zunächst immer nur abwechselnd spinnen oder aufspulen. Zunächst hielt die Spinnerin ihre rechte Hand, mit der sie die Fasern vom Rocken auszog, in der Längsrichtung der Spindel. War das gesponnene Garn so lang geworden, daß die Spinnerin ihren Arm nicht weiter ausstrecken konnte, unterbrach sie den Spinnvorgang und hielt das Garn im rechten Winkel zur Spule, die nun das fertige Garn aufwickelte. Beide Vorgänge gleichzeitig zu erledigen, wurde erst mit dem kontinuierlich arbeitenden Spinnrad im 15. Jahrhundert möglich (s. S. 107). Trotzdem konnte man mit dem Handspinnrad immerhin fünfmal schneller aufspulen als vorher.

Die Einführung der Walkmühle (s. auch S. 74), des Trittwebstuhls und des Spinnrades ermöglichte ein starkes Anwachsen der europäischen Textilproduktion im Hochmittelalter. Zunächst handelte es sich dabei um die Herstellung hochwertiger Gewebe für den gehobenen Bedarf. Besonders in Nordwesteuropa (Flandern) und Norditalien entwickelte sich eine hochstehende Tuchmacherei, die über den handwerklichen Rahmen hinausging. Hier wurde für einen überörtlichen, ja europäischen Markt produziert. Dies geschah in Formen, die man durchaus als „industriell" und kapitalistisch bezeichnen kann. In Norditalien richteten Tuchgroßhändler große „Fabriken" ein. Sie beschafften die Werkzeuge und Webstühle, die nun nicht mehr dem einzelnen Handwerker gehörten, besorgten die Rohstoffe, ließen sie von Tausenden von Spinnern und Webern verarbeiten, setzten selbständig die Löhne und Preise fest, verkauften die Produkte und strichen den Gewinn ein, hatten aber auch Verluste bei Mißerfolgen zu tragen. Manche dieser Textilunternehmer zogen es vor, die Rohstoffe vom einzelnen Handwerker in dessen Haus verarbeiten zu lassen. Sie verkauften die fertigen Produkte gegen einen vorher festgesetzten Lohn an die Kaufleute, die den Absatz übernahmen **(Verlagssystem)**.

Ursprünglich hatten die Zunftordnungen bestimmt, daß jeder Meister seine Ware selbst verkaufen mußte. Wenn keine ausreichende einheimische Nachfrage vorhanden war, mußte dieses System jedoch versagen. In solchen Fällen gab erst die Tätigkeit des Fernkaufmanns mit seinen Marktkenntnissen den Handwerkern wieder Aufträge. Nicht selten kam es zu sogenannten Zunftkäufen. Eine ganze Handwerkerzunft und ein „Verleger" schlossen einen Vertrag ab. Der Verleger garantierte der Zunft den Absatz ihrer Erzeugnisse. Die Handwerksmeister blieben Eigentümer ihrer Einrichtungen und Betriebsstätten. Das Verlagswesen führte allerdings dazu, daß die handwerkliche Produktion mehr auf Massenware ausgerichtet wurde, die nicht nur von Gesellen, sondern auch von angelernten Hilfsarbeitern oder Frauen hergestellt werden konnte. In der entstehenden Tuchindustrie wurden die Textilhandwerker, die ihre Ausrüstung nicht mehr selbst finanzieren konnten, mehr und mehr zu Facharbeitern und Lohnempfängern modernen Typs.

Nicht nur in Norditalien, auch in Nordfrankreich und vor allem Belgien gab es viele Tausende von Heimwebern, aber auch regelrechte Großbetriebe. In Gent (Belgien) standen im 13. Jahrhundert 2300 Weber an den Webstühlen. Die Wolle kam fast ausschließlich aus England. Florenz besaß im Jahre 1306 300 Textilfabriken. Im Jahre 1336 waren hier 30000 Textilarbeiter beschäftigt. Beim Aufbau der Florentiner Textilindustrie hatte wiederum ein Mönchsorden, die Humiliaten, eine besondere Rolle gespielt. Auf ausdrückliches Bitten der Stadt waren sie 1235 nach Florenz gekommen. Die Humiliatenbrüder verfügten über besondere Kenntnisse in der Verarbeitung und im Verkauf von Wolltuchen, die sich die Stadt zunutze machen wollte. Die Humiliaten hatten im 13. Jahrhundert bereits die Trennung von Produktion und Handel durchgeführt. Die bloße Handarbeit überließen sie Laienbrüdern oder nichtgeweihten Helfern. Die Mönche selbst betätigten sich als Organisationsleiter und Händler. Dieses System brachten die Humiliaten nach Florenz, und es wurde für die weitere Entwicklung der Textilproduktion entscheidend. Die Humiliaten vermittelten den Florentinern die rationelle Organisation und Überwachung des Arbeitsprozesses. Florenz hatte dies seinen französischen, flandrischen und englischen Konkurrenten noch lange voraus.

Im 13. Jahrhundert stellte man auch in Europa in großem Rahmen seidene Textilien her. Die Kreuzzüge hatten die Kenntnis der Seidenraupenzucht nach Europa gebracht. Nach dem zweiten Kreuzzug (1204) baute Venedig eine bedeutende Seidenindustrie auf. In Bologna soll ein Textilunternehmer eine Wassermühle zum Antrieb von Seidenwebstühlen benutzt haben, die soviel erzeugten wie vierhundert Handwebstühle.

In der Textilindustrie fand die erste „industrielle Revolution" bereits im 13. Jahrhundert statt. Hier begann der Übergang von Handarbeit auf arbeitsteilige, organisierte Herstellung (Verlagssystem, Fabriksystem). Mit Hilfe von Kraft- und mechanischen Arbeitsmaschinen wurden Massengüter hergestellt, mit denen ein schwunghafter Fernhandel betrieben wurde.

Viele Arbeiter arbeiteten bereits in großen Zentralwerkstätten. Dort erledigten im Tagelohn stehende Arbeiter einen Teil der im gesamten Herstellungsprozeß anfallenden Arbeiten (z.B. die Vorbereitung der Rohwolle für das Verspinnen durch Kratzen, Schlagen, Hecheln, Kämmen, sowie die Anzettelung des Garns am Webebaum und die Ausbesserung der fertigen Tuche von Hand). Diese ungelernten Arbeiter bildeten das erste Arbeiterproletariat Europas. Ihr Arbeitstag begann im Sommer bei Sonnenaufgang, im Winter vor Sonnenaufgang beim Schlag der Uhren – eine fragwürdige Folge der Erfindung der mechanischen Uhr, unter der wir heute noch zu „leiden" haben. Der Arbeitstag endete bei Sonnenuntergang. Während der Arbeitszeit durften die Arbeiter die Werkstatt nur einmal zur Einnahme des Mittagessens verlassen. Sonntags wurde in aller Regel nicht gearbeitet. Samstags war die Arbeitszeit auf zwei Drittel verkürzt, da der Lohn ausgezahlt werden mußte. Sonntage, kirchliche Feiertage und die offiziellen Festtage der verschiedensten Art ergaben immerhin 130 arbeitsfreie Tage. Das entspricht fast heutigen Verhältnissen. Neben der Arbeit in den Zentralwerkstätten gab es in der Textil-„Industrie“ aber nach wie vor Heimarbeit. Besonders das Spinnen und Weben erfolgte meist auf diese Weise. Die Zentralisierung der Produktion blieb auch im Textilgewerbe noch eine Randerscheinung.

V.7 Technik und Kultur: Brille, Papier und Buchdruck revolutionieren das Geistesleben

Aus der Fülle der technischen Neuheiten des Spätmittelalters sollen noch drei erwähnt werden, die für die Steigerung der geistigen Bedürfnisse der Menschheit von entscheidender Bedeutung waren, immer mehr Menschen in die Lage versetzten, diese Bedürfnisse zu befriedigen und das verfügbare Wissen ungemein verbreiterten. Gemeint sind die Brille, das Papier und der Buchdruck – Errungenschaften des späten Mittelalters, die nicht nur selbst technische Neuerungen waren, sondern die durch die Vergrößerung des Wissens in ihrem Gefolge auch für die Verwissenschaftlichung und Technisierung späterer Zeiten eine notwendige Voraussetzung bildeten.

Obwohl die Araber bereits seit dem 11. Jahrhundert Linsen kannten, gibt es erst seit dem 13. Jahrhundert Belege für das Vorhandensein von **Brillen** mit konvexen Linsen gegen Weitsichtigkeit. Ihre Erfindung schreibt man im allgemeinen italienischen Dominikanermönchen zu. Vielleicht gab es zwischen der Erfindung der Brille und der bedeutenden venezianischen Glasindustrie Verbindungen. Im Jahre 1953 fand man im Zisterzienserinnenkloster Wienhausen bei Celle Originalbrillen aus dem 14. Jahrhundert mit Fassungen aus Lindenholz. Solche Brillen mußte man mit der Hand halten oder sich auf den Nasenrücken klemmen. In der zweiten Hälfte des 14. Jahrhunderts scheinen Brillen bereits weit verbreitet gewesen zu sein. Brillen mit konkaven Linsen gegen Kurzsichtigkeit gab es allerdings offensichtlich erst seit dem 16. Jahrhundert. Die Brille regte die Geistestätigkeit des Menschen ähnlich wie der Buchdruck an. Sie ermöglichte es auch älteren Menschen, länger und mehr zu lesen und steigerte so die geistigen Bedürfnisse. Sie war ein Sieg des Menschen über die eigene Natur.

Das **Papier**, das im späten Mittelalter an die Stelle des teuren, aus Tierhäuten hergestellten Pergaments trat, war ein Ersatzstoff, der aus Lumpen gemacht wurde. Die Chinesen hatten das Papier offenbar schon im 1. Jahrhundert n. Chr. gekannt. Über die islamischen Länder, Nordafrika, Spanien und Südfrankreich gelangte die Kenntnis des Papiers nach Europa. Die Spanier kannten es bereits im 12. Jahrhundert und im übrigen Europa verbreitete es sich im 13. Jahrhundert. Vermutlich wurde die erste Papiermühle 1144 bei Valencia errichtet. Jetzt war es möglich, anstelle der bisherigen pflanzlichen Rohstoffe (z. B. Hanf, Papyrus) Altmaterialien und Hadern aus Baumwolle oder Leinen zu verwenden, um Papier zu erzeugen. In den von Wasserrädern angetriebenen Papiermühlen wurden diese Materialien von besonderen Stampfern gleichzeitig gereinigt, zerrissen und zu einem Brei zerschlagen. In einem Bottich wurde diesem Brei Klebstoff beigegeben. Der Brei wurde dann mit einem Sieb abgeschöpft, gepreßt und getrocknet.

Die Geschichte des **Buchdrucks** beginnt ebenfalls in China. Dort kannte man bereits im 6. Jahrhundert n. Chr. den Druck mit hölzernen Blöcken. Für jede Seite wurde ein getrennter Block geschnitten. Im 10. Jahrhundert druckten die Chinesen bereits Papiergeld, im 11. Jahrhundert verstanden sie es, mit beweglichen Lettern aus Holz oder gebackenem Lehm zu drucken. In Korea kannte man bereits im 14. Jahrhundert den Druck mit beweglichen Metallettern. In Europa benutzte man holzgeschnitzte Lettern zuerst in einem Kloster in Engelberg (1147), um die kunstvollen Anfangsbuchstaben kostbarer Manuskripte zu drucken. In Ravenna druckte man bereits 1289 nach dem Blocksystem, das im 15. Jahrhundert in ganz Europa angewandt wurde. Bewegliche Metallettern gab es in Europa seit dem ausgehenden 14. Jahrhundert (1381 Limoges, 1417 Antwerpen); doch erst der Druck mit gegossenen beweglichen Metallettern machte es möglich, Hunderte von Exemplaren des gleichen Buchstabens aus einer Form zu gießen. Die hölzernen Lettern mußten jedesmal einzeln geschnitzt werden. Der Druck mit gegossenen Einzellettern wurde zuerst in den Niederlanden gehandhabt. Zur technischen Perfektion aber brachte ihn Johannes Gutenberg in Mainz zwischen 1447 und 1455. Als Goldschmied hatte Gutenberg Kenntnisse in vielen Bereichen des Metallgewerbes gesammelt, die ihn in die Lage versetzten, die technischen Probleme des Letterngusses zu bewältigen.

Bei der Herstellung der Metallettern wurde der Buchstabe zunächst als erhabene Form in einen Stahlkegel geschnitten. Die so hergestellte Patrize wurde dann in weicheres Metall geschlagen, um eine vertiefte Negativform für den Metallguß (die sogenannte Matrize) zu erhalten. In einem Hand-Gießinstrument wurde in der Matrize der Buchstabe mit Hilfe einer auf 300° C erhitzten Legierung aus Blei, Antimon, Wismut und Zinn gegossen.

Technisch gesehen handelte es sich beim Letternguß um die Herstellung genormter Präzisionsteile, ein Verfahren, das mit der Industrialisierung größte Bedeutung erhielt.

Nicht weniger folgenschwer aber waren die unmittelbaren geistigen Auswirkungen des Buchdrucks. Das Papier und der Buchdruck kamen den seit den Kreuzzügen gestiegenen geistigen Bedürfnissen der Menschen entgegen. Ein auf Pergament geschriebenes Manuskript war ein Luxusartikel und daher für die meisten Leute unerschwinglich gewesen. Das Papier und der Buchdruck mit beweglichen Metallettern verbilligten das Buch. Es war noch immer recht teuer, aber die Bildung war nun doch nicht mehr das Vorrecht einer nur ganz dünnen Schicht von Klerikern und Gelehrten.

Es begann der Demokratisierungsprozeß der Bildung, der bis in unsere Gegenwart anhält. Immer breitere Kreise konnten jetzt Bücher erwerben. Das Bildungsmonopol der Kirche, das bereits im Hochmittelalter aufgeweicht worden war, löste sich auf. Die Reformation zeigt deutlich, welche Bedeutung der Buchdruck für die Veränderung und Beeinflussung des allgemeinen religiösen, politischen und sozialen Bewußtseins hatte.

Durch den Buchdruck verbreiteten sich Bildung und Wissenschaft und verweltlichten zugleich. Beides ist langfristig auch für die Entwicklung von Naturwissenschaften und Technik bedeutsam geworden. Die seit dem Ende des 15. Jahrhunderts ansteigende Erfindungs- und Innovationsrate wäre ohne den Buchdruck wahrscheinlich kleiner gewesen. Doch die Verbreitung des Lesens von Druckerzeugnissen war ein längerer Prozeß. Zunächst kauften nach wie vor insbesondere Gelehrte die neuen gedruckten Bücher. Mit der neuen Technik trat daher zunächst eine Überproduktion ein. Zahlreiche Drucker und Letterngießer verarmten. Das Bedürfnis nach Lektüre von Drucksachen mußte erst noch geweckt werden (durch Flugblätter, Flugschriften, später dann Zeitungen). Unmittelbare soziale Auswirkungen hatte der Buchdruck auch für das Heer der zahlreichen Schreiber, professionellen Kopisten und Kleriker, das sich zuvor durch die Einführung des Papiers stark vermehrt hatte. Sie wurden jetzt, um diesen modernen zynischen Ausdruck zu gebrauchen, „freigesetzt" und verloren ihren Arbeitsplatz.

V.8 Die Gewichtsräderuhr: Rationalisierung und Disziplinierung des modernen (Arbeits-)Menschen

Der spätmittelalterliche Mensch entfernte sich bereits stückweise von der Natur. Die Erfindung der Gewichtsräderuhr führte die unabhängig von der Jahreszeit gleich langen Stunden ein. Bis dahin hatte man im Sommer längere, im Winter kürzere Stunden gehabt. Dabei wurden der Tag und die Nacht jeweils in zwölf Stunden eingeteilt. Da der Tag im Winter kürzer war, waren auch die 12 auf ihn entfallenden Stunden im Winter kürzer als im Sommer. Dieses System widersprach den wirtschaftlichen und wissenschaftlichen Bedürfnissen nach einer genauen Zeitmessung. Der Mechanismus der neuen Gewichtsräderuhr nahm auf das frühere Einsetzen der Dunkelheit im Winter natürlich keine Rücksicht. Der Lebensrhythmus der Menschen entfernte sich von der Natur, wurde gleichmäßiger, aber auch künstlicher. Der Mechanismus des Zeitmessers war an die Stelle der Natur getreten.

Die Erfindung der Gewichtsräderuhr antwortete auf viele zeitgenössische Bedürfnisse: Da waren zunächst die Gelehrten, die bei ihren astronomischen oder theologisch-geschichtstheoretischen Betrachtungen nach einer genauen Zeitmessung verlangten. Da waren die Kaufleute, die bei ihren Geschäften zeitlich genau disponieren wollten. Da waren in den großen Zentralwerkstätten die Aufseher und Organisatoren, die auch die Arbeit messen und bewerten wollten, die nicht im Stücklohn verrichtet wurde. Da waren aber auch selbstbewußte, qualifizierte Arbeiter im Bergbau, die nach einer genauen Festlegung ihrer Arbeitszeit verlangten. Diese vielfältigen Bedürfnisse konnten die herkömmlichen Wasser-, Sonnen- und Sanduhren nicht befriedigen, und so dachte man in der zweiten Hälfte des 13. Jahrhunderts überall in Europa über neue Methoden der Zeitmessung nach.

Das Ergebnis dieses Nachdenkens war die mechanische, von Gewichten angetriebene Uhr. Sie ist der vielleicht größte Triumph mittelalterlich-konstruktiven Geistes, wenngleich so mancher sie gelegentlich verfluchen möchte. Um 1300 gab es in den Klöstern und Kirchen erste Gewichtsräderuhren. An einem Seil, das um eine Walze geschlungen war, hing ein Gewicht, das für den Antrieb der Uhr sorgte. Als Hemmung sorgte eine Schwingbewegung für den gleichmäßigen Ablauf. Solche Uhren dienten als Weckuhren für die Klosterinsassen oder erinnerten den Türmer daran, daß er wieder einmal die Stundenglocke schlagen mußte.

Um 1330 hatte man die Radunruhe erfunden, die die Konstruktion komplizierterer Uhren erlaubte. Im 15. Jahrhundert wurden die Uhren kleiner, so daß sie auch in den Häusern gebraucht wurden. Seit Ende des 15. Jahrhunderts kam der Federantrieb für Uhren auf.

Die Uhrmacher standen wie die Mühlenbauer außerhalb der Zünfte. Sie vollbrachten technische Spitzenleistungen und waren wie die Mühlenbauer noch bis ins 18. Jahrhundert hinein Spezialisten für die Konstruktion aller möglichen mechanischen Vorrichtungen. Die Uhr wurde zum Vorbild vieler moderner automatischer Mechanismen.

Die frühen Uhren gingen leidlich genau, wenn man sie nachts nach dem Stand der Sterne ausrichtete. Um 1500 hatten die meisten Städte öffentliche Uhren an Kathedralen, Klöstern oder besonderen Türmen. Der Mensch gewöhnte sich daran, sein diesseitiges Leben rationell einzuteilen und seine Zeit zu nutzen. Die Uhr disziplinierte den Menschen und machte aus ihm den „modernen Arbeitsmenschen“, ohne den eine durchgreifende Industrialisierung nicht möglich gewesen wäre. Mit der Erfindung der mechanischen Uhr ließ sich die Arbeitszeit nicht nur besser regeln, sie ließ sich auch verlängern, wo sie jetzt zu kurz erschien. So geschah es z. B. 1450 im Bergbau zu Freiberg, wo der Arbeitstag für das qualifizierte Fachpersonal von sechs auf acht Stunden verlängert wurde. Hilfskräfte hatten

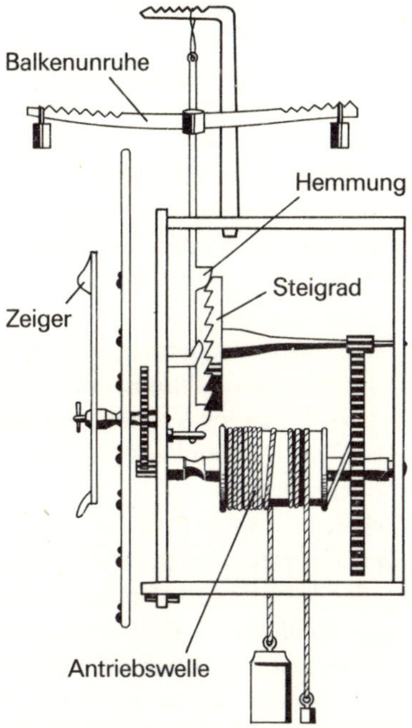

Abb. 26: Gewichtsräderuhr (Teilansicht)

Das Uhrwerk wird von einem Gewicht angetrieben, das an dem um die Antriebswelle geschlungenen Seil befestigt ist. Die Drehung der Antriebswelle wird gehemmt durch eine beweglich aufgehängte Balkenunruhe, die in die Lappen eines Steigrades greift.

ohnehin grundsätzlich, wie in allen Bereichen städtischen und ländlichen Wirtschaftens, so lange zu arbeiten, wie es hell war. Wenn man bedenkt, daß die Beschaffung von Nahrung und Heizmaterial, das Herrichten der Wohnung etc. einen sehr großen Zeitaufwand erforderte, so kann man für die große Masse der Bevölkerung vor der „Industriellen Revolution“ von „Freizeit“ überhaupt nicht sprechen, wenn man von den – allerdings sehr zahlreichen – Feiertagen absieht.

V.9 Landverkehr

Der Transport schwerer Lasten wurde im Mittelalter durch das neue Pferdegeschirr, das Kummet, von dem schon die Rede war (s. S. 69) und durch das Hufeisen vom 9. Jahrhundert an sehr erleichtert. Das Kummet erhöhte nicht nur die Zugkraft des einzelnen Pferdes, sondern man spannte jetzt auch mehrere Pferde hintereinander an, während man in der Antike die Pferde nebeneinander angespannt hatte und die Zahl der Zugpferde damit natürlich begrenzt war. Im antiken Rom waren die Transportkosten für schwere Lasten so hoch gewesen, daß der Preis für diese Güter sich alle 100 Meilen verdoppelte. Im 13. Jahrhundert stieg der Preis für Getreide „nur“ noch um 30% je 100 Meilen. Das ermunterte die Bauern, Überschüsse zu produzieren und regte den Handel zusätzlich an. Gleichzeitig wurden auch die Fahrzeuge verbessert. Bisher waren die meisten Fahrzeuge zweirädrig gewesen. Zu Beginn des 12. Jahrhunderts trat jedoch ein großer vierrädriger Wagen für schwere Lasten auf: die von Pferden gezogene **longa caretta**. Auf den neuen Wagen konnten Lasten mit einem Gewicht von bis zu einer Tonne transportiert werden. Die neuen Wagen wurden auch

mit lenkbaren Vorderachsen und besseren Bremsen versehen, was Kurven- und Bergfahrten erleichterte.
Die meisten mittelalterlichen Landstraßen waren allerdings mehr oder weniger nur Wege aus Schmutz, Staub und Schlamm. Bis zum 12. Jahrhundert war die Pflege der Straßen Angelegenheit der Grundbesitzer, die sich natürlich fragten, warum sie Geld für etwas ausgeben sollten, das hauptsächlich von Durchreisenden benutzt wurde und ihnen keinen unmittelbaren Nutzen brachte. Wasserwege spielten daher die führende Rolle im mittelalterlichen Gütertransport. Die Reise zu Lande war zu zeitraubend und risikoreich. Ein Bischof brauchte 29 Tage, um von Canterbury nach Rom zum Papst zu gelangen. Kuriere legten bei ständigem Pferdewechsel 150 km am Tag zurück. Die Nachrichten waren natürlich auch nicht schneller als die Menschen. Die Nachricht vom Tode Kaiser Barbarossas brauchte 4 Monate, um von Kilikien nach Deutschland zu gelangen. Über Land reiste man auf dem Pferderücken, oder, wenn man sich das nicht leisten konnte, auf Schusters Rappen. Erst vom Ende des 13. Jahrhunderts an wurden in West- und Mitteleuropa Wege festgelegt und befestigt. Im 16. Jahrhundert kamen dann die ersten Kutschen auf, deren Wagenkasten mit Riemen am Fahrgestell aufgehängt waren, um einen gewissen Federungskomfort zu gewährleisten.

V.10 Seeverkehr

Auf dem Mittelmeer beherrschten während des gesamten Mittelalters die **Galeeren** das Bild. Diese Langschiffe mit ihrem kombinierten Segel- und Ruderantrieb waren schneller, manövrierfähiger und stärker zu bewaffnen und zu bemannen als die „Rundschiffe“. In Venedig wurde die Galeere im 14. und 15. Jahrhundert zu einer perfekten Einheit von Kriegs- und Handelsschiff entwickelt. Zwar hatte die Galeere eine recht geringe Ladekapazität, doch spielte das für den venezianischen Handel mit platzsparenden Luxusgütern nur eine untergeordnete Rolle. Die Galeeren waren vor allen Dingen die Garanten der Seemacht Venedigs. Sie wurden im „Arsenal“ auf eine Weise hergestellt, die in mancher Hinsicht zukunftsweisende Ansätze zur Arbeitsteilung und Zentralisierung aufwies. Der Herstellungsvorgang war in viele Teilarbeiten zerlegt, die von den beteiligten Handwerkern zentral im Arsenal unter genauer Abstimmung erfolgten. Die Selbständigkeit der beteiligten Zünfte blieb dabei allerdings grundsätzlich gewahrt. Es handelte sich also noch nicht um eine „industrielle“ Arbeitsteilung. Da die einzelnen Herstellungsvorgänge aber aufeinander abgestimmt werden mußten und die Handwerker Absprachen und Kontrollen unterlagen, verwischte sich doch allmählich der Unterschied zwischen Lohnarbeit und freier handwerklicher Tätigkeit. Die „Werkmeister“ des Arsenals waren jene technischen Kontrolleure des Produktionsprozesses, die für die Koordination sorgten und als neue Gruppe von „Technikern“ über den Handwerkern standen.
Das Mittelalter entwickelte zum erstenmal wirklich hochseetüchtige Schiffe. Die Bewohner der Atlantikküste beschränkten sich nicht auf die Küstenschiffahrt, sondern segelten schon vor den Wikingern auf das offene Meer hinaus, bis nach Island. Die Wikinger erreichten nicht nur Grönland, sondern auch den nordamerikanischen Kontinent. Sie fuhren auf Schiffen, die etwa 20 m lang und 5 m breit waren. Die Schiffe waren mit Ruderern bemannt und wurden mit Hilfe eines Seitenruders gesteuert. Bei günstigen Win-

den benutzten sie auch das einfache Segel.

Im Norden Europas, wo man mit so raumbeanspruchenden Gütern wie Getreide und Holz handelte, bestand ein besonders starkes Bedürfnis nach größerem Laderaum der Schiffe. Im 13. Jahrhundert kam hier mit der **Kogge** ein ganz neuer Schiffstyp auf, der sich im wesentlichen auf seine Segel verließ. Die Koggen waren breite, hochbordige Schiffe. Sie hatten mehrere Masten und Segel, mit denen sich hervorragend gegen den Wind kreuzen ließ. Die Koggen waren in „Klinkerbauweise" gebaut, d.h., die Planken des Schiffsrumpfes überdeckten sich wie Dachziegel an den Kanten.

Im 14. Jahrhundert tauchte als neuer Schiffstyp die Karavelle auf, die ebenfalls zu den Rundschiffen gehörte und einen großen Laderaum hatte. Hier waren die Planken jedoch glatt aneinandergefügt. Der Rumpf dieser Schiffe wurde von einem Balken- und Rippengerüst zusammengehalten. Solche Schiffe erreichten eine Größe von 500–1000 Tonnen.

Seit dem 12. Jahrhundert kannte man den **Achtersteven**, ein am Heck in der Mitte des Schiffes aufgehängtes, drehbares Steuerruder. Dieses neue Steuerruder war für die nun immer größeren Schiffe besser geeignet als das alte Seitenruder (s. auch S. 44). Die Schiffe konnten sicherer gesteuert und manövriert werden und mit Hilfe des besseren Ruders und der verbesserten Takelung auch leichter gegen den Wind kreuzen. Die neue Vor- und Achtertakelung verringerte die notwendige Mannschaftsstärke. So wurden größere Entdeckungsfahrten auf den Weltmeeren möglich.

Die neuen größeren Schiffe, die Einfüh-

Abb. 27: Kogge mit Lateintakelung

rung des Achterstevens, die Verbesserung der Takelung, die Einführung des Kompasses seit dem 12. Jahrhundert und schließlich das Erscheinen neuer, genauerer Seekarten seit dem Ende des 13. Jahrhunderts waren wichtige Voraussetzungen für die Ausbreitung des europäischen Welthandels. Die Verbesserungen der Schiffstechnik sorgten dafür, daß die im späteren Mittelalter dank vieler technischer Fortschritte zum Teil bereits großgewerblich erzeugten Exportgüter in weite Teile der Welt abgesetzt werden konnten. Im Laufe des 16. Jahrhunderts regte die Ausbreitung des europäischen Handels weitere Verbesserungen im Schiffbau an. Durch tiefere und schmalere Kiele wurden Stabilität und Geschwindigkeit der Schiffe gehoben. Gleichzeitig vermehrte man die Zahl der Masten von einem auf drei und die der Segel auf 5 bis 6. Mittelmeersegler des frühen 16. Jahrhunderts legten bei günstigen Winden 10 Seemeilen pro Stunde zurück, schwere Hochseeschiffe nicht mehr als 125 Seemeilen pro Tag.

V.11 Technik und mittelalterliche Gesellschaft: Gesellschaftliche Begleitumstände und Folgen technischen Wandels

Welches waren nun die Folgen der technischen Fortschritte im Mittelalter? Welche Auswirkungen hatten sie auf die wirtschaftliche Entwicklung, auf das Zusammenleben der Menschen und auf die politischen Verhältnisse? Zunächst ist hier der deutliche Anstieg des Wohlstandes im Hochmittelalter zu erwähnen. Bis zum 11. Jahrhundert hatten immer wiederkehrende Hungersnöte das Gesicht der Epoche bestimmt. Die technischen Fortschritte in der Landwirtschaft (s. S. 67ff.) überwanden diese Hungersnöte für lange Zeit. Die Fortschritte von Handwerk und Gewerbe hatten eine weitere Wohlstandssteigerung zur Folge.

Auch im Spätmittelalter wurden der Lebensstandard und das Bildungsniveau der Bevölkerung gehoben. Der Handel mit großgewerblichen Erzeugnissen innerhalb Europas und mit den Ländern des Mittelmeerraumes wuchs an. Europa konnte dank der technischen Neuerungen jetzt mehr Erzeugnisse in den Orient ausführen als es selbst von dort importierte. Dies bedeutete eine Steigerung des Wohlstandes. Die Bedeutung des Gewerbes für die Gesamtwirtschaft wurde größer.

Immer noch lebten 90% der Bevölkerung auf dem Lande, und die Güterproduktion geschah überwiegend in handwerklichen Formen; aber der Anteil der „Industrie" an der gesamten Wirtschaft wuchs. Nach dem Wert ihrer Erzeugnisse war die „Industrie" (Verlagswesen, Bergbau, „Fabriken") in etwa so stark wie die Landwirtschaft und das Handwerk.

Die durch den technischen Fortschritt geförderten wirtschaftlichen Veränderungen hatten weitreichende Folgen für die gesellschaftlichen und politischen Verhältnisse. Die städtischen Handwerker kamen seit dem Hochmittelalter zu beachtlichem Wohlstand. In vielen Städten konnten sie die politische Macht der führenden Kaufmannsschichten (Patriziat) angreifen.

Die gewerblichen Fortschritte kamen vor allen Dingen den größeren Städten zugute. Hier entstand eine **neue Wirtschaftsweise**, die in einen Gegensatz zur feudalen Umwelt trat. Wagemutige Kaufleute und Unternehmer bauten große Betriebe auf oder ließen Waren im Verlagssystem herstellen, mit denen sie einen internationalen Handel betrieben. Viele dieser Kaufleute wurden reicher als der Adel und forderten soziale Anerkennung und politische Macht. Einzelne Städte wie Venedig oder Genua waren mächtiger als so manches Königreich. Sie beherrschten auf der Grundlage ihrer wirtschaftlichen Macht das Mittelmeer. An Nord- und Ostsee war die Hanse, ein Städtebund, wirtschaftlich und politisch die führende Macht. Kaufleute und Financiers oberdeutscher Städte gaben große Kredite an die stets geldbedürftigen Landesherren und den Kaiser. Als Gegenleistung gewannen sie weitere wirtschaftliche Rechte (z.B. im Bergbau) und Einfluß auf die politischen Entscheidungen.

Das städtische Bürgertum war durch seine wirtschaftliche und technische Leistung so stark geworden, daß es die bisherigen Führungsschichten, Fürsten und Adel, herausfordern konnte.

Städtebünde (Rheinischer Städtebund 1254; Schwäbischer Städtebund 1376) und Fürstenheere standen sich schließlich in offener Feldschlacht gegenüber.
In den spätmittelalterlichen Vorformen von „Fabriken" bildeten sich ganz neue Rangordnungen (Betriebshierarchien) heraus. Da waren zunächst die Firmengründer und -inhaber. Sie waren bald gezwungen, weiteres „Führungspersonal" einzustellen, da sie nicht mehr allein alle Aufgaben bewältigen konnten. In der Zentrale eines solchen Großbetriebes gab es Buchhalter, in den oft weit entfernten Filialen Faktoren (Vertreter). Die technische Entwicklung ließ die Gruppe der Experten und Ingenieure entstehen, die die neuen Produktionsmethoden beherrschten und verbesserten. Die technischen Experten und Ingenieure standen ebenso wie ihre kaufmännischen Kollegen über den handwerklichen Facharbeitern, den Meistern. Sie hatten die Chance, vielleicht selbst einmal Unternehmer zu werden. Unterhalb der Meister bildete sich die neue Gruppe eines „Industrieproletariats" aus Fach- und Hilfsarbeitern. Die unterste Schicht dieser Gruppe stellten die Hilfsarbeiter, z.B. die im Erzbergbau in den Karpaten eingesetzten slowakischen Hilfsarbeiter oder die Lumpensammler und -sortierer in den neuen Papiermühlen. Das soziale Ansehen dieser Hilfsarbeiter und ihre materielle Lage waren schlecht.
Die verschiedenen Gruppen in einem solchen Großbetrieb standen untereinander nicht mehr in einem Verhältnis wie es im zünftigen Handwerk üblich war. Dort bestimmte der Meister zwar über den Gesellen, aber er hatte auch die Pflicht, sich in jeder Hinsicht um ihn zu kümmern, es herrschte ein patriarchalisches Verhältnis zwischen beiden. In den spätmittelalterlichen Großbetrieben waren die Beziehungen nicht mehr patriarchalisch. Hier zählte vor allem die Leistung des einzelnen. Die technischen und kaufmännischen Experten, Ingenieure, Obersteiger, Hütten- und Hammermeister, Faktoren und Buchhalter wurden hoch bezahlt. Sie konnten einen Teil ihres Einkommens sparen oder für Güter des gehobenen Bedarfs ausgeben. Dies belebte wiederum die Wirtschaft. Die gesellschaftliche Ordnung war am Ausgang des Mittelalters vielschichtiger und offener geworden. Der soziale Aufstieg für unternehmerische oder technische Fachkräfte war leichter geworden und wurde bewußt angestrebt. Die aufgestiegenen Expertengruppen drückten ihre gehobene Stellung durch einen entsprechenden Lebensstandard aus. Die wirtschaftlichen, aber auch die geistigen Ansprüche und Bedürfnisse wurden größer. Allmählich setzte sich ein neues wirtschaftliches Denken durch. Die Menschen begnügten sich nicht mehr mit dem, was sie zur Lebenserhaltung brauchten (Nahrungsprinzip), sondern stellten Ansprüche und strebten nach Gewinn. Eine neue Gruppe vorwärtsdrängender Unternehmer war entstanden, deren Mentalität sich grundsätzlich von der eines Handwerksmeisters unterschied. Diese Kauf-

leute und Unternehmer kalkulierten rational, sie waren wagemutig, strebten nach möglichst großem Gewinn, nach gesellschaftlichem Ansehen und Beteiligung an der politischen Macht. Sie paßten nicht in das feste Gefüge einer feudalen Welt. Zum erstenmal in der europäischen Wirtschaftsgeschichte entfaltete sich im Spätmittelalter eine ganz auf den eigenen Nutzen abgestellte, von genossenschaftlichen Bindungen und Einschränkungen freie unternehmerische Privatinitiative.

V.12 Zusammenfassung: Die technische Leistung des Mittelalters. Methoden, Ausbreitung und Hemmnisse von Innovationen

Die technische Leistung des Mittelalters ist lange unterschätzt worden. Wie wir gesehen haben, hat es eine ganze Reihe wichtiger Neuerungen hervorgebracht. Die meisten dieser „Erfindungen" waren keineswegs dem bloßen Zufall zu verdanken, sondern das Ergebnis vernunftmäßiger Überlegung und Planung. Zwar kannte man im Mittelalter noch nicht den Begriff des „Naturgesetzes", aber die technischen Neuerungen zeigen, daß die Menschen des Mittelalters trotzdem wichtige Gesetze der Mechanik und der Hydraulik praktisch (noch nicht theoretisch) durchschaut hatten. Die größeren Absatzchancen für gewerbliche Erzeugnisse und die Berührung mit der Technik anderer Kulturkreise hatten den Erfindungsgeist belebt. Manche Neuerungen ergaben sich aus der handwerklichen oder gewerblichen Alltagspraxis. Nicht selten wurde das Prinzip, das einer technischen Neuerung zugrunde lag, auf andere Geräte übertragen. Das Fußpedal verwandte man nicht nur beim Trittwebstuhl, sondern auch bei der Drechselbank, die Nockenwelle in Hämmern, Papier-, Erz- oder Farbstampfen, an Blasebälgen oder Walkmühlen. Die meisten mittelalterlichen Erfindungen sind den praktischen Erfahrungen von Handwerkern zu verdanken. Aber Wissenschaft und Technik waren keineswegs völlig voneinander getrennt. Nicht wenige Wissenschaftler des Mittelalters waren praktisch interessiert, stellten sich praktische Fragen und versuchten, sie durch Versuche und Beobachtungen zu beantworten. Die Technik stellte ihnen immer genauere Meßinstrumente und Apparate zur Verfügung. Gelehrte Männer schrieben praktische Abhandlungen, wie man Farbstoffe und andere chemische Substanzen herstellen könne und übersetzten seit dem ausgehenden 10. Jahrhundert technische Abhandlungen aus dem Griechischen oder Arabischen ins Lateinische.

Technische Neuerungen verbreiteten sich bereits im Mittelalter durch Wirtschaftsspionage, bloße Nachahmung oder durch Abwerbung von Spezialisten oder Facharbeitern. Auf diese Weise gelangte die Papiermühle aus der Lombardei nach Nürnberg (1390) und nach Ravensburg (1393), die Barchentweberei nach Schwaben und von dort nach Oberungarn und Oberfranken usw.

Fachleute und Facharbeiter, die mit neuen Techniken vertraut waren, waren begehrt und wurden durch Prämien, Wettbewerbe oder Ausschreibungen angelockt. Selbst religiöse Tabus spielten dabei keine Rolle. So stellte man nicht selten jüdische Ingenieure im Bergbau an, da sie mit besonderen Methoden der Wasserhaltung vertraut waren.

Allerdings standen die Zünfte häufig dem technischen Fortschritt entgegen. Diese genossenschaftlichen Organisationen des Handwerks regelten die Produktion nach Art, Umfang und Preis bis ins kleinste. Die Einführung neuer technischer Verfahren betrachteten sie als eine Gefahr für die Solidarität der Handwerksmeister. In einer Thorner Zunftordnung von 1523 hieß es: „Kein Handwerksmann soll etwas Neues erdenken oder erfinden oder gebrauchen!“ Als sich das Spinnrad in Deutschland um die Wende vom 15. zum 16. Jahrhundert verbreitete, verboten viele Zünfte seine Anwendung. Ähnlich untersagte die Weberzunft in Frankfurt 1554 den mehrgängigen Webstuhl, den calvinistische Flüchtlinge aus Spanien mitgebracht hatten.

Die große Pest von 1348, die enorme Bevölkerungsverluste mit sich brachte, hat möglicherweise die Verbreitung der Maschinenarbeit begünstigt. Es standen nicht mehr genügend Facharbeiter zur Verfügung, und die Löhne stiegen infolgedessen. Das war ein starker Anreiz für den Einsatz von arbeitssparenden Maschinen. Zudem war vermehrt Kapital vorhanden, da die glücklichen Überlebenden der Pest sich den Nachlaß der Verstorbenen teilen konnten. Die Preise für Agrarerzeugnisse fielen wegen der verkleinerten Nachfrage, während die Preise für gewerbliche Produkte stiegen, da das vorhandene Geld einen Nachfragedruck erzeugte. Die Gewerbe blühten auf, das Bürgertum und die Städte erstarkten. Immer mehr ländliche Arbeitskräfte strömten in die Städte.

In der Geschichte der Technik ist das Mittelalter keineswegs eine „finstere“ Zeit. Von den grundlegenden technischen Prinzipien geht vor allen Dingen die Kurbel auf das Mittelalter zurück. In der Antike war sie offenbar wenig verbreitet, obwohl sie in hellenistischer Zeit offenbar hier und da in kurbelbetätigten Handmühlen auftrat. Erst seit dem 9. Jahrhundert n.Chr. fand sie jedoch eine größere Verbreitung. Die Kurbel ermöglichte es, eine Hin- und Her-Bewegung in eine Drehbewegung (und umgekehrt) umzuwandeln. Ohne das Prinzip der Kurbel wäre das moderne Maschinenwesen unvorstellbar. Außerdem ist daran zu erinnern, daß das Mittelalter erstmals konsequent die Energie des Wassers und des Windes in mechanische Arbeit umsetzte, damit den Menschen von einem Großteil der schwersten körperlichen Arbeit befreite und bereits erste Anfänge zentralisierter Großproduktion entwickelte.

Am Ende des Mittelalters hatte der hohe technische Stand dem europäischen Menschen in einem nie zuvor dagewesenen Ausmaß eine wachsende Kontrolle über die Natur gegeben und seinen Lebensstandard deutlich verbessert. Seit 1492 breitete sich der europäische Einfluß in der ganzen Welt aus. Ein entscheidender Grund dafür ist in dem hohen technologischen Standard zu sehen. Europa hatte durch einen hohen Grad der Energieausnutzung eine große wirtschaftliche Produktivität und eine große wirtschaftliche, militärische und politische Macht erreicht.

Das späte Mittelalter war bestrebt, immer neuere Energien technisch nutzbar zu machen. Immer wieder strebten die Techniker nach einem „perpetuum mobile“, nach einer immerwährenden Bewegung. Dies war nicht nur technische Utopie, sondern auch ein Ausdruck für das Streben nach immer größerer Energieausnutzung und -anwendung.

Der technische Erfindungsreichtum der Europäer im Mittelalter kann nicht nur auf wirtschaftliche und physische Notwendigkeiten zurückgeführt werden. Die gab es in gleicher Weise auch in anderen Teilen der Erde, ohne daß sie dort zu einer nennenswerten Verbesserung der Technik geführt hätten. Was das Abendland von jenen Regionen unterschied, war die verhältnismäßig starke Betonung des aktiven Lebens, des Wertes der Einzelpersönlichkeit und der Würde der Arbeit in der christlichen Theologie, in denen starke Anreize zu technischer Betätigung lagen.

VI Renaissance: Die Technik tritt aus der mittelalterlichen Ordnung

VI.1 Politische, wirtschaftliche, gesellschaftliche und geistige Rahmenbedingungen

Nach der großen Pest von 1348 war die Bevölkerungszahl in Europa bis zum Ende des 15. Jahrhunderts zurückgegangen. Dadurch fielen auch die Preise für landwirtschaftliche Erzeugnisse, insbesondere für Getreide. Dies schwächte die wirtschaftliche Stellung des adligen Großgrundbesitzes. Die rückläufigen Preise veranlaßten aber auch viele Bauern, in die Städte zu ziehen, weil dort bessere Verdienstmöglichkeiten bestanden. Die vom Lande in die Stadt gewanderte Bevölkerung stellte dort die Arbeitskräfte für das aufblühende Gewerbe, das teilweise schon zu neuen, großgewerblichen und kapitalistischen Formen überging. Die Preise für gewerbliche Erzeugnisse lagen höher als die Nahrungsmittelpreise. Dies regte die Entfaltung des Gewerbes an. Andererseits legten seit dem 15. Jahrhundert viele wohlhabende Städter, vor allem Kaufleute, ihr Geld in Grundbesitz an und betrieben die Landwirtschaft nach denselben rationalen Maßstäben, mit denen sie auch Handel und Gewerbe betrieben. Sie investierten Geld in ihr Land, erschlossen neuen Boden, machten Land urbar und rodeten Wälder. Durch Verbesserungen in der Betriebsweise versuchten sie, Arbeitskräfte einzusparen. Die Abwanderung in die Städte wurde dadurch verstärkt. Dort waren jetzt sehr viele und billige Arbeitskräfte vorhanden, mit denen große Betriebe aufgebaut werden konnten. Als in der zweiten Hälfte des 15. Jahrhunderts die Bevölkerungszahl wieder zunahm, stiegen auch die landwirtschaftlichen Preise wieder. Die Kaufkraft der verbliebenen Landbevölkerung stieg ebenfalls und regte wiederum die gewerbliche Gütererzeugung an. Eine allgemeine Besserung der Wirtschaftslage war die Folge.

Aus Afrika und Amerika flossen nach den Entdeckungsfahrten große Mengen von Gold und Silber nach Europa. Auch die europäische Edelmetallproduktion wuchs infolge neuer Techniken (s. S. 110). Durch die aufgeblähte Geldmenge gingen die Preise stark in die Höhe und regten die allgemeine Geschäftstätigkeit an. Die Entdeckungen in Übersee erschlossen dem europäischen Gewerbe neue große Absatzmärkte. So verpflichteten sich z.B. 1548 die Verwalter von Fugger und Enkeln gegenüber dem Verwalter des portugiesischen Königs, „für die Neger von Guinea“ 6750 Doppelzentner Ringe, 24000 Nachtgeschirre, 1800 breitrandige Bekken, 4500 Barbierbecken und 10500 große Kessel zu liefern.

Auch die neue Kriegstechnik und die damit verbundenen großen Söldnerheere mit ihren Waffen und Uniformen trieben die wirtschaftliche Entwicklung im Bereich des Bergbaus, der Metallverarbeitung und des Textilgewerbes voran.

Das Gewerbe war auch weiterhin überwiegend in Zünften organisiert. Doch immer mehr kaufmännische Unternehmer machten sich die Chancen der technischen Entwicklung zunutze und bauten große, nach kapitalistischen Gesichtspunkten arbeitende Betriebe auf oder weiteten das Verlagssystem aus. Die neue Betriebsweise verbreitete sich besonders in den Gewerben, in denen die technische und maschinelle Ausstattung hohe Kosten mit sich brachte, die ein gewöhnlicher Handwerker nicht aufbringen konnte. Eine Papiermühle oder eine Druckerwerkstätte war zu teuer, als daß sie der handwerkliche Papiermacher oder Drucker hätten eröffnen können. Sehr aufwendig waren auch die neuen Techniken im Bergbau und in der Metallverarbeitung. Die großen Handelsgesellschaften von Augsburg und Nürnberg beteiligten sich am Silber- und Kupfer-, Quecksilber- und Zinnbergbau. Die Herstellung von Eisenhalbzeug betrieben nicht mehr Handwerksmeister, sondern Hammer- und Reidemeister, die dann die einzelnen Meister belieferten.

Das Verlagswesen war vor allem im Textilgewerbe verbreitet. Da ein großer Teil der ländlichen Bevölkerung nicht allein von der Landwirtschaft leben konnte, war er auf die gewerbliche Nebenbeschäftigung, z. B. durch Weben, angewiesen. In der süddeutschen Barchentherstellung vergrößerte sich der Einfluß des Kaufmanns dadurch, daß der neue Rohstoff, die Baumwolle, zentral aus Venedig bezogen werden mußte. Nur der Kaufmann konnte dies tun. Er verteilte den Rohstoff an die ländlichen Weber, ließ ihn von ihnen verarbeiten und übernahm den Absatz. Im östlichen Mitteldeutschland kauften die Verleger ganzen Zünften von handwerklichen Leinewebern die Produkte ab (Zunftkauf). Die Technik der Textilverarbeitung blieb dabei traditionell.

Zum Zentrum der technischen Entwicklung in der Renaissance wurde Italien. Hier waren nach dem Zusammenbruch der Stauferherrschaft im 13. Jahrhundert viele kleine Territorien, vor allem Stadtstaaten, entstanden, die von besitzenden Adels- oder Kaufmannsfamilien regiert wurden. Diese oberitalienischen Stadtstaaten wurden reich durch den Handel. Über Venedig gelangten wichtige Handelswaren, insbesondere Luxusgüter, aus der Levante, Mittel- und Ostasien nach Oberitalien und von dort in das übrige Europa (z. B. Seide, Baumwolle, Gewürze). Die reich gewordenen Fürsten und führenden Familien der miteinander rivalisierenden oberitalienischen Stadtstaaten wollten ihre wirtschaftliche und politische Macht auch nach außen hin zeigen. Sie ließen deswegen repräsentative Bauten wie Paläste, Kirchen und Brücken errichten und erteilten Aufträge an Maler und Bildhauer. Sie versuchten, Gelehrte und Techniker an sich und ihre Städte zu binden.

Die ständigen kriegerischen Auseinandersetzungen dieser Stadtstaaten und der Wunsch nach Repräsentation führten dazu, daß innerhalb der Technik vor allem die Waffentechnik, der Wasser- und Festungsbau, die Architektur und die Metallgießerei starke Anreize zur Weiterentwicklung erfuhren. Die Aufträge der Stadtherrscher führten sogenannte „Künstleringenieure“ aus, die in ihrer Person Kunst, Wissenschaft und Technik vereinten. Da diese Künstleringenieure an die herrschende Führungsschicht gebunden waren, von der sie ihre Aufträge erhielten, hatten sie auch Zugang zu den Bibliotheken und kamen in Kontakt mit Vertretern der Wissenschaft.

Wirtschaft und Technik machten im Zeitalter der Renaissance zwar Fortschritte, aber wichtiger als einzelne Neuerungen für die Entwicklung der Technik wurde der große geistige Umschwung, der in der Renaissance das mittelalterliche Denk- und Wissenschaftsgebäude zerstörte. Bereits im späten Mittelalter hatten die Philosophen begonnen, Wissenschaft und Religion voneinander zu trennen und sich den realen Dingen zugewandt. Diese Entwicklung wurde in der Renaissance weitergeführt und entscheidend verstärkt.

Im 14. Jahrhundert hatten zuerst italienische Gelehrte damit begonnen, in alten

Klosterbibliotheken nach in Vergessenheit geratenen Handschriften antiker römischer Schriftsteller zu suchen. Hier, bei den antiken Schriftstellern, glaubten sie ihre eigene Anschauung bestätigt zu finden, daß der Sinn des Lebens nicht allein in der Vorbereitung auf das Jenseits liege, wie es die Kirche lehrte, sondern in der freien Gestaltung des Diesseits. Das Streben dieser Gelehrten war daher auf die Vervollkommnung des diesseitigen Menschen gerichtet. Sie nannten sich deshalb stolz „Humanisten". Die Humanisten interessierten sich nicht nur für die Literatur, sondern auch für die baulichen Überreste der Antike. In der Kunst des 14. und 15. Jahrhunderts wurde die Welt der Antike wiedergeboren. Man spricht deshalb vom Zeitalter der „Renaissance".

Als Konstantinopel von den Türken erobert wurde (1453), flohen viele griechische Gelehrte nach Italien und trugen so zur Verbreitung des antiken griechischen Schrifttums bei.

Im Mittelalter war das gesamte Handeln und Denken der Menschen in ein kirchliches Lehrgebäude eingebunden gewesen. Jetzt begannen die Menschen, diese Bindungen allmählich abzustreifen und sich stärker als Individuen zu fühlen. Das Jenseits verlor an Anziehungskraft. Die Menschen versuchten, die diesseitige Welt frei zu gestalten. Diese neue Mentalität bot geistige Voraussetzungen für die Entfaltung von Naturwissenschaft und Technik, die ebenfalls auf die Gestaltung des Diesseits gerichtet waren.

Im 16. Jahrhundert erschienen Übersetzungen aus dem Griechischen und Arabischen, aus denen Mathematik und Physik manche Anregung erhielten. Auch die Mechanischen Schriften des Archimedes und Herons sowie die pseudo-aristotelischen „Mechanischen Probleme" wurden jetzt wieder lebendig.

Mit einfachen, schon aus dem Mittelalter bekannten technischen Hilfsmitteln wie Erd- und Himmelsgloben, Jakobsstab, Astrolabium, Quadrant, Zylinder, Kompaß usw. – aber ohne das noch nicht erfundene Teleskop – gelangte der 1473 in Thorn geborene Nikolaus Kopernikus zu geradezu umstürzenden Erkenntnissen, die das damalige Weltbild im wahrsten Sinne des Wortes aus den Angeln hoben und der christlichen Lehre einen weiteren schweren Schlag versetzten. Kopernikus erkannte, daß die Erde sich um die Sonne drehte (und nicht umgekehrt, wie bis dahin allgemein angenommen) und infolgedessen auch nicht der Mittelpunkt des Weltalls, sondern nur ein Planet unter vielen anderen sein konnte. 1543 veröffentlichte Kopernikus seine umstürzenden Erkenntnisse. Der Mensch und die Erde waren seitdem degradiert. War der Mensch wirklich das kleine Ebenbild Gottes, wie das Christentum behauptete, wo doch die Erde gar nicht einmal der Mittelpunkt des Alls war? Konnte es überhaupt noch einen „Himmel" im Sinne der christlichen Vorstellung geben, da die Erde sich drehte und das, was morgens noch „oben" war, sich abends schon „unten" befand? Giordano Bruno erklärte die Theorie des Kopernikus schließlich zur Gewißheit, und die katholische Inquisition schlug zu. Kopernikus Buch wurde jetzt (1616) auf den Index der verbotenen Bücher gesetzt. Erst 1828 wurde das kirchliche Leseverbot offiziell widerrufen. Dennoch war das Buch des Kopernikus ein erster Schritt auf dem Wege zur Aufklärung und insofern auch für die Wissenschaft und die Technik von Bedeutung. Kopernikus hatte sich zudem bereits moderner naturwissenschaftlicher Methoden bedient. Er ging von einer Theorie aus und prüfte diese durch Beobachtungen und Messungen nach.

Es war eine ebenfalls umstürzende Behauptung, als der Arzt und Naturforscher

Paracelsus behauptete, daß der Mensch aus den gleichen Elementen bestehe wie das Universum: Salzen, Schwefel, Quecksilber, Basen usw. und im wesentlichen eine chemische Verbindung sei. Paracelsus stellte deshalb die Chemie bewußt in den Dienst der Medizin. Auf seinen weiten Reisen hatte er auch viele Eindrücke vom technischen Schaffen der Bergleute, Erzprobierer, Hüttenmänner, Büchsenmeister, Alchimisten und Handwerker gewinnen können. Paracelsus sah in der Arbeit dieser Männer und der Naturforschung einen tiefen Sinn. Er glaubte, daß die Menschen durch göttlichen Auftrag berufen seien, mit Hilfe von Technik und Naturwissenschaften an der Vollendung der Welt mitzuwirken. Der Mensch wurde bei ihm zu einem Schöpfer im kleinen.

Der Protestantismus förderte die neue Wirtschaftsgesinnung. Die katholische Lehre hatte die Anhäufung von Geld über die persönlichen Bedürfnisse hinaus als Sünde gebrandmarkt. Auch Luther war da nicht anderer Auffassung. Aber der Protestantismus hob viele kirchliche, der Verehrung der Heiligen dienende Feiertage auf und förderte damit die wirtschaftliche Leistung. Die Arbeit wurde nun stärker anerkannt. Die Calvinisten sahen im Reichtum sogar ein Zeichen göttlicher Erwählung.

Einen starken Auftrieb erhielt das technische Schaffen durch den Buchdruck. Jetzt war die Möglichkeit gegeben, technische Ideen zu verbreiten und zum Allgemeingut werden zu lassen. Als im Jahre 1487 die erste gedruckte Ausgabe von Vitruvs „De architectura libri X“ erschien, hatte dies einen großen Einfluß auf die Künstleringenieure der Frührenaissance. Besonders als die technischen Bücher bald in der Volkssprache abgefaßt wurden, konnten sie in breitere Schichten eindringen. Die Zahl technischer Veröffentlichungen nahm nach 1550 rapide zu. Sie können hier gar nicht einzeln erwähnt werden. Einige finden in den folgenden Kapiteln noch Erwähnung.

VI.2 Künstleringenieure und experimentierende Handwerksmeister

Das 15. und das beginnende 16. Jahrhundert sahen zwei neue Figuren: den experimentierenden Handwerksmeister und die Künstleringenieure. Seit der Mitte des 15. Jahrhunderts hatten einzelne Handwerke eine hohe Blüte erlebt. Die Handwerksmeister bemühten sich, Verbesserungen vorzunehmen und neue nützliche Erfindungen zu machen: Waagen, Türschlösser, Uhren, Meßinstrumente usw. Sie stellten dabei eigene Versuche an und schrieben sogar Abhandlungen. Darin erklärten sie nicht nur, wie bestimmte Verfahren oder Vorrichtungen funktionierten, sondern stellten auch Überlegungen darüber an, warum sie so arbeiteten. Diese experimentierenden Handwerksmeister waren sich der Würde ihrer handwerklichen Tätigkeit bewußt und fühlten sich oft von der praxisfernen Wissenschaft im Stich gelassen. Manche Handwerker wandten sich an Wissenschaftler, die ihnen bei der Lösung neuer technischer Aufgaben helfen sollten. Die Mehrheit der Gelehrten allerdings stand der Naturwissenschaft und dem praktischen technischen und handwerklichen Schaffen immer noch fremd gegenüber. Doch fanden sich jetzt immerhin einzelne Wissenschaftler, die die praktische Anwendung ihrer Kenntnisse berücksichtigten. Gleichzeitig widmeten sich viele Künstler der Wissenschaft, weil sie von ihr eine Hilfe bei der Lösung neuer künstlerischer Aufgaben (z.B. Perspektive in der Malerei) erwarteten. Es trat eine engere Verbindung von Handwerk, Technik, Wissenschaft und Kunst ein. Die sogenannten Künstleringenieure des 15. und 16. Jahrhunderts, deren bekanntester Leonardo da Vinci war, verkörperten diese Verbindung, die zuerst in Italien auftrat. Hier förderte der Wohlstand der norditalienischen Städte die Entwicklung von Handwerk, Gewerbe und Baukunst, die bald an ihre technischen Grenzen gerieten und nach neuen Methoden suchten. Eine auf Versuchen und Beobachtungen beruhende Wissenschaft leistete dabei Hilfe.

Der Bau der Kuppel der Kirche Santa Maria del Fiore in Florenz zeigt deutlich, daß die mittelalterliche Technik an einem toten Punkte angekommen war. Der Bau kam zum Stillstand, weil es sich als unausführbar erwies, die bereits 150 Jahre vorher geplante Kuppel mit der althergebrachten Bautechnik in der Form einer Kugel auszuführen. Dafür wäre ein riesiges Holzgerüst notwendig gewesen, um der Kuppel die gewünschte Kugelform zu geben und das Gewölbe abzustützen (Lehrgerüst). Schon um 1400 war jedoch klargeworden, daß man die dafür erforderlichen Baumstämme kaum in dem damals krisengeschüttelten Florenz würde auftreiben können. Auch hatte man nicht genügend Zimmerleute gefunden, die mit solch gewaltigen Hölzern umgehen konnten. Filippo Brunelleschi (1377–1446), einer jener Künstleringenieure der italienischen Renaissance, löste das Problem auf eine ganz neue Weise. Er hatte vielseitige handwerkliche und künstlerische Erfahrungen und beherrschte die Goldschmiedekunst, die Bildhauerei, die Architektur, die Perspektive, den Festungsbau, den Wasserbau, die Mechanik und den Apparatebau. Diese Verbindung von handwerklich-künstlerischen und wissenschaftlichen Kenntnissen kam seiner Tätigkeit als vielseitiger Ingenieur sehr zunutze. Brunelleschis Lösung für den Bau der Kuppel unterschied sich von der traditionellen mittelalterlichen Bautechnik dadurch, daß sie durch vorausgegangene theoretisch-wissenschaftliche Betrachtungen gewonnen war. Brunelleschi wählte als Kuppelform die Ellipse, die sich ohne ein hölzernes Lehrgerüst errichten ließ, da sie steiler und stabiler war. Um die schweren Bausteine in die gewaltige Höhe heben zu können, hatte er einfallsreiche Hebemaschinen konstruiert, für den Transport der Steine ein Spezialschiff mit Kränen. Für diese Erfindungen gewährte ihm der Rat der Stadt Patente.

Das **Patentwesen,** das sich in der Renaissance verbreitete, regte die technische Entwicklung an. Ein venezianisches Gesetz von 1474 sah den Schutz der Interessen jener „scharfsinnigen Köpfe" vor, „die es verstehen, mancherlei sinnvolle und kunstreiche Gegenstände auszudenken und zu erfinden". Das Patent sicherte dem Erfinder die ausschließlichen materiellen Vorteile seiner Erfindung, um ihn für seine Aufwendungen zu entschädigen. Die geistige Leistung des Technikers und Erfinders wurde jetzt stärker anerkannt. Der alte Gegensatz zwischen Wissenschaft und Technik, der seit den Griechen bestand, wurde abgeschwächt. Technisches Schaffen fand jetzt öffentliche und soziale Anerkennung.

Wie viele seiner Zeitgenossen und Kollegen betätigte sich Brunelleschi auch als Kriegstechniker, Festungsbaumeister und Wasserbauingenieur. Die Kriege der vielen Stadtstaaten und die Erfindung der Pulvergeschütze hatten für diese Tätigkeiten einen großen Bedarf geweckt. Die Kriegsingenieure boten ihre hilfreichen Dienste jedem an, der dafür bezahlte, sei er Fürst, König, Papst oder Rat einer demokratischen Stadt, sei er Christ oder Türke.

Eine spektakuläre technische Leistung vollbrachte Aristotele di Fioravante

Abb. 28: Kirche von Santa Maria del Fiore in Florenz mit der Kuppel von F. Brunnelleschi

(geb. um 1415), der als Architekt, Ingenieur und Bronzegießer tätig war. Fioravante war ein Meister im Heben gesunkener Schiffsladungen. Besonderes Aufsehen erregte er, als er im Jahre 1455 den 24 m hohen Glockenturm (Campanile) der Kirche Santa Maria del Tiempo in Bologna um ganze 13 Meter verschob. Er ließ den Turm von seinem Fundament lösen und Eichenrollen unterlegen. Mit Hilfe von Flaschenzügen konnte der Turm dann bewegt werden, wobei die Seile von sogenannten **Göpeln** gezogen wurden. Das waren senkrecht stehende hölzerne Wellen, die mittels horizontal angebrachter Hebelkreuze von Pferden und Menschen gedreht wurden. Auf diese Weise konnte der gesamte Turm verschoben werden, was damals große Bewunderung erregte. Fioravante richtete auch Glockentürme wieder auf, die sich geneigt hatten, wie in Venedig.

Eine ganz ähnliche Aufgabe wie Fioravante löste über hundert Jahre später auch der Architekt und Ingenieur des Papstes, DOMENICO FONTANA (1543–1607), der 1586 den in der römischen Kaiserzeit nach Rom überführten Obelisken des Papstes um etwa 250 m auf den Platz vor der Peterskirche versetzte. Der Obelisk wurde umgelegt, an seinen neuen Platz gebracht und dort wieder aufgerichtet. Fontana ging dabei ganz methodisch vor. Zwar konnte er noch keine statischen Berechnungen anstellen, bestimmte aber rechnerisch das Volumen und das Gewicht des Kolosses (er war 23 m hoch und wog 327 t). Fontana berechnete, wieviel von Pferden angetriebene Göpel notwendig waren, um mit Hilfe von Flaschenzügen den Obelisken zu heben. Man baute ein großes Gerüst, zog den Stein mit 40 Flaschenzügen und ebensovielen Göpeln von seinem Fundament und ließ ihn langsam wieder herunter. Auf Walzen zog man den Obelisken dann zu seinem neuen Standort, wo man ihn wiederum mit Hilfe eines Gerüstes und einer großen Zahl von Flaschenzügen und Göpeln aufrichtete. Für diese Arbeit waren 800 Männer und 140 Pferde nötig. Insgesamt dauerte die Versetzung des Obelisken fast ein halbes Jahr.

Die Metalltechnik empfing zahlreiche Anregungen durch das Werk des VANOCCIO BIRINGUCCIO (1480–1538). Wie viele seiner Kollegen zwangen ihn die unsteten politischen Verhältnisse in den norditalienischen Stadtstaaten zu einem häufigen Wechsel seines Tätigkeitsfeldes. Biringuccio war Ingenieur der Eisenhütten von Boccheggiano bei Grosseto, Leiter des Silberbergbaus am Avanzo-Berg in den Karnischen Alpen, Zeugmeister in Siena, Geschützgießer in Florenz und sogar Leiter der päpstlichen Gießerei in Rom. Nach Biringuccios Tode erschien sein berühmtes und bis ins 17. Jahrhundert wirkendes Buch „De pirotechnica“. Das Buch, das sich auch an den Praktiker wandte, wurde, wie viele der technischen Handbücher der Renaissancezeit, ein wahrer Bestseller. In diesem Buch verarbeitete Biringuccio die wissenschaftliche Fachliteratur seiner Zeit und eigene praktische Erfahrungen. Er behandelte alle Techniken, die mit dem Feuer arbeiten, die Metallurgie, chemische Technologie und Kriegstechnik. Wir hören von der Metallgewinnung, von Schwefel, Glas und Salpetersäure, vom Gießen von Geschützen, Kanonenkugeln, Kirchenglocken usw. Bemerkenswert ist, daß das Buch nicht in Latein, der Sprache der Gelehrten, sondern in einem lebendigen Italienisch, der Volkssprache, geschrieben war. Auch andere Autoren gingen immer mehr dazu über, in der Landessprache zu schreiben, um ihren Erkenntnissen einen größeren Leserkreis zu erschließen.

Der berühmteste der italienischen Künstleringenieure ist zweifellos LEONARDO DA VINCI (1452–1519). In seinem technischen Schaffen lassen sich gewisse Schwerpunkte feststellen, die sich aus den damaligen politisch-gesellschaftlichen Verhältnissen in Ober- und Mittelitalien und den Anforderungen, die diese Verhältnisse an die „Ingenieure“ stellten, ergeben. So standen denn im Vordergrund das Militärwesen, der Wasserbau und verschiedene Gewerbe wie der Textilbereich. Demgegenüber spielte z. B. der Bergbau bei weitem nicht die Rolle, die ihm etwa in Deutschland zukam.

Welche Aufgaben der Ingenieur damals in erster Linie zu bewältigen hatte, ergibt sich plastisch aus dem Bewerbungsschreiben, das Leonardo an den Herzog von Mailand, Ludovico Sforza, richtete. Dieser Brief dokumentiert auch eindrucksvoll das hohe, fast bis zur Penetranz übersteigerte Selbstbewußtsein dieses Renaissancemenschen, der sich seines individuellen Wertes wohl bewußt ist:

„Erlauchter Gebieter! Da ich die Proben aller derer, die sich für Meister und Hersteller von Kriegsgeräten ausgeben, nun zur Genüge untersucht und dabei erkannt habe, daß die Erfindungen und Anwendungen der genannten Geräte durchaus nicht ungebräuchlich sind, so will ich mich denn, ohne irgendeinen anderen herabzusetzen, um eine Verständigung mit Ew. Hoheit bemühen, indem ich Ihnen meine Geheimnisse offenbare und sie Ihnen ganz zur Verfügung stelle, um zu gegebener Zeit alle die Dinge auszuführen, die hier unten in Kürze aufgezählt werden:

1. Ich habe Pläne für sehr leichte, aber dabei starke Brücken, die sich ganz leicht befördern lassen und mit denen man den Feind verfolgen

und jederzeit auch fliehen kann, und solche für andere, feste Brücken, die weder durch Feuer noch im Kampf zerstört und leicht und bequem abgebrochen und errichtet werden können...
2. Ich kann bei der Belagerung eines Platzes das Wasser aus den Gräben ableiten und zahlreiche Brücken, Schutzdächer, Sturmleitern und andere zu einem solchen Unternehmen gehörende Geräte machen...
3. Wenn bei der Belagerung eines Platzes, sei es wegen der Höhe der Böschung oder wegen seiner starken Befestigung oder seiner Lage, Bombarden nicht zur Anwendung gebracht werden können, verfüge ich über Mittel, jedes Kastell oder andere Bollwerke zu zerstören, selbst wenn es auf Felsen errichtet wurde.
4. Ferner habe ich Pläne für Bombarden, die sich sehr bequem und leicht befördern lassen, mit denen man kleine Steine schleudern kann, fast so, als ob es hagle, und deren Rauch dem Feind gewaltigen Schrecken einjagt, sehr zu seinem Schaden und seiner Verwirrung.
5. Ferner habe ich Pläne für Stollen und gewundene Geheimgänge, die ohne jedes Geräusch angelegt werden, so daß man bis zu einem bestimmten Ort gelangen kann, auch wenn man unter den Gräben oder irgendeinem Fluß durchdringen muß.
6. Ferner werde ich sichere und unangreifbare gedeckte Wagen bauen, die mit ihren Geschützen durch die Reihen des Feindes fahren und jeden noch so großen Haufen von Bewaffneten zersprengen werden. Hinter ihnen können die Fußsoldaten fast unangefochten und völlig ungestört folgen.
7. Ferner werde ich, wenn nötig, Bombarden, Mörser und Pasvolanten von sehr schöner und zweckmäßiger Form machen, wie sie nicht allgemein gebräuchlich sind.
8. Wo die Wirkung der Bombarden versagt, da werde ich Katapulte, Wurf- und Schleudermaschinen... und andere ungebräuchliche Geräte von wunderbarer Wirksamkeit herstellen. Kurzum, ich werde je nach den verschiedenen Umständen allerlei verschiedene Angriffs- und Verteidigungswaffen bauen.
9. Sollte es auf dem Meer zum Kampf kommen, so habe ich Pläne für viele Geräte, die für den Angriff und die Verteidigung besonders geeignet, und solche für Schiffe, die selbst der Beschießung mit den allergrößten Bombarden widerstehen werden, und solche für Pulver und Rauch.
10. In Friedenszeiten kann ich mich wohl mit jedem andern in der Baukunst messen, sei's bei der Errichtung öffentlicher und privater Gebäude oder bei der Leitung des Wassers von einem Ort zu einem andern. Ferner werde ich bei der Bearbeitung von Marmor, Erz und Ton sowie in der Malerei wohl etwas leisten, was sich vor jedem andern, wer immer es auch sei, sehen lassen kann. Übrigens könnte man auch an dem Bronze-Pferd arbeiten, das dem seligen Andenken Ihres Herrn Vaters zu unsterblichem Ruhm und dem Hause Sforza zu ewiger Ehre gereichen wird. Und wenn irgendeine der obengenannten Sachen jemand unmöglich oder unausführbar erscheinen sollte, so bin ich durchaus bereit zu einer Vorführung in Ihrem Park oder wo Ew. Hoheit wollen. Ich empfehle mich Ihnen untertänigst..."

(Mit freundlicher Genehmigung des Chr. Belser Verlags Stuttgart/Zürich; entnommen aus: Charles Gibbs-Smith: Die Erfindungen von Leonardo da Vinci, S. 7f.)

Leonardo stellte nicht selten an den Anfang seiner Arbeit den Versuch und führte einfache Berechnungen durch, um zu Regeln zu gelangen. Er machte sich mit den Eigenschaften der verwendeten Materialien vertraut, indem er z. B. die Tragfähigkeit von Trägern und Stützen im Versuch prüfte oder den Draht auf seine Festigkeit testete. Leonardo stellte auch Versuche über die Reibung an, um den Reibungswiderstand bei vielen Mechanismen zu verringern.
Leonardo versuchte sogar, das Problem des Menschenfluges technisch zu lösen, indem er den Flug der Vögel studierte. Er schlug vor, den Luftwiderstand eines großen, von ihm selbst gefertigten Flügels auf der Waage zu bestimmen. Ob er den Versuch ausführte, ist nicht bekannt.
Leonardo entwarf mancherlei Muskelkraftfahrzeuge, eine Luftschraube und einen Fallschirm. Über den Fallschirm schrieb er: „Wenn ein Mensch ein Zeltdach aus abgedichtetem Leinenzeug hat, das 12 Ellen Seitenlänge und 12 Ellen Höhe besitzt, so wird er sich, ohne Scha-

den zu nehmen, von jeder großen Höhe herablassen können."

Bemerkenswert sind Leonardos zahlreiche geniale Maschinenkonstruktionen. Er scheint ein umfassendes Lehrbuch der Mechanik geplant zu haben, für das er eifrig mit genauen Zeichnungen und Berechnungen Material sammelte. Dieses Buch ist jedoch nie erschienen, und Leonardos zahlreiche technische Entwürfe wurden deshalb einer größeren Öffentlichkeit nicht bekannt. Nicht alle der in seinen Handschriften beschriebenen technischen Vorrichtungen, die teilweise seiner Zeit weit vorausgriffen, hat Leonardo selbst „erfunden". Vieles hat er aus der Fachliteratur seiner Zeit übernommen. Manche Mechanismen erinnern an Heron von Alexandrien. Häufig aber hat Leonardo Bekanntes weiterentwickelt, vieles aber auch selbst geschaffen. Nicht immer kann man genau feststellen, ob eine Erfindung von Leonardo selbst stammt oder nicht.

Leonardo bediente sich nicht nur des Versuchs und stellte Berechnungen bei seinen technischen Entwürfen an, sondern er gelangte auch zu einer völlig neuen und zukunftsweisenden Auffassung von der Technik. Noch bis ins 17. Jahrhundert hinein galt allgemein die Auffassung des Aristoteles, daß die Anwendung technischer und mechanischer Mittel ein Handeln gegen die Natur, eine Überlistung der Natur bedeute (das griechische Wort „mechanaomoi" heißt: ich ersinne eine List!). Solange man einer solchen Technikauffassung huldigte, war es nicht möglich, systematisch nach Naturgesetzen zu suchen und sie dem technischen Schaffen zugrunde zu legen. Leonardo aber forderte bereits, man müsse in der Technik mit der Natur gehen. Er selbst tat dies, indem er Experimente anstellte und auswertete.

Mit den zahlreichen Mechanismen, die sich in Leonardos Handschriften finden, könnte man ein ganzes Buch füllen. Er ersann bereits um 1495 Kugel-, Kegel- oder Rollenlager, die die Reibung vermindern sollten (das Kugellager fand erst im 18. Jahrhundert Verbreitung). Um eine gleichmäßige Kreisbewegung zu schaffen, benutzte er das Pendel als Regulator. Wir finden in seinen Schriften die Hebevorrichtung, mit der Brunelleschi die Bausteine für die Kuppel von Santa Maria del Tiempo hob, aber auch Windräder mit vertikaler Welle, Sichelwagen, ein Sägewerk, bei dem das Holz automatisch vorgeschoben wurde, durch Federantrieb bewegte selbstfahrende Wagen, den Kurbelbetrieb mit Pleuelstange, Pedalantrieb und Schwungrad (z.B. bei einer Drehbank) oder Flügelspinnräder, bei denen man im Gegensatz zum Handspinnrad in einem Arbeitsgang spinnen und aufwikkeln konnte, was den Arbeitsprozeß sehr beschleunigte. Doch scheint er das Flügelspinnrad nicht selbst erfunden zu haben. Schon 15 Jahre vor Leonardo ist es auf einer Zeichnung im Mittelalterlichen Hausbuch auf dem Schloß der Fürsten von Waldburg zu Wolfegg und Waldsee zu sehen.

Da sich Leonardo in bedeutsamen Gewerbezentren wie Mailand und Florenz aufhielt, lag es nahe, daß dieser universale Geist auch zahlreiche andere Mechanismen ersann, die in der gewerblichen Praxis verwendet werden konnten, so z.B. eine Gewindeschneidemaschine, eine Feilenhaumaschine, eine Vorrichtung zum Ausbohren hölzerner Wasserleitungen, Scher- und Beschneidemaschinen für das Textilgewerbe usw.

Leonardo konstruierte mehrere Mechanismen, die einen gleichmäßigen Lauf bei durch Federkraft angetriebenen Vorrichtungen bewirken sollten. Federn laufen nicht gleichmäßig ab, sondern ihre Spannung läßt allmählich nach. Die erzeugte

Bewegung ist deshalb am Anfang schneller als am Ende. Leonardo verwendete eine Schnecke, um einen gleichmäßigen Ablauf zu erzielen.
Leonardos „Maschinen“ waren teilweise sehr kompliziert und in der Praxis nicht immer leicht verwendbar. Für viele seiner genialen Entwürfe bestand auch kein wirtschaftliches Bedürfnis, oder es wäre mit den damaligen Mitteln zu schwierig gewesen, sie zu verwirklichen.

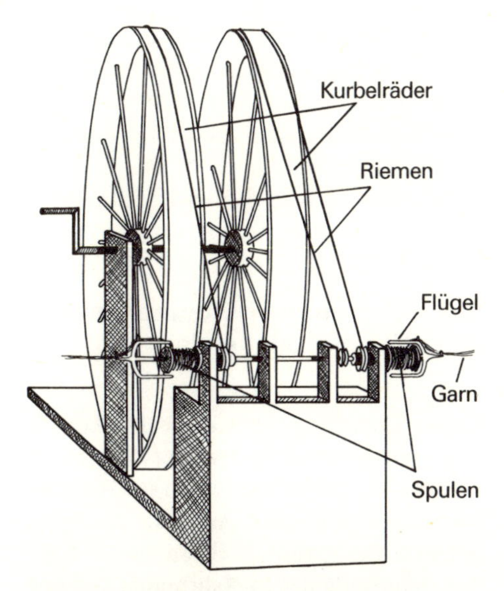

Abb. 29: Kontinuierlich arbeitendes Flügelspinnrad mit zwei Spindeln bei Leonardo

Die Flügel wickelten das fertig gesponnene Garn gleichzeitig auf die Spulen auf. Zu diesem Zweck mußten Flügel und Spule unterschiedliche Drehgeschwindigkeiten haben. Das wurde dadurch erreicht, daß die Schnurscheiben auf der Achse der Spindel und der Achse des Flügels verschiedene Durchmesser hatten. Die horizontal von rechts bzw. links zugeführten Gespinstfasern traten in den Mittelpunkt der Achse hinein, dann sofort wieder nach oben zu dem einen Arm des gabelförmigen Flügels aus. Der drehende Flügel spann die Fasern zum Garn und wickelte es dann auf die Spule auf.

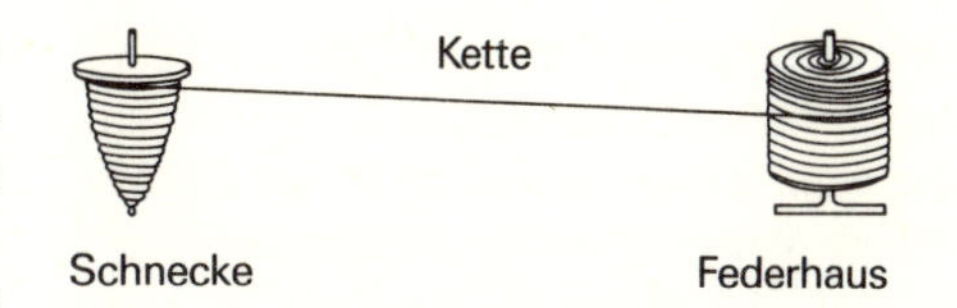

Abb. 30: Drehmoment-Ausgleich durch Federhaus und Schnecke

Die Schnecke ist ein Kegel mit einer spiralförmigen Rille. Am Anfang hatte die Feder im Federhaus eine große Zugkraft und die Kette befand sich an der Basis des Kegels (größerer Durchmesser). In dem Maße, in dem die Zugkraft der Feder nachläßt, wird dies durch den immer kleiner werdenden Durchmesser der Schnecke ausgeglichen, so daß ein annähernd gleiches Drehmoment entstand.

Besonders beeindruckend ist Leonardos Plan einer Brücke über das Goldene Horn, einen Seitenarm des Bosporus, den er dem türkischen Sultan Bagizid II. unterbreitete. Leonardo wollte eine 350 m lange steinerne Bogenbrücke bauen. 233 Meter sollten sich über das Meer spannen. Der Entwurf sah eine Breite von 24 m und eine Höhe von 41 m vor. Der ungeheure Druck eines solchen Bauwerks sollte durch zwei schwalbenschwanzförmige Verstrebungen aufgefangen werden. Im Jahre 1953 kam ein Schweizer Professor für Bauingenieurwesen nach näherer Untersuchung zu dem Schluß, daß es mit den technischen Mitteln zu Leonardos Zeiten durchaus möglich gewesen wäre, diese Brücke zu bauen. Fraglich war nur, ob die gewaltigen Materialmengen (140 000 m^3 Quadermauerwerk) und die erforderlichen Arbeitermassen hätten bereitgestellt werden können.
Die Frage, welche „Wirkung“ Leonardo auf die weitere Entwicklung der Technik gehabt hat, ist sehr schwer zu beantworten. Seine Gedanken und Erfindungen blieben zum Teil über Jahrhunderte hinweg unbekannt, da er keine Schriften publizierte. Es ist aber bemerkenswert, daß

sich bereits bei Leonardo alle mechanischen Maschinenelemente finden lassen, die einer der großen Theoretiker des Maschinenbaus, Franz Reuleaux, noch 1875 in seinem Lehrbuch „Theoretische Kinematik" auflistete. Dies zeigt, wie weit die Mechanik zur Zeit Leonardos bereits entwickelt war – allerdings in sehr viel kleinerem Maßstab. So konstruierte Leonardo sinnreiche Mechanismen, indem er Elemente aus der Uhrentechnik (d. h. aus der Feinmechanik) ins Große übertrug (man denke an den federangetriebenen dreirädrigen Wagen!). Trotz richtiger Konstruktion waren solche Entwürfe in der Praxis häufig nicht zu verwirklichen, weil man damals nicht das geeignete Material hatte oder es mit den damaligen Werkzeugen nicht genau genug bearbeiten konnte. Erst im 19. Jahrhundert standen geeignete Stähle und Werkzeugmaschinen zur Verfügung, die die Einzelteile und technischen Elemente mit hinreichender Präzision herstellen konnten. Jetzt erst war es möglich, alle von Leonardo und seinen Nachfolgern ausgeklügelten Mechanismen im großen Maßstab im Maschinenbau zu realisieren.

Die Künstleringenieure der Renaissance haben mit ihren neuen Methoden einer wissenschaftlich betriebenen Technik, die sich dann erst im 18. und 19. Jahrhundert durchsetzte, den Boden bereitet. Es waren die Techniker, die ihre Arbeit nun wissenschaftlich begründeten, als mit den alten Methoden nicht mehr weiterzukommen war. Daraus entwickelte sich in den folgenden Jahrhunderten allmählich eine neue Naturwissenschaft, die dann in der Industriellen Revolution zum Durchbruch der modernen Technik beitrug.

Waren die Entwürfe der Künstleringenieure der Früh- und Hochrenaissance von Harmonie, klaren Linien und Maßverhältnissen gekennzeichnet gewesen, so verflüchtigten sich diese Kennzeichen in der zweiten Hälfte des 16. Jahrhunderts. Jetzt erschienen zahlreiche „Maschinenbücher". Sie waren jedoch nicht als Lehrbücher für die Praxis gedacht, sondern sollten den Betrachter durch ein phantasievolles Spiel mit komplizierten, teilweise sehr bizarren Mechanismen ergötzen, die häufig ohne jeden praktischen Wert waren. Man findet in diesen Büchern alles mögliche von monströsen Maschinen „Zur Defension einer Festung oder Stadt" bis hin zum automatischen Bratenwender. Die Technik war hier der allgemeinen künstlerischen Entwicklung zum Manierismus, zum Phantastischen, Bizarren, Absonderlichen gefolgt. Das ist nicht erstaunlich, wenn man bedenkt, daß die Künstleringenieure eben beides in einer Person waren: Künstler und Techniker.

VI.3 Bergbau und Hüttenwesen auf dem Weg zur „Modernisierung"

Große Fortschritte gab es in der Renaissancezeit vor allem in der deutschen Bergbautechnik. Deutsche waren im Ausland (Schweden, England, Amerika, Spanien) gefragte Bergbauspezialisten.

Seit dem Ende des 15. Jahrhunderts baute man Stollen und Schächte. Man benutzte von Wasserkraft angetriebene Aufzüge und Winden, um das Erz und das Grubenwasser an die Oberfläche zu bringen. Neben Haspelwinden und Treträdern, die bereits in der Antike bekannt gewesen waren (s. S. 39), verwendete man zunehmend das neue **Kehrrad** als Fördermittel. Beim Kehrrad konnte die Laufrichtung geändert werden, indem man das Wasser abwechselnd mittels einer verstellbaren Rinne auf die eine oder andere Seite des Rades aufschlagen ließ. In Schwaz in Tirol wurde 1556 ein solches riesiges Kehrrad in Betrieb genommen und allgemein

als Weltwunder bestaunt. Zehn Jahre zuvor hatte man an der gleichen Stelle den Bergbau aufgegeben und 500–600 Wasserknechte entlassen. Diese hatten in einer jeweils 4stündigen Wechselschicht das Wasser in Ledereimern von Mann zu Mann im Schacht nach oben gereicht – eine Arbeit bis zur völligen körperlichen Erschöpfung. Das neue Kehrrad benötigte nur noch zwei Mann Bedienungspersonal.
Im 15. Jahrhundert hatte man im Bergbau bereits Pferdegöpel zu Förderzwecken benutzt. Indem die Pferde den Göpel drehten, wurden Förderseile auf die Trommel einer vertikalen Welle aufgewickelt.

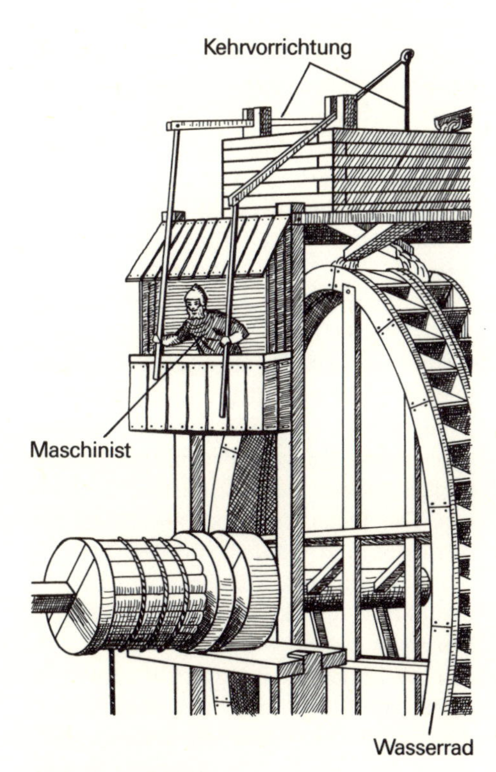

Abb. 31: Kehrrad

Der Maschinist kann durch Betätigen der entsprechenden Vorrichtungen das Wasser je nach Bedarf auf die linke oder die rechte Seite des Wasserrades leiten und damit dessen Drehrichtung bestimmen. Entsprechend hebt oder senkt sich das um eine Winde geschlungene Förderseil.

Seit etwa 1550 setzte man im Joachimsthaler Revier und in Tirol die ersten Saugpumpen zur Wasserhaltung ein, die mit Wasserkraft betrieben wurden. Diese Pumpen ermöglichten es, die Schächte bis zu einer Tiefe von 400 m voranzutreiben.
Nicht immer stand das fließende Wasser jedoch dort zur Verfügung, wo man es zum Antrieb von Pumpen, Maschinen oder Erzfördereinrichtungen brauchte. Die Lösung für dieses Problem brachten die sogenannten **Stangenkünste** oder Feldgestänge, die im wesentlichen aus zwei langen, miteinander verbundenen parallelen Stangen bestanden. Damit konnte die Wasserenergie über größere Entfernungen bis zu 7 km vom Tal auf die Höhe übertragen werden. Natürlich ging dabei sehr viel Kraft durch Reibung verloren.
Zur Beförderung des Erzes benutzte man bereits auf Schienen gezogene oder geschobene Stollenkarren, die zu den Ahnherren der Eisenbahnen wurden.
Die alten Erzmühlen wurden im 15. und 16. Jahrhundert durch die neuen **Pochwerke** verdrängt. Vorher hatten die Pocher das Erz mit großen Fäusteln auf einem Pochstein zerkleinert. Zu Beginn des 16. Jahrhunderts erhielten sie für diese schwere Arbeit einen Kreuzer je Zentner Erz. Das ergab einen Wochenlohn von 30–40 Kreuzern, der gerade eben das Existenzminimum einer Einzelperson deckte.
Das wasserradgetriebene Pochwerk ersetzte die Hand- durch die Maschinenarbeit. Das Wasserrad hob über eine mit Nocken versehene Welle hölzerne Stempel an, die dann herunterfielen und das in einem Trog befindliche Erz zerkleinerten. Diese Arbeit verursachte einen großen Staubanfall. Vielleicht war das der Anlaß, das Naßpochwerk einzuführen. Hier floß Wasser durch den Pochtrog und nahm das zerkleinerte Erz zur weiteren Aufberei-

tung mit. Entsprechend bemessene Löcher in einem Absperrblech hielten größere Erzklumpen unter den Pochstempeln zurück. Das neue Naßpochwerk trat zuerst in Schwaz in Tirol auf, das uns schon als Standort des berühmten Kehrrades bekannt ist, und verbreitete sich von dort aus 1512 in den sächsischen Zinnbergbau.
Im Laufe des 16. Jahrhunderts ging man bei der Gewinnung von Kupfer und Eisen immer mehr zum **Hochofenbetrieb** über. Mit den neuen Hochöfen konnten wesentlich größere Mengen an Roheisen gewonnen werden als früher. Hatte es in England und Wales zu Beginn des 16. Jahrhunderts ganze drei Hochöfen gegeben, so waren es 1655 schon 100 bis 150.

In England verwendete man in den neuen Hochöfen zunehmend Steinkohle statt Holzkohle. Steinkohle hatte zwar eine größere Heizkraft und erlaubte das Schmelzen größerer Mengen in kürzerer Zeit, beeinträchtigte aber durch seine unerwünschten Bestandteile die Qualität des erzeugten Eisens. Deswegen war im Mittelalter ausschließlich Holzkohle verwendet worden, obwohl die Steinkohle und das Schmelzverfahren im Hochofen prinzipiell bekannt waren. Zur Steinkohle ging man erst allmählich über, als die Holzkohle zu knapp und damit zu teuer wurde und die entstehende Massenproduktion neue Methoden und Techniken verlangte.

Befriedigend gelöst wurde das Verhüttungsverfahren mit Kohle dann allerdings erst im 18. Jahrhundert während der „Industriellen Revolution“ (s. S. 148).
Eine sehr wichtige technische Innovation, die wesentlich zur Verfünffachung der Silberproduktion innerhalb eines Jahrhunderts beitrug, war das **Saigerverfahren**. Es beruhte darauf, daß das Kupfer und das darin enthaltene Silber unterschiedliche Schmelzpunkte haben. Zunächst verschmolz man die kupfer- und silberhaltigen Erze mit Blei. Beim Abkühlen der Schmelze kristallisierte das Kupfer aus, während sich die noch flüssige Silberbleilegierung in den Poren sammelte. Durch selektives Schmelzen ließ sich das silberhaltige Blei abtrennen. Im anschließenden „Treibprozeß“ wurde die oxydierende Bleiglätte so lange abgeschöpft, bis fast reines Silber übrig blieb.
Da man in den Saigerhütten sehr viel Holz und Blei brauchte, standen sie häufig weit entfernt von den Kupferlagern. Für ihre Hüttenbetriebe in Kärnten und Thüringen bezogen die Fugger das silberhaltige Schwarzkupfer aus Niederungarn.
Das Saigerverfahren steigerte die Erzausbeute sprunghaft. Jetzt konnten auch Kupfererze abgebaut werden, deren Abbau zuvor nicht lohnend gewesen war, weil sie zu wenig Silber enthielten. Der gesamte Kupfer- und Bleibergbau dehnte sich aus. Im großen Maßstab dürfte das Saigerverfahren zuerst in Nürnberg zwischen 1450 und 1460 eingeführt worden sein.
Der Silberbergbau war in den Jahren 1545–1560 auf dem Höhepunkt angelangt, als in Deutschland, Österreich, Böhmen und Ungarn jährlich durchschnittlich 50000 kg erzeugt wurden. In den folgenden Jahren ging die Produktion schnell zurück, da viele Lagerstätten erschöpft waren. Die Silberbergwerke arbeiteten mit Verlusten und wurden von den Landesherren übernommen. Bei Eisen und Buntmetall hielt die Montankonjunktur hingegen an.
Bei der Erzaufbereitung fielen auch viele chemische Stoffe, z.B. Arsenik, Schwefel, Vitriol, Alaun usw. an. Arsenik wurde in Pulverform verkauft und in der Glaserzeugung, der Leder- und Kosmetikindustrie sowie als Giftstoff gegen Ungeziefer genutzt.
Das Rösten der Erze, das die unerwünschten Bestandteile beseitigen sollte, führte zu schweren Umweltbelastungen. Bauern in der Umgebung eines bergbaulichen Be-

zirks klagten im 15. Jahrhundert, daß „das Vieh auch vom Hüttenrauch“ sterbe. Nicht selten kam es zu ländlichen Revolten gegen neue Brennöfen im Hüttengewerbe.
Grund- und Landesherren, aber auch die großen Kaufleute und kleine Kapitalgeber aus dem Bürgertum, aus Adel und Klerus beteiligten sich an der rasanten Aufwärtsentwicklung des Bergbaus. In systematischer Weise suchte man jetzt nach neuen technischen Lösungen für bergbauliche Probleme wie das der Wasserhaltung. Der deutsche Kupfer- und Silberbergbau weitete sich so stark aus, daß teilweise mehr produziert wurde als abgesetzt werden konnte, obwohl das Kupfer z. B. bis nach Westafrika exportiert wurde.
Die oberdeutschen Handelsunternehmen der Fugger, Welser, Paumgartner, Höchstetter usw. erzielten aus ihren bergbaulichen Beteiligungen durch den Verkauf von Münz- und Letternmetall (Buchdruck!), von Metall für Waffen- und Gebrauchsgüterherstellung, für Bau- und Kunstgewerbe derartig hohe Gewinne, daß sie Landesfürsten, Königen, Kirchenfürsten und Feldherren große Kredite geben und so an politischem Einfluß gewinnen konnten. Indem sich diese kapitalistischen Handelshäuser am Bergbau beteiligten und hier ganz neue Techniken einführten, wurden die früheren Klein- und Kleinstunternehmer verdrängt. In den neuen großen, nach kapitalistischen Prinzipien geführten Großbetrieben des Berg- bau- und Hüttenwesens gab es eine ausgeprägte Arbeitsteilung, ein starkes Lohngefälle und eine ausgebildete Leistungskontrolle. Eine neue Arbeiterschicht entstand, die nur von ihrem Wochenlohn lebte und deren Existenz ungesichert war. In den Bergwerksbezirken Sachsen, Böhmen, Ungarn, Tirol gab es bereits im 16. Jahrhundert bedeutende Arbeitermassierungen. Allein in Tirol waren 50000 Personen im Bergbau beschäftigt. Neben den gelernten „Knappen“ stand jetzt die neue Schicht der ungelernten Hilfsarbeiter.
Die Landesherren, die sich das ursprünglich königliche „Bergregal“ angeeignet hatten, hatten großen Anteil am „Bergsegen“ der Zeit. Sie erhielten entweder Abgaben oder waren selbst direkt unternehmerisch im Bergbau engagiert. Edelmetalle ließen sich in den eigenen Münzwerkstätten unmittelbar in Geld umsetzen. Die Landesherren waren deshalb gern bereit, Bergbauunternehmen, die alte, in der Depressionszeit seit 1450 abgesoffene Bergwerke wieder in Betrieb nehmen oder neue erschließen wollten, finanzielle Anreize zu geben, indem sie die Abgaben erließen. Das städtische Bürgertum hatte aus dem Handel ausreichende Kapitalien bezogen, die nun nach Anlage suchten. Einige Landesherren förderten bergbauliche und metallurgische Neuerungen, indem sie „technologische Reisen“ unterstützten oder Innovationen durch Nutzungsprivilegien oder Abgabebefreiungen förderten. So stellten z. B. Kurfürst Friedrich und Herzog Georg von Sachsen einem Sigmund von Maltitz ein Privileg in Sachsen in Aussicht, damit dieser die Technik des Naßpochens (s. oben), die in Tirol schon verbreitet war, nach Sachsen übertragen sollte (Technologietransfer).
Das Haus Habsburg verdankte seinen Aufstieg zur Weltmacht nicht zuletzt seinen reichen Silbervorkommen in Tirol, Ungarn und Böhmen. Vom Bergbau profitierten auch die Herzöge von Braunschweig-Wolfenbüttel und von Bayern, die Erzbischöfe von Salzburg, die Grafen von Mansfeld, Henneburg, Stolberg und Schlick.

Die Einnahmen aus dem Bergbau, die durch die neuen Techniken erheblich gesteigert wurden, gaben diesen Landesherren größeren Einfluß und größere Macht als es der Größe ihrer Länder entsprach. Dies hatte

auch schwerwiegende innenpolitische Auswirkungen. Die Einnahmen aus dem Bergbau ließen die Landesherren von der Geldbewilligung durch ihre Stände unabhängig werden. Der Aufbau eines „modernen", zentralisierten Staates mit ausgebauter Verwaltung und stehendem Heer wurde dadurch wesentlich erleichtert.

Nach der Einführung des Buchdruckes erschienen zahlreiche Abhandlungen über den Bergbau. Der technische Informationsfluß in diesem Führungssektor wurde dadurch stark verbessert. Um 1500 erschien in Deutschland „Ein nützlich Bergbüchlein", das sehr viel gelesen wurde. 1540 wurde in Venedig Biringuccios schon erwähntes Buch „De la pirotechnica" gedruckt. 1556 wurde dann das wichtigste Buch über das Montanwesen und darüber hinaus über die gesamte Technik der Frühen Neuzeit überhaupt veröffentlicht: Georg Agricolas „De Re Metallica".

VI.4 Zusammenfassung: Stand und Auswirkungen der europäischen Technik der Renaissancezeit

In der Renaissancezeit hatte die Technik einen größeren Platz im Leben der Europäer errungen und ihnen eine beachtliche wirtschaftliche Entfaltung ermöglicht. Noch um 1300 standen die Europäer wirtschaftlich und kulturell etwa auf der gleichen Höhe wie die arabischen und orientalischen Länder. Seit etwa 1550 hatten sie, nicht zuletzt durch eine überlegene Technik, einen deutlichen Vorsprung. Mit besseren Schiffen und vor allem Kanonen ausgerüstet, begannen die Europäer ihre Ausbreitung über die ganze Welt. Langfristig gesehen war dies eine entscheidende Voraussetzung für die Schaffung eines „Weltmarktes" und die spätere Industrialisierung.

Doch auch im inneren Aufbau der Staaten blieb die technische Entwicklung nicht ohne Folgen. Die Feuerwaffen hatten die militärische Rolle des Adels und seine politische Stellung geschwächt. Der „moderne" zentrale Staat kümmerte sich selbst zunehmend um die wirtschaftliche und technische Entwicklung, da sie letztlich seine Macht stärkten. Doch auch das Bürgertum, die „Fabrikanten", Kaufleute und Firmenleiter hatten an Einfluß und Ansehen gewonnen. Es waren gesellschaftliche Aufstiegsmöglichkeiten für diejenigen entstanden, die sich im Bereich von Wirtschaft und Technik auszeichneten. Die mittelalterliche Ständeeinteilung begann sich aufzuweichen.

Doch standen der Durchsetzung technischer Innovationen auch weiterhin zahlreiche Hindernisse im Weg. So verbot z.B. die Elberfelder Garnnahrung 1527 die Verwendung des fußgetriebenen Spinnrades. In Danzig untersagte die Stadt die Anwendung eines mechanischen Webstuhls. Nicht besser erging es dem Nürnberger Meister Hans Spaichel, der 1561 eine verbesserte Supportdrehbank erfunden hatte. Als der Rothschmiededrechsler diese neue Erfindung einem Goldschmied verkaufen wollte, ließ der Nürnberger Rat die Maschine zerschlagen. Nach den Bestimmungen der Zünfte durfte keine Maschine und keine Erfindung auf einen anderen Gewerbezweig übertragen werden und auch innerhalb einer Zunft wurde sorgfältig und argwöhnisch darauf geachtet, ob sich etwa ein Meister gegenüber dem anderen durch technische Verbesserungen materielle Vorteile verschaffen wollte. Trotz solcher Hemmungen gelangen dem städtischen Handwerk neben der Supportdrehbank noch einige wichtige Erfindungen wie der Schraubstock (1500) oder die Taschenuhr (1510).

VII Die Technik im Zeitalter des Barock

VII.1 Politische, wirtschaftliche, gesellschaftliche und geistige Rahmenbedingungen

Im 17. Jahrhundert entsteht der moderne (National-)Staat. Er ist bestrebt, seine Macht nach innen gegenüber dem Adel und den Ständen auszubauen und auch nach außen gegenüber den anderen Staaten Macht zu gewinnen und zu demonstrieren. Für beide Ziele war der Aufbau eines stehenden Heeres notwendig, das nun an die Stelle der Söldnerheere trat. Daneben mußte eine zentrale staatliche Verwaltung mit einem Beamtenapparat aufgebaut werden. Heer und Verwaltung verschlangen aber eine Unmenge Geld. Die absolutistischen Herrscher waren daher gezwungen, ständig neue Finanzquellen für ihre Staatskasse zu erschließen, um von Geldbewilligungen durch den Adel und die übrigen Stände unabhängig zu werden. So wurde das Auge der Staaten auf die Förderung der Wirtschaft gerichtet. Es war die grundlegende Auffassung der merkantilistischen Wirtschaftstheorie, daß die politische und militärische Stärke des Staats direkt von seiner Wirtschaft abhänge. Dabei maß man die Wirtschaftskraft daran, wieviel Geld durch den Export der Gewerbe in das Land floß. Wirtschafts- und Exportförderung hieß deshalb das vorrangige Ziel des Merkantilismus, wie er in Frankreich von Colbert formuliert wurde. Das erstarrte Zunftwesen konnte die verlangte Umstellung auf die Bedürfnisse der landesfürstlichen und adeligen Hofhaltungen und auf den Export nicht vollziehen. Colbert förderte deshalb neue, außerhalb der Zünfte stehende Unternehmungen durch Steuernachlässe und Gewährung von Darlehen und Monopolen. Der Staat griff reglementierend in die Gewerbe ein und betätigte sich teilweise auch selbst als Unternehmer. Ausländische Facharbeiter wurden von vielen europäischen Staaten ins Land geholt, um den technischen Standard des Gewerbes zu heben. Im „Deutschen Reich“ wurden die Zünfte 1731 durch einen sogenannten „Reichsschluß“ der Aufsicht des jeweiligen Landesherrn unterstellt. Vor allem Friedrich Wilhelm I. von Preußen verwirklichte diese Bestimmungen. Um eine echte Wettbewerbssituation zu schaffen, privilegierte er tüchtige Fremde zu „Freimeistern“, die außerhalb der Zünfte standen.

Als die Armeen Ludwigs XIV. immer größer wurden, vermehrte sich auch die Zahl der Textilmanufakturen, in denen die Uniformen für die Soldaten hergestellt wurden. Auch die anderen Gewerbe nahmen einen rapiden Aufschwung, vor allem diejenigen, die vom Aufbau der stehenden Heere, der zentralen Verwaltung, der Flotten und der Infrastruktur (Straßen, Kanäle) direkt betroffen waren: der Festungsbau, die Waffenproduktion, der Schiffbau und alle daran beteiligten Zulieferergewerbe. Der Aufbau von Residenzstädten und das Repräsentationsbedürfnis der absolutistischen Höfe riefen einen Aufschwung des Kunstgewerbes und der Feinmechanik hervor.

Kennzeichnend für den modernen Staat im Zeitalter des Merkantilismus ist die Errichtung von **Manufakturen.** Das waren Produktionsstätten, in denen der Herstellungsprozeß unter einem Dach zentralisiert und zwecks Produktivitätssteigerung in viele kleine Schritte zerlegt worden war. Man könnte sagen, daß die Manufakturen Fabriken ohne Dampfmaschinen waren. Sie erzielten eine Steigerung der Produktivität allein durch Arbeitsteilung und -organisation. Da der Arbeitsprozeß in einfache Teilvorgänge zerlegt war, konnte in den Manufakturen auf voll ausgebildete Handwerker verzichtet werden. Statt dessen griff man auf kurzfristig angelernte Arbeitskräfte, vor allem auf Frauen, Kinder und Waisen zurück, die sehr schlecht bezahlt und teilweise menschenunwürdig behandelt wurden. Die Löhne wurden häufig durch staatliche Lohnordnungen festgelegt und waren so niedrig, daß Frauen und Kinder mitarbeiten mußten. Nur durch niedrige Löhne war das eigene Gewerbe international konkurrenzfähig und konnte das gewünschte Geld ins Land bringen. Die Frauen- und Kinderarbeit war also keinesfalls eine „Erfindung" der industrialisierten Zeit, sondern im Gegenteil der vorindustriellen Zeit. Der Staat des 17. und 18. Jahrhunderts förderte nicht nur die Gewerbe, sondern er hatte sich auch das Ziel gesetzt, die Bevölkerung ganz allgemein zu Fleiß, Sparsamkeit und gewerblicher Tüchtigkeit zu erziehen. Waisen und Bettler mußten deshalb in den Arbeitshäusern Zwangsarbeit leisten. Dort und in den Manufakturen herrschte eine militärische Arbeitsdisziplin. Arbeitstage von 12 und mehr Stunden waren die Regel. Arbeiterversammlungen waren selbstverständlich verboten. Der moderne Staat des 17. und 18. Jahrhunderts tat alles, um die Gewerbe zu fördern. Dazu gehörte auch, daß der gewerbliche und technische Bereich einen Platz an den Universitäten und in der Ausbildung der künftigen staatlichen Verwaltungsbeamten erhielt. Johann Beckmann, Professor der ökonomischen Wissenschaften in Göttingen, begründete die Gewerbekunde oder Technologie als Hochschulwissenschaft, die zunächst die technischen und gewerblichen Kenntnisse der Zeit sammelte und wissenschaftlich durchdrang. Im Rahmen ihres staatswissenschaftlichen Studiums wurden angehende Verwaltungsbeamte mit Fragen von Wirtschaft und Technik vertraut gemacht. Bereits 1727 hatte Friedrich Wilhelm I. die Technologie in Halle und Frankfurt/Oder in den akademischen Lehrplan der Staats- und Kameralwissenschaft eingeführt. Schon 1781 gab es bei der Kameralschule in Kaiserslautern und bei der Militärakademie in Stuttgart Lehrstühle für Technologie. In Frankreich wurde 1747 die *Ecole des Ponts et Chausseés* gegründet, die den Staat mit technisch ausgebildeten Beamten versorgte. Später wurde die **Ecole Polytechnique** geschaffen, die als hohe Schule einer wissenschaftlich betriebenen Technik die Entwicklung eines technischen Hochschulwesens auch in anderen Ländern entscheidend beeinflußte. Entstanden war sie aus den kriegstechnischen Erfordernissen der französischen Revolutionskriege. Nach dem Vorbild der „Ecole" wurde 1825 in Karlsruhe die erste deutsche Polytechnische Schule als Vorläuferin der späteren Technischen Hochschule gegründet.

Unter dem Einfluß des Pietismus, der das Studium der Natur zur Ehre Gottes erstrebte, war es bereits 1708 in Halle zur Gründung einer Realschule gekommen. 1747 folgte die *Ökonomisch-mathematische Realschule* in Berlin. Die Realschulen sollten im Interesse der Wirtschaftskraft des Staates die naturwissenschaftliche und mathematische Bildung in der Jugend heben.

Die Mittelpunkte gewerblichen und technischen Fortschritts hatten sich im 17. und 18. Jahrhundert geographisch völlig verschoben.

Die Handelsströme, die seit dem Mittelalter vor allem über Oberitalien und Oberdeutschland liefen, hatten sich durch die Entdek-

kungsreisen zum Atlantik verlagert. Neue Mächte wie Holland und dazu vor allem England, die sogenannten Seemächte, bezogen mit Hilfe ihrer großen Flotten neue Rohstoffe aus Übersee. Ihre Gewerbe profitierten deshalb in erster Linie von der Verflechtung der Weltwirtschaft. Anstelle von Oberitalien und Oberdeutschland wurden diese Länder – vor allem England – jetzt zu Zentren technologischer Weiterentwicklungen. Bereits zu Beginn des 18. Jahrhunderts, also schon vor der Industriellen Revolution, die von dort ihren Ausgang nahm, stand England auf vielen Gebieten technologisch an der Spitze.

Diese Spitzenstellung hatte viele Gründe: Als Seemacht hatte England einen großen Anteil am Welthandel und Zugang zu den Rohstoffen. Die englischen Zünfte hatten sich früher aufgelöst als auf dem Kontinent. Vor allem aber wanderten zahlreiche hochqualifizierte Handwerker und Berg- und Hüttenleute nach England ein, weil sie in ihrer Heimat wirtschaftliche und religiöse Schwierigkeiten hatten. Allein nach 1685, als Ludwig XIV. das Toleranzedikt gegenüber den Hugenotten aufhob, kamen Tausende von Hugenotten nach England (auch nach Holland, Nordamerika und Brandenburg-Preußen). Sie waren besonders vertraut mit fortschrittlichen gewerblichen Techniken der französischen Luxusgüterindustrie und fanden deshalb willkommene Aufnahme. In England entwickelte sich unter diesen günstigen Verhältnissen schon früh ein sachkundiger Facharbeiterstamm.

Im 17. und 18. Jahrhundert veränderte sich zudem die englische Agrarverfassung. Durch **Einhegungen** (enclosures) von großen Landflächen sollte Weidefläche für die blühende englische Schafzucht (Textilindustrie) geschaffen werden. Die erforderlichen Kapitalien waren nur von größeren Landwirten aufzubringen, in deren Händen jetzt das Land zusammengefaßt wurde. Die arbeitslos gewordenen Pächter mußten sich in der entstehenden Industrie als Arbeiter einen Arbeitsplatz suchen. Die Acker- und Weideflächen wurden größer. Infolgedessen tauchten zu Beginn des 18. Jahrhunderts auch neue Bodenbearbeitungs- und Erntegeräte auf. Ganz allgemein fand das Eisen bei den Acker- und Erntegeräten jetzt größere Verwendung. Das bildete einen direkten Anreiz für das Metallgewerbe.

Die Zeit vom Ende des 16. bis zur Mitte des 18. Jahrhunderts wird in der Malerei, der Literatur und Musik als das „Barock" bezeichnet. Es ist eine Zeit großer Produktivität und Lebendigkeit auf diesen Gebieten. Die technische Leistung der Epoche wird dagegen sehr unterschiedlich beurteilt. Unbestritten erleben die Naturwissenschaften seit dem 17. Jahrhundert ihren Durchbruch. Sie stützen sich seit Galileo Galilei ausschließlich auf die Außenerfahrung, das Messen und das Experiment. Ohne theologische Fesseln wendet sich die neue Naturwissenschaft allen Gebieten der Natur zu. Schon Leonardo da Vinci war fest überzeugt, daß der Mensch durch Messungen, Berechnungen und Experimente die Naturgesetze erkennen könne. Hundert Jahre nach ihm formulierte der Engländer Francis Bacon ein ganz neues Wissenschaftsprogramm. Er distanzierte sich von der Logik des Aristoteles, die jahrhundertelang das Denken der Wissenschaftler an den Universitäten beherrscht hatte. Statt dessen forderte er ein induktives, d.h. von den empirischen Einzeltatsachen ausgehendes, voraussetzungsfreies Studium der Natur. Bacon war fest davon überzeugt, daß der Mensch durch empirisches Studium die Geheimnisse der Natur enthüllen und dadurch immer reicher und glücklicher werden würde. Ja, er entwarf in seinem Optimismus auch gleich eine teilweise hellsichtige, zugleich aber beängstigende technokratische Vision der Zukunft: Diejenigen, die über die Vernunft der wissenschaftlichen Erkenntnis verfügten, sollten in Zukunft zum Wohle der Menschheit die Geschicke des Staates leiten (ohne gewählt zu sein, versteht sich), und er dachte dabei an Techniker, Volkswirtschaftler, Ärzte, Psychologen und Philosophen. Bacon schildert ein Südseeparadies, das auf diese Weise regiert wird. Da gibt es bereits Mikroskope, Teleskope, Autos, U-Boote, Flugzeuge usw.

Die Wissenschaftler des 17. Jahrhunderts waren überall auf der Suche nach dem allgemeingültigen Naturgesetz. Sie suchten alles quantitativ zu erforschen (d.h. zu messen) und es vor allem in einer mathematischen Formel auszudrücken. Das Weltbild der Naturwissenschaft war mechanisch und mathematisch.

Der Engländer Harvey ging 1628 sogar so weit, das Herz des Menschen mit einer hydraulischen Maschine zu vergleichen. Auch wenn sie sich von der Theologie emanzipiert hatten, so waren diese Wissenschaftler keineswegs areligiös oder Atheisten. Im Gegenteil glaubten sie, daß sich die göttliche Ordnung des Universums gerade in Naturgesetzen offenbare. Im übrigen entsprach dem allgemeinen Naturgesetz im politischen Bereich der allgemeine Rechtssatz des absolutistischen modernen Staats, der ebenfalls keine Ausnahme duldete.

Es waren nicht die Universitäten, die den Durchbruch der modernen experimentellen Naturwissenschaften bewirkten, sondern Ingenieure aus der Praxis und die jetzt entstehenden wissenschaftlichen Gesellschaften. Die bekanntesten waren die englische **Royal Society** (1662) und die französische **Académie des Sciences** (1666). Die französische Académie wurde vom Staat ins Leben gerufen. Colbert, der Begründer des Merkantilismus, stellte der Akademie praktische Aufgaben, von denen er sich eine Förderung der Gewerbe und Manufakturen, und damit höhere Einnahmen für den absoluten Staat Ludwigs XIV. erhoffte. Mitglieder dieser wissenschaftlichen Gesellschaften erfanden zahlreiche wichtige wissenschaftliche Instrumente wie das Teleskop, das Mikroskop, das Thermometer, das Barometer, die Luftpumpe usw. Sie entwickelten darüber hinaus wichtige Grundlagen für die physikalische und technische Theorie: mathematische Symbole, Logarithmen und die Infinitesimalrechnung. Durch die wissenschaftlichen Gesellschaften wurden die Kontakte zwischen Naturwissenschaft und Technik enger. Es war z.B. auch ein Ziel der Royal Society, technische Herstellungsverfahren, Maschinen und Erfindungen weiterzuentwickeln. Die Mitglieder der Akademie begutachteten deshalb auch Patentgesuche.

Die Naturwissenschaften begannen, einen gewissen Einfluß auf die Technik auszuüben. Andererseits empfingen sie auch Anregungen von der Technik. So hatte man z.B. beim Einsetzen von Pumpen in Bergwerken die Erfahrung gemacht, daß sich Wasser nicht höher als 10 m ansaugen ließ. Diese Erkenntnis regte die Gelehrten zur Erfindung des Barometers und zu Arbeiten über die Elastizität der Luft, das Vakuum und den atmosphärischen Druck an. Daraus ging wiederum die Erfindung von Luft- und Vakuumpumpen hervor. Auf der Grundlage der am Ende des 17. Jahrhunderts stark verbesserten Kenntnisse über die Natur des Vakuums und des atmosphärischen Drucks, die ihrerseits auf technische Probleme der Wasserhaltung im Bergbau zurückgingen, war es dann Savery und Newcomen (s. S. 137) möglich, die ersten brauchbaren Dampfmaschinen zu bauen.

Wenn die Beziehungen zwischen Naturwissenschaften und Technik auch enger wurden, so kann man doch keinesfalls von einer „Verwissenschaftlichung der Technik“ spre-

chen, die erst im 19. Jahrhundert eintritt. Viele Bereiche der Technik blieben im 17. und 18. Jahrhundert noch völlig unbeeinflußt von wissenschaftlichen Überlegungen. Selbst in der Industriellen Revolution seit der Mitte des 18. Jahrhunderts vollzogen sich wichtige technische Innovationen ohne jeden direkt nachweisbaren Einfluß der Naturwissenschaften.

Dennoch gehört das Denkmilieu, aus dem die modernen Naturwissenschaften hervorgingen, in die Betrachtung der Technikgeschichte. Die **Mechanisierung des Weltbildes** und dann seine vollständige Verweltlichung **(Säkularisierung)** im aufklärerischen 18. Jahrhundert richteten das Denken der Menschen auf die Gestaltung des Diesseits und auf den materiellen Fortschritt. In der **Aufklärung** des 18. Jahrhunderts wurden die letzten religiösen Bindungen des Denkens abgestreift. Aufklärerische Denker waren überzeugt, durch Vernunft und systematische Erforschung der Natur könne das materielle und kulturelle Niveau der Menschheit angehoben werden. An die Stelle der alten Religion mit einem göttlichen Schöpfer, der in das Weltgeschehen eingriff, trat eine neue Naturreligion mit der Herrschaft des Naturgesetzes. Gott galt allenfalls als erste Ursache des „Weltmechanismus", der aber dann nach der Schöpfung aus eigener Gesetzlichkeit funktionierte. Die Denker des 18. Jahrhunderts übertrugen den Maschinenbegriff auf fast alle Gebiete der Natur und des menschlichen Lebens. Um die Mitte des 18. Jahrhunderts wurde auch der Staat mit einer Maschine verglichen, bei der alle Einzelteile genau ineinanderpassen mußten. Französische Denker erhofften eine wachsende Vervollkommnung des „Menschen als Maschine". Das Denken der Zeit war ausgesprochen materialistisch und wachstumsorientiert. Aufklärung bedeutete für Voltaire Eindämmung des kirchlichen Einflusses und Hebung der materiellen Landeskultur. Die Technik rückte ins allgemeine Bewußtsein. Man sprach jetzt erstmals ganz unverblümt vom materiellen Fortschritt. Eine Menge technischer Handbücher erschien. In großen **Enzyklopädien** versuchte man, das gesamte Wissen der Zeit, vor allem auch das wirtschaftlich-technische, erst einmal zu erfassen und in populärer Form unter das Volk zu bringen.

Nur drei dieser enzyklopädischen Versuche, die zugleich ein Beleg für die neue, auf die praktische Verwertung gerichtete Technikauffassung sind, sollen hier kurz erwähnt werden. Der Leipziger Mechanicus JACOB LEUPOLD (1670–1727), Inhaber einer Werkstatt zur Anfertigung wissenschaftlicher Instrumente, gab in seinem, allerdings unvollendet gebliebenen *Theatrum machinarum* (1724–27) einen Überblick über das gesamte damalige Maschinenwesen. Er verließ sich nicht auf ältere Vorbilder und Autoritäten, sondern überprüfte alle Angaben selbst.

Kennzeichnend für die neue Technikauffassung des Merkantilismus und der Aufklärungszeit sind vor allem die von der französischen Académie des sciences in Angriff genommenen *Déscriptions des arts et métiers* (ab 1761) und die von D. Diderot und J. L. d'Alembert herausgegebene *Encyclopédie ou Dictionnaire raisonné des sciences, des arts et des métiers* (1751–1780). Bereits 1695 hatte man im Rahmen der staatlichen Gewerbeförderungspolitik beschlossen, eine umfassende wissenschaftliche Beschreibung aller handwerklich-gewerblichen Verfahren und technischen Vorrichtungen vorzunehmen, um damit solche Kenntnisse im Lande zu verbreiten und Handwerk und Gewerbe zu fördern und mit wissenschaftlichem Geist zu durchdringen. Die ersten Beschreibungen erschienen dann ab 1761. Bis 1789 umfaßte das Werk 121 Teile mit mehr als 1000 Kupfern. Die Ziele und Erwartungen, die man mit diesem Mammutwerk verfolgte, das dann in der Tat das französische Manufakturwesen vielfältig förderte, sind in der Einleitung so beschrieben:

„Was vor neue Grade der Vollkommenheit in den Künsten wird man nicht erwarten können, wenn die Gelehrten, die in verschiedenen Teilen der Naturkunde Kenntnis und Erfahrung erlanget haben, sich die Mühe geben werden, die oft sinnreichen Arbeiten, welche der Künstler in seiner Werkstatt unternimmt, zu untersuchen und auseinanderzusetzen: wenn sie dadurch selbst die Bedürfnisse einer Kunst, die Grenzen, die den Künstler eingeschlossen halten, die Schwierigkeiten, die ihn aufhalten, weiter zu gehen, die Beihilfe, die man aus einer Kunst zu Unterstützung einer anderen nehmen kann, und welche der Arbeiter selten im Stande ist, einzusehen, erblicken werden! Der Meßkünstler, der Mechaniker, der Chymiste werden einem verständigen Künstler Einsichten an die Hand geben, um die Hinternisse zu übersteigen, deren zu entledigen, er sich nicht getrauet hat. Sie werden ihn auf den Weg bringen, neue, nützliche Sachen zu erfinden. Zu gleicher Zeit aber werden sie von ihm lernen, welches die Teile der Theorie sind, auf welche man sich hauptsächlich befleißigen muß, um das praktische Verfahren desto mehr aufzuklären, und eine große Anzahl von zärtlichen Arbeiten, die von der Richtigkeit des Augenmaßes, oder von einem geschickten Handgriff abhängen und deren Gelingung nur öfters allzu ungewiß ist, auf sichere und gewisse Regeln zu bringen.
Dieses war die Absicht der Akademie der Wissenschaften, die ihre Arbeiten beständig auf das Nützliche richtet, als sie denen Mitgliedern, woraus sie bestehet, die Begierde einflößete, an der Beschreibung der Künste zu arbeiten. Seit dem Anfange dieses Jahrhunderts hat sie nun aufgehöret, Materialien einzusammeln, um zu diesem Endzweck zu gelangen. Allein der Gegenstand ist unermeßlich und kann nur durch eine lange Zeitfolge zustande gebracht werden."

(Description des arts et métiers. Cahier 1. Paris 1761. Avertissement S. I/II. Dtsch. Übers. von J. H. G. von Justi in: Schauplatz der Künste und Handwerke, Bd. 1, Berlin 1762, S. 3–5)

Die große, aus liberal-aufklärerischem Geiste geborene *Encyclopédie,* von der zwischen 1751 und 1780 35 Bände mit über 3000 Kupfern erschienen, hatte kein geringeres Ziel, als das gesamte zeitgenössische Wissen über alle Gebiete der Natur und Gesellschaft zu erfassen, zu dokumentieren und vor allem in weiten Kreisen zu verbreiten. Das gesamte Wissen der Zeit sollte nachfolgenden Generationen überliefert werden, „damit unsere Nachkommen, indem sie besser unterrichtet werden, auch tugendhafter und glücklicher werden und wir damit nicht sterben, ohne uns um das menschliche Geschlecht verdient gemacht zu haben", – so Diderot im Artikel „Encyclopédie" des 5. Bandes (1755). Innerhalb dieser typisch aufklärerischen Konzeption nahm die Technik einen gewichtigen Platz ein. Diderot hatte eine große Zahl von Handwerks- und Manufakturbetrieben besucht und das, was er dort an technischen Vorrichtungen sah, in Wort und Bild festgehalten. Durch die Encyclopédie, die eine große Verbreitung fand, drang auch die Technik ins allgemeine Bewußtsein der Zeit ein.

VII.2 Auf dem Weg zur Dampfmaschine: die Energiequellen der Epoche

Für die Entwicklung der modernen Naturwissenschaften war das Barockzeitalter ungeheuer bedeutsam. Richtet man den Blick jedoch auf das Feld der eigentlichen Technik, der technischen Innovationen, so stellen sich die Dinge anders dar.

Die Technik blieb weitgehend traditionell. Bis in die zweite Hälfte des 17. Jahrhunderts breiten sich die grundlegenden Innovationen des Mittelalters und der Renaissance in Europa aus und werden bis zur Grenze ihrer

Leistungsfähigkeit verbessert. Das gilt z.B. für die Energiegewinnung. Die Hauptenergiequellen waren wie im Mittelalter nach wie vor die menschliche und tierische Muskelkraft und vor allem die Wind- und Wasserkraft.

Im 17. und 18. Jahrhundert wurden Wind- und Wassermühlen, Treträder, Göpel, Hebezeug usw. aufgrund der jahrhundertelangen Erfahrung schrittweise vervollkommnet. So erfand z.B. ein englischer Schmied 1745 die Windrosette. Dieses kleine Windrad wurde im rechten Winkel zum eigentlichen Windrad der Windmühle angebracht und hielt die Mühle ständig automatisch in der Windrichtung. Windmühlen blieben in Holland und den angrenzenden windreichen Ländern bis ins 19. Jahrhundert die entscheidenden Energielieferanten. Wo aufgrund der natürlichen Gegebenheiten fließendes Wasser reichlich zur Verfügung stand, übernahmen Wasserräder, die man seit dem 18. Jahrhundert auch aus Eisen baute, diese Rolle. Allerdings wurden die alten Antriebskräfte jetzt manchmal in geradezu gigantischen Ausmaßen eingesetzt. Man versuchte, eine Leistungssteigerung zu erreichen, indem man einfach die Größe oder Zahl der eingesetzten technischen Vorrichtungen anhob. Von einem Beispiel dieser höfischen Großtechnik haben wir schon an anderer Stelle gehört. Als der päpstliche Architekt Domenico Fontana (1543–1607) von Papst Sixtus V. den Auftrag erhielt, einen 327 t schweren Obelisken von 23 m Höhe vor die neue Peterskirche zu versetzen (s. S. 103), wandte er die traditionellen Hilfsmittel wie schiefe Ebene, Flaschenzüge, Göpel und Holzrollen an. Er multiplizierte sie nur und benutzte insgesamt 5 Hebel und 40 Göpel. Die erforderliche Kraft lieferten 75 Pferde und 907 Menschen. Die eigentliche Schwierigkeit bestand darin, alle diese Kräfte zu koordinieren, damit sie im richtigen Augenblick richtig eingesetzt wurden.

Ein anderes Beispiel für jene höfische Großtechnik, die mit traditionellen technischen Mitteln ohne Rücksicht auf den Kraftaufwand große und vor allem repräsentative Aufgaben lösen wollte, ist die riesige Wasserhebeanlage, die Ludwig XIV. 1681 in Marly bauen ließ, um seinen Gärten in Versailles das Wasser zuzuführen. Die gewaltige Anlage war ein typisches Werk unumschränkter Fürstenmacht. Nur dadurch, daß eine mächtige Zentralgewalt vorhanden war, war diese Weltattraktion überhaupt möglich. Bélidor, der die Maschine von Marly 1739 beschrieb, hatte durchaus recht, wenn er schrieb, sie könne „gar füglich unter die Zahl dererjenigen Werke gesetzt werden, welche der Magnifizenz Ludwigs des Großen vorbehalten waren. Und in der Tat, es gehörete nur allein diesem Monarchen, einen solchen Fluß, wie die Seine ist, dahin zu zwingen, ihren natürlichen Lauf zu verlassen, um sich auf den Gipfel eines so hohen Berges zu begeben, als derjenige ist, wo sie vorjetzo hinaufläuft".

Natürlich lief die Seine nicht von selbst den Berg hinauf, wie es poetisch verklärend bei Bélidor heißt. Dafür sorgten vielmehr 14 Wasserräder mit einem Durchmesser von jeweils 12 m. Diese Wasserräder trieben ihrerseits 221 Pumpen an, die das Wasser in drei Stufen über zwei Zwischenbehälter insgesamt 162 m hoch beförderten. Von den Wasserrädern wurde die Energie zu den Pumpen bei den Zwischenbehältern mit Hilfe sogenannter „Stangenkünste" übertragen, wie sie bereits im mitteldeutschen Bergbau des 16. Jahrhunderts angewandt worden waren. Es handelte sich dabei um hin- und hergehende hölzerne Stangen, die wegen des Reibungswiderstandes einen großen Teil der Energie der Wasserräder absorbierten. Unter diesen Umständen war der me-

chanische Nutzungsgrad der Anlage nur gering. Einem ungeheuren Kostenaufwand (8 Millionen Francs für den Bau und gewaltige Unterhaltungskosten) stand eine Leistung von nur 80 PS gegenüber. Im Verhältnis zur Leistung war diese von ihrer Dimension her bewunderungswürdige Anlage mit Sicherheit ungleich teurer als ein „Schneller Brüter". Nur gab es unter den damaligen politischen und gesellschaftlichen Verhältnissen niemanden, der imstande gewesen wäre, diese Investition aus Steuergeldern zu kritisieren. Der absolutistische Staatsaufbau zeigt sich hier wiederum als Grundvoraussetzung für derartige technische Großprojekte.
Am Ende des 17. Jahrhunderts war die Leistungsfähigkeit der Wasserkraft (man hatte Wasserräder, die 20 PS leisteten) offensichtlich an ihrem Ende angekommen. Jetzt begann die Suche nach einer grundsätzlich neuen und leistungsfähigen Kraftmaschine. Die Naturwissenschaft leistete dabei Hilfestellung. Schon 1661 hatte OTTO V. GUERICKE gezeigt, daß der atmosphärische Druck einen Kolben in einen Zylinder hineintrieb, der mit Hilfe der Luftpumpe evakuiert worden war, und daß dies zur Krafterzeugung ausgenutzt werden konnte. Der holländische Gelehrte CHRISTIAN HUYGENS baute 1673 einen Explosionsmotor, der bei den Wasserkünsten von Versailles Wasser in Kübeln in die Höhe befördern sollte. Der hölzerne Zylinder der Maschine hatte Seitenröhren mit Lederventilen, die sich nach außen öffneten. Brachte man im Zylinder etwas Schießpulver zur Explosion, wurde der Kolben bis über die Öffnungen der Seitenröhren (Auslässe) geschleudert, aus denen dann die Gase entwichen. Der äußere Luftdruck schloß die Ventilklappen wieder und preßte den Kolben in den Zylinder, in dem ein Unterdruck entstanden war, herab. Auf diese Weise konnte eine Last gehoben werden.

Huygens sah in seiner **Schießpulvermaschine** den gelungenen Versuch, die Kraft des Schießpulvers erstmals zu friedlichen Zwecken auszunutzen. Er dachte bereits daran, mit solchen „Motoren" Wagen, Schiffe und Flugzeuge anzutreiben. Doch hinderten solche Überlegungen auch ihn nicht daran, gleich wieder an die militärische Nutzbarmachung seiner Erfindung zu denken:

„Die Kraft des Schießpulvers hat bisher nur zu gewaltsamen Wirkungen gedient ..., und obgleich man seit langer Zeit schon gewünscht hat, daß man die zu große Geschwindigkeit und Heftigkeit für die Anwendung zu anderen Zwecken mäßigen könne, hat es niemand, soviel ich weiß, bis jetzt mit Erfolg verwirklicht ...
Vor etwa drei Monaten kam mir das, was ich für diese Wirkung vorzuschlagen habe, in den Sinn; ich habe seit dieser Zeit an der Erfindung gearbeitet, um sie zu vervollkommnen, indem ich vielerlei versuchte und eine Unzahl von Experimenten machte, deren Erfolg mich schließlich so sehr befriedigt hat, daß ich noch zu der Zeit, da sie nur im kleinen ausgeführt worden war, wagte, daraus zu schließen, daß die Sache ebenso im großen gelingen werde, und zwar noch besser aus Gründen, die man nach der Erklärung der Maschine erkennen wird.
Die heftige Wirkung des Pulvers ist durch diese Erfindung auf eine Bewegung eingeschränkt, welche sich beherrscht ebenso wie die eines großen Gewichts. Und sie kann nicht nur zu all den Zwecken dienen, wo das Gewicht angewandt wird, sondern auch bei der Mehrzahl der Fälle, wo man die Kraft der Menschen und Tiere gebraucht, derart, daß man sie anwenden könnte, um gewaltige Steine für die Bauwerke in die Höhe zu bringen, um Obelisken aufzurichten, um die Wasser für die Springbrunnen aufsteigen zu lassen und um Mühlen zum Getreidemahlen anzutreiben, wo man nicht die Bequemlichkeit oder genügend Raum hat, Pferde zu benutzen. Und dieser Motor hat das Gute, daß er keine Unterhaltungskosten verursacht, während der Zeit, wo man ihn nicht gebraucht.
Man kann sich seiner noch bedienen als einer sehr mächtigen Schnellkraft, derart, daß man

durch dieses Mittel Maschinen konstruieren könnte, die Kanonenkugeln, große Pfeile und Bomben vielleicht mit einer ebenso großen Kraft werfen wie die der Kanone oder der Mörser. Selbst nach meiner Überschlagsrechnung erspart dieser Motor einen großen Teil Pulver, den man jetzt anwendet. Und diese Maschinen würden im Gegensatz zur Artillerie von heute leicht zu transportieren sein, weil bei dieser Erfindung die Leichtigkeit mit der Kraft verbunden ist.
Diese letztere Besonderheit ist sehr wesentlich und gestattet, durch dieses Mittel neue Arten von Fahrzeugen für Wasser und Land zu erfinden.
Und obgleich es vielleicht widersinnig klingen wird, scheint es nicht unmöglich, irgendein Gefährt zu erfinden, um sich in der Luft zu bewegen, da ja das große Hindernis bei der Kunst des Fliegens bis jetzt in der Schwierigkeit bestand, sehr leichte Maschinen zu bauen, die eine recht gewaltige Bewegung erzeugen können. Aber ich gestehe, daß es noch ein gut Teil an Wissenschaft und Erfindung erfordern wird, um ans Ziel eines solchen Unternehmens zu kommen."

(Huygens, Christian: Œuvres complètes, To. 6, La Hoye 1895, S. 95; aus Fr. Klemm [Hrsg.]: Technik. Eine Geschichte ihrer Probleme)

Huygens Schießpulvermotor war allerdings in der Handhabung lebensgefährlich und leistete nur bescheidene Arbeit. Das eigentliche Problem bestand zudem darin, die einmalige Kraftwirkung, die durch die Explosion des Schießpulvers entstand, immer wieder mit einiger Gleichmäßigkeit hervorzubringen.

Bereits Huygens hatte Colbert, dem Begründer des Merkantilismus in Frankreich, im Jahre 1666 eine Reihe von Vorschlägen unterbreitet, die von der Französischen Akademie besonders dringlich bearbeitet werden sollten. Darunter befanden sich nicht nur Versuche, die Kraft des Schießpulvers, sondern auch diejenige des Wasserdampfes als neuartige Antriebskräfte auszunutzen.

Die älteste Dampfmaschine der Welt ließ sich der Marquess von Worcester 1663 patentieren. Durch Kondensation von Dampf in einem Zylinder entstand ein Vakuum. Öffnete man ein Ventil, strömte Wasser in den luftleeren Zylinder. Durch Dampfdruck konnte es wieder aus dem Zylinder ausgestoßen werden. Diese Maschine war also eigentlich keine richtige Dampfmaschine, sondern genauer gesagt eine Dampfpumpe. Sie sollte das Wasser aus den Bergwerken pumpen, die abzusaufen drohten, je tiefer der Abbau vorangetrieben wurde. Der Franzose Denis Papin und die Engländer Thomas Savery und Thomas Newcomen entwickelten dann die Dampfmaschine weiter (Näheres s. S. 137ff).

Alle diese Maschinen waren jedoch in der Praxis kaum verwendbar. Da sie in der Anschaffung und im Betrieb teuer und wegen der häufigen Explosionen noch dazu gefährlich waren, verwendeten die Bergwerksbesitzer auch weiterhin Entwässerungspumpen, die von Hand oder durch Tiere betrieben wurden.

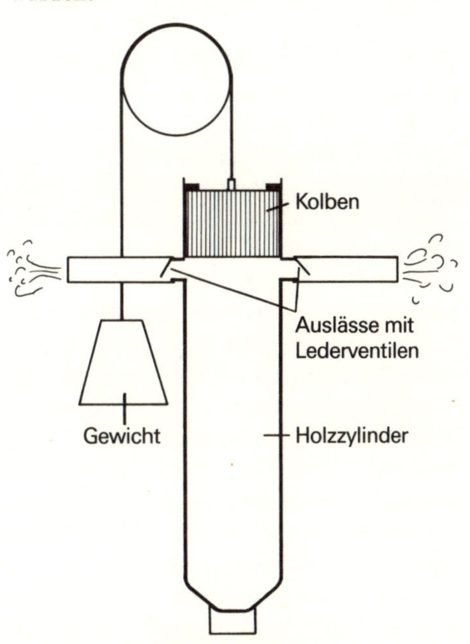

Abb. 32: Schießpulver-Maschine von Chr. Huygens

VII.3 Bergbau und Hüttenwesen

Im Bergbau gab es bis zur Mitte des 18. Jahrhunderts keine spektakulären Fortschritte mehr. Seit 1627 wurde das Sprengen eingeführt, was die Erzausbeute beträchtlich steigerte. Seit dem Ende des 17. Jahrhunderts war man bemüht, die Wasserräder, Pumpen- und Förderanlagen in den Bergwerken zu verbessern. Um 1730 sind sogenannte Wassersäulenmaschinen belegt, deren Kolben durch Wasser bewegt wurden, das aus großen Höhen herabstürzte. Solche Maschinen wurden noch 1750 im Oberharz eingesetzt. Wegen technischer Schwierigkeiten mußten sie jedoch bald wieder stillgelegt werden. Das Problem bestand zwar vor allen Dingen in der Abdichtung von Hähnen und Kolben. Diese Schwierigkeit hat dann auch die frühen Konstrukteure von Dampfmaschinen beschäftigt. Atmosphärische Dampfmaschinen wurden in Bergwerken zum erstenmal in England 1713 eingesetzt.

Auch in der Verhüttung sind im Zeitalter des Barock keine grundlegenden Innovationen erfolgt. Infolge des Aufbaus der stehenden Heere und Flotten, des Handels mit den Kolonien und gestiegener ziviler Bedürfnisse (z. B. für die Landwirtschaft) stieg die Nachfrage nach Eisen stark an. So versuchte man vor allem, die **Hochöfen** zu vergrößern. Im 16. und 17. Jahrhundert wurden in 24 Stunden 800–1600 kg in einem Ofen erzeugt. Im 18. Jahrhundert wuchs die Produktion auf 2000–2500 kg an. Bei anhaltender Trokkenheit oder strengem Frost mußten die Hochöfen allerdings gelöscht werden, da die Wasserräder dann nicht mehr die Gebläse antreiben konnten.

Harte Stahlsorten herzustellen war in der gesamten frühen Neuzeit nur unter großem Aufwand und entsprechenden Kosten möglich. Wurde beim „Frischen“ im Herdfeuer dem Eisen der Kohlenstoff durch Sauerstoffzufuhr entzogen, so kehrte man bald den Vorgang um. Um 1600 wurde in Nürnberg ein Verfahren zur Herstellung von sogenanntem Zementstahl entwickelt. Dabei wurden kohlenstoffarme Frischfeuerstahlstücke in Kästen aus feuerfestem Material gelegt und mit Holzkohle umgeben. Bei einer Temperatur von 900° C drang der Kohlenstoff der Holzkohle in die Oberfläche des Stahls ein und härtete sie. Allerdings blieb die Kohlenstoffaufnahme bei diesem Zementieren (Oberflächenhärten) sehr ungleichmäßig. Man schmiedete die Stahlstäbe daher mehrfach aus, um den Kohlenstoff gleichmäßig zu verteilen. Das ganze Verfahren war sehr arbeitsaufwendig, verbrauchte viel Energie (Holzkohle) und hatte häufig nur unbefriedigende Ergebnisse zur Folge. Wirklich gleichmäßigen harten Stahl herzustellen gelang dann erst dem englischen Uhrmacher Benjamin Huntsman mit dem **Tiegelgußstahl**, ein Verfahren, das sich auf dem europäischen Kontinent erst nach 1800 verbreitete, nachdem es „nacherfunden“ worden war.

VII.4 Beginnende Mechanisierung der Textilverarbeitung

In der Textilerzeugung gab es im 17. und 18. Jahrhundert einige technische Neuerungen, die die allgemeine Mechanisierung der Textilindustrie in der „Industriellen Revolution“ in Teilbereichen bereits vorwegnahmen. Schon am Ende des 13. Jahrhunderts war in Oberitalien die sog. **Seidenzwirnmühle** entwickelt worden, die sich in den folgenden Jahrhunderten über Europa ausbreitete, ohne daß sich an ihrer Technik bis ins 18. Jahrhundert etwas Grundlegendes änderte. Die Seidenzwirnmühle war die erste vollmechanisierte, von einem Wasserrad angetriebe Maschine im Textilgewerbe. 240 Spindeln wurden von einem einzigen Wasserrad in Bewegung gesetzt. Gegenüber dem Zwirnen von Hand wies die Seidenzwirnmühle eine um das 25–30fache höhere Produktivität auf. Die Maschine stieß deshalb häufig auf Widerstand von seiten der um ihre Arbeit fürchtenden Handzwirner. Sie erreichten in manchen Fällen, daß die Seidenzwirnmühle durch Treträder oder Handkurbeln von Arbeitern bewegt wurde und nicht von Wasserrädern oder Pferdegöpeln. Seit 1589 entwickelte der englische Geistliche William Lee den sog. **Handkulierstuhl** zum Stricken von Strümpfen. Für Woll- und Seidenstrümpfe bestand damals ein großer Bedarf, da sie bei der kaufkräftigen Oberschicht sehr beliebt waren. Die Handstricker konnten diesen vergrößerten Bedarf kaum decken. In England gab es 1669 660 solcher Handkulierstühle. Die Maschine wurde über ein Tretwerk angetrieben und hatte für jede Masche eine besondere Nadel. Im Vergleich zu dem normalen Webstuhl war der neue Webstuhl überaus anspruchsvoll und kompliziert und dementsprechend teuer. Ein normaler Handwerker konnte einen solchen Stuhl kaum bezahlen. Die selbständigen Strumpfwirker wurden deshalb zu lohnabhängigen Arbeitern, die an den Stühlen kapitalkräftiger Verleger arbeiteten.

Für große Beunruhigung sorgte der **Bandwebstuhl**. Bänder waren als Kleidungsbesatz damals außerordentlich beliebt. Traditionell wurden sie von Bortenwirkern auf Webstühlen hergestellt, die den normalen Breitwandwebstühlen ähnlich sahen. Die neue, in der Konstruktion recht einfache und noch ganz aus Holz gebaute Bandmühle war wesentlich effektiver als die Bortenwirkerei von Hand. Mit dem Stuhl, der nach der Überlieferung in den 80er Jahren des 16. Jahrhunderts in Danzig entwickelt worden sein soll, konnte man bis zu 6 Bänder gleichzeitig herstellen. Es wird berichtet, daß der Erfinder dieses Webstuhls deshalb auf Betreiben der Zünfte ertränkt worden sei. Nach 1600 erfuhr der Bandwebstuhl in Holland eine wesentliche Verbesserung. Der Weber konnte jetzt mit Hilfe eines Rechens mehrere Schiffchen gleichzeitig bewegen. Die Folge waren erbitterte Proteste der Bortenwirker. Zeitweilig wurde der Stuhl deshalb verboten, ohne daß seine Ausbreitung damit verhindert werden konnte. Um 1750 wurde der Bandwebstuhl dann noch einmal entscheidend verbessert. Durch ein Räder- und Hebelsystem, das Weblade und Schiffchen miteinander verband, war es möglich geworden, einen vollständigen Webvorgang durchzuführen, indem man einfach eine Stange auf- und niederdrückte. Bis zu 50 Bänder konnten mit einer Bandmühle dabei auf einmal hergestellt werden. Besondere Fachkenntnisse waren dafür nicht mehr erforderlich – sehr zum Nachteil der Bortenwirker, die nach dem Verlust ihrer Selbständigkeit nun auch noch ihren Arbeitsplatz verloren. An ihre Stelle rückten Frauen und Kinder.

Die genannten technischen Neuerungen wurden in der Baumwollspinnerei und der Breitweberei erst im letzten Drittel des 18. Jahrhunderts entsprechend angewandt. Es war nicht ohne weiteres möglich, sie auf die größeren Dimensionen der Breitweberei zu übertragen.

Die Struktur der Textilerzeugung wurde durch die Mechanisierung in den angeführten Teilbereichen nicht verändert. Sie blieb nach wie vor überwiegend Heimindustrie. Der Herstellungsprozeß vom Rohstoff bis zur Fertigware war auf viele handwerkliche Kleinproduzenten aufgeteilt, die von Kaufleuten verlegt wurden.

VII.5 Von Uhren, Automaten und Rechenmaschinen

Abschließend muß noch ein Bereich erwähnt werden, der für die Technik und die Geisteshaltung des 17. und 18. Jahrhunderts besonders kennzeichnend ist: der Bau von Uhren, Automaten und Rechenmaschinen. Seit dem 16. Jahrhundert entwickelte sich gerade eine Uhrenmanie. Der Besitz einer Uhr war ein Statussymbol. Die Uhr galt gemeinhin als Abbild des mechanistisch verstandenen Universums. Durch die Verwendung von Stahlfedern und durch Fortschritte in der Metallverarbeitung konnte man jetzt auch kleine Tisch- und Taschenuhren bauen. Die Uhrmacher lernten, Kleinstteile präzise anzufertigen, und wurden dadurch wie die Mühlenbauer zu den wichtigsten technischen Praktikern der Zeit.

Der Uhrenbau war eine wichtige Voraussetzung für die Entwicklung des Maschinenbaus in der Industriellen Revolution, da er einen qualifizierten Facharbeiterstand bereitstellte und Werkzeuge entwickelte, die auf den allgemeinen Maschinenbau übertragbar waren.

Es ist bezeichnend, daß der englische Uhren- und Instrumentenbau ebenso wie derjenige in Genf unter starkem calvinistischen Einfluß stand. Im **Calvinismus** hatten die Arbeit und die rationale, genau eingeteilte Lebensgestaltung einen tiefen religiösen Sinn. Man wollte jetzt nicht mehr nur die Zeit, sondern jede Minute nutzen. Die öffentliche Uhr mit Minutenanzeiger, die sich jetzt zunehmend verbreitete, ist ein Ausdruck für diese ursprünglich religiös begründete Mentalität (Arbeit zur Ehre Gottes, materieller Erfolg als Zeichen für göttliche Erwählung), die im 18. Jahrhundert dann allerdings verweltlichte und in unser heutiges „Zeit ist Geld“ einmündete.

Eine besondere Vorliebe entwickelten das 17. und 18. Jahrhundert für den Bau von sich selbst bewegenden, ergötzlichen **Automaten**. Sie waren Ausdruck der Freude am Spielerischen, aber auch Abbilder einer als mechanistisch verstandenen Welt. Einer der bekanntesten Automatenbauer war der Franzose JACQUES DE VAUCANSON (1709–1782). Er baute zahlreiche Automaten sowie eine Ente, die aus mehr als 1000 Einzelteilen zusammengesetzt war und nicht nur gehen, fressen und schnattern sondern sogar „verdauen“ konnte.

Besonders bekannt sind auch die künstlichen mechanischen Menschenfiguren **(Androiden)**, deren ausgeklügelte Mechanismen fast natürliche Bewegungen ermöglichten.

Gewiß waren solche Automaten und mechanischen Figuren zunächst Spielerei. Aber manche der bei ihrem Bau verwendeten Konstruktionselemente (z. B. Zahnräder) fanden auch im Maschinenbau Verwendung.

Es paßt in die mathematisch-mechanistische Weltsicht jener Epoche, daß in ihr auch die ersten **Rechenmaschinen** entwickelt wurden. Der Philosoph und Mathematiker Blaise Pascal stellte 1645 eine solche Maschine vor, mit der man addieren und subtrahieren konnte. 50 Exemplare sollen von dieser Maschine hergestellt worden sein. Pascal selbst hat in einem Brief an den Kanzler Séguier die Schwierigkeiten geschildert, die der Bau dieser Maschine bereitet hatte. Es zeigte sich – wie anderswo – auch hier, daß die Praktiker (Handwerker) oft nicht in der Lage waren, Entwürfe von Wissenschaftlern zu realisieren, weil dem vielfältige Schwierigkeiten in der Materialbearbeitung und Werkzeugtechnik gegenüberstanden. Im Grunde waren dies die gleichen Schwierigkeiten, denen sich z. B. auch James Watt beim Bau der Dampfmaschine gegenübersah. Pascal schrieb:

„Gnädiger Herr, wenn die Öffentlichkeit einigen Nutzen von der Erfindung haben wird, die ich gemacht habe, um alle Arten arithmetischer Aufgaben auf ebenso neue wie bequeme Weise zu lösen, so wird sie dafür mehr Ew. Gnaden als meinen geringen Anstrengungen verpflichtet sein, da ich mich nur rühmen kann, sie erdacht zu haben, dieweil sie ihre wirkliche Entstehung ganz und gar Ihren ehrenvollen Anordnungen verdankt. Die Langwierigkeit und die Schwierigkeit der Methoden, die man bisher anwandte, brachten mich auf den Gedanken, ein rasch und leicht arbeitendes Hilfsmittel zu erfinden, das mich bei den umfangreichen Rechnungen unterstützen könne, mit denen ich seit einigen Jahren im Zusammenhang mit den Ämtern beschäftigt bin, mit denen Sie meinen Vater für den Dienst beehrten, den er Seiner Majestät in der oberen Normandie leistete. Ich verwandte auf diese Untersuchung mein ganzes Wissen, das ich mir in der Mathematik durch meine Neigungen und meine ersten Studien erworben hatte. Und nach tiefem Nachdenken erkannte ich, daß es nicht unmöglich war, ein solches Mittel zu finden. Die Kenntnisse in Geometrie, Physik und Mechanik lieferten mir den Plan dazu und gaben mir die Gewißheit, daß der Gebrauch einer solchen Maschine unfehlbar sein müßte, wenn nur ein Handwerker das Instrument so ausführen könnte, wie ich mir das Modell ausgedacht hatte. Aber gerade in diesem Punkte stieß ich auf Schwierigkeiten, die ebenso groß waren wie jene, welche ich vermeiden und denen ich abhelfen wollte. Da ich nicht die Geschicklichkeit besaß, mit Metall und Hammer ebenso umzugehen wie mit Feder und Zirkel, und da die Handwerker mehr vertraut waren mit der praktischen Ausübung ihrer Kunst als mit den Wissenschaften, auf denen sich diese gründet, so sah ich mich genötigt, mein ganzes Vorhaben aufzugeben, das mir nur vielerlei Mühe, aber keinen Erfolg brachte. Jedoch Ew. Gnaden, mein Herr, gaben mir wieder Mut, der schon im Sinken gewesen war, und erwiesen mir die Gnade, von der einfachen Zeichnung, die Ihnen meine Freunde vorgelegt hatten, mit Worten zu sprechen, welche mich alles ganz anders sehen ließen, als es mir vorher erschienen war. Mit den neuen Kräften, die Ihre Lobsprüche mir gaben, machte ich neue Anstrengungen. Und indem ich jede andere Arbeit aufgab, hatte ich nur noch den Bau dieser kleinen Maschine im Sinn, die ich Ihnen, gnädiger Herr, zu überreichen gewagt habe, nachdem ich sie so hergerichtet habe, daß sie aus sich allein und ohne irgendwelche geistige Arbeit die Operationen aller Gebiete der Arithmetik ausführt, ganz wie ich mir das vorgenommen hatte . . ."

(Pascal, Blaise: Lettre dédicatoire à Monseigneur le Chancellier sur le sujet de la machine nouvellement inventée par le Sieur B. P. pour faire toutes sortes d'opérations d'arithmétique par un mouvement reglé sans plume ni jetons. Paris 1645. In: Pascal, Œuvres complètes. Publié par F. Strowski, To. 1, Paris 1923, S. 151–153; aus: Fr. Klemm [Hrsg.]: Technik. a.a.O.)

Man sieht: auch hier klafften Wissenschaft und praktische Technik noch weit auseinander.

Der Universalgelehrte GOTTFRIED WILHELM LEIBNIZ (1646–1716) entwickelte in den Jahren nach 1671 die erste Rechenmaschine für alle vier Grundrechnungsarten. Sie arbeitete nach folgendem Schema:

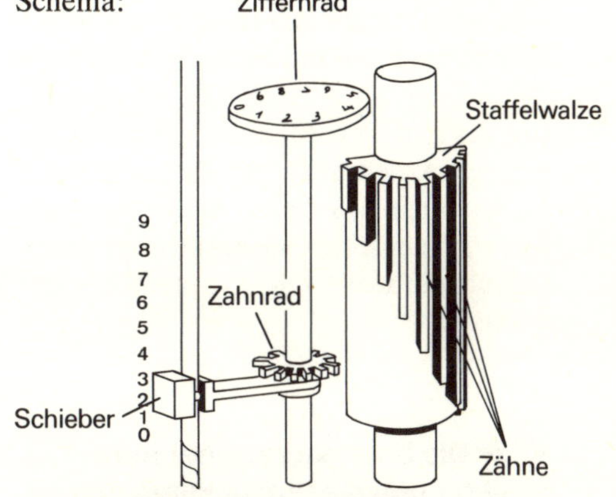

Abb. 33: Staffelwalzenmaschine

Der wichtigste Bestandteil der Maschine ist die Staffelwalze. Die Staffelwalze ist ein Zylinder mit 10 eingearbeiteten, unterschiedlich langen Zähnen, die die Zahlen 0–9 repräsentieren. Stellt man z. B. mit dem nach oben und unten verschiebbaren Schieber die Zahl 3 ein, so verschiebt sich entsprechend auch das Zahnrad auf der Welle des Ziffernrades. Dreht man nun die Staffelwalze, so greifen 3 Zähne der Staffelwalze in das Zahnrad und drehen so das Ziffernrad um drei Positionen weiter.

Auch die Ausführung der Leibnizschen Maschine stieß auf große Verarbeitungsschwierigkeiten, so daß sie zu seinen Lebzeiten noch nicht zufriedenstellend arbeitete. Erst als man im Jahre 1849 die Leibnizsche Rechenmaschine mit industriellen Fertigungsmethoden nachbaute, erwies sich, daß sie voll funktionstüchtig war.

Die Entwicklung von Rechenmaschinen im 17. und 18. Jahrhundert blieb ohne nennenswerte praktische Folgen. In den Kontoren der Handelsfirmen rechnete man bis weit in das 19. Jahrhundert nach jahrhundertealten Methoden. Wenn sich die Rechenmaschinen in der Praxis noch nicht durchsetzten, so lag das vor allem daran, daß es noch keine industrielle Serienfertigung gab. Rechenmaschinen in handwerklicher Einzelarbeit herzustellen war viel zu teuer, und die Maschinen blieben unter diesen Voraussetzungen auch unbefriedigend. So sind sie denn auch weniger als praktische Beiträge zur Revolutionierung der Bürotechnik interessant als vielmehr als Ausdruck für das Bestreben der Zeit, dem Menschen nun auch die geistige Arbeit abzunehmen. In großem Maßstab hat sich dieser Ansatz bekanntlich erst in unserer Gegenwart – mit kaum absehbaren sozialen Konsequenzen – verwirklicht.

VII.6 Die Entstehung einer Infrastruktur und die Entwicklung des Verkehrswesens zu Wasser und zu Lande

Die modernen Staaten des 17. und 18. Jahrhunderts kümmerten sich jetzt verstärkt um den Ausbau einer Infrastruktur, deren Bedeutung für Wirtschaft und Handel erkannt worden war. Im Mittelalter waren Feudalherren und Bauern zu arm gewesen, um Straßen zu unterhalten, oder hatten sie lediglich als Gelegenheit angesehen, Einkünfte daraus zu erzielen. In Frankreich wurde der Straßenbau im Zeitalter des Merkantilismus zu einem königlichen Vorrecht. Colbert ließ im Rahmen seines ehrgeizigen Wirtschaftsplans viele Straßen mit einer festen Decke aus Pflastersteinen versehen. Beim Tode Ludwigs XIV. besaß Frankreich das beste Straßennetz der Welt. 1742 wurde die „Ecole des Ponts et Chaussées“ gegründet. Dort erhielten Ingenieure eine gründliche Ausbildung. Die Schule hatte großen Einfluß auf die Entwicklung eines zivilen Ingenieurwesens in Frankreich und anderswo.

Auf den Straßen verkehrten die neuen **Kutschen**, die sich seit dem 17. Jahrhundert als Fahrzeuge des Herrschers, des Adels und später auch der besitzenden bürgerlichen Schichten überall verbreiteten. Technisch unterschieden sie sich nicht wesentlich vom Reisewagen der Römer. Die Federung wurde durch Ledergurte oder Ketten erzielt, an denen der Kutschenkasten aufgehängt war. Ab 1670 gab es dann besser gefederte Kuschen mit stählernen Sprungfedern. Die Kutsche wurde je nach Stand und Wohlhabenheit des Besitzers besonders repräsentativ und kostbar verziert und ausgestattet. Das Fahrzeug war auch damals ein Statussymbol. Die Reisegeschwindigkeit auf den neuen Straßen war aber keineswegs höher als zur Zeit des römischen Reiches. Der vollständige Ausbau befestigter Straßen erfolgte in den einzelnen Ländern ohnehin erst im 19. Jahrhundert.

Die neuen Zentralregierungen konnten jetzt auch den **Ausbau des Fluß- und Kanalsystems** ohne Rücksicht auf den Widerstand der Feudalherren in Angriff nehmen. Insbesondere in Frankreich entstand im 17. Jahrhundert ein miteinander verbundenes Wasserstraßensystem, das Binnenschiffahrt und Handel erleichterte.

Der Atlantische Ozean und das Mittelmeer wurden durch den berühmten, 1681 fertiggestellten Canal du Midi miteinander verbunden. Zum Graben des 240 km langen Kanals hatte Colbert 12000 Männer aufgeboten. Nach seiner Fertigstellung konnte der französische Handel Spanien und Portugal umgehen.

In Frankreich ergriff die Zentralregierung auch vereinzelte Maßnahmen, die **Wasserversorgung und Kanalisation** in Paris und anderen großen Städten zu verbessern, die sich in einem katastrophalen Zustand befanden und eine ernste Gefahr für die Gesundheit der Bevölkerung bildeten. Nach wie vor wurde das Wasser direkt den Quellen und Flüssen entnommen, die von den gewerblichen und privaten Abwässern verschmutzt waren. Eine durchgreifende Verbesserung der öffentlichen Gesundheit trat deshalb erst im 19. Jahrhundert ein, als man das Wasser chemisch aufbereitete.

Nach den Entdeckungsreisen spielte der **Schiffbau** für die See- und Kolonialmächte Spanien, Portugal, Holland, Frankreich und England eine immer größere Rolle. Auch die zahlreichen kriegerischen Auseinandersetzungen zur See im 17. und 18. Jahrhundert machten einen effektiven Schiffbau unerläßlich. Führend auf dem Gebiet des Baus von Handelsschiffen waren seit dem 16. Jahrhundert die Holländer. Der neue holländische Schiffstyp, die „Fleute“, ein kleines, schlankes und leicht manövrierbares Schiff mit drei Masten und einer Tragkraft von 100 t war allen Konkurrenten in puncto Schnelligkeit und Seetüchtigkeit überlegen. Die Seegefechte gegen England zwangen die Holländer zum schnellen Aufbau ihrer vernachlässigten Kriegsflotte. Der Herstellungsprozeß in den Marinewerften wurde deshalb standardisiert. Der Schiffbau wurde zu einer wesentlichen Triebkraft für die Herstellung genormter Teile überhaupt.

Bereits seit dem Ende des 14. Jahrhunderts hatte man damit begonnen, die Schiffe mit Kanonen zu bestücken. In der Folgezeit hatten manche Schiffe bis zu drei Batteriedecks mit bis zu 100 Geschützen. Damit die Schiffe nicht kenterten, wurden sie mit Steinen beschwert und die Bordwände an der Oberseite eingezogen. In der Takelung der Schiffe wurden die hauptsächlichen Fortschritte bis ins 19. Jahrhundert dadurch erreicht, daß man die Segelfläche vergrößerte und zugleich im Interesse leichterer Manövrierbarkeit immer stärker aufgliederte.

Da das Hauptbaumaterial der Schiffe nach wie vor Holz – vor allem Eichenholz – war, wurde dieses für die vorindustrielle Zeit grundlegende Material durch den forcierten Bau von Handels- und Kriegsschiffen immer knapper, bis es in der Industriellen Revolution als Brennstoff von der Kohle und als Konstruktionsmaterial vom Eisen und vom Stahl abgelöst wurde.

VIII Die Industrielle Revolution

VIII.1 Wesen und Voraussetzungen der Industriellen Revolution in England

Zwischen 1750 und 1850 stellte eine nie zuvor dagewesene Fülle von technischen Neuerungen das gesamte wirtschaftliche und soziale Leben Englands auf eine völlig veränderte Grundlage. Im Vergleich zu früheren Epochen der Menschheitsgeschichte nahm das Tempo des technischen Fortschritts rasant zu:

Zwischen 1700 und 1900 wurden mehr als sechsmal soviel Erfindungen gemacht wie in den 17 Jahrhunderten zuvor. Schon die Zeitgenossen jener von England ausgehenden Entwicklung faßten die damit eingetretenen wirtschaftlichen, sozialen, politischen und kulturellen Veränderungen als „revolutionär" auf. Seit etwa 1800 sprach man deshalb – parallel zur „Französischen Revolution" – von einer „Industriellen Revolution",

um das Tempo und die grundsätzliche, ja umstürzende Bedeutung dieser Entwicklung zum Ausdruck zu bringen. Was machte nun die „Industrielle Revolution" in erster Linie aus?
Folgende Dinge lassen sich vor allem nennen:

1. Es wird eine völlig **neue Art der Energiegewinnung** und -ausnutzung gefunden. Vor der „Industriellen Revolution" waren der Wind, das Wasser, das Tier und der Mensch die wichtigsten Energiequellen gewesen. Jetzt gelingt es mit Hilfe der Dampfmaschine erstmals, vom Menschen selbst „produzierte" Energie in großem Maßstab wirtschaftlich zu nutzen. Der Mensch bedient sich nicht mehr nur der in der Natur vorhandenen Energien, sondern er produziert selbst welche, indem er künstliche Zustandsumwandlungen von stofflichen Energieträgern wie der Kohle vornimmt. Energie scheint nun in beinahe unbegrenztem Umfang zur Verfügung zu stehen. Die Elektrizität, das Erdöl und die Atomenergie werden später zu weiteren Stationen auf diesem Weg.
2. Mit den neuen Energieerzeugungsmaschinen werden **neuartige Arbeits- und Werkzeugmaschinen** verbunden. Auf diese Weise wird eine Massenproduktion möglich. Sogar die Maschinen werden schließlich durch Maschinen hergestellt.
3. An die Stelle des Holzes und der Holzkohle als wichtigstem Brennmaterial und als wichtigstem Werkstoff treten nun **Kohle und Eisen**.
4. Die Herstellung der wichtigsten Wirtschaftsgüter geschieht immer mehr im Rahmen eines arbeitsteiligen Fabriksystems, da die neuen Maschinen teuer sind und nur von wenigen Produzenten erworben werden können. Die **freie Lohnarbeit in großen Fabriken** wird daher zur bestimmenden Erwerbsform.
5. Die **Verbindung von Wissenschaft und Technik** wird allmählich enger. Allerdings ist es sehr umstritten, ob die Wissenschaft auf die „Industrielle Revolution" in England einen entscheidenden Einfluß ausgeübt hat.

Warum ist nun gerade England zum Urspungsland der „Industriellen Revolution" geworden? Worin bestanden die offenbar dort besonders günstigen Rahmenbedingungen für den Durchbruch zu einer völlig neuen Produktionstechnik? Wichtig war, daß England am Vorabend der „Industriellen Revolution“ gewerblich im Vergleich zu anderen Ländern bereits auf einigen Gebieten fortgeschritten war. Die Engländer benutzten, bedingt durch den Mangel an Holz und Holzkohle, bereits seit längerem Mineralkohle in Gewerbe und Haushalt. In ihren Bergwerken standen seit Jahrzehnten jene „Feuermaschinen“ zum Wasserschöpfen, von denen bereits die Rede war. Da das begehrte Holz immer knapper und teurer geworden war, hatte es in England früher als anderswo Versuche gegeben, Roheisen mit Steinkohle bzw. Koks zu erschmelzen. Je tiefer man beim Abbau von Kohle und Erzen in den Bergwerken vorstieß, um so mehr stiegen die Kosten für die Förderung. Der Einsatz neuer Techniken wie der Dampfkraft erhielt dadurch starke Anreize. Mit den alten Techniken waren offenbar keine entscheidenden Fortschritte zu erzielen. Der Bedeutung nach an erster Stelle der gewerblichen Wirtschaft Englands aber stand die Textilproduktion aus Schafwolle. Seit dem 17. Jahrhundert versorgte die beherrschende Kolonial- und Seemacht England Europa und überseeische Länder mit englischen Textilien. Der wachsende Bedarf dieses weltweiten Textilmarktes konnte bald mit den herkömmlichen technischen Mitteln ebenfalls nicht mehr befriedigt werden.

Auf vielen gewerblichen Gebieten hatte England um die Mitte des 18. Jahrhunderts also bereits einen wirtschaftlich-technologischen Vorsprung. Dazu kamen eine ganze Reihe anderer günstiger Voraussetzungen. Zu nennen wäre die überaus ertragreiche englische Landwirtschaft, deren seit dem Ende des 17. Jahrhunderts intensivierte Bearbeitungsmethoden und Ertragssteigerungen ein starkes Bevölkerungswachstum ermöglichten. Die Bevölkerungszahl Englands stieg von 5 Mill. im Jahre 1700 auf 9 Millionen um 1800 an. Aus dieser starken Bevölkerungszunahme, die sich ab 1750 beschleunigte, und aus der irischen Einwanderung schöpfte England in erster Linie das Arbeitskraftpotential für die „Industrielle Revolution“. Die steigende Bevölkerungszahl vergrößerte zugleich den inneren Markt und bot neue wirtschaftliche Perspektiven. Entscheidender noch wurde der äußere Markt. Seit Beginn des 17. Jahrhunderts hatte England die Holländer als führende Handels- und Seemacht abgelöst. Aus dem Handel mit seinen neuen Kolonien zog England große Gewinne.
Kapital war deshalb in England im 18. Jahrhundert reichlich vorhanden und zu einem niedrigen Zinssatz zu beschaffen. Dazu kamen ausgezeichnete Rohstoffquellen für die englische Industrie, allen voran die amerikanische Baumwolle. Eine große Handelsflotte sicherte England die politische und wirtschaftliche Vorrangstellung in der Welt.

Damit jedoch alle diese günstigen Rahmenbedingungen in eine völlige Umgestaltung von Technik und Wirtschaft umgesetzt werden konnten, bedurfte es auch eines günstigen gesellschaftlichen und intellektuellen Klimas. In England gab es eine breite Schicht selbstbewußter **kapitalistischer Unternehmer**, denen in einer liberalen Wirtschafts- und Gesellschaftsordnung, wie sie sich seit der Mitte des 17. Jahrhunderts herausgebildet hatte, weit weniger Hindernisse vom Staat in den Weg gelegt wurden als in den feudalistisch-absolutistischen Staaten Kontinentaleuropas. Gewerblich erworbener Reichtum war in England längst nicht so anrüchig wie auf dem Kontinent, sondern ermöglichte durchaus den sozialen Aufstieg. Englische Kaufleute und Industrielle kamen in den verschiedenen wissenschaftlichen Gesellschaften und Vereinigungen wie der **Royal Society**, der **Lunar Society** oder der **Royal Society of Arts** mit den Naturwissenschaftlern in Berührung. Es entstand ein Dialog zwischen Wissenschaft und Praxis. Insbesondere die außerhalb der englischen Staatskirche stehenden Calvinisten, Baptisten, Quäker und Presbyterianer spielten in den zahlreichen wissenschaftlichen Gesellschaften eine große Rolle. Ihre religiösen Grundanschauungen (vor allem die besondere Betonung der Bedeutung der Arbeit und des wirtschaftlichen Erfolges als Indiz für Auserwählung) legten ein Interesse an den Naturwissenschaften nahe. Auch einige der jüngeren Universitäten wie Edinburgh und Glasgow wandten sich stärker Problemen der Praxis zu und spielten eine wichtige Rolle in der Entwicklung der Technik.

VIII.2 Die Mechanisierung der Textilindustrie

Die moderne Maschinenproduktion wurde zuerst im britischen Textilgewerbe eingeführt. Im Textilgewerbe liegen deshalb die eigentlichen Anfänge der „Industriellen Revolution". Seit Jahrhunderten hatte sich in England eine selbständige Textil-„Industrie" in bestimmten Gegenden wie Yorkshire, Lancashire und East-Anglia ausgebildet. Allein im Wollgewerbe waren um 1750 in England und Wales etwa 800000 Menschen (= 12% der Gesamtbevölkerung oder 27% aller Erwerbstätigen) beschäftigt. Begünstigt durch die englische Vorherrschaft zur See hatte das für den internationalen Handel arbeitende englische Textilgewerbe in der ersten Hälfte des 18. Jahrhunderts eine stetige Ausdehnung erfahren. Bald war eine Situation erreicht, in der der wachsenden Nachfrage des Außenmarktes mit den herkömmlichen technischen Mitteln und Produktionsformen nicht mehr entsprochen werden konnte. Es war kaum möglich, die Zahl der im englischen Textilgewerbe arbeitenden Menschen weiter zu erhöhen. Auch war es nicht sinnvoll, die Zahl der von einem Spinner oder Weber bedienten Spinnräder oder Webstühle einfach zu erhöhen, da er sie gar nicht bedienen konnte.

Beim vorherrschenden Verlagssystem, in dem die Textilhandwerker vorwiegend im eigenen Haus arbeiteten und ihre Ware dem Verleger zum Verkauf überließen, war es auch kaum möglich, die Arbeitsdauer und -intensität der Produzenten durch Überwachung zu steigern. Es kam also darauf an, die Produktivität einer Arbeitskraft zu steigern, indem man die arbeitsintensiven Fertigungsstufen beim Spinnen und Weben zunehmend mechanisierte. Jede Verbesserung im Bereich des Webens forderte dabei eine Verbesserung im Bereich des Spinnens heraus und umgekehrt, da nur eine Produktivitätssteigerung in beiden Bereichen eine Ausdehnung der produzierten Textilmengen ergab.

Es nutzte gar nichts, wenn ein Weber mit einem neuen Webstuhl ein Vielfaches an Gewebe herstellen konnte, aber die Spinner mit der Garnerzeugung nicht nachkamen. Den ersten Schritt zum mechanischen Webstuhl tat 1733 der Uhrmacher John Kay aus Lancashire. Sein neues „fliegendes Schiffchen" wurde mit Hilfe eines „Treibers" durch den Einschlag geschleudert. Beim herkömmlichen Handwebstuhl hatte der Weber das Schiffchen mit einer Hand von einer Seite des Webstuhls zur anderen durch die Kettfäden treiben müssen. Deshalb konnten nur Tuche gewebt werden, die nicht breiter waren als die ausgestreckten Arme eines Webers. Kays Mechanismus ermöglichte es, das Schiffchen auf einen kurzen Schlag mit der Hand hin von der einen auf die andere Seite fliegen und es automatisch bei der gewünschten Tuchbreite anhalten zu lassen. Das bedeutete eine beträchtliche Zeitersparnis. Darüber hinaus konnte ein Mann jetzt eine doppelte Tuchbreite weben. Bei den Handwebern in Lancashire stieß Kay jedoch auf wenig Gegenliebe

Abb. 34: Spinning-jenny

Die Maschine wurde vom Spinner mit der rechten Hand mit Hilfe des Antriebsrades und der Handkurbel in Bewegung gesetzt. Ein Riemen übertrug die Drehung auf eine Rolle. Von der Rolle wurde die Drehung wiederum mit Riemen auf die 16 Spindeln übertragen. Das Vorgarn befand sich auf einem Vorgarngestell. Mit der linken Hand bediente der Spinner die fahrbare Klemmvorrichtung, deren Bewegung für die Garnqualität entscheidend war.

mit seiner Erfindung. Sie befürchteten, Kay wolle ihnen die Arbeit wegnehmen und zerstörten mehrere seiner Maschinen. Kay mußte schließlich sogar nach Leeds fliehen. Die Textilfabrikanten machten sich seine Erfindung zu eigen, ohne etwas dafür zu bezahlen. In seiner Heimatstadt rottete sich die Bevölkerung gegen Kay zusammen, demolierte sein Haus und bedrohte ihn mit dem Tode.

Der eigentliche technische Engpaß in der Textilproduktion lag zunächst beim Spinnen. Selbst ohne den Schnellschützen brauchte ein herkömmlicher Handwebstuhl für einen Herstellungsgang die gesamte Garnmenge von 4–12 Spinnrädern.

Es kam darauf an, die schwierigen Handgriffe des Spinnens, das Herauszupfen und Strecken der Faser, das Festhalten des Faserbündels und das Aufdrehen zu einem Faden mittels der Spindel in allen einzelnen Teilstufen zu mechanisieren, d.h. von Maschinen wahrnehmen zu lassen. Zwischen 1733 und 1737 schafften JOHN WYATT und LEWIS PAUL den Durchbruch zum maschinellen Spinnen. Paul ließ die gekrempelte Wolle von zwei Paar Walzen strecken, die mit verschiedenen Geschwindigkeiten bewegt wurden. Anschließend wurde das Garn auf die Spule gesponnen. Pauls Erfindung ermöglichte vor allem die Herstellung eines stärkeren Baumwollgarns, das man vorher nur als Einschlag, kaum jedoch als Kette verwendet hatte. Seit nun auch die Kette aus Baumwollgarn hergestellt werden konnte, war die Weberei nicht mehr auf die unsichere Versorgung mit Leinengarn angewiesen. Jetzt konnte sich eine Textilindustrie entwickeln, die ganz auf der Baumwolle beruhte. Wegen technischer Schwierigkeiten und mangelhafter Ausbildung der Arbeiter konnte Pauls Erfindung jedoch erst ab 1760 voll ausgenutzt werden.

JAMES HARGREAVES, ein Handwerker aus Stanhill, ging ebenfalls einen Schritt in Richtung auf das automatische Spinnen. Mit einfachen Mitteln hatte er 1764 seine **„spinning-jenny“** gebaut. Sie ahmte getreu die Handbewegungen des Spinners mit Hilfe einer Klemmvorrichtung (= Daumen und Finger des Spinners) nach. Ein einziger Spinner konnte bei dem Anfangsmodell 8 Spindeln bedienen. Später erhöhte sich die Zahl der Spindeln auf 80. Die Garnproduktion ließ sich damit erheblich steigern und verbilligen. 20000 „jennys“ standen bis 1788 in Fabriken und Bauernhäusern, da ihre Anschaffungskosten niedrig waren. Allerdings produzierte die Maschine nur weichgedrehte Garne, die sich lediglich für Schußfäden eigneten. Auch Hargreaves mußte ähnliche Erfahrungen machen wie Kay. Aufgebrachte Handspinner, die Brotlosigkeit befürchteten, zerstörten einige seiner Maschinen.

Endgültig durchsetzen konnte sich die maschinelle Spinnerei mit der Spinnmaschine, die RICHARD ARKWRIGHT im Jahre 1768 baute. Seine **„Wassermaschine“** (engl. *waterframe*), die später als Drosselstuhl berühmt wurde, benutzte – ähnlich wie schon die Maschine von Lewis Paul – mehrere Walzenpaare zum Strecken des Faserbündels. Das Drehen und Aufwickeln des Fadens erfolgte mit Hilfe von Flügelspindeln. Arkwrights Spinnmaschine lieferte ein kräftiges, grobes Garn für Kettfäden. An die Stelle der teuren Leinenkettfäden konnten jetzt Baumwollkettfäden treten. Die Baumwollverarbeitung konnte einen starken Aufschwung nehmen.

Arkwrights Maschine war von vornherein so konstruiert, daß sie durch eine Kraftmaschine angetrieben werden sollte. Dies war nur im zentralisierten Großbetrieb rentabel. Während Hargreaves' „spinning-jenny“ auch von Heimwebern erworben worden war, machte die „water-frame“ den Fabrikbetrieb notwendig.

Arkwright, der 1732 im Armeleuteviertel von Preston geboren worden war, wurde nicht zuletzt durch seine Erfindung der mächtigste Textilfabrikant seiner Zeit. 1771 baute er in Cromford eine Fabrik, deren Maschinen von Wasserkraft angetrieben wurden. Bei seinem Tode hinterließ Arkwright ein Millionenvermögen.

Noch gab es keine Spinnmaschine, die alle Garnsorten herstellen konnte. Der Heimweber SAMUEL CROMPTON (1753–1827) ärgerte sich über die schlechte Qualität des mit der „spinning-jenny“ erzeugten Garns. Sieben Jahre experimentierte er, bis er 1774 seine **„Maultiermaschine“**

(engl. *mule*) herausbrachte. Sie verband die Vorzüge der „jenny“ mit denjenigen der Streckwalzenmaschine („water-frame“). Die Klemmvorrichtung der „jenny“ war durch die Walzenpaare ersetzt worden. Das Spindelgestell war beibehalten worden, konnte aber nun auf Rädern vor- und rückwärts bewegt werden. Die neue Maschine erlaubte es, feines, gleichmäßiges Garn herzustellen. Allerdings wurde sie in der Cromptonschen Form noch von Menschenhand angetrieben und gesteuert. Zunächst besaß die aus Holz hergestellte Maschine 20–30 Spindeln. In dem Maße, in dem die Teile genauer gefertigt wurden und dabei immer mehr Metall verwendet wurde, erhöhte sich auch die Zahl der Spindeln auf 120. Nach wenigen Jahren ersetzte A. Kelly den Hand- durch den Dampfmaschinenantrieb. Bald gab es Mulemaschinen mit über 400 Spindeln, die in zentralisierten Großbetrieben eingesetzt wurden. Die Aufsässigkeit und Lohnforderungen der Mulespinner, die eine körperlich strapaziöse Tätigkeit auszuführen hatten (z.B. das Bewegen des 700–800 kg schweren Spindelwagens, die Bedienung des Abschlagdrahtes und der Handantrieb der Spindeln) führten dazu, daß schon gegen Ende des 18. Jahrhunderts Versuche unternommen wurden, selbsttätige „Maultiermaschinen“ zu entwerfen. Bastelnde Amateure waren damit überfordert, und es dauerte über 30 Jahre, bis es dem Maschinenbauer Richard Roberts gelang, eine brauchbare mechanische Steuerungsanlage zu konstruieren. Der sogenannte **Selfactor** (= Selbermacher) wurde dann die Universalspinnmaschine der „Industriellen Revolution“.

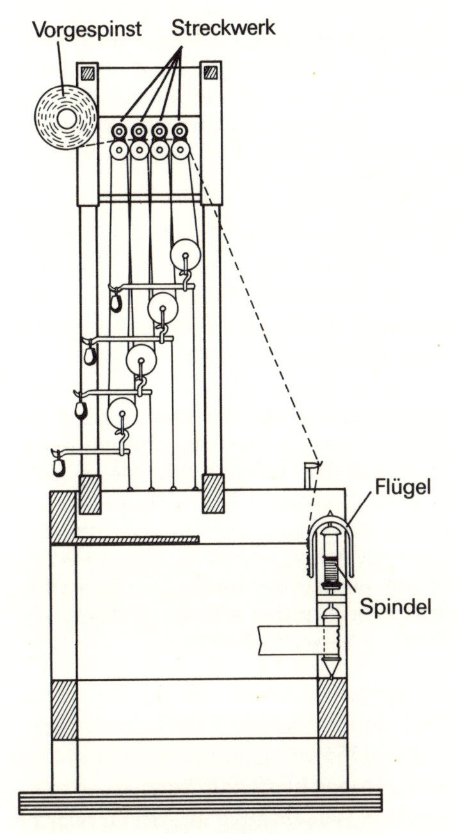

Abb. 35: Arkwrights Water-frame

Die Fasern wurden dem aus 4 Walzenpaaren bestehenden Streckwerk zugeführt. Jedes Walzenpaar wurde getrennt angetrieben, da es gegenüber dem vorgelagerten Walzenpaar eine höhere Geschwindigkeit haben mußte. Der Abstand der Walzenpaare voneinander mußte der Länge der zu streckenden Fasern entsprechen. Die Flügelspindel drehte das Garn und wickelte es gleichzeitig auf.

Die **Weberei** hinkte der technischen Entwicklung in der Spinnerei lange hinterher. Zwar baute der Geistliche Dr. Edmund Cartwright bereits 1785 seinen ersten Maschinenwebstuhl, aber es dauerte noch einmal vierzig Jahre (1823), bis der Maschinenwebstuhl das Stadium der Idee verlassen hatte und in der Praxis eine kostengünstigere Produktion ermöglichte. Eins der technischen Hauptprobleme bestand darin, daß die einzelnen Arbeitsschritte eines Webstuhls, die Fachbildung, Einschlag und Anschlag und schließlich das Aufwinden des Gewebes bei völlig unterschiedlichen Geschwindigkeiten und Antriebsstärken erfolgten.

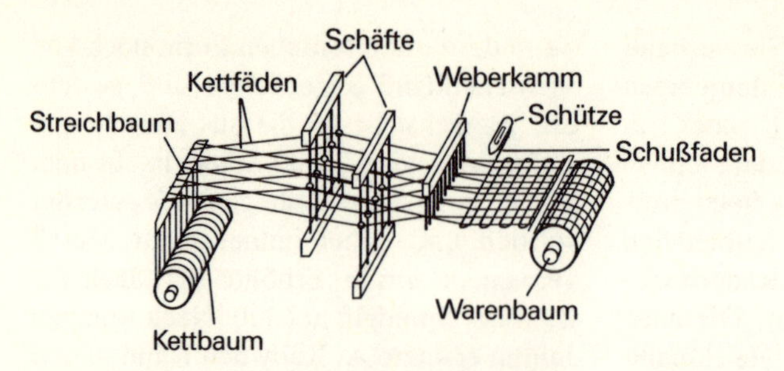

Abb. 36: Prinzipienskizze eines Webstuhls

Das Problem bestand darin, von einer gemeinsamen Antriebswelle aus diese unterschiedlichen Kräfte und Geschwindigkeiten abzustufen. Darüber hinaus mußte die Maschine selbsttätig (mechanisch) auf Pannen reagieren. Blieb z. B. der Schütze aus irgendeinem Grunde im Fach liegen, mußte ein Anschlag des Gewebes durch die Lade verhindert werden, weil sonst Gewebe und Kettfäden beschädigt worden wären. Die Maschine mußte sich in einem solchen Fall also selber abschalten. Edmund Cartwright erkannte diese Probleme, indem er genau die Tätigkeiten des Webers am herkömmlichen Handwebstuhl betrachtete. Seine vier Patente enthalten alle Elemente eines Maschinenwebstuhls: die Antriebsmechanismen, die Schützen-, Schuß- und Kettenwächter, das automatische Aufwinden des Gewebes, eine Schlichtmaschine, automatische Breithalter usw. Allerdings war der Cartwrightsche Webstuhl lediglich aus Holz gebaut. Zudem benötigte er zu seiner Bedienung und Kontrolle einen Weber, war teuer in der Anschaffung und produzierte keineswegs mehr als ein herkömmlicher Handwebstuhl – noch dazu nur gröbstes Gewebe.

Die Cartwrightschen Maschinenwebstühle wurden zunächst mit tierischer Kraft, dann ab 1783 mit Dampfmaschinen angetrieben. Andere Praktiker der Weberei nahmen in den folgenden Jahren weitere einzelne Verbesserungen an Cartwrights Webstuhl vor. Diese mechanischen Webstühle – noch immer aus Holz – stellten bald die zehnfache Menge des Tuchs her, das sich auf einem Handwebstuhl produzieren ließ. Im Jahre 1813 waren in England bereits über 2400 mechanische Webstühle in Betrieb.

Der endgültige Durchbruch der Maschinenweberei gelang aber erst, nachdem der professionelle Maschinenbauer R. Roberts 1822 seinen eisernen Maschinenwebstuhl patentieren ließ.

Der Aufstieg der Maschinenweberei hatte für die Handweber verheerende Folgen: innerhalb von dreißig Jahren wurden sie aus allen ihren Tätigkeitsbereichen verdrängt.
In den neuen Maschinenwebereien um 1830 konnte die Arbeit an den Maschinenwebstühlen von angelernten (und billigeren) weiblichen Arbeitskräften – unter Aufsicht des Mannes – versehen werden.

Das Weben komplizierter Muster wurde durch den Franzosen Joseph Maria Jacquard (1752–1834) weitgehend mechanisiert. Jacquard hatte als Sohn eines selbständigen Webers aus dem Arbeiterviertel von Lyon bereits mit 6 Jahren täglich 14 Stunden am Webstuhl arbeiten und die jeweiligen, dem gewünschten Muster entsprechenden Kettfäden hochheben müssen. Solche leidvollen Erfahrungen waren es wohl, die ihn veranlaßten, unbedingt einen Webstuhl zu erfinden, der Kinderarbeit überflüssig machte. Beim Jacquard-Webstuhl steuerte eine Anzahl von ge-

lochten Pappkarten die Wahl der jeweils hochzuziehenden Kettfäden. Ein einziger Arbeiter konnte mit diesem Webstuhl die kompliziertesten Muster weben. Die Kunstweberei wurde gegenüber dem Handwebstuhl um das Siebenfache gesteigert. Die Lyoner Weber jedoch verbrannten die neuen Maschinen und schlugen ihren Erfinder halbtot.
Der Übergang zur maschinellen Produktion erfolgte zunächst in der Baumwollbranche, danach in den anderen Textilzweigen. Es kam nun darauf an, auch die dem Spinnen oder Weben vor- oder nachgelagerten Arbeitsschritte zu mechanisieren, damit keine Engpässe in der Produktion entstanden. Die 1793 von Eli Whitney erfundene **Baumwollentkernungsmaschine** („cotton-gin") kratzte die Körner aus den Fasern, indem die Baumwolle ein System von Zinken durchlief. Die von Wasserkraft angetriebene Maschine konnte an einem Tage 5000 Pfund Rohbaumwolle reinigen und damit die Arbeit von 1000 Negersklaven ersetzen. Die Qualität der Baumwolle erhöhte sich und ihre Herstellungskosten wurden geringer. Am längsten hielt sich die Handarbeit beim Kämmen der Wolle. Erst in den vierziger Jahren des 19. Jahrhunderts setzten sich Kämmaschinen durch.

Auf der Grundlage all dieser technischen Neuerungen nahm die englische Textilindustrie einen beispiellosen Aufschwung. Wurden im Zeitraum von 1775–1780 jährlich noch etwa 6–7 Mill. Pfd. Rohbaumwolle importiert, so waren es 1792 bereits 35 Mill. und 1810 sogar 132 Mill. Pfd. Der Aufschwung der Baumwollindustrie riß die chemische Industrie und den Maschinenbau mit in die Modernisierung. 1823–26 und 1833–36 kam es zu großen Investitionswellen in der baumwollverarbeitenden Großindustrie. Zwischen 1830 und 1840 wurde die Wollweberei vollkommen mechanisiert. Die Klasse der männlichen Handarbeiter verschwand. Ihre Arbeit wurde in den neuen Fabriken von den Frauen an den mechanischen Webstühlen übernommen.

Die grundlegenden Innovationen in der Textilindustrie hatten für die Handweber und Heimspinner schwerwiegende Folgen. Auch die Arbeitsbedingungen in den stauberfüllten und lärmenden Fabriksälen waren alles andere als human. Man sollte darüber aber nicht vergessen, daß bei allen diesen Einschränkungen die maschinelle Textilerzeugung auch eine große Zahl von Arbeitsplätzen geschaffen hat und damit mehr Menschen ernährte als von der Handweberei und -spinnerei jemals hätten existieren können. Edward Baines hat auf diese positive Seite der technischen Entwicklung hingewiesen, wenn er 1835 schrieb:

„Beim Regierungsantritt Georgs III. (1760) ernährte die Baumwollfabrikation schwerlich mehr als 40000 Menschen; und jetzt, da Maschinen erfunden sind, mittelst deren ein Arbeiter so viel Garn zu erzeugen vermag als damals 200 oder 300, einer so viel Zeug drukken kann als damals 100, finden ihrer an 1500000 oder 37mal soviel dabei ihr Brot. Und dennoch gibt es jetzt noch viele, ja Gelehrte und Parlamentsmitglieder, die so unwissend oder durch Vorurteile so verblendet sind, daß sie pathetische Klage über die Zunahme und Ausdehnung des Maschinenwesens erheben. Man sollte glauben, die Geschichte der Kattunfabrikation zumal habe längst allen diesen Jeremiaden ein Ende gemacht, oder man würde solche bloß etwa von einzelnen Arbeiterklassen zuweilen vernehmen, denen allerdings gewisse Veränderungen zunächst und vorübergehend wenigstens nachteilig sein können. Es gibt nämlich Leute, die, wenn sie hören, daß 150000 Menschen in unseren Spinnereien jetzt so viel Garn erzeugen, als mit dem Handrädchen 40000000 kaum spinnen können, dies für ein großes Übel halten. Diese Leute scheinen die abgeschmackte Meinung zu hegen, daß, wären keine Maschinen vorhanden, die Fabrikation wirklich so viel Millionen Menschen Beschäftigung gäbe, und bedenken nicht, daß ganz Europa zu dieser Arbeit nicht hinreichte und daß sich in diesem Falle der fünfte Teil aller Bewohner bloß mit Baumwollespinnen abgeben müßte! Erfahrung und Nachdenken lehren aber vielmehr das Gegenteil; und wir dürfen sicherlich behaupten, daß, müßten wir jetzt noch mit dem Handrade spinnen, die Baumwollfabrikation fünfmal weniger Menschen als dermalen beschäftigen würde. Daß ein Spinner jetzt so viel Garn in einem Tage erzeugen kann als ehemals in einem Jahre, daß man jetzt Tücher in zwei Tagen so weiß bleichen kann als ehemals in sechs oder acht Monaten, dies ist die Ursache, daß diese Industrie jetzt ungleich mehr Menschen noch Arbeit und Brot gibt als ehemals, und über solche Ergebnisse müssen wir also nicht klagen, sondern darüber uns höchlich freuen..."

(Aus: Edward Baines: History of the cotton manufactury in Great Britain, London 1835. Deutsche Bearbeitung von Chr. Bernoulli: Geschichte der Britischen Baumwollmanufaktur. Stuttgart 1836, S. 153f.)

VIII.3 Eine neue Energiequelle: die Dampfmaschine

Häufig begegnet man der Ansicht, mit der Erfindung und Einführung der Dampfmaschine beginne die eigentliche „Industrielle Revolution". Das ist in dieser Form irreführend und überspitzt. Sicher: Zum Betrieb einer zunehmenden Zahl von Maschinen wurden immer größere Mengen billiger und zuverlässiger Energie nötig. Die Deckung dieses wachsenden Energiebedarfs wurde damit zu einer zentralen Frage, die letztlich durch die Dampfmaschine einer Lösung zugeführt wurde. Doch als die Dampfmaschine auf den Plan trat, spielten solche Überlegungen noch kaum eine Rolle.

Es waren die existentiellen Probleme des Bergbaus mit der Wasserhaltung, die die Entwicklung einer neuen, wirkungsvollen Kraftmaschine unabdingbar werden ließen. Hier, im Bergbau, lag der eigentliche technische Engpaß zu Beginn des 18. Jahrhunderts. Bis dahin waren Holz und Holzkohle die wichtigsten Energieträger gewesen. Seit Jahrhunderten war deshalb der Waldbestand – insbesondere in England – stark rückläufig. Holz und Holzkohle waren infolgedessen immer teurer geworden, und das Gewerbe mußte sich nach neuen Energieträgern umsehen. Damit trat die Kohle ins Blickfeld. Die Hüttenindustrie ging seit dem Beginn des 18. Jahrhunderts in England allmählich zur Verwendung der Kohle über. Bald waren die mit den damaligen technischen Mitteln abbaubaren Schichten erschöpft, und der Bergbau mußte in immer größere Tiefen vordringen. Dem aber standen die bekannten Probleme mit der Wasserhaltung entgegen, die mit den herkömmlichen Mitteln nicht mehr lösbar waren. Die Entwicklung einer neuen Kraftmaschine, mit der man immer tiefere Schächte entwässern konnte, war für den Bergbau und das gesamte Gewerbe seit dem Anfang des 18. Jahrhunderts zu einer Lebensfrage geworden, und die Aktivitäten der Erfinder konzentrierten sich auf dieses vorrangige technische Problem.

Seit dem Ende des 17. Jahrhunderts hatte es die ersten Entwürfe von Dampfmaschinen gegeben. Diese Maschinen beruhten auf einer Ausnutzung des atmosphärischen Druckes auf einen Kolben. Insofern bildete die Erforschung des auf der Erde herrschenden Luftdrucks durch Torricelli, Pascal, von Guericke, Huygens und Hautefeuille im 17. Jahrhundert die wissenschaftliche Grundlage der mit dem Luftdruck arbeitenden, d.h. „atmosphärischen" Dampfmaschine.
Der Franzose Denis Papin (1647–1712) baute als erster eine atmosphärische Kolbendampfmaschine. Durch Kondensation von Dampf in einem Gefäß (Kondensation = Übergang von Gasen und Dämpfen in den flüssigen oder festen Zustand durch Abkühlung oder Druck) entstand ein luftverdünnter Raum, in den dann der äußere, atmosphärische Druck einen Kolben hinunterdrückte. Papins Maschine kam allerdings über das Laborstadium nicht hinaus.

Immerhin aber war ihm der Beweis gelungen, daß es möglich war, auf diesem Wege mit Hilfe des Luftdruckes mechanische Energie zu erzeugen.
Der Militärtechniker THOMAS SAVERY (1650–1715) aus Devonshire konstruierte die erste praktisch verwendete „Dampfpumpe". 1698 nahm er ein Patent auf seine „Maschine zur Hebung des Wassers mit der treibenden Kraft des Feuers", wie sie umständlich umschrieben wurde. Die Maschine sollte das Wasserhaltungsproblem in den englischen Bergwerken lösen. Savery nannte sie deshalb „Freund des Bergmanns". Es handelte sich dabei um eine kolbenlose Dampfmaschine (besser gesagt: Dampfpumpe), bei der die Kondensation von Dampf einen Unterdruck erzeugte, der wiederum eine Saugwirkung ausübte, so daß das Wasser durch ein Steigrohr nach oben befördert wurde.
Die Leistung der Dampfpumpe Saverys blieb jedoch ebenfalls begrenzt, da das Material des Kessels einer Steigerung des Dampfdruckes enge Grenzen setzte. Zudem war die Maschine noch keineswegs als universelle Kraftmaschine außerhalb der Bergwerke verwendbar. Offensichtlich war die Maschine wenig erfolgreich und wurde nur in einem einzigen Bergwerk eingesetzt. Darüber hinaus fand sie nur in einigen noblen Landhäusern zum Wasserpumpen Verwendung. Für die spätere Wattsche Dampfmaschine war von Bedeutung, daß Saverys Dampfpumpe bereits getrennte Behälter für die Dampferzeugung, die Dampfaufnahme und die Kondensation des Dampfes aufwies.

Die erste atmosphärische Dampfmaschine, die über den Bergbau hinaus größere Verwendung fand, entwickelte der Schmied und Eisenhändler Thomas Newcomen (1663–1729).

Ihm waren die Probleme des Bergbaus mit der Wasserhaltung bestens bekannt, und er kannte auch Saverys Dampfpumpe. Newcomen nahm die Grundidee Papins – den Bau einer Kolbendampfmaschine – wieder auf, verbesserte und verwirklichte sie in der Praxis. Die Newcomensche Konstruktion war eine sogenannte Balanziermaschine. Ein Balken (die sogenannte „Balance") wurde vom Kolben des Zylinders an der einen Seite

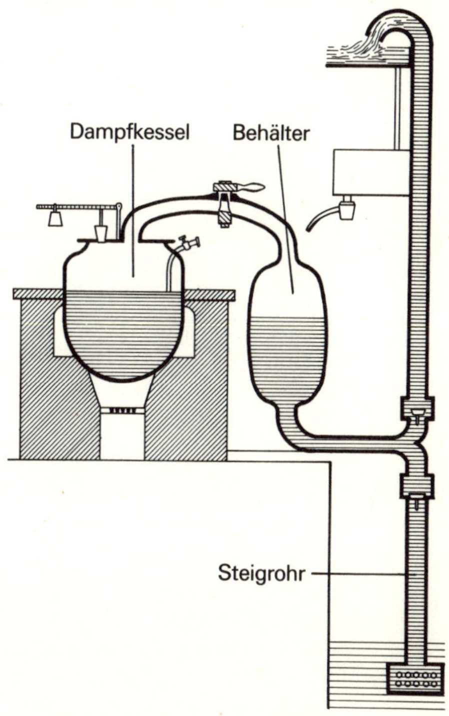

Abb. 37: Saverys Dampfpumpe

Durch Kondensation des im Dampfkessel erzeugten Dampfes entstand ein Unterdruck, der eine Saugwirkung auslöste. Infolgedessen wurde das Wasser in den Behälter gesaugt. Durch den dann aus dem Kessel einströmenden Dampf wurde das Wasser über das Steigrohr hochgedrückt (nach Öffnen bzw. Schließen der entsprechenden Schieber.) Da die Pumpe zwei Dampfkessel und zwei Dampfaufnehmer hatte (in der Schnittzeichnung nicht sichtbar), konnte die Maschine kontinuierlich arbeiten (Dampferhitzung und Kondensation liefen jeweils wechselweise und gleichzeitig ab).

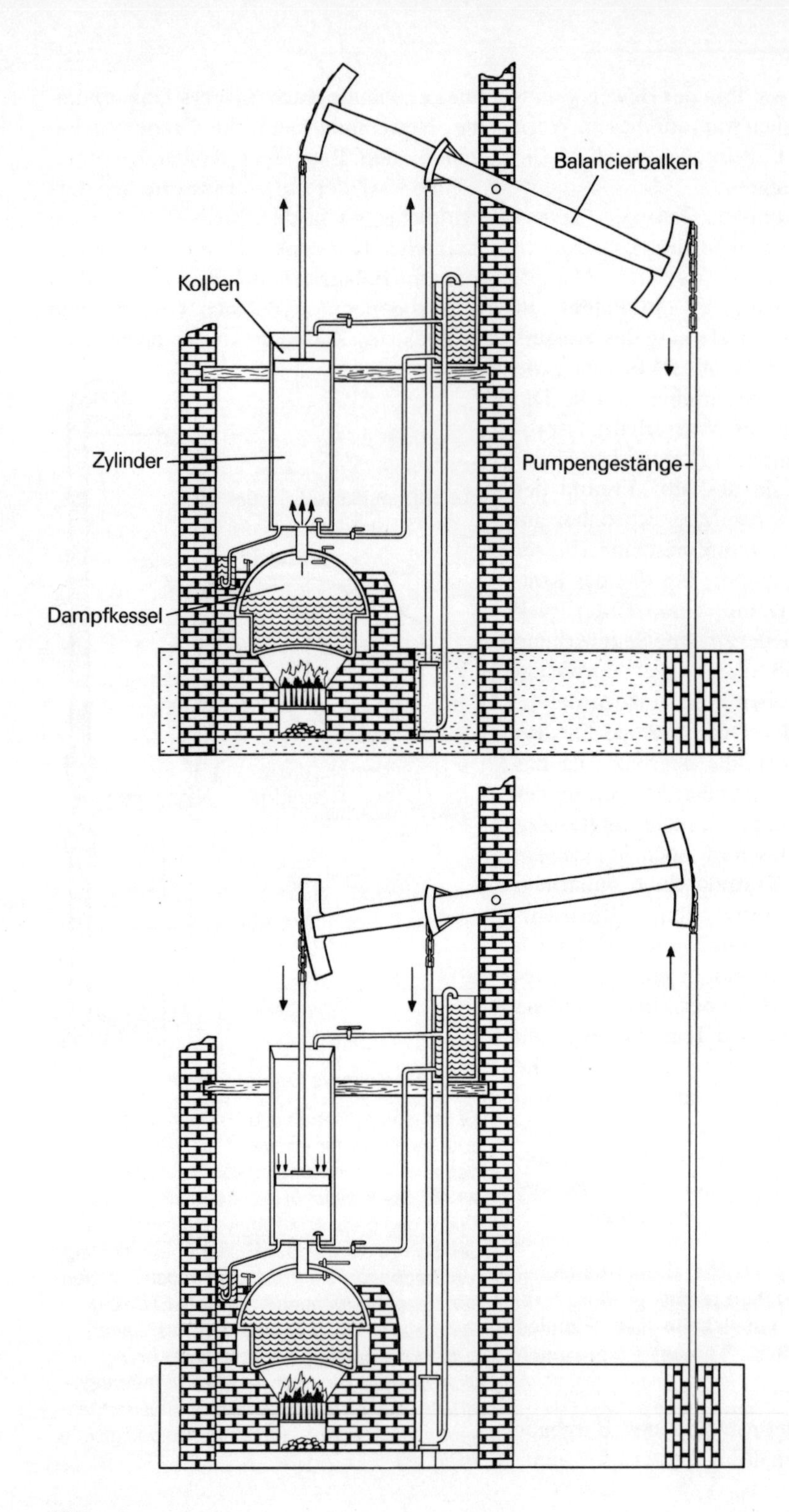
Balancierbalken
Kolben
Zylinder
Pumpengestänge
Dampfkessel

auf- und abbewegt. Das andere Ende des Balkens trieb eine Pumpe oder ein Antriebsrad an, von dem aus die erzeugte Kraft auf andere Arbeitsmaschinen übertragen werden konnte.

Die Newcomensche Maschine hatte allerdings einen Haken: sie verbrauchte ungeheure Mengen von Brennstoff und wurde deswegen vor allem in Bergwerken zu Pumpzwekken eingesetzt, weil dort der Brennstoff Kohle reichlich vorhanden war und kostenmäßig nicht so stark ins Gewicht fiel.

Der enorme Energieverbrauch der Maschine hatte mehrere technische Gründe. Die Erhitzung des Dampfes und seine nachfolgende Kondensation durch Abkühlung erfolgten in ein und demselben Gefäß (Zylinder). Die Temperatur des Zylinders schwankte folglich zwischen heiß und kalt. Das bedeutete erhebliche Wärme- und damit Energieverluste. Die zweite technische Schwierigkeit bestand darin, daß um 1712 kein Mechaniker überhaupt in der Lage war, mit den damaligen Werkzeugen einen wirklich runden Zylinder und einen haargenau dazu passenden Kolben zu liefern. Newcomen behalf sich deshalb auf eine Weise, die uns heute geradezu abenteuerlich anmutet: er dichtete den unvermeidlichen Zwischenraum zwischen Kolben und Zylinder mit Hanf ab! Starke Wärme- und Dampfverluste blieben so bestehen. Es zeigte sich, daß die Newcomensche Maschine technisch der Entwicklung in der Metallverarbeitung zu weit vorausgeeilt war.

Die Herstellung genauer Werkstücke, wie sie bei der Dampfmaschine benötigt wurden, war erst in viel späterer Zeit möglich, als selbständig arbeitende Werkzeugmaschinen dem Menschen das Werkzeug aus der Hand nahmen.

Trotz ihrer schwerwiegenden Nachteile fand Newcomens Maschine vor allem in den Kohlebergwerken im Nordosten Englands große Verbreitung. Daran änderte auch der für damalige Verhältnisse astronomisch hohe Preis (1700 Pfund um 1745) nichts. Es gab keine Alternative zu dieser Maschine, die allerdings noch nicht benutzt werden konnte, um eine Drehbewegung zu erzeugen, wie sie zum Antrieb von Arbeitsmaschinen benötigt wurde.
In den 70er Jahren verbesserte der Ingenieur John Smeaton (1724–1792) die Newcomensche Dampfmaschine durch Beobachtungen und Berechnungen erheblich. Die entscheidende Weiterentwicklung der Dampfmaschine fand jedoch in Schottland statt. Sie wurde dadurch möglich, daß an die Stelle von „trial and error" wissenschaftliche Analyse trat.
James Watt (1736–1819), Sohn eines Zimmermanns und gelernter Feinmechaniker, besaß eine ausgeprägte technische Neugierde. Im Alter von 20 Jahren ließ er sich in Glasgow als Hersteller von wissenschaftlichen Instrumenten nieder. An der Universität hörte er Chemievorlesungen bei Joseph Black und bemühte sich um eine Erweiterung seiner theoretischen Kenntnisse. 1763 erhielt Watt von der

Abb. 38: Schema einer Newcomenschen atmosphärischen Kolbendampfmaschine

Durch Erhitzen des Wassers im Dampfkessel entsteht Dampf. Der Dampf strömt in den Zylinder ein. Der einströmende Dampf und das Gewicht des Pumpengestänges am anderen Ende des Balancierbalkens bewegen den Kolben nach oben. Dadurch wird das Pumpengestänge nach unten bewegt.
Im zweiten Bewegungsablauf wird in den Zylinder kaltes Wasser eingespritzt. Dadurch kondensiert der Dampf. Der atmosphärische Luftdruck kann jetzt den Kolben nach unten drücken. Das Pumpengestänge geht nach oben, so daß eine Saugwirkung entsteht, die das Wasser nach oben befördert.

Universität Glasgow den Auftrag, das defekte Modell einer Newcomenschen Dampfmaschine aus der Gerätesammlung zu reparieren. Dabei erkannte er, daß in der Maschine Newcomens drei Viertel der erzeugten Hitze verlorengingen. Nach jedem Hub des Zylinders wurde dieser durch kaltes Wasser wieder abgekühlt, damit der neu einströmende Dampf kondensiert werden konnte. Ein großer Teil des verbrauchten Dampfes leistete so keine nutzbare Arbeit.

James Watt fand nun heraus, daß der eintretende Dampf besser genutzt wurde, wenn man den Zylinder ebenso heiß erhielt wie den eintretenden Dampf. Diese Erkenntnis war das Ergebnis systematischer Experimente, in denen Watt versuchte, den Ursachen des unerwünschten Wärmeverlustes auf die Spur zu kommen. Um den Zylinder gleichmäßig heiß zu halten, verfiel Watt auf eine andere Lösung: er kondensierte den Dampf in einem besonderen, vom Zylinder getrennten Gefäß, dem Kondensator.

Watt baute einige Modelle in Originalgröße und hatte bis zum Jahre 1767 1000 Pfund in seine Arbeiten investiert. Der Bau einer großen Maschine für die Praxis überstieg bei weitem seine finanziellen Mittel und die technischen Möglichkeiten einer Universitätswerkstatt. Da machte Joseph Black Watt mit Dr. John Roebuck, einem bedeutenden schottischen Grubenbesitzer und Industriellen, bekannt. Roebuck suchte nach einer leistungsfähigen Maschine, die das Wasser aus seinen Kohlebergwerken pumpen sollte, aus denen er den Brennstoff für sein Eisenhüttenwerk in Carron bezog. Roebuck bezahlte die Schulden Watts, stellte ihm Kapital zur Verfügung und gab ihm die Möglichkeit, auf seinem Wohnsitz eine Versuchsmaschine in großem Maßstab zu bauen. 1769 nahmen Roebuck und Watt auf diese Maschine ein Patent, das auf „Verminderung des Verbrauches an Dampf, folglich auch an Brennstoff bei Feuermaschinen" lautete. Die wesentlichen Elemente seiner Neuerung umschrieb Watt in der Patentbeschreibung wie folgt:

„Mein Verfahren der Verminderung des Verbrauches an Dampf und, hierdurch bedingt, des Brennstoffes in Feuermaschinen, setzt sich aus folgenden Prinzipien zusammen:
Erstens, das Gefäß in welchem die Kräfte des Dampfes zum Antrieb der Maschine Anwendung finden sollen, welches bei gewöhnlichen Feuermaschinen Dampfzylinder genannt wird und welches ich Dampffaß nenne, muß während der ganzen Zeit, wo die Maschine arbeitet, so heiß erhalten werden, als der Dampf bei seinem Eintritte ist, und zwar erstens dadurch, daß man das Gefäß mit einem Mantel aus Holz oder einem anderen die Wärme schlecht leitenden Material umgibt und daß man drittens darauf achtet, daß weder Wasser noch ein anderer Körper von niedrigerer Wärme als der Dampf in das Gefäß eintritt oder dasselbe berührt.
Zweitens muß der Dampf bei solchen Maschinen, welche ganz oder teilweise mit Kondensation arbeiten, in Gefäßen zur Kondensation gebracht werden, welche von den Dampfgefäßen oder Zylindern getrennt sind und nur von Zeit zu Zeit mit diesen in Verbindung stehen. Diese Gefäße nenne ich Kondensatoren, und es sollen dieselben, während die Maschinen arbeiten, durch Anwendung von Wasser und anderer kalter Körper mindestens so kühl erhalten werden als die die Maschine umgebende Luft.
Drittens, sobald Luft oder andere durch die Kälte des Kondensators nicht kondensierte elastische Dämpfe den Gang der Maschine stören, so sind dieselben mittels Pumpen, welche durch die Maschine selbst betrieben werden, . . . zu entfernen.
Viertens beabsichtige ich in vielen Fällen die Expansionskraft des Dampfes zum Antrieb der Kolben oder was an deren Stelle angewendet wird, zu gebrauchen, in derselben Weise, wie der Druck der Atmosphäre jetzt bei gewöhnlichen Feuermaschinen benutzt wird. In Fällen, wo kaltes Wasser nicht in Fülle vorhanden ist, können die Maschinen durch diese Dampfkraft allein betrieben werden . . ."

(Aus: Max Geitel, Die Geschichte der Dampfmaschine, Leipzig 1913, S. 118f.)

Die wesentlichen Elemente, die Watts Maschine von der Newcomenschen Maschine unterschieden, waren also vor allem der getrennte Kondensator, die Luftpumpe und der von einem Dampfmantel umgebene geschlossene Zylinder. Ansonsten kann man sich die Funktionsweise wie bei der Maschine nach Newcomen vorstellen.

In Edinburgh stellten Roebuck, der zwei Drittel der Anteile für sich beansprucht hatte, und Watt eine dieser neuen Maschinen auf, die jedoch ein Mißerfolg wurde, da die Schmiede schlecht gearbeitet hatten. Die Zylinder waren an einem Ende um bis zu einem Achtel Zoll größer im Durchmesser als am anderen Ende. Wieder zeigten sich hier die fertigungstechnischen Schwierigkeiten, denen sich die Dampfmaschinenbauer bis zur Einführung moderner Werkzeugmaschinen gegenübersahen. Auch die Beschaffung des nötigen Kapitals erwies sich für Watt in den Folgejahren als immer schwieriger. Zwischen 1766 und 1774 mußte er gut bezahlte Vermessungsarbeiten annehmen, um sich finanziell über Wasser zu halten. Als Dr. Roebuck 1773 in Konkurs ging, übernahm der Unternehmer Mathew Boulton das Wattsche Dampfmaschinenprojekt – denn mehr war es bis dato immer noch nicht – aus der Konkursmasse. Dazu gehörte Mut, denn bislang hatte das Projekt bereits 3000 Pfund gekostet, ohne einen einzigen Penny eingebracht zu haben.

Die Zusammenarbeit von Watt und Boulton war für beide Seiten sehr erfolgreich. Zunächst sorgte Boulton dafür, daß die Patente von 1775 bis 1800 verlängert wurden. Er schloß mit James Watt einen Vertrag, in dem er sich bereiterklärte, die Entwicklungskosten zu übernehmen, sowie Watt ein Jahreseinkommen von 300 Pfund und ein Drittel des zu erwartenden Reingewinns zu garantieren. In Boultons Gießerei in Soho fand Watt außerdem endlich Facharbeiter, die in der Lage waren, Präzisionsteile wie Kolben oder Ventile herzustellen. Die nahegelegene Gießerei von John Wilkinson in Bradley konnte präzis gearbeitete Zylinder liefern (Wilkinson hatte 1774 ein Patent für das Ausbohren von Kanonenrohren erhalten).

Boulton bedrängte Watt immer wieder, endlich eine fertige Maschine auf den Markt zu bringen, statt nach immer neuen technischen Varianten für einzelne Probleme zu suchen. 1776 war es dann soweit: Watts erste Dampfmaschine nahm in einem Kohlebergwerk bei Tipton den Betrieb auf. Das war ein historisches Datum. Eine andere Maschine kam in den Eisenhütten des besagten Wilkinson bei Brosby in Shropshire zum Einsatz, wo sie ein Hochofengebläse antrieb. Schon die ersten Maschinen der Wattschen Bauart verbrauchten nur ein Drittel der Kohlenmenge, die zum Betrieb einer Newcomenschen Maschine notwendig gewesen war. Diese Sparsamkeit war die beste Werbung für sie, und so begann 1777 das Geschäft mit den Grubenbesitzern aus Cornwall zu florieren, die vornehmlich Zinn und Kupfer abbauten, während die Steinkohle dort teuer war. Um 1800 waren in Cornwall bereits ca. 55 Wattsche Dampfmaschinen in Betrieb. Es handelte sich dabei durchweg um einfach wirkende Dampfmaschinen, bei denen die Abwärtsbewegung des Kolbens durch den Dampf, die Aufwärtsbewegung jedoch durch das Übergewicht des Balancierbalkens auf der Seite des Pumpengestänges bewirkt wurde. Die ersten Maschinen dieser Bauart fanden nur bei der Wasserhaltung im Bergbau oder bei der Wasserversorgung durch Pumpen Verwendung. Wollte man sie benutzen, um außer Pumpen auch andere Maschinen anzutreiben, so mußte es gelingen, die Auf- und Abbewegung des

Kolbens und der Kolbenstange in eine Kreisbewegung umzusetzen. Die einfachste Lösung wäre die seit dem Mittelalter bekannte Kurbelwelle gewesen, die sich jedoch andere Erfinder im Jahre 1780 bereits hatten patentieren lassen. Watt ließ sich 1781 gleich fünf alternative Lösungen für das genannte Problem patentieren, da er niemanden an den finanziellen Erträgen seiner Dampfmaschine teilhaben lassen wollte.
In der Praxis verwendete er jedoch bis 1795 nur das **Planetengetriebe**. Dabei war am Ende des Balancierbalkens eine senkrechte Stange befestigt, an deren unterem Ende sich ein Zahnrad befand. Dieses Zahnrad setzte ein zweites, am Antriebsrad befestigtes Zahnrad in Bewegung (siehe Abb. 39).

Mit der Umsetzung der Auf- und Ab- in eine Kreisbewegung war die Dampfmaschine zu einer vielseitig verwendbaren Kraftmaschine geworden. Ihre Verwendbarkeit steigerte sich noch, als sich Watt 1792 seine doppeltwirkende Dampfmaschine patentieren ließ. Hier bewirkte der Dampf, der abwechselnd ober- und unterhalb des Kolbens einströmte, sowohl die Auf- als auch die Abwärtsbewegung des Kolbens. Die Maschine lief deshalb wesentlich gleichmäßiger und ruhiger – eine wichtige Voraussetzung für ihre Anwendung in allen Bereichen der gewerblichen Praxis.

Die Maschine konnte jetzt im Bergbau, aber auch in Fabriken – besonders in Textilunternehmungen – eingesetzt werden. Sie förderte von sich aus die Entwicklung immer neuerer Werkzeug- und Arbeitsmaschinen. Im Jahre 1800 gab es in Großbritannien etwa 500 Wattsche Dampfmaschinen mit einer Leistung von etwa 7500 PS. 308 dieser Maschinen erzeugten eine Drehbewegung. In Deutschland wurde die erste, vom schlesischen Maschinenmeister Friedrich Wilhelm Holtzhausen gebaute Dampfmaschine 1785 im Bergbau bei Hettstedt unweit Mansfeld zur

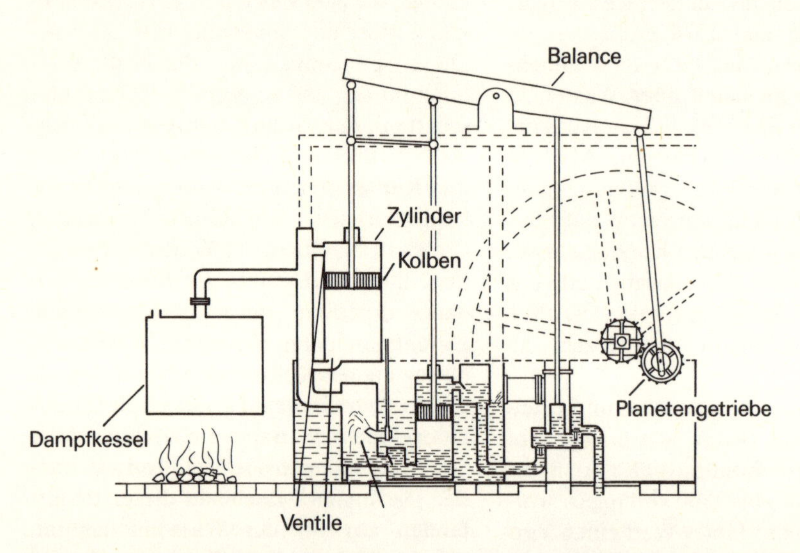

Abb. 39: Doppeltwirkende Dampfmaschine von James Watt aus dem Jahre 1791

Der im Dampfkessel erzeugte Dampf strömt durch die Ventile abwechselnd in den Zylinder und verschiebt den Kolben. Die Steuerung der Dampfzufuhr geschah durch einen der Einfachheit halber nicht gezeichneten Röhrenschieber. Rechts das Planetengetriebe, das die Auf- und Abbewegung des Kolbens und der Balance in eine Drehbewegung umwandelt.

Wasserförderung eingesetzt. Ansonsten fand die Dampfmaschine in Deutschland erst nach der Jahrhundertwende größere Verbreitung, vor allem im Rheinland und in Oberschlesien. Die erste Dampfmaschine Westfalens (1801) kam ebenfalls aus Schlesien. Sie regte den Tischler und Mechaniker Franz Dinnendahl an, selbst Dampfmaschinen zu bauen.
Welche Schwierigkeiten es dabei u. a. wegen des Mangels an geeigneten Handwerkern und Arbeitern gab, hat Dinnendahl selbst anschaulich geschildert:

„Im Jahre 1801, da die Stifter Essen und Werden noch mit den preußischen Landen vereinigt waren, baute ich den Gewerken der schon vorhin genannten Zechen Wohlgemuth im Werdenschen die erste Feuermaschine nach altem Prinzip... einige schwuren geradezu, daß es unmöglich sei, und andere prophezeiten mir, weil es mir als gemeinem Handwerker jetzt wohl ging, meinen Untergang, weil ich mich in Dinge einließ, die über meine Sphäre hinausgingen. Freilich war es ein schwieriges Unternehmen, besonders, weil in der hiesigen Gegend nicht einmal ein Schmied war, der imstande gewesen wäre, eine ordentliche Schraube zu machen, geschweige andere, zur Maschine gehörige Schmiedeteile als Steuerung, Zylinderstange und Kesselarbeit pp. hätte verfertigen können oder Bohren und Drechseln verstanden hätte... Indessen schmiedete ich fast die ganze Maschine mit eigener Hand, selbst den Kessel, so daß ich 1–1½ Jahre fast nichts anderes als Schmiedearbeiten verfertigte, und ersetzte also den Mangel an Arbeitern der Art selbst. Aber es fehlte auch an gut eingerichteten Blechhämmern und geübten Blechschmieden in der Gegend, weshalb die Platten zum ersten Kessel fast alle unganz und kaltbrüchig waren. Ebenso unvollkommen waren diejenigen Stücke der Maschine, welche die Eisenhütte liefern mußte, als Zylinder, Dampfröhren, Schachtpumpen, Kolben und dgl.... Das Bohren der Zylinder setzte mir neue Hindernisse entgegen, allein auch dadurch ließ ich mich nicht abschrecken, sondern verfertigte mir auch eine Bohrmaschine, ohne jemals eine solche gesehen zu haben... Während dieser Zeit hörte ich, daß man auch Maschinen nach einem neuen Prinzip oder nach Watt und Boulton baue, hatte aber davon weder jemals etwas gelesen noch gesehen, und sann daher Tag und Nacht darüber nach, ob und wie ich dieses zustande bringen könnte. Endlich vernahm ich, daß eine solche Maschine auf der Saline zu Königsborn bei Unna gebaut wäre. Ich ging also dahin, nahm diese Maschine in Augenschein, und kaum hatte ich dieselbe eine Stunde betrachtet, so war ich mit derselben so bekannt, daß ich mich stark genug fühlte, eine eben solche Maschine zu bauen... Ich arbeitete selbst mit meinen Gesellen und einem Bruder Tag und Nacht, bis die Maschine fertig war. Um sicher zu sein hatte ich diese Maschine nach altem und neuem Prinzip zugleich vorgerichtet und setzte sie deshalb zuerst, damit ich im ersten Augenblick meinen Kredit nicht verlieren möchte, nach altem Prinzip in Bewegung. Sie ging vortrefflich... Das Zutrauen zu mir wuchs nun mit jedem Tage, und nachdem dieses gehörig begründet war, wagte ich es, die Maschine nach neuem Prinzip gehen zu lassen. Ich schraubte also oben den Zylinder zu, setzte die Luftpumpe in Bewegung, machte die Dampfröhre in Ordnung und ließ das Werk nun auch nach dem neuen Prinzip gehen..."

(Aus: C. Matschoss, Franz Dinnendahl, in: Beiträge zur Geschichte von Stadt und Stift Essen, 1905, H. 28, S. 17ff.)

Diese Schilderung Dinnendahls zeigt nicht nur die Probleme, die einem Dampfmaschinenbauer der Pionierzeit entgegentraten, sondern sie verdeutlicht auch, auf welche Weise sich die Arbeit des Technikers damals vollzog: sie war größtenteils reine Empirie, und technische Innovationen verbreiteten sich häufig durch „Augenschein" und Nachahmung.
Hindernisse traten beim Bau von Dampfmaschinen auch durch die noch unterentwickelte Technik der Metallverarbeitung auf. So mußte Dinnendahl den ersten Zylinder einer 40zölligen Dampfmaschine, die er im Auftrag des Bergamtes bei Essen bauen sollte, fünfmal gießen lassen, „ehe derselbe die nötige Vollkommenheit hatte, indem noch niemals ein so großes Stück Arbeit auf der Eisenhütte gegossen

worden und derselbe bald zu hart war, bald zuviel Kiß hatte, bald zu enge, bald zu weit war; daß ich denselben aus drei Stücken zusammensetzen mußte, weil der Schmelzofen eine so große Masse von Eisen, als zum ganzen Zylinder erforderlich war, auf einmal nicht fassen konnte ...".

Nach James Watts grundlegender Neuerung wurde die Dampfmaschine ständig verbessert und ihre Leistungsfähigkeit erhöht. Von besonderer Bedeutung wurden dabei die Hochdruckdampfmaschinen und die Verbundmaschine. Bereits 1781 baute John Hornblower (1725–1812) eine Verbundmaschine. Der Dampf strömte aus dem ersten in einen zweiten Zylinder und wurde dort noch einmal ausgenutzt, um zusätzliche Leistung zu erzeugen. Die Verbundmaschine erlaubte einen höheren Dampfdruck und nutzte die zugeführte Energie besser aus. Solange man jedoch keine stärkeren Materialien verwenden konnte, wegen der Bauweise der Kessel mit niedrigem Druck arbeiten mußte und die Einzelteile der Maschine noch nicht ganz präzise ineinanderpaßten, bedeuteten die Hochdruckmaschinen noch keine Konkurrenz für die Wattschen Niederdruckmaschinen.

Der Engländer TREVITHICK und der Amerikaner EVANS nahmen weitere Verbesserungen der Hochdruckmaschine vor.

Die grundsätzliche Bedeutung der Hochdruckmaschinen lag darin, daß sie mehr PS je Gewichtseinheit erzeugten. Dadurch wurde es möglich, die Maschinen leichter zu bauen, auf Räder zu setzen oder in einem Schiffsrumpf unterzubringen, d.h. sie zu Transportzwecken zu verwenden.

Die Revolutionierung des gesamten Transport- und Verkehrswesens war in greifbare Nähe gerückt. Allerdings kam die Hochdruckverbundmaschine erst um 1850 in allgemeinen Gebrauch. Voraussetzungen dafür waren die Entwicklung leistungsfähiger Hochdruckkessel, das Aufkommen der Thermodynamik (Lehre von der Umwandlung von Wärme in Energie) und die Herstellung genau passender, austauschbarer Maschineneinzelteile durch neuartige Werkzeugmaschinen (s. Kap. VIII.5).

Die Dampfmaschine verdrängte in den ersten drei Jahrzehnten des 19. Jahrhunderts allmählich einen großen Teil der anderen Kraftmaschinen. In den 30er Jahren gab es allein in der britischen Textilindustrie mehr als 3000 Dampfmaschinen mit über 74000 PS. Das Ausland – Belgien, Frankreich, Deutschland und die USA – bezogen zunächst englische Maschinen, begannen dann aber, den technologischen Rückstand zu verringern und selbst von einheimischen Maschinenbauern Dampfmaschinen bauen zu lassen.

Die Bedeutung der Wattschen Dampfmaschine lag vor allem darin, daß sie im Gegensatz zur Wasser- und Windkraft im Prinzip an jedem Standort eingesetzt werden konnte, um in zentralisierten Produktionsstätten, den Fabriken, alle möglichen Arbeits- und Werkzeugmaschinen anzutreiben. Energie schien jetzt in beinahe unbegrenztem Maße zur Verfügung zu stehen – und sie war noch dazu transportabel. Die Standortbindung der Fabriken an die Wasserläufe entfiel und sie konnten jetzt dort errichtet werden, wo es Rohstoffvorkommen gab oder die Verkehrsverhältnisse günstig waren. Auch schon vor der Dampfmaschine hatte es Fabriken gegeben. Doch wurde die Gründung weiterer Fabriken durch die Dampfkraft stimuliert, ja geradezu herausgefordert.

Nur in großen Fabriken konnte die Dampfmaschine kostengünstig und rentabel eingesetzt werden. Die entstehenden Fabriken massierten sich in den schnell wachsenden Großstädten. Ganze Industriestädte und -regionen entstanden, in denen sich ein großer Teil der Bevölkerung zusammenballte. Einerseits ermöglichte die Dampfmaschine durch ihre Unabhängigkeit von Jahreszeit, Wetter und organischem Leben eine ungeheure Stetigkeit der Produktion, eine rasante Steigerung des Produktionstempos und -volumens bei steigender Präzision; andererseits schuf sie – oder schufen zumindest ihre Auswirkungen – ganz neue soziale Probleme, die bis in unsere Gegenwart fühlbar sind.

Man kann über die sozialen Folgen der Dampfmaschine im weitesten Sinne lange philosophieren und dickleibige wissenschaftliche Abhandlungen schreiben, ohne sich dem Kern der Sache weiter zu nähern, als es 1907 der bekannte Technikhistoriker Conrad Matschoß getan hat. Manche seiner Aussagen würden sicherlich heute anders akzentuiert werden. Da sie aber in prägnanter Weise die Gedanken eines Zeitgenossen wiedergeben, der einen großen Teil des Umwandlungsprozesses im Deutschland des 19. Jahrhunderts miterlebt hat, sollen seine Worte über die Auswirkungen der Dampfmaschine auf die Gesellschaft und das Denken und Fühlen der Menschen als Anregung dienen, sich einmal selbst mit diesen Aspekten auseinanderzusetzen. Matschoß schreibt:

„Eine Schöpfung wie die Dampfmaschine, mit derem ersten Auftreten für Industrie und Gewerbe eine neue Zeit beginnt, mußte natürlich auch auf das soziale Leben der Menschen, auf ihr Denken und Empfinden maßgebenden Einfluß gewinnen.

Das Werden der Dampfmaschine, das unaufhaltsame Eindringen der dem Menschen unterworfenen Naturkraft ist ein ‚bestimmendes Ereignis, das der Menschheit einen neuen Umschwung gibt, das die Farbe und Gestalt des Lebens verändert!‘ ...

Zuerst allerdings trat die Dampfmaschine auf als ‚Freund‘ des Bergmanns, sie half erhalten, was ohne sie verlorengehen mußte, zuerst handelte es sich nur darum, den Besitzstand zu wahren, das Erworbene zu verteidigen. Aber bald begann der Angriff. Die Dampfkraft trat ihren Siegeszug an, sie drang ein in alle Gebiete, sie vernichtete alte Gewerbe oder gestaltete sie von Grund aus um, sie riß die Menschen hinweg von der Arbeit, die sie erlernt, die ihre Väter und Großväter ausgeübt hatten und führte sie zu einer neuen, ihnen ungewohnten Tätigkeit. Die mühsam erworbene Arbeitsgeschicklichkeit, ihr einziges Kapital, wurde wertlos ... Aus dem eigenen Haus, aus dem Zusammenhang der Familie trieb die neue Maschine die Menschen in große Fabriken, sie zerriß die Fäden, die jahrhundertelang den Menschen mit seiner Arbeit verbunden hatten ...

Jetzt beginnt der Kampf gegen die alten Hausgewerbe, gegen die Manufaktur ..., jetzt entsteht der Fabrikarbeiter und der Fabrikunternehmer ... Über jene ersten Unternehmer war die Sucht, schnell reich zu werden, gekommen. Die großen technischen Erfindungen hatten neue Schatzkammern der Erde erschlossen. Naturkraft, Rohstoffe und menschliche Arbeit hießen die drei Elemente, aus deren Zusammenschmelzen die Ströme des Goldes flossen, das die Sinne umnebelte, böse in gut verwandelte und den Eigennutz zur wahnwitzigen Höhe anwachsen ließ ... Soziale Verschiebungen von unerhörter Ausdehnung begannen sich bemerkbar zu machen.

Die Dampfmaschine, mit den von ihr betriebenen Arbeitsmaschinen, machte den Arbeitsvorgang immer mehr unabhängig von der physischen Kraft und der erlernten Handfertigkeit des einzelnen. Der kräftige Mann, der regelrecht sein Handwerk erlernt hatte, wurde durch Frauen und kleine Kinder ersetzt, die von der Maschine zuerst in ungeheuren Scharen der großen Industrie zugeführt wurden. In England sollen schon 1788 nicht weniger als 59000 Frauen und 48000 Kinder in den Fabriken, losgelöst von ihrer Familie, gearbeitet haben. So hat die Dampfmaschine auch gerade die Frauenarbeit in weitgehender Weise beeinflußt. Sie hat die proletarische Frauenfrage geschaffen, sie hat in großen Bevölkerungsschichten die Familienbande gelockert und der Frau neben dem Manne eine von ihm unabhängige Existenz geschaffen.“

(Aus: C. Matschoß, Die Entwicklung der Dampfmaschine, Bd. I, Berlin 1908, S. 272ff.)

Alles, was bisher über die Bedeutung und Ausbreitung der Dampfmaschine gesagt worden ist, könnte dazu verleiten, sich den Siegeszug dieser umwälzenden Innovation rasanter oder absoluter vorzustellen, als er tatsächlich gewesen ist. Am Schluß der Betrachtungen über die Dampfmaschine sei deshalb darauf hingewiesen, daß die Energiemaschinen der vorindustriellen Zeit – z.B. das Wasserrad – keineswegs über Nacht abgelöst wurden. Bei der Entstehung der ersten Textilfabriken in England in der ersten Hälfte des 18. Jahrhunderts spielte das Wasserrad die entscheidende Rolle. Auch nach 1750 wurde der Wirkungsgrad der Wasserräder noch erheblich verbessert. Im 18. Jahrhundert hatten sie eine Leistungsstärke von etwa 10 PS. Selbst Jahrzehnte nach dem Wattschen Patent gab es immer noch eine Konkurrenz zwischen dem Wasserrad und der neuen Kraftmaschine. Im 19. Jahrhundert verwendete man zum Bau von Wasserrädern statt Holz zunehmend Eisen. Die Betriebe, die ihre Maschinen im 18. Jahrhundert mit Wasserrädern angetrieben hatten, blieben teilweise noch recht lange bei dieser Antriebsart. Der Grund lag in den hohen Kosten, die mit dem Bau einer Wasserkraftanlage verbunden waren. Sie amortisierten sich erst nach längerer Betriebsdauer. Schon deshalb spielten Wasserräder, gerade auch in kleineren Betrieben mit geringerem Energiebedarf, noch um 1815 eine wichtige Rolle in der Energieversorgung des Gewerbes. Da Wasserräder jedoch an das Vorhandensein eines ausreichenden Wassergefälles gebunden und noch dazu von klimatischen Bedingungen (Vereisungsgefahr im Winter) abhängig waren, waren sie für einen modernen Fabrikgroßbetrieb, der auf eine zuverlässige und gleichmäßige Belieferung mit mechanischer Energie angewiesen war, immer weniger geeignet und mußten langfristig der Konkurrenz der Dampfmaschine unterliegen.

VIII.4 Kohle und Eisen: die Grundstoffe der Industrialisierung

Kohle und Eisen wurden zu den Grundstoffen der „Industriellen Revolution". Beide traten an die Stelle der Holzkohle bzw. des Holzes, die bis dahin der Hauptbrennstoff und das wichtigste Konstruktionsmaterial gewesen waren.

Die Versorgung mit Holzkohle und Holz war jedoch im 18. Jahrhundert ernsthaft gefährdet. Seit den Tagen Königin Elisabeths I. hatte der zunehmende Holzmangel in England zu starken Preiserhöhungen um 80% in zwei Jahrhunderten geführt. Die Eisenindustrie geriet in eine schwierige Lage. In dieser Situation hielt man Ausschau nach einem neuen Brennstoff und es lag nahe, daß man dabei auf die Kohle blickte, die in England bereits seit langem vor allem im Hausbrand, aber auch zu bestimmten gewerblichen Zwekken verwandt worden war. Schon im Jahre 1760, als die Eisenhütten als Abnehmer noch gar nicht ins Gewicht fielen, wurden in England 5 Mill. t Kohle gefördert. Im Ruhrgebiet erreichte man diese Menge erst 100 Jahre später. Da die Nachfrage nach Kohle durch die hohen Holzpreise stieg, mußte der Bergbau in immer größere Tiefen vordringen. Damit wurde zunehmend das Problem der Wasserhaltung akut, das zunächst mit Hilfe der Newcomenschen Dampfmaschine angegangen wurde. Die Abbaumethoden vor Ort veränderten sich dagegen kaum. Spitzhacke und Schaufel waren die einzigen „technischen" Hilfsmittel für diese Arbeit. Der Transport der Kohle unter Tage wurde ebenfalls weiterhin von Menschen vorgenommen. Oft handelte es sich dabei um Frauen oder Kinder. In nur 50 cm hohen Flözen zogen Schleppjungen mit Hilfe einer an einem Gürtel befestigten Kette Kohlenwagen zu den Förderschächten

oder Frauen und Kinder trugen die Kohle in Körben. Die physische Kraft dieser Kinder und Frauen wurde bis zum Letzten beansprucht.
Allmählich ging man dazu über, Ponys vor Karren zu spannen, die auf hölzernen Gleisen liefen. Über Tage brachten ebenfalls Karren auf hölzernen Gleisen die Kohle zum Fluß oder zum Meeresufer, wo sie auf Schiffe verladen wurde. Seit den 1820er Jahren wurden auf größeren Zechen stationäre Dampfmaschinen zu Förderzwecken eingesetzt.

Es waren die nordöstlichen Kohlenreviere, die schon im 18. Jahrhundert ein Netz von Schienenwegen zu Transportzwecken aufgebaut hatten und – zusammen mit anderen Kohlenrevieren – in den Jahren 1800–1820 die Dampfmaschine auf Räder setzten und damit Pionierarbeit für die Dampflokomotive und den Schienentransport leisteten.

Je tiefer der Bergbau vordrang, um so schlechter wurden die Arbeitsbedingungen unter Tage, da die Temperaturen zunahmen und die Lüftung immer schlechter wurde. Man baute Belüftungsschächte, setzte seit 1807 Luftpumpen ein und entwickelte in den 30er Jahren Ventilatoren. Trotzdem blieben die Bewetterungsvorkehrungen hinter der zur Abteufung und Förderung eingesetzten Technik zurück. Schlechte Belüftung und vor allem die Beleuchtung mit offener Flamme führten immer wieder zu schlimmen Grubengasexplosionen. Ein von Pfarrer Hodgson 1813 in Sunderland gegründeter „Verein zur Vermeidung von Bergunfällen" veranlaßte den Naturwissenschaftler Sir Humphry Davy, die **Sicherheitsgrubenlampe** zu erfinden (1815). Davy hatte herausgefunden, daß ein feinmaschiges Drahtgewebe, das den Brennzylinder umgab, die Hitze so schnell ableitete, daß die Flamme nicht durchschlug. Davys Sicherheitsgrubenlampe warnte den Bergmann durch das Aufflackern der Flamme vor gefährlichen Gasen und verhinderte Explosionen. Da die Sicherheitsgrubenlampe lange Zeit die einzige Sicherheitsmaßnahme im Bergbau blieb und sie auch nicht sofort überall eingeführt wurde, waren Schlagwetterkatastrophen und andere Unfälle auch weiterhin an der Tagesordnung, je tiefer die Kohlenschächte vordrangen.
Von 1760 bis 1800 verdoppelte sich die englische Kohleförderung auf 10 Millionen Tonnen. 1829 waren es bereits 16 Mill. Tonnen. Zum Hauptabnehmer der Kohle wurden dabei immer mehr die Eisenhütten, nachdem es gelungen war, Koks im Hüttenwesen erfolgreich einzusetzen. Dazu bedurfte es einer Reihe wichtiger technischer Neuerungen, denn die Kohle war in dem Zustand, in dem man sie seit Jahrhunderten für den Hausbrand oder zu gewerblichen Zwecken verwendete, in der Metallerzeugung nicht brauchbar. Die abgesonderten Schwefeldämpfe der Kohle verdarben die Qualität der Metallerzeugnisse. Das Roheisen nahm aus der Kohle oder dem Koks Schwefel auf und wurde kaltbrüchig. Obwohl vielfach vorgeschlagen wurde, Kohle anstelle von Holzkohle zu verwenden, standen die praktischen Hüttenmänner diesen Vorschlägen und Versuchen sehr skeptisch gegenüber, weil es viele Schwierigkeiten gab. Die damaligen Gebläse der Hochöfen reichten nicht aus, um Eisen mit Koks zu erschmelzen. Der Koks war außerdem zunächst zu weich, um im Hochofen abwechselnd mit Erz aufgestapelt zu werden. Es mußte deshalb ein guter, harter Koks gefunden werden.
Erst die Arbeiten von Abraham Darby und Henry Cort ermöglichten auch im Hüttenwesen den Übergang von der Holzkohle zur Mineralkohle (Koks). Beide Männer waren eher Außenseiter unter den Hüttenfachleuten und vielleicht auch deshalb nicht mit der gleichen Skepsis

gegenüber der Kohle behaftet. Darby, ein gelernter Malzdarrenhersteller, hatte in Bristol eine Messinggießerei betrieben. Sowohl in der Mälzerei als auch beim Kupferschmelzen in Flammöfen wurde bereits zu Beginn des 18. Jahrhunderts Koks verwendet. Darby dürfte also auf diesem Gebiet mehr Erfahrung besessen haben als die meisten Eisenhüttenleute. Jedenfalls war Darby der erste, der in seiner Eisenhütte in Coalbrookdale seit 1709 Erze mit Koks schmolz. Ihm gelang es, durch Abschwefeln guter backender Kohle in Meilern nach Art der alten Holzkohlemeiler einen brauchbaren Koks zu erzeugen. Sein Sohn Abraham junior stellte ab 1753 für seinen Hochofen in Coalbrookdale noch besseren **Koks** her. Er hatte erkannnt, daß harter, grobkörniger Koks sich am besten zur Verhüttung eignete.

Einen guten Einblick in die Probleme, mit denen die Eisenhütten damals konfrontiert waren (steigende Preise für Holzkohle, Unzuverlässigkeit der Wasserkraft, Transportprobleme etc.), gibt uns ein 1775 verfaßter Brief der Witwe jenes Abraham Darby. Hier sind drei der grundlegenden Probleme der „Industriellen Revolution“: die Suche nach der neuen Antriebskraft (Dampfmaschine), der Übergang von der Holzkohle zur Kohle in der Eisenerzeugung und die Revolutionierung des Transports durch die Eisenbahnen, brennpunktartig konzentriert auf einen Eisenhüttenbetrieb, angesprochen:

„Mein Gemahl, Abraham Darby, war gerade sechs Jahre alt, als sein Vater starb. Aber er erbte seinen Geist. Er vergrößerte das Werk nach dem Entwurf seines Vaters und traf viele Verbesserungen. Das Aufblühen dieses Werkes wurde u. a. durch folgendes herbeigeführt: Im Sommer oder in der trockenen Jahreszeit, als man sehr knapp mit Wasser war, sah man sich gezwungen, die Hochöfen sehr langsam mit Luft zu blasen und gewöhnlich einmal im Jahre ausgehen zu lassen, was mit großem Verlust verbunden war. Mein Mann jedoch schlug vor, eine Dampfmaschine aufzustellen, um das Wasser von dem tiefer gelegenen Werk heraufzupumpen und weiterzuleiten, damit die Hochöfen durch dauernden Umlauf des Wassers reichlich versorgt würden. Das war für das Werk außerordentlich zweckdienlich, und andere folgten diesem Beispiel.

Aber diese ganze Zeit über dachte man noch nicht daran, Stabeisen in den Frischschmieden aus mit Steinkohlen erschmolzenen Roheisenmasseln herzustellen. Vor etwa 26 Jahren faßte mein Gemahl diesen glücklichen Gedanken, daß es möglich sein müsse, Stabeisen aus mit Steinkohle erschmolzenen Masseln zu fabrizieren. Darauf schickte er einige unserer Masseln zu den Frischfeuern. Und damit kein Vorurteil sich erheben könne, deckte er nicht auf, woher sie kamen und von welcher Art sie waren. Und da sich bei ihrer Verarbeitung guter Nutzen ergab, errichtete er Hochöfen für Roheisen zur Stabeisenherstellung. Edward Knight Esqr., ein ausgezeichneter Eisenhüttenmann, forderte meinen Gemahl dringend auf, ein Patent zu nehmen, damit er den Gewinn dieser glücklichen Erfindung für Jahre ernte. Aber er sagte, er wolle der Öffentlichkeit eine solche Errungenschaft nicht vorenthalten, von der er überzeugt war. So wurde die Erfindung erprobt, zumal sie sich bald verbreitete und viele Hochöfen sowohl in der Nachbarschaft als auch an verschiedenen anderen Orten zu diesem Zweck errichtet wurden.

Wären diese Entdeckungen nicht gemacht worden, so hätte sich der Eisenhandel mit unseren eigenen Erzeugnissen sehr vermindert, denn das Holz für die Holzkohle wurde sehr knapp, und die Grundherren setzten die Preise für Klafterholz übermäßig hoch hinauf. Es wäre das wirklich nicht mehr tragbar gewesen. Aber durch die Einführung der Steinkohle anstelle von Holzkohle hat sich der Bedarf an Holzkohle weitgehend verringert, und ich denke, daß der Gebrauch dieses Materials in einigen Jahren aufgegeben wird.

Er war auch der Urheber vieler anderer Verbesserungen. Ein Dienst für dieses Werk sei noch genannt: Hier waren sie gewohnt, all die Grubenbaustoffe und Kohlen auf dem Rücken der Pferde zu befördern; er jedoch erreichte, daß Straßen gebaut und mit Schwellen und Schienen belegt wurden, wie man sie in Nordengland hat, um Güter in Wagen an die Flüsse und zu den Hochöfen zu schaffen. Ein solcher Wagen mit drei Pferden kann ebensoviel befördern wie zwanzig Pferde auf dem Rücken. Aber das Belegen der Fahrbahn mit Holz rief Knappheit und Ansteigen der Holzpreise hervor. So setzte seit den letzten Jahren das Belegen der Fahrbahnen mit Schwellen aus gegossenem Eisen ein, was gleich teuer ist, aber hinsichtlich Dauer und Abnützung gut ansprach. Wir besitzen in den verschiedenen Betrieben beinahe 20 Meilen dieser Fahrbahnen, was nach oben aufgerundet 8000 Pfund pro Meile kostet. Ich glaube, daß die Sache mit den Eisenschwellen und den Achsen für diese Wagen eine Erfindung meines Mannes war."

(Aus: Th. S. Ashton, Iron and Steel in the Industrial Revolution, 2nd Ed., Manchester 1951, S. 249ff. Nach: Fr. Klemm [Hrsg.]: Technik. Eine Geschichte ihrer Probleme, S. 254ff.)

Doch blieb der Kokshochofen noch lange Zeit die Ausnahme. Erst nach 1760 kam es in den darauffolgenden 3 Jahrzehnten zur Umstellung auf Koks, als die Erzeugung von Roheisen, das mit Koks erschmolzen worden war, billiger wurde als die Erzeugung von Holzkohleroheisen. Auch im Ruhrgebiet ging man von 1780 an zur Verwendung von Koks über.
Der neue grobkörnige Koks, der in bienenkorbähnlichen gemauerten Öfen durch Verkokung der Steinkohle unter Luftabschluß hergestellt wurde, konnte in großen Hochöfen aufgeschichtet werden, ohne die Luftzirkulation zu behindern, und war doch fest genug, das mit der Hochöfengröße steigende Gewicht der Füllung zu ertragen. Die Hochöfen wurden deshalb immer größer. Infolgedessen stiegen auch die Kosten für ihre Errichtung. Schon um 1750 erforderten die neuen Kokshochöfen Investitionen von 50000 DM. Von kleingewerblichen Produzenten waren solche Summen nicht mehr aufzubringen. Die Zukunft gehörte den Großbetrieben. Um 1850 kostete ein Hochofen schon 1,5 Millionen DM.

Die entstehenden Großbetriebe siedelten sich jetzt an ihrem natürlichen Standort zwischen den Kohlebergwerken und Eisenerzlagerstätten an, nachdem sie von der Holzkohle unabhängig geworden und deshalb nicht mehr auf die Bergwälder angewiesen waren. Die Folge war, daß jetzt große Industriereviere wie Birmingham und Sheffield entstanden, in denen sich die Produktion und die Menschen zusammenballten.

Diese Entwicklung hatte schwerwiegende Folgen und stellte neue Anforderungen an das Verkehrswesen, das für den überregionalen Absatz der Produkte und die Herbeischaffung der Rohstoffe sorgen mußte.
Bis zur Jahrhundertwende war Darbys Verfahren allgemein bekannt. Die Eisen- und Stahlerzeugung stieg kräftig an. 1788 waren bereits 70000 t im Jahr erzeugt worden, 1806 waren es schon 250000 t. Diese Entwicklung wurde auch durch den Bau stärkerer Gebläse günstig beeinflußt. 1750 hatte Smeaton bereits mit Hilfe eines Wasserrades und zweier Kolben in gußeisernen Zylindern Gebläseluft erzeugt. Am Ende des 18. Jahrhunderts verwendete man dafür Dampfmaschinen. Die Schmelzöfen konnten nun immer größer gebaut werden und die Schmelztemperaturen erhöhten sich.
Da die ersten Kokssorten Bestandteile enthielten, die die Qualität des Eisens beeinträchtigten, verwandte man Koks zunächst nur zur Herstellung von Roheisen und Gußeisen. Um aus dem Roheisen Schmiedeeisen (Stahl) herzustellen, benutzte man weiterhin Holzkohle. Das aus der Verhüttung mit Koks hervorgegangene Roheisen unterschied sich vom Stahl vor allem durch seinen höheren Kohlenstoffgehalt (beim Roheisen bis zu 4,5%, beim Stahl 0,25–1,6%).
Wollte man Roheisen in Stahl umwandeln, d.h. seinen Kohlenstoffgehalt reduzieren, hatte man traditionell auf das **Ei-**

	Kohlenstoffgehalt	Eigenschaften
Roheisen	über 1,5%	läßt sich nicht schmieden, walzen, hämmern oder pressen
Gußeisen	2–4%	sprödes, kohlenstoffreiches Roheisen zur Herstellung von Gußwaren
Stahl	0,25–1,6%	ohne besondere Vorbehandlung schmied- und walzbar
Schmiedeeisen		wie Stahl, jedoch weicher, keine feste Grenze

senfrischen zurückgegriffen. Dabei bettete man das Roheisen auf Holzkohle und schmolz es unter Zufuhr von Luft ein. Die sich bildende flüssige oder teigige Masse wurde kräftig durchgerührt, so daß der größte Teil des unerwünschten Kohlenstoffs oxydierte (verbrannte). Allerdings war diese „Herdfrischerei" nur mit Holzkohle möglich, da der Schwefelgehalt von Kohle oder Koks den Stahl verunreinigte. Die Lösung für dieses Problem lag darin,

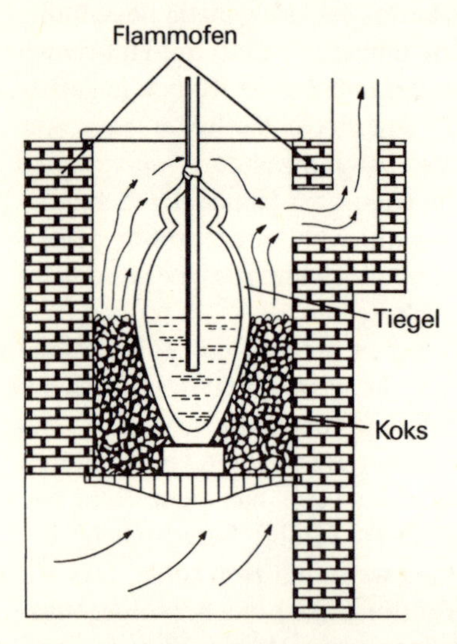

Abb. 40: Schematische Darstellung des Schmelzprozesses in Tiegeln

Das Eisen befindet sich in einem Tiegel. Der Tiegel wird in einem Flammofen durch den glühenden Koks erhitzt. Die Ladung wird während des Schmelzvorgangs ständig umgerührt.

daß man das umzuwandelnde Roheisen und den Brennstoff voneinander trennte, damit sie nicht mehr direkt miteinander in Berührung kamen. Das war auf zweierlei Art und Weise möglich: Entweder man ersetzte den herkömmlichen Frischherd durch einen **Flammofen,** bei dem der Verbrennungsherd der Kohle und das Roheisen getrennt waren, oder man füllte das Roheisen in ein geschlossenes Gefäß (einen **Tiegel**), das in einem Flammofen mit Hilfe von Kohle erhitzt wurde. Die erste Lösung war z. B. seit längerem beim Kupferschmelzen praktiziert worden, die zweite hatte B. Huntsman seit 1740 in der Tiegelstahlerzeugung von Sheffield eingeführt, das nun zum Mittelpunkt der englischen Stahlerzeugung und -verarbeitung wurde. Er erzeugte damit einen flüssigen Stahl, der leicht in kleinere Formen gegossen werden konnte und sehr hart war, so daß er sich insbesondere für Maschinenteile und Instrumente eignete.

Das Verfahren, das sich schließlich durchsetzte, war der sogenannte **Puddelprozeß**, den sich Henry Cort 1784 patentieren ließ. Sein Puddelverfahren beruhte auf der erstgenannten Lösungsmöglichkeit. Cort benutzte einen ganz einfachen Flammofen. Der Verbrennungsherd für die Rohkohle und der Arbeitsherd für das Roheisen lagen nebeneinander auf einer Ebene, waren aber durch eine niedrige Trennwand (die „Feuerbrücke") voneinander getrennt. Das Roheisen kam deshalb nicht mit der Kohle und ihren schädlichen Bestandteilen in Berührung, wurde aber gleichwohl durch die Kohle erhitzt. Ähnlich wie beim alten Frischverfahren im Holzkohleherd wurde die nach dem Einschmelzen des Roheisens entstandene teigige Masse mit langen eisernen Stangen kräftig durchgerührt (engl. *to puddle* = durchrühren), wobei der Kohlenstoff und andere Unreinheiten verbrannt wurden. Die großen entkohlten Eisenbrocken (Luppen) wurden dann sofort aus dem Ofen geholt, unter dem Hammer zu groben Stangen geformt und dann mit gekerbten Walzen, die sich Cort ebenfalls hatte patentieren lassen, ausgerollt, wobei die Schlacken herausgepreßt wurden. An jedem Puddelofen mußte mindestens ein sehr kräftiger und erfahrener Arbeiter stehen, der Schwerstarbeit zu leisten hatte: Mit einer 2 m langen und 20 kg schweren Eisenstange mußte er 30–40 Minuten lang eine zähflüssige Eisenmasse von bis zu 5 Zentnern durchrühren, wobei er am Ofen sehr hohe Temperaturen zu ertragen hatte. Der Stahlarbeiter am Puddelofen mußte jedoch nicht nur schwerste körperliche Arbeit leisten, sondern zudem durch langjährige praktische Erfahrung in der Lage sein, ganz genau zu beurteilen, wann der Entkohlungsprozeß sein richtiges Stadium erreicht hatte.

Das Puddeln, die wichtigste Methode zur Stahlerzeugung bis in die 2. Hälfte des 19. Jahrhunderts, blieb nach wie vor anspruchsvolle Handarbeit. Verglichen mit der steigenden Größe der Hochöfen und Walzwerke blieb seine Produktivität unbefriedigend, obwohl sie wesentlich höher war als bei tagelangem Erhitzen von Schmiedeeisen mit Hilfe von Holzkohle im alten Frischverfahren.

Durch die Verwendung von Koks in immer größeren Hochöfen und das „Puddelverfahren“ stieg die Stahlerzeugung stark an. Mit Hilfe des Walzens gelang es, den vermehrt produzierten Stahl und das Eisen zu den verschiedensten Profilen zu verarbeiten (man denke nur an die Eisenbahnschienen!). Gegenüber dem alten Schmieden mit Hilfe eines wasserangetriebenen Hammers verfünfzehnfachte sich die Arbeitsproduktivität durch die

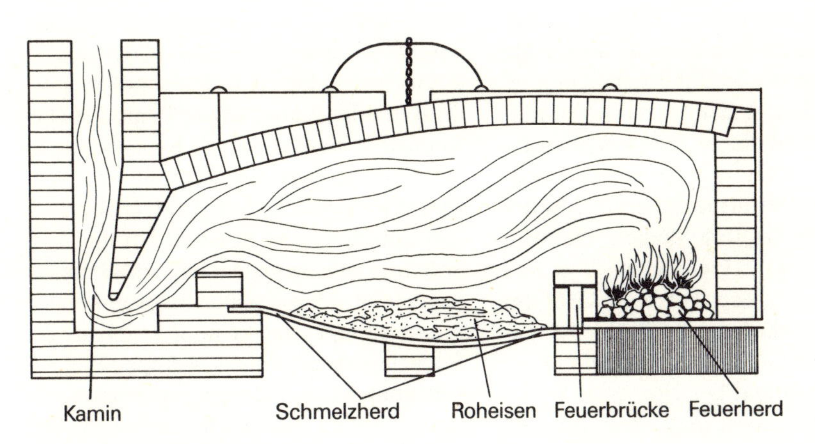

Abb. 41: Puddelofen

Die Kohle befindet sich in einem Feuerherd, der durch die Feuerbrücke vom Schmelzherd getrennt ist. Auf diese Weise kommen nur die Gase, nicht aber die Kohle direkt mit dem Roheisen in Berührung. Die entstehenden Gase ziehen durch einen Kamin ab. Eine nähere Erklärung des Arbeitsprozesses ist im Text gegeben.

neuen Walzwerke innerhalb von dreißig Jahren. Sie ermöglichten es außerdem, Produkte in einer Größe, Gleichmäßigkeit und Formvielfalt herzustellen, die mit dem Schmieden nicht denkbar gewesen wären.

Neben dem Kokshochofen, dem Puddelofen und dem Walzwerk brachte vor allem die Einführung des Heißluftblasens im Hochofenprozeß Anfang der dreißiger Jahre einen wesentlichen Produktionsfortschritt. J. B. Neilson, als Werkmeister eines Gaswerkes wiederum ein Außenseiter des Hüttenwesens, kam 1829 auf die Idee, in den Hochofen Luft einzublasen, die mit den Abgasen des Hochofens „kostenlos" vorerwärmt worden war. Indem man heiße Luft in den Hochofen einblies, konnte man bis zu 60% an Brennstoff sparen. Die Einführung dieses Verfahrens rief in Schottland einen Eisenboom hervor und machte seinen Erfinder reich. Die britische Eisenindustrie war in jener Zeit nahezu konkurrenzlos und erzeugte ca. 45% der gesamten Weltproduktion. Das Neilsonsche Heißluftverfahren hatte die Wärmeökonomie des Hochofenprozesses entscheidend verbessert. Sieht man einmal von der wachsenden Größe der Geräte ab, so machte die Eisenhüttentechnik im 19. Jahrhundert in der besseren Ausnutzung der Wärme die größten Fortschritte. 1860 schuf COWPER den modernen Hochofen. Die Cowpertürme hatten Innenwandungen aus feuerfesten Steinen, die beim Verbrennen der Hochofengase erhitzt wurden und mit dieser Hitze die Gebläseluft für den Hochofen vorwärmten (Regenerativ-Prinzip). Die Türme arbeiteten paarweise: während der eine erhitzt wurde, wärmte der andere die Gebläseluft vor. So wurden sehr hohe Temperaturen erreicht und riesige Erzmengen konnten verarbeitet werden.

Auf dem Kontinent bewirkte der Eisenbahnbedarf den Durchbruch des Puddel- und Walzverfahrens. Noch im Jahre 1830 war Stahl ein kostbares Spezialprodukt, das fünfmal soviel kostete wie Schmiedeeisen. Noch immer waren 75% des in England erzeugten Eisens Schmiedeeisen, das in Hochöfen und mit Hilfe des Puddelverfahrens gewonnen wurde. Der Rest war überwiegend Gußeisen, kaum Stahl. Sowohl Schmiedeeisen als auch Gußeisen waren aber für bestimmte Zwecke als Konstruktionsmaterial weniger geeignet. Als um 1850 überall in Europa und Amerika die Eisenbahnnetze ausgebaut wurden, entstand ein massenhafter Bedarf für Stahl, der zu neuen Überlegungen zwang. Angelockt von einem Geldpreis, den Napoleon III. während des Krimkrieges ausgesetzt hatte, widmete der Erfinder HENRY BESSEMER seine Aufmerksamkeit der Geschützherstellung. Dabei erkannte er, daß er besseren Stahl in größeren Mengen brauchte, als damals verfügbar war. Bessemer stellte viele Versuche an und entdeckte schließlich, daß die Luft, die man in ein Gefäß mit flüssigem Roheisen einführt, dem Eisen den Kohlenstoff entzieht und dabei außerdem noch die Temperatur der Eisenmasse erhöht, ohne daß von außen Wärme zugeführt wird. In dem Gefäß (Konverter) blieb geschmolzenes Schmiedeeisen oder Stahl zurück. Fügte man bestimmte Mineralien (z. B. Kalk) hinzu, so schieden die oxydierten Unreinheiten des Eisens als Schlacke aus. Dabei handelt es sich um Gemische, die sich bei der Verhüttung von Erzen auf dem Metallkonzentrat bilden. Durch Kalkzuschläge können Schmelzpunkt und Dünnflüssigkeit der Schlacke so eingestellt werden, daß sie sich vom Metall, dessen Verunreinigungen sie aufnimmt, gut absetzen läßt. Seit Anfang der 60er Jahre war Bessemers birnenförmiger Konverter produktionsbereit. Die Produktivitätsfortschritte waren enorm: Innerhalb von 20 Minuten konnten die Bessemer-Birnen so viel Stahl herstellen wie ein Puddelofen in 24 Stunden. Bereits um 1900 gab es Birnen mit einem Fassungsvermögen von 20 t. Bessemers Verfahren machte den teuren Stahl zu einem preiswerten Massenerzeugnis. Die herkömmliche schwere Arbeit des Puddelns, die nur langfristig erlernbar war, wurde nun überflüssig. Die Unternehmer konnten billigere Arbeitskräfte einstellen und ihre Herstellungskosten senken. Da die Bessemer-Birnen mit säurehaltigem Material ausgekleidet waren, eignete sich das Bessemer-Verfahren nur für phosphor- und schwefelarme Eisenerze, die in Nordwesteuropa selten waren. Die Vettern SIDNEY G. THOMAS und PERCY C. GILCHRIST lösten dieses Problem. Thomas, ein bildungsbeflissener Gerichtsschreiber, hatte populäre Vorlesungen bei dem Chemieprofessor George Chaloner gehört, der gesagt haben soll: „Der Mann, der den Phosphor beim Bessemerverfahren entfernt, wird sein Glück machen.“ Thomas und Gilchrist kleideten den Konverter mit basischem Material (Magnesit, Dolomit) aus. Diese Auskleidung nahm die durch die Gebläseluft am Konverter gebildeten Phosphate auf und band den Schwefel zu einer Schlacke. Dieses Verfahren ermöglichte der französischen und deutschen Eisenindustrie, aber auch anderen mitteleuropäischen Ländern, die Verhüttung ihrer phosphorhaltigen Eisenerze und war eine der Voraussetzungen für den Aufstieg der deutschen Stahlindustrie.

Der Stahl aus den Bessemer-Birnen erwies sich als ideales Material für Kesselplatten, Schienen, Schiffe, Trägerkonstruktionen usw. Qualitätsmäßig besser war allerdings der Stahl, der im sogenannten **„Siemens-Martin-Verfahren“** (Regenerationsverfahren) hergestellt wurde. Dieses Verfahren war im Grunde eine Weiterentwicklung des alten „Kochverfahrens“ auf einem Herd und des Puddelverfahrens. Das Problem beim Puddelprozeß hatte darin bestanden, daß der Schmelzpunkt der Luppe in dem Maße anstieg, in welchem der Entkohlungsprozeß voranschritt. Da die Temperatur nicht hoch genug war, wurde die Luppe immer fester. Im Jahre 1863 bauten Wilhelm Siemens in Deutschland und Pierre Martin in Frankreich unter den Herd einen sogenannten Regenerativofen, der zunächst selbst Hitze erzeugte und später mit Abfallhitze aus Hochöfen oder Koksöfen gespeist wurde. Da der Bearbeitungsprozeß einer Charge gut 10 Stunden dauerte, konnte die Qualität des erzeugten Stahls besser überwacht und gesteuert werden. Auch war es jetzt möglich, Alteisen zu verwenden, das bei den Eisenbahnen durch abgenutzte Schienen und Waggons reichlich vorhanden war. Die überlegene Qualität des Siemens-Martin-Stahls führte dazu, daß heute über 90% des Stahls nach diesem Verfahren hergestellt werden.

Der rapide technische Fortschritt im Eisenhüttenwesen trug dazu bei, daß die Stahlpreise zwischen 1850 und 1870 um 50% fielen. Infolgedessen stieg die Stahlnachfrage weiter an. Die Gesamtproduktion versechsfachte sich im gleichen Zeitraum. 1863 wurden das erste Stahlschiff und die erste Stahllokomotive gebaut. Die Verfügbarkeit billigen Stahls war die Voraussetzung für die Konstruktion von Maschinen, die wie elektrische Generatoren, Dampfturbinen oder Verbrennungsmotoren hohen mechanischen Belastungen unterliegen.

Wie sehr Kohle und Eisen, bedingt durch die technische Entwicklung, in der Tat zu den wichtigsten Grundstoffen der „Industriellen Revolution“ geworden waren, zeigt die abschließende Übersicht über die Entwicklung der Kohleförderung und Eisenproduktion in Großbritannien bis 1900:

Kohleförderung und Eisenproduktion in Großbritannien in Mill. t

Aus: J. H. Clapham, An Economic History of Modern Britain, The Early Railway Age, 2. Ed., Cambridge 1930

Kohlenförderung		Eisenproduktion	
1770	6,2	1806	0,25
1816	16,0	1823	0,45
1826	21,0	1828	0,70
1836	30,0	1835	1,0
1846	44,0	1840	1,5
1850	50,0	1847	2,0
1856	56,0	1855	3,2
1860	81,3	1860	3,7
1870	122,2	1870	5,9
1880	149,3	1880	7,8
1890	184,5	1890	8,0
1900	228,8	1900	9,5

VIII.5 Maschinen produzieren Maschinen: der Werkzeugmaschinenbau

Das mit der „Industriellen Revolution" heraufkommende Maschinenzeitalter beruhte nicht allein auf der Anwendung der Dampfmaschine, sondern nicht weniger auf der Entwicklung leistungsfähiger Werkzeugmaschinen, mit denen die Maschinen in der erforderlichen Genauigkeit hergestellt werden konnten. Wir haben bereits gesehen, vor welchen Fertigungsproblemen noch James Watt und seine Zeitgenossen standen. Nach wie vor wurden alle Maschinenteile mit zum Teil jahrhundertealten Werkzeugen in Handarbeit gefertigt und zusammengesetzt. Kein Werkteil fiel genau wie das andere aus, und an eine Massenproduktion von Maschinen war mit diesen Methoden gar nicht zu denken. Der Maschinenbau oblag den alten Mühlenbauern, Schmieden, Zimmerleuten, Instrumenten- und Uhrmachern.

Maschinen wie noch die „water-frame" (s. S. 132) konnten diese Handwerker ohne weiteres mit den herkömmlichen Werkzeugen bauen. Je mehr aber die Zahl der Maschinen wuchs, je mehr Maschinenteile aus Eisen statt aus Holz gefertigt wurden, je größer die Ansprüche an die Genauigkeit der Einzelteile wurden, um so notwendiger wurde die Einführung neuer Werkzeugmaschinen und die Herausbildung von ausgesprochenen Maschinenbauspezialisten. Jahrtausendelang hatte der Mensch in der Holz- und Metallbearbeitung selbst das Werkzeug geführt. Auch bei der damaligen Form der Drehbank, einer Errungenschaft des späten Mittelalters, war das nicht anders. Die Drehbank übernahm lediglich das Halten und Drehen des zu bearbeitenden Werkstücks. Das Werkzeug hingegen hielt der Dreher in seiner Hand. Von seinen handwerklichen Fertigkeiten hing der Erfolg in erster Linie ab. Eine befriedigende Genauigkeit war damit nicht mehr zu erreichen.

Die Lösung für diese Probleme lag darin, die Drehbank mit einem beweglichen Werkzeughalter zu versehen und Werkstück und Werkzeug automatisch von der Maschine führen zu lassen. Dafür gab es schon im 18. Jahrhundert Vorbilder. So wurden z. B. Kanonenrohre mit einer von Göpeln oder Wasserrädern angetriebenen Bohrstange ausgebohrt. Dabei wurde entweder die auszubohrende Kanone oder das Werkzeug im Verlauf der Arbeit automatisch weiter vorgeschoben. Mit solchen Bohrmaschinen bohrte man auch gußeiserne Zylinder für Newcomensche Dampfmaschinen aus. Die Genauigkeit ließ allerdings zu wünschen übrig: Bei einem Durchmesser von 710 mm betrug die Abweichung unter Umständen die Breite eines kleinen Fingers. Vor allem die Schwingungen der nur einseitig gelagerten Bohrstange waren dafür verantwortlich. Eine Lösung für diese Probleme fand John Wilkinson, der, wie bereits erwähnt, für James Watt Dampfmaschinen-

zylinder ausbohrte. Er führte die Bohrstange durch den Zylinder und lagerte sie fest, so daß die Abweichungen erheblich reduziert werden konnten.
Im Arsenal in Woolwich benutzte man seit den 70er Jahren bei der Bearbeitung der Außenseiten von Kanonenrohren einen Werkzeughalter, der mit einer Handkurbel und einer Leitspindel bewegt wurde. Hier, im Arsenal, arbeitete seit seinem 12. Lebensjahr ein junger Mann, der später zu einem der Pioniere des Werkzeugmaschinenbaus werden sollte: HENRY MAUDSLAY (1771–1831). Wegen seiner ausgezeichneten handwerklichen Qualitäten fiel Maudslay dem hervorragenden „Maschinenschlosser" Joseph Bramah auf, der einen Facharbeiter für die Herstellung seines Sicherheitsschlosses suchte. Bramah holte Maudslay 1789 zu sich. Bei Bramah hatte Maudslay Präzisionsarbeit mit Metallen zu leisten und war auch mit der Herstellung spezieller Werkzeuge und Maschinen befaßt. Um 1794 hatte Bramahs Werkstatt einen sogenannten **mechanischen Support**, einen Werkzeugschlitten für eine Drehbank, entwickelt. Diese Erfahrungen befähigten Maudslay, 1797 eine Schraubendrehbank zu entwickeln, mit der automatisch Schrauben hergestellt werden konnten. Das Werkzeug (der Drehstahl) ruhte auf einem verschiebbaren Schlitten (mechanischer Support), der beim Fortgang der Arbeit mit Hilfe einer Leitspindel automatisch weiter vorgeschoben wurde. Auf diese Weise konnten mit Hilfe des automatischen Vorschubs und der mechanischen Werkzeughaltung absolut gleichmäßige Gewinde in Schrauben geschnitten werden. Die Maschine war ganz aus Metall gefertigt und kann ihrer Konstruktion nach als die „Mutter aller Drehbänke" bezeichnet werden. Die Vorzüge der Maschine liegen auf der Hand: es konnten jetzt beliebig viele Schrauben mit einem absolut identischen Gewinde gefertigt werden. Abweichungen, wie sie bei handwerklicher Arbeit unvermeidlich waren, wurden ausgeschaltet.
Worin die umwälzende Bedeutung des mechanischen Supports und der modernen Drehbank lag hat ein Schüler und Bewunderer Maudslays, der Schotte James Nasmyth, so formuliert:

„Er (Maudslay) gelangte dahin, weitläufig über die große Bedeutung der Gleichförmigkeit von Schrauben zu sprechen. Einige mögen dies als Verbesserung bezeichnen, aber es sollte das, was Herr Maudslay einführte, fast eine Revolution im Gebiete der mechanischen Technik genannt werden. Vor seiner Zeit war keinerlei

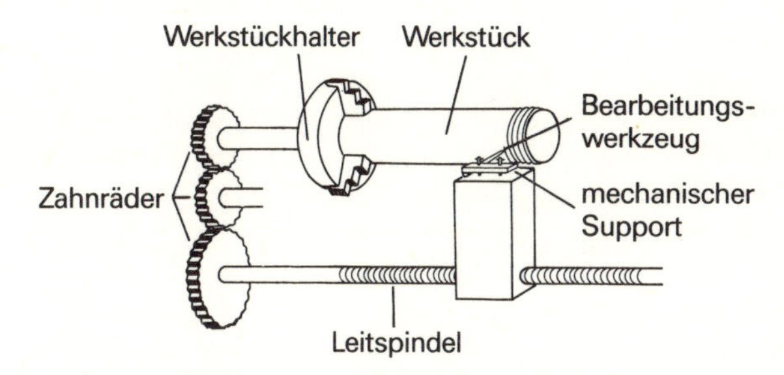

Abb. 42: Arbeitsweise der Maudslayschen Schraubendrehbank

Über ein System von Zahnrädern wird sowohl der Werkstückhalter als auch die Leitspindel angetrieben. Das zu bearbeitende Werkstück, der Zylinder der Schraube, ist fest und drehbar gelagert, während die Stütze und Halterung des Bearbeitungswerkzeugs (der mechanische Support) automatisch von der Leitspindel vorgeschoben wird.

System über das Verhältnis der Zahl der Gänge zum Durchmesser einer Schraube befolgt worden. Jede Schraubenspindel und -mutter war so eine Besonderheit für sich. Sie besaßen und gestatteten auch keinerlei Gemeinsamkeiten mit ihren Nachbarn. So weit war diese Praktik geführt worden, daß alle Spindeln und die entsprechenden Muttern als zueinander gehörig besonders bezeichnet werden mußten. Irgendeine Verwechslung, die bei ihnen vorkam, führte zu endlosem Verdruß und Zeitaufwand sowie zu fruchtloser Verwirrung, besonders wenn Teile zusammengesetzter Maschinen als Reparaturstücke verwandt werden mußten.
Nur jene, die in diesen verhältnismäßig frühen Tagen des Maschinenbaues lebten, können sich einen hinreichenden Begriff von dem Verdruß, der Verzögerung und den Kosten machen, den dieser vollkommene Mangel an System mit sich brachte."

(Nasmyth, James: Autobiography. Ed. by Samuel Smiles. London 1883, S. 130f. Aus: Fr. Klemm [Hrsg.]: Technik. a.a.O.)

Hier schuf die Drehbank mit mechanischem Support in der Tat Abhilfe. Für den technischen Fortschritt in der Folgezeit war das von grundlegender Bedeutung, denn er setzte immer größere Bearbeitungsgenauigkeit voraus. Heute liegt die Präzision moderner Bearbeitungsmaschinen bei weniger als 1/1000 mm Abweichung. Ohne die Entwicklung genau arbeitender Werkzeugmaschinen wäre eine industrielle Massenproduktion mit genormten und austauschbaren Einzelteilen nicht möglich gewesen.
Maudslays Werkstatt entwickelte sich rasch zu einer Maschinenbauanstalt. Hier wurden nicht nur Maschinen hergestellt, sondern nicht zuletzt auch zukünftige Maschinenbauer mit den neuen Herstellungsmethoden vertraut gemacht. Das war typisch für die englischen Verhältnisse: der Staat tat wenig, um eine Berufsausbildung zu fördern. Man lernte durch Ausübung in der Praxis. Maschinenbauer wie Maudslay bildeten in ihren Werkstätten ganze Generationen von hochqualifizierten Facharbeitern und Ingenieuren aus. Nicht wenige wurden später berühmte Konstrukteure und Unternehmer. So auch R. Roberts, Joseph Whitworth und J. Nasmyth, die alle drei eine Zeitlang im Betrieb von Maudslay gearbeitet hatten. Diese und andere Konstrukteure verbesserten die Drehbank mit mechanischem Support weiter, bis sie zu einer allgemein verwendbaren Werkzeugmaschine für alle Anforderungen geworden war. Die gleichen Konstrukteure verbesserten auch die Hobel- und Stoßmaschinen, die für die Bearbeitung großer Flächen besonders wichtig waren. Roberts entwarf 1817 eine Hobelmaschine, Nasmyth 1836, Whitworth 1835 und 1842. Daneben wurden auch die Bohrmaschinen vervollkommnet. Damit war das Arsenal der wichtigsten Werkzeugmaschinen komplett.

Ohne die Herstellung von Maschinen(teilen) durch Maschinen wäre der Bau leistungsfähiger Dampfmaschinen oder der Lokomotive, die wir so oft mit der „Industriellen Revolution" gleichsetzen, gar nicht möglich gewesen.

Die Schwierigkeiten, die noch James Watt mit seinen Kolben und Zylindern hatte, zeigen das ganz deutlich. Die Entwicklung von Werkzeugmaschinen, die die Herstellung gleichmäßiger, genormter Maschinenteile in großer Anzahl erlaubten, war für die „Industrielle Revolution" nicht weniger wichtig als die Dampfmaschine, wenngleich die Werkzeugmaschinen weit weniger spektakulär sind und deshalb häufig unserer Aufmerksamkeit entgehen.

VIII.6 Der Aufstieg der chemischen Industrie

Die Entstehung der modernen Textilindustrie übte nicht nur auf den Maschinenbau einen belebenden Einfluß aus, sondern

zwang auch dazu, wichtige chemische Grundstoffe, die in der Textilverarbeitung unentbehrlich waren, mit neuen Methoden im großindustriellen Maßstab herzustellen.

Zum Reinigen der Fasern und Gewebe und vor allem zum Bleichen von Leinwand und Baumwolltextilien benötigte man große Säure- und Alkalienmengen, die nicht mehr in ausreichender Menge und zu vertretbaren Preisen aus den traditionellen Materialien wie Holz, Seetang, Barilla (der Asche von verbrannten Meeres- oder Salzsteppenpflanzen), Buttermilch und Urin gewonnen werden konnten.

Die Textilindustrie benötigte vor allem die drei Grundstoffe Schwefelsäure, Soda und Chlor. Verdünnte Säure wurde zum Veredeln der Gespinstfasern gebraucht. Schwefelsäure war darüber hinaus ein Vorprodukt zur Herstellung von Soda, das die Textilindustrie zum Waschen, Färben und Bedrucken von Geweben benötigte. Die Metallindustrie verwandte Schwefelsäure als Trennmittel für Erze. Weitere Anwendungsbereiche waren später die Sprengstoffindustrie und die Düngemittelfabrikation.

Bis etwa 1750 hatte man die **Schwefelsäure** (H_2SO_4) erzeugt, indem man in irdenen Retorten Vitriollösungen destillierte. Dabei wurde zwar eine starke Säure gewonnen, aber der Herstellungsprozeß war aufwendig und teuer. Eine andere Möglichkeit bestand darin, unter einer Glasglocke Schwefel zu verbrennen und die entstehenden Dämpfe von Wasser absorbieren zu lassen. Die so gewonnene verdünnte Schwefelsäure konnte dann durch Destillation konzentriert werden.

Der Preis für Schwefelsäure wurde auf ein Drittel reduziert, als es 1749 dem Quacksalber Joshua Ward gelang, Schwefelsäure in größeren Mengen zu erzeugen, indem er in großen Glasgefäßen Schwefel mit etwas Salpeter verbrannte. Dr. Roebuck, der uns bereits als Geldgeber von James Watt bekannt ist, ließ den Herstellungsprozeß von Schwefelsäure in Bleikammern ablaufen, da Blei von der entstehenden starken Säure und von den Ausgangsstoffen nicht angegriffen wird. 1749 baute er bei Edinburgh eine der ersten chemischen Fabriken, in der er nicht nur Schwefelsäure, sondern auch andere Stoffe für industrielle Zwecke gewann. Das Bleikammerverfahren senkte die Herstellungskosten für Schwefelsäure auf bis zu ein Zehntel und ermöglichte zugleich einen vermehrten Ausstoß. 1774 verbesserte de la Follie die Schwefelsäureherstellung, indem er den Schwefel in einer besonderen Kammer verbrannte und die Dämpfe dann in Bleikammern leitete, in die er Salpetersäure (HNO_3) einrieseln ließ.

Die moderne Schwefelsäureherstellung wurde von Gay-Lussac begründet. Er brachte hinter den Bleikammern einen Läuterungsturm an, in dem die Salpetergase durch Säure niedergeschlagen und wieder in den chemischen Prozeß zurückgeleitet wurden. Die Vorgänge im ausgebildeten Bleikammerverfahren lassen sich chemisch folgendermaßen umschreiben: In einem Kiesofen werden Sulfid-Mineralien (z. B. Eisenkies) geröstet. Dabei entstehen Schwefeldioxidgase, die in einer Staubkammer von Verunreinigungen befreit und dem „Gloverturm“ (einem mit säurefesten Steinen ausgekleideten Bleiturm) zugeführt werden. Dort werden sie durch herabrieselnde Salpetersäure (HNO_3) mit nitrosen Gasen versetzt. Das Gasgemisch wird dann den Bleikammern zugeleitet, in denen das Schwefeldioxid (SO_2) unter Mitwirkung von eingespritztem Wasser zu Schwefeltrioxid (SO_3) oxydiert wird, das sich mit dem Wasser zu Schwefelsäure (H_2SO_4) vereinigt. Die so gebildete 60–70%ige Schwefelsäure wird dann durch Eindampfen konzentriert.

Bereits 1818 war es Thomas Hill gelungen, den beim Rösten von Eisen oder anderen schwefelhaltigen Mineralien entstehenden Schwefeldampf zur Herstellung von Schwefelsäure im Bleikammerverfahren zu nutzen. Die Erzeugung von Eisen oder Kupfer wurde so mit der Herstellung von Schwefelsäure verbunden.

Die Textilindustrie steigerte auch die Nachfrage nach **Soda** (Natriumcarbonat, Na_2CO_3), die man bis dahin entweder aus Ägypten eingeführt oder aus der Asche von Tang und Seegras gewonnen hatte. Soda wurde zum Färben und Bleichen der Textilien benötigt. Auch bei der Herstellung von Glas und Seife war es unentbehrlich. Die stark steigende Nachfrage führte zu einer Versorgungslücke. Die Französische Akademie der Wissenschaften setzte daraufhin einen hohen Geldpreis für denjenigen aus, dem es gelingen würde, Soda aus Meersalz zu gewinnen. 1789 fand Nicolas Leblanc (1742–1806) eine Herstellungsmethode, mit der viele Jahrzehnte hindurch ein großer Teil des Weltbedarfs an Soda und an den Nebenprodukten Chlor und Salzsäure gedeckt werden konnte. Aus Natriumchlorid (Kochsalz, NaCl) wurde durch Erhitzen mit Schwefelsäure (H_2SO_4) Natriumsulfat (Na_2SO_4) hergestellt. In drehbaren Trommeln setzte sich das mit Kohle und Kalk (Calciumcarbonat) geglühte Natriumsulfat in Soda (Na_2CO_3) und Calciumsulfid (CaS) um.

1823 gründete J. Muspratt in Liverpool eine große Sodafabrik. Das war der Durchbruch zur chemischen Großproduktion. Die Sodaerzeugung aus anorganischen Grundstoffen sicherte die Versorgung der sich stark ausdehnenden Textilindustrie und erlaubte gleichzeitig ein Aufblühen der Glasproduktion. Glas wurde jetzt auch für breitere Volksschichten erschwinglich.

Heute ist das technisch wichtigste Verfahren der Sodaerzeugung das **Solvay-Verfahren (Ammoniak-Soda-Verfahren)**. Da nur die billigen und problemlosen Grundstoffe Kochsalz (NaCl) und Kalk ($CaCO_3$) benötigt werden und alle Zwischen- und Nebenprodukte wiederverwendet werden, ist es eines der wirtschaftlichsten chemischen Verfahren überhaupt.

Der französische Chemiker Berthollet (1748–1822) erkannte, daß **Chlor** (Cl) eine entfärbende Wirkung auf Pflanzenfasern hat. Seit etwa 1790 stellte man in England Chlor aus Kochsalz her und verwendete es zum Bleichen der gewaltig zunehmenden Menge an Textilien, da die herkömmliche Rasenbleiche mangels ausreichend großer Flächen nicht mehr möglich war. 1799 begann in Glasgow die industrielle Herstellung von Chlorkalk, der nicht nur in der Textilindustrie, sondern auch in der Papierfabrikation verwendet wurde.

Bei der Herstellung von Koks hatte man herausgefunden, daß Kohle beim Erhitzen ein brennbares Gas erzeugte. William Murdoch, der im Betrieb von Boulton und Watt in Cornwall arbeitete, erkannte, daß besonders Fettkohle ein hervorragendes Gas lieferte. In Boulton und Watts Gießerei in Soho installierte er 1798 die erste **Gasbeleuchtung**. Vor allem die Textilfabriken erhielten sehr schnell solche Beleuchtungsanlagen. Das Gas trat zusehends an die Stelle der alten Wachskerzen oder der Patent- und Rapsöle. Hannover errichtete 1825 die erste deutsche Gasanstalt. 1847 entdeckte Leming ein Verfahren, den üblen Geruch des Kohlengases zu beseitigen. Beale fand 1855 einen Weg, das Gas mit geringem Druck durch die Hauptleitungen zu führen und dadurch die Explosionsgefahr zu verringern.

Mit der Großproduktion der genannten Schwefelchemikalien und des Leuchtgases waren die Grundlagen einer chemischen Industrie geschaffen. Zunächst war sie nur ein Hilfsgewerbe für die Textilindustrie gewesen.

Mit zunehmender Dauer aber wurde sie wirtschaftlich zu einem eigenständigen Faktor und verselbständigte sich zusehends vom Textilgewerbe (s. S. 190ff.).

VIII.7 Die Revolutionierung des Verkehrswesens durch Eisenbahn und Dampfschiff

a) Eisenbahn

Für uns ist es heute selbstverständlich, mit dem Auto jederzeit dorthin fahren zu können, wo wir wollen. Urlaubsreisen in ferne Länder, mit dem Auto, der Bahn, dem Schiff oder dem Flugzeug sind nichts Ungewöhnliches. Unsere räumliche Mobilität ist außerordentlich hoch. Bis in die ersten Jahrzehnte des 19. Jahrhunderts war das ganz anders.

Der technische Stand der Transportmittel hatte sich über Jahrtausende kaum nennenswert verändert. Der Beweglichkeit des Menschen zu Fuß, auf dem Pferderücken, in der Kutsche oder im Segel- und Ruderschiff waren natürliche Grenzen gesetzt. Dann schickte sich die „Industrielle Revolution" an, auch diese Grenzen zu sprengen, den Menschen in einem bis dato unvorstellbaren Maß beweglich zu machen.

Gemessen an dem, was vorher war, vollzog sich in der Tat eine „Revolution" im Verkehrswesen zu Wasser und zu Lande, die bis ins 20. Jahrhundert, bis in unsere Gegenwart ständig fortgeschritten ist.
Die technische Entwicklung, insbesondere die Dampfmaschine und die mit ihr verbundenen Werkzeug- und Arbeitsmaschinen, führten zur Massenproduktion von Gütern, die wiederum enorme Anforderungen an das Transportwesen stellte.

Steigende Mengen von Rohstoffen und Fertigprodukten mußten über immer größere Entfernungen transportiert werden. Massenproduktion mit Maschinen war nur rentabel, wenn ihre Erzeugnisse auf einem großen, überregionalen Markt abgesetzt werden konnten. Leistungsfähige Transportsysteme waren dafür eine Grundvoraussetzung.

Das gewerblich fortgeschrittene England konnte dabei nicht auf den Einsatz der Dampfmaschine zu Transportzwecken warten, sondern mußte zunächst versuchen, die alten Transporttechniken weiterzuentwickeln. Das Rückgrat der herkömmlichen Transporttechnik war auch im 18. Jahrhundert noch das Pferd. Seine Leistungsfähigkeit konnte auf zweierlei Weise gesteigert werden: zum einen durch eine Verbesserung der Straßen, zum anderen, indem man Pferde einsetzte, um auf Kanälen Lastkähne zu ziehen. Auf einer unbefestigten Straße konnten 4–6 Pferde einen Lastwagen von bis zu 1,5 t bewegen. Auf befestigten Straßen konnte ihre Leistung auf ca. 4 t erhöht werden. Stellte man den Lastwagen auf eiserne Schienen, was z.B. in Fabriken oder Bergwerken geschah, war ein Pferd in der Lage, 8 t zu ziehen. Ließ man ein Pferd einen Kanallastkahn ziehen, war eine Zuglast um die 30 t möglich.
Bis um die Mitte des 18. Jahrhunderts waren die Straßen in England überwiegend miserabel. Erst danach gingen die Zivilingenieure daran, das Straßennetz zu verdichten und zu verbessern. Die Stadt London wurde mit den Industriegebieten im Norden und in den Midlands verbunden. Der frühe Straßenbau lag zunächst in den Händen der sogenannten „turnpike-trusts" (Schlagbaum-Gesellschaften), privaten Gesellschaften, die nur wirtschaftlich rentable Strecken ausbauten und für die Benutzung dieser Straßen einen Zoll erhoben. Schließlich wurde auch der Staat im Straßenbau aktiv.
Der Ausbau des Straßennetzes bewirkte eine für die damalige Zeit beachtliche Beschleunigung des Verkehrs. Hatte man

um 1750 für die Reise von Oxford nach London – ganze 80 km – noch volle 2 Tage gebraucht, so betrug die Reisezeit im Jahre 1830 nur noch 6 Stunden. Doch nicht nur die Schnelligkeit des Personenverkehrs profitierte vom Straßenbau, auch die Nutzlast des Güterverkehrs konnte wesentlich erhöht werden.
Für den Güterverkehr war der **Transport auf Wasserstraßen** unter den damaligen Verhältnissen allerdings die beste Lösung. Die Engländer machten sich deshalb daran, Flüsse zu regulieren und vor allem Kanäle zu bauen. 1761 gab es in England bereits 1000 Meilen schiffbarer Wasserwege. Die Flüsse erhielten nun immer mehr die Aufgabe, ein weitverzweigtes Kanalnetz zu speisen. 1768 wurde das Industriegebiet in den Midlands durch Kanäle mit den Seehäfen Liverpool, Bristol und Hull verbunden. Um die Seehäfen ballten sich wegen der günstigen Verkehrslage neue Industrien zusammen. Ein wahres Kanalbaufieber ließ das englische Kanalnetz bis 1830 auf 4000 Meilen anwachsen. Schätzungsweise 17 Mio. Pfund Sterling – eine für damalige Verhältnisse ungeheure Summe – wurden dafür ausgegeben. Dort, wo größere Höhenunterschiede überwunden werden mußten, baute man Schleusen – über 20000 an der Zahl. Reichten Schleusen nicht aus, legte man schiefe Ebenen an, auf denen man die Lastkähne mit Hilfe von Pferden und Wasserkraft, aber auch mit Hilfe stationärer Dampfmaschinen hochzog. Die Dampfmaschine war hier also zunächst nur ein gelegentliches Hilfsmittel. Auf den Kanälen wurden die Kähne von Pferden gezogen. Deshalb konnten die Schiffe nicht sehr tiefgängig und sehr breit sein. Die Folge war, daß die Kanäle ebenfalls nur eine Tiefe von 90 bis 180 cm und eine Breite von 9 bis 12 m aufwiesen. Damit waren sie in späteren Zeiten nicht groß genug, um Dampfboote aufzunehmen.
Die neuen Kanäle waren für die zunehmende Industrialisierung des Landes von großer Bedeutung. Sie senkten die Transportkosten für sperrige Massengüter ganz erheblich.

Ermöglichte der Kanalbau erst den billigen Massentransport von Gütern, so wurde diese Aufgabe in späterer Zeit zu einem großen Teil von der Eisenbahn übernommen.

Versuche, die Dampfmaschine in Landfahrzeuge einzubauen und damit das Pferd durch ein „Dampfroß“ zu ersetzen, gab es schon in den 70er und 80er Jahren, als James Watt seine Dampfmaschine entwickelte. Bereits 1769 baute der Franzose Cugnot ein mit Dampfkraft angetriebenes Landfahrzeug – nicht etwa eine Lokomotive – das jedoch alsbald zusammenbrach. William Murdoch, ein Angestellter James Watts, entwickelte 1785 ein brauchbares Dampffahrzeug. TREVITHICK, dessen Name uns schon im Zusammenhang mit dem Bau von Hochdruckdampfmaschinen begegnet ist (s. S. 144), konstruierte schließlich 1801 ein dampfgetriebenes Fahrzeug, mit dem er immerhin eine Geschwindigkeit von 13–14 km auf der Straße erreichte. 1831 wurde der erste „Dampfkutschenbetrieb“ von Gurney und Hancock eröffnet. Diese **Dampfkutsche** erreichte mehr als 15 engl. Meilen pro Stunde und verkehrte 2 Jahre lang in und um London. Alle diese sogenannten Dampfkutschen sahen aus wie wahre Ungeheuer. Ihr Name beschrieb dieses Aussehen durchaus zutreffend: sie wirkten wie eine gewaltige Kreuzung aus Lokomotive und Postkutsche. Tonnenschwer, kamen sie nur schlecht in Fahrt, verbrauchten horrende Mengen von Brennstoff, stießen fürchterliche Rauch- und Aschenwolken aus und richteten schwere Schäden an den Straßendecken an.
Hinderlich wirkte sich auch ein groteskes Gesetz aus, das bestimmte, daß ein Mann

mit roter Fahne oder einer Laterne jedem Fahrzeug mit Eigenantrieb vorausgehen müsse, um die Fußgänger und andere Fahrzeuge vor dem Herannahen des Fahrzeugs zu warnen. Dabei war eine Dampfkutsche allemal unüberhörbar. Kurioserweise behinderte dieses Gesetz noch Jahrzehnte später den entstehenden Automobilverkehr!

Die Zukunft der Dampfmaschine lag nicht auf der Straße, sondern auf der Schiene. Der motorisierte Straßenverkehr blieb nur ein kurzes Intermezzo – bis gegen Ende des 19. Jahrhunderts der Benzinmotor dann ganz neue Perspektiven für den Straßenverkehr eröffnete.

Für eine Eisenbahn benötigte man vor allem zwei Dinge: ein „Dampfroß" und einen Schienenstrang. Schienen zum Transport von schweren Massengütern hatte man bereits im 16. Jahrhundert im mitteleuropäischen Erzbergbau zur Beförderung der Erze benutzt. Diese Schienen waren aus Holz, die Wagen wurden von Pferden oder von Menschen gezogen. Auch im englischen Kohlenbergbau gab es Schienen für Lastwagen, die ebenfalls von Pferden gezogen wurden. Man benutzte sie besonders im Kohlebergbau des Nordostens (um Newcastle) zum Transport von Bergwerken zu den Flüssen oder Kanälen. Im Kohlerevier von Shropshire kannte man solche Schienenwege ebenfalls. Hier wurden sie auch zuerst „railway" oder „railroad" genannt. Insgesamt gab es in England um 1800 ca. 300 Meilen solcher Schienenwege, die Hälfte allein in der Gegend um Newcastle. Es lag in diesen Gebieten also durchaus nahe, diese Lastwagen auf Schienen statt von Pferden von Dampflokomotiven ziehen zu lassen. Auch kannte man im Nordosten Englands und in Shropshire bereits hölzerne Flachschienen und Spurkranzräder (Räder mit einem erhöhten Wulst an der Innenseite, der das Abgleiten von der Schiene verhindert). Schon seit den 1720er Jahren verwendete man in Shropshire gußeiserne Waggonräder anstelle der hölzernen. Die ersten gußeisernen Schienen gab es ebenfalls zuerst in Shropshire (Coalbrookdale, 1767). Sie setzten sich dann zunehmend im Nordosten durch.

Die Entwicklung des „Dampfrosses", der Lokomotive, wurde ebenfalls in den südwalisischen und nordostenglischen Kohlerevieren forciert. Die maßgebenden Pioniere der Dampflokomotive waren jene Leute, die bereits die Entwicklung der Hochdruckdampfmaschine vorangetrieben hatten. Dieser Maschinentyp war eine Voraussetzung für die Dampflokomotive, da die Niederdruckmaschinen nach James Watt viel zu schwer gewesen wären, um Fahrzeuge anzutreiben.

Der uns schon bekannte R. Trevithick baute in Penydarren bei Merthyr-Tydfil in Südwales 1804 im Auftrage eines Eisenhüttenbesitzers eine Schienenlokomotive. Auf einer Winkelschienenstrecke aus Gußeisen erreichte sie eine Geschwindigkeit von ca. 9 km/h, wobei sie 5 Waggons, 70 neugierige Passagiere und 10 t Roheisen zog. Für die gußeisernen Schienen war dieses Gewicht zu viel und sie zerbrachen. Bis in die 20er Jahre hatten die Eisenbahnbauer immer wieder mit solchen Schienenbrüchen zu kämpfen. Erst dann schafften die neuen gewalzten Schienen Abhilfe. In den folgenden Jahren wurden eine ganze Reihe von verschiedenen Eisenbahnen mit mehr oder weniger Erfolg gebaut. Die entscheidenden Entwicklungen fanden dann allerdings ab 1813 auf den Kohlenzechen und Kohleneisenbahnen um Newcastle statt. Die Konstrukteure, die dort Lokomotiven bauten, waren meistens Zecheningenieure, die schon Erfahrungen mit der Dampfmaschine gesammelt hatten.

Der Durchbruch der Eisenbahn als Transportmittel für Güter und Personen ist mit dem Namen George Stephensons

(1781–1848) verbunden. Als Bremser, Dampfmaschinenwärter und Aufseher in den Kohlenbergwerken von Killingworth war er mit den Problemen der Dampfmaschine und der bisherigen Entwicklung der Eisenbahn bestens vertraut. Diese Erfahrungen befähigten ihn, in den 20er Jahren die Lokomotive entscheidend weiterzuentwickeln. Die erste öffentliche Eisenbahn war 1825 zwischen Stockton und Darlington eröffnet worden. Hier herrschte allerdings noch der Mischbetrieb: der Personenverkehr wurde bis 1833 ausschließlich mit von Pferden gezogenen Waggons bewältigt. Im Güterverkehr (Kohle) mußten größere Steigungen noch mit Hilfe stationärer Dampfmaschinen überwunden werden. Im Oktober 1829 schließlich schrieb die Eisenbahngesellschaft Liverpool-Manchester einen Wettbewerb für Lokomotiven aus. Stephenson gewann das Rennen in Rainhill bei Liverpool mit seiner „Rocket", die eine Durchschnittsgeschwindigkeit von 24 und eine Höchstgeschwindigkeit von 56 Stundenkilometern erreichte. Stephensons Lokomotive hatte einen neuartigen Röhrenkessel, mit dem er eine große Heizfläche auf engem Raum erreichte. Der Kolben des Dampfzylinders war außerdem unmittelbar mit den Rädern verbunden, während man bis dahin häufig Zahnräder zur Kraftübertragung verwendet hatte. Beide Verbesserungen ermöglichten die für damalige Verhältnisse hohe Geschwindigkeit.

Vorgeschichte, Verlauf und epochale Bedeutung des Rennens, aber auch die zahlreichen Widerstände und die Skepsis, denen diese frühen Eisenbahnbauten ausgesetzt waren, hat Matschoß in sehr plastischen Worten geschildert:

„So bedeutsam auch diese Eisenbahnlinie (Stockton–Darlington) für Englands Eisenbahngeschichte schon ist, die Aufmerksamkeit der ganzen Welt zog erst die Eisenbahnlinie Liverpool–Manchester auf sich. Hiermit trat die Eisenbahn aus dem engeren Verwendungsgebiet des Bergbaues hinaus, hier sollte sie zwei der wichtigsten Hauptstellen des mächtigen englischen Handels verbinden. Dieses wichtige Unternehmen war anfangs den heftigsten Angriffen ausgesetzt, die sich zuweilen auch bis zu Gewalttätigkeiten steigerten. Die Grundeigentümer und Omnibusbesitzer verstanden es, die Bewohner aufzuhetzen, daß sie mit Stöcken und Steinen die Feldmesser verjagten. Aber auch hier blieben diese Angriffe nur Zwischenfälle, die den endgültigen Sieg des Unternehmens nicht aufzuhalten vermochten. Die Eisenbahn wurde genehmigt, und nur die Frage der Betriebsart blieb noch offen. Pferdebetrieb schien das sicherste zu sein, und nur wenige wollten von einer anderen Betriebsart etwas wissen.

Berühmte englische Ingenieure sprachen zugunsten von ortsfesten Maschinen. Die Linie sollte in 10 Teile von je 2,4 km Länge eingeteilt und 21 ortsfeste Maschinen aufgestellt werden. Obwohl sie selbst von den außerordentlich hohen Betriebskosten überzeugt waren, glaubten sie doch, diese Betriebsart allein empfehlen zu können, weil nur so vollständige Betriebssicherheit zu erreichen wäre. Stephenson trat fast allein für Lokomotiven ein. Er behauptete, er könne eine Lokomotive bauen, die 20 Meilen (32,2 km) in der Stunde zurücklegen könne, worauf die „Quarterly Review", deren Verfasser übrigens durchaus der Anwendung der Lokomotiven günstig gegenüberstand, die später so berühmt gewordenen Worte erwiderte: „Was kann wohl handgreiflich lächerlicher und alberner sein, als das Versprechen, eine Lokomotive für die doppelte Geschwindigkeit der Postkutsche zu bauen! Ebensogut könnte man glauben, daß die Einwohner von Woolwich sich auf einer Congreveschen Rakete abfeuern ließen, als daß sie sich einer solchen Maschine anvertrauen würden!"

Aber Stephenson setzte es durch, daß wenigstens ein Versuch mit den Lokomotiven gemacht wurde, und die Gesellschaft beschloß deshalb, einen Preis von 500 £ auf eine Lokomotive auszusetzen, die den von ihr gesetzten Forderungen gerecht werden konnte. Die Bestimmungen wurden in kurzer Zeit überall verbreitet und allerorts begann man sich eifrig für den ausgeschriebenen Wettbewerb zu interessieren. Gar mancher hoffte, den Preis zu erringen.

Am 1. Oktober 1829 sollte bei Rainhill auf einer vollkommen ebenen Strecke von über 3 km Länge der Wettbewerb zum Austrag kommen. 20mal sollten die Lokomotiven diese Strecke durchlaufen, was der gesamten Eisenbahnlänge zwischen Liverpool und Manchester etwa entsprach. Der Termin wurde dann auf den 6. Oktober verschoben. Nur vier Lokomotiven erschienen auf dem Platz, um den Wettbewerb aufzunehmen. Eine große Schar von Zuschauern und bedeutenden Fachmännern auch von außerhalb Englands, auch aus Amerika, waren herbeigeeilt, um Zeuge der Wettfahrt zu sein. Die Ergebnisse, die mit einem glänzenden Sieg von Stephensons „Rocket" endigten, sind oft erzählt worden. Durch sie wurden auch die kühnsten Hoffnungen der Lokomotivfreunde weit übertroffen. Eine Höchstgeschwindigkeit von 56 km wurde erreicht.

Mit dem Preiswettfahren zu Rainhill 1829 und der feierlichen Eröffnung der ersten großen Eisenbahn 1830 war die Frage, ob Lokomotiven oder ortsfeste Dampfmaschinen als Verkehrsmittel bei der Eisenbahn zu verwenden seien, zugunsten der Lokomotiven entschieden. Überall begann man, Eisenbahnen zu bauen und den Lokomotiven die für ihre bestimmten Zwecke günstigste Ausbildung zu geben. Auch hier ging nicht der Fortschritt in gerader Linie vorwärts, noch öfter wurde auf frühere Konstruktionen zurückgegriffen und Ausführungen wiederholt, denen frühere Erfahrungen bereits das Urteil gesprochen hatten.

Aber alle diese Bedenken räumte der von Tag zu Tag sich steigernde Erfolg aus dem Weg, und schließlich kamen auch die größten Gegner des Eisenbahnwesens zu der Überzeugung, die 1838 bei der Eröffnung der Berlin-Potsdamer Bahn der damalige Kronprinz, spätere König Friedrich Wilhelm IV. in die Worte faßte: „Diesen Karren, der durch die Welt rollt, hält kein Menschenarm mehr auf!"

(Aus: C. Matschoß, Die Entwicklung der Dampfmaschine, Bd. I, Berlin 1908, S. 94ff., S. 791)

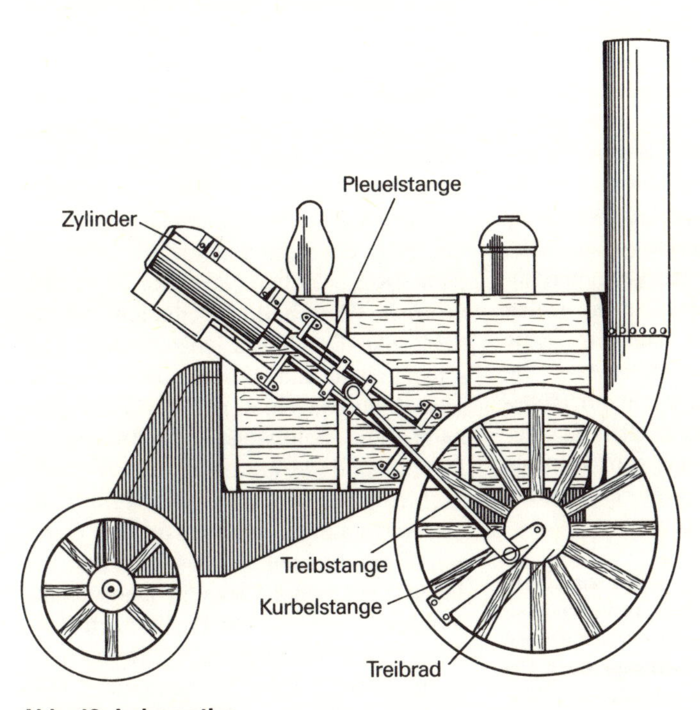

Abb. 43: Lokomotive

Die im schräg gestellten Zylinder erzeugte Kraft wird über die Pleuelstange und die Treibstange direkt auf die Kurbelstange des Treibrades übertragen.

Die am 15. September 1830 eröffnete Strecke Liverpool–Manchester war dann die erste Eisenbahn, die sowohl für Personen als auch für Güter ausschließlich mit Dampflokomotiven betrieben wurde. Damit endete die Vorgeschichte der Eisenbahn, die nun von England aus ihren Siegeszug über die Welt antrat.

Das Kanalsystem war bald nicht mehr in der Lage, das gewaltig anschwellende Transportvolumen zu bewältigen. Die Konkurrenzkämpfe der Kanalgesellschaften und die Höhe ihrer Benutzungsgebühren minderten die Attraktivität der ohnehin zu klein gewordenen Kanäle.

Schon allein die gewaltige Zunahme der Kohlentransporte für eine sich stark ausdehnende Industrie gaben der Eisenbahn genug zu tun.
Die Eisenbahn gilt völlig zu Recht neben der Dampfmaschine als eines der Symbole der „Industriellen Revolution". In der Eisenbahn lief in der Tat eine ganze Reihe von Entwicklungen aus den unterschiedlichsten technischen Bereichen zusammen. Voraussetzungen für ihr Zustandekommen und ihren Siegeszug waren die Entwicklung der Dampfmaschine, die Vervollkommnung der Werkzeugmaschinen und – man denke nur an die vielen Tausend Kilometer von Schienen – eine leistungsfähige Hüttentechnik. Aber die Eisenbahn war nicht nur ein erster Höhepunkt der technisch-industriellen Revolution, sondern zugleich eine ganz zentrale Voraussetzung für den weiteren Verlauf der „Industriellen Revolution".

Der Eisenbahnbau wurde selbst zu einem „Leitsektor" für die weitere Industrialisierung. Von ihr gingen enorme wirtschaftliche Impulse aus, da sie die Nachfrage nach Erzeugnissen der Bergbau-, Metall- und Maschinenindustrie drastisch steigerte. Die Eisenbahn wurde so zu einem Wachstumsfaktor ersten Ranges.

Kein Wunder, wenn man bedenkt, daß ein einziger Schienenkilometer 200 t Eisen verschlang. Der erste Eisenbahnboom setzte in England in den Jahren 1839–41 und 1844–1847 ein. Im Zeitraum von 1832–41 verdreifachte sich – nicht zuletzt durch die Nachfrage der Eisenbahnen – die englische Gesamtproduktion von Gußeisen. Um 1850 gab es in Großbritannien bereits ein Eisenbahnnetz von 5000 Meilen Gesamtlänge.
Andere Staaten erkannten sehr bald die große wirtschaftliche Bedeutung der Eisenbahn. Der Bau von Eisenbahnlinien wurde deshalb auf dem Kontinent von den Ländern, die ihren wirtschaftlichen Rückstand gegenüber England aufholen wollten, bewußt gefördert. In Deutschland, wo es Ende der 20er Jahre im Ruhrgebiet schmalspurige Pferdebahnen für den Kohlentransport gab, setzte sich der Industrielle Friedrich Harkort schon 1825 für den Bau von Eisenbahnlinien ein, da er deren Schlüsselfunktion für die wirtschaftliche Entwicklung eines Landes klar erkannt hatte. Friedrich List wurde zum eifrigsten Verfechter eines nationalen deutschen Eisenbahnsystems.
Die erste deutsche Eisenbahnlinie wurde dann 1835 zwischen Nürnberg und Fürth eröffnet. Wirtschaftlich bedeutend war jedoch erst die 115 km lange Strecke zwischen Leipzig und Dresden, die das sächsische Industriegebiet mit der Elbe verband. Die politische Zersplitterung in Deutschland wirkte sich zunächst sehr nachteilig für den Eisenbahnbau aus, da die ersten Linien meistens an den Grenzen eines kleinen Landes endeten. Im Jahre 1838 konnte man in Deutschland mit der Eisenbahn von Berlin nach Potsdam, von Düsseldorf nach Erkrath, von Braunschweig nach Wolfenbüttel, 1840 dann zusätzlich von München nach Augsburg und von Heidelberg nach Mannheim fahren. 1847 wurde die Köln–Mindener

Bahn gebaut, die einen Anschluß an die Linie über Hannover, Braunschweig nach Magdeburg herstellte. Seit 1848 die Elbbrücken fertiggestellt wurden, bestand eine direkte Verbindung vom Ruhrgebiet nach Berlin – eine wirtschaftlich sehr wichtige Linie. In den 40er und 50er Jahren wurden die Teilstrecken in Deutschland miteinander in Verbindung gebracht. Im Jahre 1870 gab es in Deutschland bereits 10 596 km Staatsbahnen und 8210 km Privatbahnen. Die wirtschaftliche Bedeutung der Eisenbahn für Deutschland läßt sich in folgende Punkte zusammenfassen:

1. **Die Eisenbahn setzte einen Wachstumsprozeß im Steinkohlenbergbau sowie in der Eisen- und Maschinenbauindustrie in Gang.**
2. **Sie förderte dadurch die Bildung großer Betriebe der Eisen- und Maschinenbauindustrie und begünstigte den industriellen Differenzierungsprozeß.**
3. **Sie verbilligte den Gütertransport ganz wesentlich: 1840 hatte die Beförderung einer Güterlast von 1 t über eine Entfernung von 1 km (= 1 Tonnenkilometer [1 tkm]) 16,9 Pf. gekostet. 1850 kostete 1 tkm nur noch 10 Pf., 1860 7,9 Pf. und 1870 nur noch 5,6 Pf.**
4. **Sie regte durch diese Verbilligung des Gütertransports die Massenproduktion an, ermöglichte ihren überregionalen Absatz und förderte z. B. in Deutschland die staatliche Wirtschaftseinheit.**
5. **Sie förderte die Chancengleichheit der verschiedenen Wirtschaftsregionen und verschärfte den wirtschaftlichen Wettbewerb im Innern und zwischen den Nationen.**

Nachdem die Grundprinzipien der Dampflokomotive um 1830 in England entwickelt worden waren, lagen in den folgenden Jahrzehnten die Verbesserungen in der Steigerung der Größe, Stärke und Geschwindigkeit der Lokomotive sowie einer Erhöhung der Fahrsicherheit. Seit 1874 verwendete man drehbare Fahrgestelle mit 4 oder 6 Rädern. Seitdem konnten durch die bessere Kurvengängigkeit längere und stärkere Lokomotiven gebaut werden. Indem man die Triebräder miteinander verband, erhöhte sich die Zugkraft der Lokomotiven. Eisenbahnschranken und Signallampen (seit 1834) sowie vor allem die von George Westinghouse 1869 erfundene Luftdruckbremse und der elektrische Telegraph (seit 1850) erhöhten die Sicherheit der immer schnelleren und größeren Züge ganz erheblich. Ab 1850 begann die Eisenbahn in Deutschland der Straße ernsthafte Konkurrenz zu machen. Noch lange konkurrierten das Pferd und die Dampflok um die führende Position im Güterverkehr. Bis 1880 war dann die Eisenbahn zum wichtigsten Transportmittel geworden. Die zweite Hälfte des 19. Jahrhunderts war das Zeitalter der Eisenbahn. Lokomotiven nach dem Muster der englischen „Crompton“, deren Triebachse von der Mitte nach hinten verlegt war und deren Raddurchmesser auf 2,10 m erhöht worden war, erreichten mit bis zu 400 PS bereits Stundengeschwindigkeiten bis zu 100 km. 1855 betrug die Durchschnittsgeschwindigkeit der Schnellzüge 53 km, 1880 waren es bereits 70–80 km.

Auch der Komfort der Eisenbahnwagen für den Personenverkehr wuchs ständig. In den Anfängen der Eisenbahn waren die Wagen nichts anderes als auf Schienen gestellte Postkutschen. Sie waren aus Holz gebaut und besaßen nur minimalen Komfort. In den Wagen der 1. Fahrgastklasse gab es 4–6 gut gepolsterte Sitze, in der 2. Klasse waren die Sitze schon sehr viel einfacher gepolstert, und die Passagiere der 3. Klasse mußten mit hölzernen Bänken auf nicht überdachten Karren vorliebnehmen. Alle Wagen waren zunächst ohne Heizung. Die Passagiere der 1. Klasse erhielten im Winter wenigstens Wärmflaschen, die anderen mußten frieren. Allmählich erhielten die Eisenbahnwagen jedoch die uns heute vertraute Form, und der Reisekomfort stieg. Führend waren auf diesem Gebiet zwangsläufig die Amerikaner, die in ihrem Land große Strecken in Tag- und Nachtfahrten zu überwinden hatten.

Außer in England und dem ebenfalls wirtschaftlich fortschrittlichen Belgien gab es um 1850 in Europa noch kein zusammenhängendes Eisenbahnnetz. Nur in Nordeuropa bestand eine kreisförmige Linie Paris – Brüssel – Köln – Berlin – Krakau – Warschau, von der Abzweigstrecken nach Hamburg, Kiel, Stettin, München, Wien und Prag führten. Beim Bau ihrer ersten Eisenbahnlinien mußten die Staaten des Kontinents auf englische Ingenieure und Lokomotiven zurückgreifen. In Deutschland waren die Hauptstrecken im Jahre 1870 fertiggestellt. Zunächst waren die Strecken überwiegend durch private Gesellschaften errichtet worden. Aus vornehmlich militärischen Gründen kaufte der Staat 1847 das Bahnnetz im Osten zurück. 1852 war bereits die Hälfte des deutschen Eisenbahnnetzes staatlich oder staatlich kontrolliert. Der Reichskanzler Bismarck betrieb eine forcierte Verstaatlichungspolitik, um das Streckennetz zu vereinfachen und den Fahrbetrieb zu koordinieren, die Eisenbahn jederzeit für Truppentransporte nutzen zu können und vor Streiks immun zu sein. Mit der Verfügung über die Eisenbahn hatte der Staat ein wirtschaftspolitisch sehr wichtiges Instrument in der Hand.

Die Eisenbahn war in den dreißiger Jahren einerseits mit sehr großen Hoffnungen begrüßt worden, von denen wir schon einige kennengelernt haben. Sie war andererseits aber auch sehr umstritten. Es liegt nahe, daß vor allem jene mittelständischen Berufsgruppen ihren Ruin befürchteten, die bisher von dem Verkehr auf den mehr oder weniger schlechten Landstraßen gelebt hatten. Dazu gehörten die Tausende von Postillionen, Straßenwärtern, Stellmachern, Wirten, Kutschbauern usw. Ihr Widerstand fand auch in anderen bürgerlichen Bevölkerungskreisen Widerhall. Immer wieder warnten Politiker und vor allem Mediziner vor den vermeintlichen Gefahren und Gesundheitsschäden, die eine für damalige Verhältnisse so unerhörte Steigerung der Geschwindigkeit mit sich bringen müsse. In England befand ein Ausschuß der Royal Society gar, daß Geschwindigkeiten von über 50 km/h zum Ersticken der Passagiere führen müßten, da die Luft nicht mehr in die Abteile eindringen könne. Wieder andere prophezeiten, die Kühe würden nun demnächst weniger Milch geben, wenn sie von den lärmenden Ungetümen auf Schienen aus ihrer beschaulichen Ruhe gerissen würden. Das bayerische Obermedizinalkollegium sagte schwere Gehirnerkrankungen bei Reisenden und Zuschauern voraus und forderte deshalb den Bau von hohen Bretterzäunen entlang des Bahnkörpers. Reichlichen Anlaß zu Kritik gaben auch die vielen Unfälle mit teilweise schlimmen Folgen in der Anfangszeit der Eisenbahn. Schienen brachen, Dampfkessel explodierten, Räder verselbständigten sich, Wagen koppelten sich in voller Fahrt ab usw. Befürchtungen erweckte die Eisenbahn aber auch auf politischem Gebiet. Bis zur Verbreitung der Eisenbahn konnten es sich nur Wohlhabende leisten, mit Pferd und Wagen zu reisen. Der „gemeine Mann“ aber ging zu Fuß. Die Eisenbahn warf diese Verhältnisse über den Haufen, denn mit ihr fuhr der Passagier der dritten Klasse genauso schnell wie derjenige der ersten Klasse – wenn auch weniger komfortabel. Eine Klasseneinteilung gab es nur noch in bezug auf den Reisekomfort, nicht mehr in bezug auf die Geschwindigkeit. Für die bevorrechtigten

Bevölkerungsschichten, vor allem für den Adel, gab das Anlaß zu den schlimmsten Befürchtungen. So stand denn der hannoversche König Ernst August nicht alleine da, wenn er meinte: „Ich will keine Eisenbahn in meinem Lande. Ich will nicht, daß jeder Schuster und Schneider so rasch reisen kann wie ich." Die Eisenbahn demokratisierte das Reisen und riß ein Reservat der „vornehmen Gesellschaft" nieder. Nicht wenige Stimmen aus dem Adel und dem gehobenen Bürgertum befürchteten von ihr sogar revolutionäre Folgen, könne doch jetzt jedes umstürzlerische „Element" bequem durchs ganze Land reisen und aufrührerische Reden halten. Allerdings hatte der demokratisierende Effekt der Eisenbahn durchaus seine Grenzen: die Fahrpreise waren nämlich in Deutschland, gemessen am Realeinkommen, dreimal so hoch wie heute, und nicht jeder „Schuster" und „Schneider" konnte sich eine Eisenbahnfahrt leisten.

b) Dampfschiff

Es lag nahe, die neue Antriebsmaschine auch in Schiffe einzubauen. Allerdings sollte es bis zur Mitte des 19. Jahrhunderts dauern, ehe Dampfschiffe einen nennenswerten Beitrag zur internationalen Schiffahrt leisteten. Erste Versuche, Dampfschiffe zu bauen, hatte es schon in den beiden letzten Jahrzehnten des 18. Jahrhunderts gegeben. So konstruierte z.B. John Fitch im Jahre 1786 ein Schiff, bei dem eine Dampfmaschine einen Satz Ruder antrieb. Der regelmäßige Verkehr mit Dampfschiffen ging von den Vereinigten Staaten aus. Mit seinem Raddampfer „Clermont" hatte dort Robert Fulton im Jahre 1807 eine erfolgreiche zweiunddreißig Stunden währende Fahrt von New York den Hudson hinauf unternommen. In den Vereinigten Staaten nahm die Dampfschiffahrt daraufhin einen starken Aufschwung. Um 1823 gab es dort bereits 300 Dampfschiffe – 70 verkehrten allein auf dem Mississippi.

In Europa setzte die Entwicklung der Dampfschiffahrt zunächst in Schottland und Nordengland ein. 1823 gab es in der Küsten- und Flußschiffahrt Großbritanniens bereits 160 Dampfschiffe mit Schaufelradantrieb. Seit 1822 bestand sogar eine regelmäßige Verbindung zwischen Calais und Dover.

Das erste Schiff, das mit einer Dampfmaschine den Atlantik überquerte, war die „Savannah". Allerdings war sie noch kein reines Dampfschiff, sondern ein Segelschiff mit Hilfsdampfmaschine. Für die Strecke von Savannah an der amerikanischen Ostküste bis Liverpool in England benötigte das Schiff im Jahre 1819 27 Tage. An 18 Tagen hatte dabei die Dampfmaschine insgesamt 85 Stunden lang die Schaufelräder angetrieben. 19 Jahre später legten zwei ausschließlich mit Dampfkraft fahrende englische Schiffe, die „Sirius" und die „Great Western" die Strecke von Liverpool nach New York in 14 bzw. 15 Tagen zurück und waren damit um eine Woche schneller als ein Segelschiff unter optimalen Bedingungen.

Obwohl damit grundsätzlich bewiesen war, daß sich dampfgetriebene Schiffe durchaus im Überseeverkehr einsetzen ließen, dauerte es noch mehrere Jahrzehnte, bis ihnen in diesem Bereich der Durchbruch gelang. Gründe dafür gab es viele: Zum einen hatten diese Schiffe einen enormen Kohlenverbrauch. Ein erheblicher Teil des Frachtraums wurde deshalb als Kohlevorratsraum benötigt. Zum andern brachten die Schiffe keinen wirklich entscheidenden Geschwindigkeitsvorteil gegenüber den Segelschiffen, sondern nur höhere Betriebskosten. Die Holzbauweise der Schiffe ließ zudem eine wesentliche Vergrößerung des Frachtvolumens nicht zu.

Dampfschiffe blieben aus diesen Gründen zunächst nur im Passagierverkehr – bei entsprechend hohen Preisen – rentabel. Dies alles änderte sich jedoch langsam in den fünfziger Jahren des 19. Jahrhunderts, als es gelang, die Dampfschiffe stromlinienförmiger zu bauen, leistungsfähigere Hochdruckdampfmaschinen einzubauen und vor allem den Antrieb durch die Einführung der Schiffsschraube anstelle des Schaufelrades wesentlich zu verbessern.

Das **Schaufelrad** hatte eine Reihe von schwerwiegenden Nachteilen: Es war anfällig bei starkem Seegang oder Beschuß und erschwerte die Manövrierfähigkeit der Schiffe. Nach dem Prinzip der archimedischen Schraube (s. S. 49) hatte bereits 1839 Francis Petitt Smith erfolgreich einen **Schraubenpropellerantrieb** vorgeführt. Der schnellere Schraubenantrieb setzte sich jedoch erst später durch. Die 1844 vom Stapel gelaufene „Great Britain" war das erste größere Dampfschiff (über 3000 Tonnen), das mit einem Schraubenpropellerantrieb versehen wurde. Für den Krimkrieg (1854) rüstete die englische Marine dann ihre Holzschiffflotte mit Schraubenantrieb aus.

Die **„Great Western"** (98 m lang, 15 m breit, 1500 PS, 12,3 Knoten Geschwindigkeit) war nicht nur das erste größere Schiff, das einen Schraubenpropellerantrieb besaß, sondern auch in anderer Hinsicht zukunftsweisend: Der Eisenbahn- und Verkehrsbauingenieur I. K. Brunel hatte den Rumpf ganz aus Schmiedeeisen (Puddeleisen) bauen lassen, das in der Eisenkrise der Jahre ab 1842 billig war.

Die Verwendung des Eisens im Schiffbau ermöglichte eine beträchtliche Vergrößerung der Ladekapazität. Bei einem Holzschiff entfiel etwa die Hälfte des Gesamtgewichts auf das Eigengewicht des Schiffes. Bei Eisenschiffen konnte der Eigengewichtsanteil auf bis zu 20% gesenkt werden. Entsprechend größer war die Zuladekapazität. Als man später anstelle des Eisens den leichten Stahl verwandte, gestaltete sich dieses Verhältnis noch günstiger. Die Verwendung des Eisens führte zum Bau immer größerer Schiffe.

Hatte das Verhältnis Länge zu Breite bei Segelschiffen 4:1 betragen, so baute man Eisenschiffe, die bis zu achtmal so lang wie breit waren. Als die allgemeine Begeisterung über den industriellen Fortschritt und die Errungenschaften der Technik nach der Weltausstellung von 1851 in London auf einem Höhepunkt angekommen war, baute I. K. Brunel einen gigantischen Ozeanriesen für den Indienverkehr: die „Great Eastern", das größte Schiff seiner Zeit. Mit einer Länge von 210 m, einer Breite von 25 m und einer Leistung von über 11000 PS war dieses Ungetüm so groß, daß alle Häfen auf der Strecke um das Kap der Guten Hoffnung nach Indien zu klein gewesen wären, es aufzunehmen. Da riesige Mengen von Kohlen mitgenommen werden mußten, wäre kaum noch Platz für Ladung gewesen. Die Reederei mußte deshalb den ehrgeizigen Plan der Indienfahrt aufgeben – das Schiff war den Gegebenheiten seiner Zeit zu weit voraus.

Seit 1854 waren sogenannte Verbund- oder „Compound"-**Maschinen** in Gebrauch, die die Expansionskraft des Dampfes sehr viel besser nutzten als herkömmliche Dampfmaschinen. Sie hatten zwei Zylinder unterschiedlichen Hubraums, in denen der Dampf nacheinander entspannt wurde. Später fügte man einen dritten Zylinder hinzu und erhielt so die Dreifachexpansionsmaschine, die den Dampfdruck noch besser verwertete.

Mit solchen Maschinen ließ sich der Kohleverbrauch der Dampfschiffe auf 10% desjenigen früherer Dampfschiffe senken. Dadurch wurden längere und wirtschaftlichere Überseefahrten mit immer größeren Schiffen möglich. Das Dampfschiff wurde zu einem ernsthaften Rivalen des Segelschiffes

– zumal, nachdem der Suez-Kanal eröffnet (1869) und Kohlenbunker an den wichtigsten internationalen Schiffahrtsstrecken angelegt worden waren. Regelmäßige Linienschiffahrten zwischen allen Kontinenten hatte es seit den Jahren 1850–60 gegeben.
In den Jahren 1870–75 ging man zum Bau von Stahlschiffen über, nachdem das Bessemer-Verfahren (1856), s. S. 152, und das Siemens-Martin-Verfahren (1866), s. S. 153, dem Schiffbau billigen Stahl zur Verfügung gestellt hatten. Das Dampfschiff konnte das Segelschiff aber keineswegs über Nacht verdrängen. Die Segelschiff-Konstrukteure nahmen in den 50er und 60er Jahren die Herausforderung der Dampfschiffbauer an und entwickelten – vor allem in den USA – die vollgetakelten Klipper. Diese eindrucksvollen Rennsegler waren noch in den 70er Jahren durchaus in der Lage, die Meere schneller zu überqueren als so mancher Dampfer. Ein Segelschiff wie die 1853 gebaute „Lightning" brachte es auf 18 Knoten, während die Dampfer höchstens 13 Knoten schafften, aber eine größere Transportkapazität hatten. 1870 hatten Dampfschiffe erst 16% der Welttonnage befördert, 1900 hatten sie das Segelschiff überrundet, wenn auch keineswegs vollständig verdrängt.
Seit den 80er Jahren entwickelte sich zwischen den führenden Industrie- und Handelsnationen ein internationaler schiffsbautechnischer Wettbewerb, der von nationalistischem Prestigedenken begleitet war. Der Aufbau einer schlagkräftigen Kriegsmarine war für viele Staaten ein Instrument internationaler Machtausübung, aber auch eine Angelegenheit des nationalen Prestiges. Im zivilen Bereich setzte ein bis in die 30er Jahre unseres Jahrhunderts dauernder Wettbewerb um den größten, schnellsten und komfortabelsten Passagierdampfer ein. Allein in den Jahren 1880 bis 1913 verzehnfachten sich die Schiffsgrößen – nicht zuletzt durch die allgemein gefallenen Kohlen- und Eisenpreise – und erhöhten sich die Geschwindigkeiten um 50%. Im Jahre 1897 erreichte man von Europa aus New York mit dem Passagierdamper bereits in 5 Tagen und 7 Stunden. Die Dreifachexpansionsmaschine setzte sich allgemein durch und Fortschritte im Kesselbau erlaubten höhere Dampfdrücke. Die Verwendung des Stahls ermöglichte den Bau immer größerer Schiffe. Die Riesendampfer am Vorabend des Ersten Weltkrieges übertrafen in puncto Eleganz und Prunk so manches Schloß und manchen Palast. Der Vergleich ist nicht aus der Luft gegriffen: man verwendete bewußt Elemente aus der Schloßarchitektur. Die wohlhabenden Passagiere sollten an Bord auf nichts verzichten müssen, was sie zu Hause gewohnt waren. Diese Art, komfortabel, ja luxuriös über die Ozeane zu reisen, erlag in den 60er Jahren unseres Jahrhunderts weitgehend der Konkurrenz des Flugverkehrs. Maschinenbautechnisch war die Entwicklung des Dampfkolbenmotors im Schiffbau mit dem Schnelldampfer „Kronprinzessin Cecilie" (1907) an ihrem Ende angelangt. Die Dampfmaschine leistete 46000 PS. In der Folgezeit (ab 1905) wurde die Leistung der Schiffsmotoren dann durch den Übergang zum Turbinenantrieb gesteigert, der viel vibrationsloser, laufruhiger und wartungsfreundlicher war. Seit den 20er Jahren trat der Dieselmotor im Schiffbau seinen Siegeszug an.
Der technische Fortschritt im Dampfschiffbau des 19. Jahrhunderts war durch den Bau immer schnellerer und größerer Schiffe gekennzeichnet. Die wirtschaftliche Bedeutung der Entwicklung im Schiffbau war sehr groß. Die schiffbautechnischen Fortschritte schufen einen zusammenhängenden Weltwirtschaftsmarkt mit internationaler Konkurrenz, da Wirtschaftsgüter jetzt über große, interkonti-

nentale Entfernungen ausgetauscht werden konnten. Die Frachtgebühren wurden gesenkt, die Fahrtzeiten verkürzt und das Volumen der beförderten Güter stark erhöht. Dies stimulierte die Industrien, die für ihre gesteigerten Gütermengen einen großen Absatzraum fanden. Selbstverständlich regte der Schiffbau auch direkt die Eisen- und Stahlindustrie an. Der Bau immer größerer Schiffe mit hohen Entstehungskosten führte schon früh zu Zusammenschlüssen bei den Reedereien (wie z. B. in Deutschland dem „Norddeutschen Lloyd“ von 1857).

Die sozialen Verhältnisse an Bord haben sich vom 19. Jahrhundert bis heute, mitbedingt durch den technischen Wandel, stark verändert. Die Arbeitsverhältnisse auf dem Hapagdampfer „Fürst Bismarck“ waren z. B. um 1900 weit weniger komfortabel als der Reisekomfort solcher Dampfer. Das Schiff hatte eine Besatzung von 310 Personen, von denen 155 zum schiffstechnischen Personal gehörten. Die härteste Arbeit hatten neun Oberheizer (für drei Wachen), 54 Heizer und 57 Kohlenzieher. Da das Schiff ca. 287 t Kohle pro Tag benötigte, mußte der Trimmer dem Heizer pro Stunde (!) 450 kg Kohle vor die Füße schaufeln. Täglich mußten außerdem noch bis zu 1,3 t Asche und Schlacke in die Behälter geschaufelt werden. Diese Arbeit in den Kesselräumen hatte bei einer höllischen Temperatur zwischen 45 und 60° C zu erfolgen. Die Atemwege wurden durch Kohle- und Aschenstaub belastet. Unter diesen Umständen desertierte so mancher Kohlenzieher. Selbst Todesfälle durch Erschöpfung, Selbstmord, Hitzeschlag oder Wahnsinn waren nicht selten. Der technische Fortschritt führte dann im Schiffbau – wie in vielen anderen Bereichen – dazu, daß besonders schwere Arbeiten entfielen, aber damit zugleich auch eine Arbeitslosigkeit der meist nur wenig qualifizierten Arbeiter eintrat, die diese Arbeiten bis dahin verrichtet hatten. Das Kohleziehen und Beschicken der Kessel wurde durch die Einführung der Ölfeuerung überflüssig. Im Laufe der Zeit nahm durch den technischen Fortschritt die Zahl des Besatzungspersonals ab. Seit dem Ende der 60er Jahre unseres Jahrhunderts machte die moderne Steuerungs- und Maschinentechnik schließlich die Anwesenheit von Menschen im Maschinenraum ganz überflüssig. Der Seemann unserer Tage ist kein ungelernter Arbeiter mehr, sondern ein gut ausgebildeter Fachmann, der vor allem für Wartungs- und Reparaturzwecke zuständig ist. Das Ergebnis des technischen Fortschritts im sozialen Bereich ist in der Schiffahrt damit ähnlich wie auch in anderen Bereichen: die Zahl der Arbeiter (und damit die Unkosten) konnten verringert werden (große Seeschiffe fahren heute schon mit nur 18 Mann Besatzung). Das bedeutete einerseits Existenzvernichtung für viele, besonders jedoch gering qualifizierte Arbeiter, andererseits eine Verbesserung der Arbeitsbedingungen und eine Anhebung des Qualifikationsniveaus derjenigen, die nach wie vor als schiffstechnisches Personal benötigt werden.

Eisenbahn und Dampfschiff bedeuteten eine verkehrstechnische Revolution. Welche wirtschaftliche Bedeutung diese Neuerungen hatten, wurde bereits ausgeführt. Die Zeitgenossen um die Mitte des 19. Jahrhunderts aber erwarteten und erhofften von der Eisenbahn und dem Dampfschiff noch weit mehr. In grenzenlosem liberalen Fortschrittsoptimismus sahen sie eine Hebung der Zivilisation und der Kultur, eine Völkerverständigung und den „ewigen“ Frieden, ja einen paradiesischen Glückszustand der Menschheit als Folge dieser technischen Entwicklung voraus. Den kulturellen Optimismus können wir im Zeitalter des Massentourismus, der eher verflachende Wirkung hat, kaum noch teilen, die Erwartung der Völkerverständigung und der Unmöglichkeit des Krieges erscheint nach den Erfahrungen zweier Weltkriege naiv. Und doch sind solche Stimmen für die Zeit so typisch, daß eine davon kommentarlos am Schluß stehen soll, diejenige von Friedrich List, dem Pionier des deutschen Eisenbahnwesens, der 1835 über Eisenbahnen, Kanäle, Dampfboote und Dampfwagentransport die folgenden euphorischen Zeilen schrieb:

„Der wohlfeile, schnelle, sichere und regelmäßige Transport von Personen und Gütern ist einer der mächtigsten Hebel des Nationalwohlstandes und der Civilisation nach allen ihren Verzweigungen.

Zu keiner Zeit ist diese Wahrheit so klar an den Tag getreten und so allgemein erkannt worden, wie in unsern Tagen, wo die Eisenbahnen, die Dampfboote und Canäle das Wachsthum der Völker an materieller und geistiger Kraft auf eine Weise fördern, daß sich sogar jene dafür begeistert fühlen, die in den meisten andern Beziehungen der fortschreitenden Entwickelung der menschlichen Verhältnisse abhold sind.

Die Dampfschiffahrt ist erst nach dem Falle Napoleons aufgekommen, dennoch hat sie für die Civilisation und den Verkehr der Völker schon Wunder gewirkt. Von London aus geht man mit regelmäßigen Dampfbooten nach Edinburg, Christiana, Stockholm, Kopenhagen, Hamburg, Bremen, Amsterdam, Antwerpen, Ostende, Calais, Boulogne, Dieppe, Havre, Bordeaux, Dublin, Liverpool und nach den spanischen und portugiesischen Häfen. Von Hamburg geht man nach London, Hull, Rotterdam und Havre; von Lübeck geht man nach Petersburg und Copenhagen. Sämmtliche Städte an der Ost- und Nordsee, am Canal, am biscayischen Meerbusen und an der atlantischen Küste stehen jetzt vermittelst der Dampfbootschiffahrt in weit wohlfeilerem und weit regelmäßigerem Verkehr als zuvor die englischen Seestädte unter sich. Die Folge hiervon ist, daß die Reisen von einem europäischen Lande in das andere aufgehört haben, Wagestücke und kostspielige Unternehmungen zu sein; daß der Briefwechsel und der Waarenverkehr viel rascher von Statten geht; daß Hunderttausende von Engländern jährlich nach dem Continent kommen und sich mit den Franzosen und Deutschen befreunden; daß Letztere in Schaaren nach England wallfahrten, um die Wunder seiner Industrie kennen zu lernen und sich zu unterrichten; daß ganze Caravanen aus dem Norden die deutschen Länder besuchen; daß, mit einem Worte gesagt, die Völker sich gegenseitig kennen lernen und zur Nacheiferung anspornen . . .

Was die Dampfschiffahrt für den See- und Flußverkehr, ist die Eisenbahn-Dampfwagenfahrt für den Landverkehr, ein Herkules in der Wiege, der die Völker erlösen wird von der Plage des Kriegs, der Theuerung und Hungersnoth, des Nationalhasses und der Arbeitslosigkeit, Unwissenheit und des Schlendrians, der ihre Felder befruchten, ihre Werkstätte und Schachte beleben und auch den Niedrigsten unter ihnen Kraft verleihen wird, sich durch den Besuch fremder Länder zu bilden, in entfernten Gegenden Arbeit und an fernen Heilquellen und Seegestaden Wiederherstellung ihrer Gesundheit zu suchen.

Es ist eine beschränkte Ansicht, wenn man bloß den Umstand ins Auge faßt, daß der Eisenbahntransport die Preise der Production und Waaren vermindert und folglich dem Consumenten wie dem Producenten materiellen Vortheil bringt.

Schon die geringe Erfahrung, die man während der kurzen Zeit ihrer Existenz gemacht hat, beweist 1) daß sie hauptsächlich zu schleuniger, wohlfeiler und bequemer Fortschaffung der Menschen Dienste leisten und hauptsächlich wegen dieses Vorzugs sich die Gunst aller Classen erworben haben, 2) daß sie in dieser Beziehung der mittleren und untern Classe quantitativ zehn bis zwanzig Mal mehr Dienste leisten, als dieser oberen und höchsten Classe, 3) daß sie durch schleunige Beförderung von Briefen, Journalen und Büchern wohlthätiger auf die Gesellschaft wirken, als durch jeden andern Waarentransport.

Hieraus geht hervor, daß der Eisenbahntransport mehr geistig als materiell, mehr durch die Menschen als durch die Sachen, mehr auf die productiven Kräfte als auf die Verbreitung der Producte, endlich quantitativ mehr auf die Bildung, das Wohlsein und die Genüsse der producirenden Classen, als der consumirenden zu wirken bestimmt ist.

Ohne Vergleichung wichtiger als in den angegebenen Fällen erscheint aber der Eisenbahntransport, wenn man seine Wirkungen auf die Bildung aller Classen und Stände in Betrachtung zieht. Auch der minder bemittelte Student wird durch denselben in den Stand gesetzt, die berühmtesten Universitäten des In- und Auslandes zu besuchen und die Institutionen fremder Länder durch eigene Anschauung kennen zu lernen. Der Handelsdiener wird sich in Person auf den angesehensten Handelsplätzen nach einer Anstellung umsehen können. In der Technik und der Landwirthschaft, wobei so viel auf eigene Anschauung und Beobachtung ankommt, werden die Deutschen Riesenschritte machen, wenn auch der minderbemittelte Techniker diejenigen Länder und Städte des In- und Auslandes besuchen kann, wo jene Industriezweige, denen er sich besonders gewidmet hat, am vorteilhaftesten betrieben werden ...

Durch die neuen Transportmittel wird der Mensch ein unendlich glücklicheres, vermögenderes, vollkommeneres Wesen. Er, dessen Thätigkeit und Kraft zuvor auf einen engen Kreis beschränkt war, vermag sie nun auf ganze Länder und Meere und auf entfernte Welttheile auszudehnen, und eine Masse von Wohlthaten, die bis jetzt nur Wenigen zu Theil geworden, werden durch sie dem ganzen Publikum in einem weitvollkommeneren Grade erreichbar. Man verliert sich in's Unendliche, wenn man über die Wirkungen und Wohlthaten dieser Göttergeschenke nachdenkt; sie erstrecken sich auf alle menschlichen Zustände von den tausend kleinen der Individuen und Familien, bis auf die großartigen ganzer Völker und Länder, bis auf die Interessen der gesammten Menschheit.

Wie unendlich wird die Cultur der Völker gewinnen, wenn sie in Massen einander kennen lernen und ihre Ideen, Kenntnisse, Geschicklichkeiten, Erfahrungen und Verbesserungen sich wechselseitig mitteilen.

Wie schnell werden bei den cultivirten Völkern Nationalvorurtheile, Nationalhaß und Nationalselbstsucht besseren Einsichten und Gefühlen Raum geben, wenn die Individuen verschiedener Nationen durch tausend Bande der Wissenschaft und Kunst, des Handels und der Industrie, der Freundschaft und Familienverwandtschaft mit einander verbunden sind.

Wie wird es noch möglich sein, daß die cultivirten Nationen einander mit Krieg überziehen, wenn die große Mehrzahl der Gebildeten mit einander befreundet sind, und wenn es klar am Tage liegt, daß im glücklichsten Fall der Krieg den Individuen der siegenden Nation hundert Mal mehr Schaden als Nutzen verursacht.

(Aus: Carl von Rotteck und Carl Welcker, Staatslexikon, Bd. 4. Altona 1835, S. 650ff.)

VIII.8 Politische, wirtschaftliche und gesellschaftliche Folgen der „Industriellen Revolution"

Die Industrialisierung hat Wirtschaft, Gesellschaft und Politik nachhaltig verändert. Nicht alle Folgeerscheinungen der Industrialisierung aber sind direkt auf die technische Entwicklung zurückzuführen oder ihr gar „anzulasten". Wohl aber bliebe das Bild unvollständig, wollte man nicht die Begleitumstände des technischen Wandels im Industriezeitalter mit in die Betrachtung einbeziehen.

Inwiefern hat die Technik Wirtschaft, Gesellschaft und Politik beeinflußt und verändert? Inwieweit hat sie das tägliche Leben der Menschen geändert?

Die wohl wichtigste Auswirkung ist darin zu sehen, daß in der „Industriellen Revolution" die **Fabrik** zur maßgebenden Produktionsform geworden ist. Als die Erfinder Maschinen erfanden, die mit mechanischer Kraft angetrieben wurden, ersetzte die Fabrik zunehmend die Heimindustrie.

Die Dampfmaschine hat die Fabriken nicht erst hervorgerufen, wohl aber ihre Ausbreitung begünstigt. Die teuren neuen Maschinen konnten von den hausindustriellen Arbeitern nicht angeschafft werden und die Produktion mit ihnen war nur in großen Fabriken rentabel. In diesen Fabriken war der Mensch nicht mehr die Energiequelle des Arbeitsprozesses. Die Maschinen und die fortgeschrittene Arbeitsteilung nahmen ihm – im Ver-

gleich zum Handwerk – einen Teil der Handfertigkeit und Geschicklichkeit ab (Dequalifizierung). Freilich führte die technische Entwicklung andererseits auch zur Entstehung neuer, hochqualifizierter Tätigkeiten (z.B. Puddler, Maschinenbauer etc.).

Vor allem aber waren beim Fabriksystem die Arbeitsstätte und der Wohnort des Arbeiters räumlich voneinander getrennt, während Handwerker und Heimarbeiter meistens im eigenen Haus arbeiteten. Die Familie des Fabrikarbeiters konnte an seiner Arbeit nicht mehr Anteil nehmen. Dies führte zu einer Lockerung der familiären Bande, ja zu einer Veränderung der Familie ganz allgemein. Früher hatten nicht nur Eltern und Kinder (Kleinfamilie) zur „Familie“ gehört, sondern ebenso die Knechte, Mägde, Gesellen, Lehrlinge usw. Die „Familie“ war das Kernstück einer hausgemeinschaftlichen Arbeitsorganisation gewesen. In der industriellen Kleinfamilie fand dagegen ein Aufgabenschwund statt. Die Fürsorgefunktion für Kranke, Invaliden und Alte wurde gegen Ende des 19. Jahrhunderts auf sozialpolitische Institutionen übertragen, die Erziehungsaufgaben an Schule, Kindergarten, Berufsbildungsstätten usw. delegiert.

Der Mann und meistens auch die Frau und die Kinder arbeiteten außerhalb des Hauses in der Fabrik. Dies führte u. a. zu unregelmäßiger und ungenügender Erziehung.

Die **Arbeitsbedingungen** in den frühindustriellen Fabriken nahmen keine Rücksicht auf den Arbeitsrhythmus der Einzelperson und setzten eine innerbetriebliche „Befehlshierarchie“ voraus, da die Menschen – seit Jahrhunderten daran gewöhnt, nur soviel zu arbeiten, wie zur eigenen Lebenserhaltung unbedingt notwendig war – erst an einen regelmäßigen Arbeitsrhythmus gewöhnt werden mußten. Zeitgenossen verglichen deshalb die frühindustrielle Fabrik immer wieder mit Arbeitshäusern und Gefängnissen und bezeichneten die Arbeiter gern als „moderne Sklaven“ oder „weiße Sklaven“. Fabrikarbeiterinnen in der Textilindustrie mußten nicht selten von 6–20 Uhr arbeiten. Zwei Drittel aller Kinder über 15 Jahre waren in Deutschland in der Fabrik beschäftigt. In den englischen Textilfabriken waren 1788 59000 Frauen und 48000 Kinder (ab 5 Jahren) beschäftigt. Die Kinderarbeit verringerte sich erst, als die Maschinen komplizierter wurden. Seit den 60er Jahren des 19. Jh. nahm die Zahl der qualifizierten Facharbeiter zu, die der Frauen und Kinder ab.

In den Anfängen des Fabrikwesens wurde auf Schutzmaßnahmen so gut wie keine Rücksicht genommen. Die Fabrikhallen waren laut und staubig, Unfälle mit entsetzlichen Folgen an der Tagesordnung. So gerieten immer wieder Arbeiter in die Transmissionsriemen, die die Kraft der Dampfmaschine auf die Arbeitsmaschinen übertrugen. Die Löhne waren überall sehr niedrig. Doch wäre es falsch, dies allein der Technik anzulasten. Gewiß ermöglichte es der technische Fortschritt den Unternehmern, für viele Tätigkeiten billigere Arbeitskräfte einzusetzen. Aber man darf nicht vergessen, daß die sehr niedrigen Löhne in der Industrie immer noch höher lagen als in der Landwirtschaft oder im Heimgewerbe und daß die Annahme einer Fabrikarbeit für viele Menschen die einzige Möglichkeit war, sich am Leben zu erhalten. Die europäische Bevölkerungszahl stieg seit dem letzten Drittel des 18. Jahrhunderts bekanntlich an. Zwischen 1800 und 1940 verdoppelte sich die Bevölkerung in den romanischen Ländern, in den germanischen Ländern verdreifachte sie sich sogar. Die Landwirtschaft und auch das Handwerk waren nicht mehr in der Lage, diese stetig wachsende Bevölkerung zu ernähren. In Deutschland war die erste Hälfte des 19. Jahrhunderts eine

Phase ausgesprochener Massenverelendung. Die starke Bevölkerungsvermehrung führte zu einem krassen Mißverhältnis von Arbeitskräften und Arbeitsplatzangebot. In den vierziger Jahren des 19. Jh. lebten 50% der deutschen Bevölkerung an der Grenze oder unterhalb des Existenzminimums. Diese Massenarmut war nicht das Ergebnis industrieller „Ausbeutung“, sondern gerade des Mangels an industriellen Arbeitsplätzen. Das Proletariat war ebenfalls kein Ergebnis der Industrie, sondern eine späte Folge vorindustrieller Zustände. In England wurde das Arbeitskräfteangebot noch durch die irischen Einwanderer erhöht. Unter diesen Bedingungen entstand notwendig ein starker Druck auf die Löhne.

Obwohl seit der Jungsteinzeit, als man zum Ackerbau übergegangen war, die Menschheit sich bis ins 18. Jahrhundert unserer Zeitrechnung jährlich nur um Bruchteile eines Prozents vermehrt hatte (sie betrug im 18. Jh. 650–850 Mill.), war der technisch-wirtschaftliche Fortschritt nicht in der Lage gewesen, den Menschen ein Leben frei von Elend und Hunger zu ermöglichen. So lebte noch im 18. Jahrhundert die Mehrheit der Bevölkerung in Europa am Rande des Existenzminimums oder sogar darunter. Überschritt die Bevölkerungszahl die Ernährungsmöglichkeiten der Landwirtschaft, sorgten Hunger, Seuchen, hohe Sterblichkeitsraten und Kriege immer wieder auf drastische Weise für einen Ausgleich. Die Erträge der Landwirtschaft bestimmten also die Bevölkerungszahl und das Lebensniveau. Diese Wachstumsschranken wurden erst durch die technisch-industrielle Revolution durchbrochen. Allerdings wäre der dann einsetzende Wachstumsprozeß ohne eine erhebliche Produktivitätssteigerung der Landwirtschaft auch weiterhin nicht möglich gewesen. Die stetig anwachsende gewerblich-städtische Bevölkerung mußte mit Lebensmitteln versorgt werden. Um einen einzigen Stadtbewohner zu ernähren, war in den USA im Jahre 1787 noch die gesamte Überschußproduktion von 19 Farmern nötig gewesen! Technische Fortschritte wie der Übergang zum ganz aus Eisen bestehenden Pflug zu Beginn des 19. Jahrhunderts, die Einführung des Dampfpfluges nach 1850, die 1834 patentierte Erntemaschine von McCormick, die Entwicklung des Mähdreschers nach 1860 und des Traktors um 1900 sowie verbesserte Anbau- und Düngungsmethoden (mineralischer Dünger!) hoben die Produktivität der Landwirtschaft in den wirtschaftlich fortgeschrittenen Ländern derart, daß z.B. in den USA um 1930 die Überschußproduktion der schon erwähnten 19 Farmer ausgereicht hätte, um 66 Stadtbewohner zu ernähren. Das aber bedeutete, daß für jeden mit der Lebensmittelerzeugung beschäftigten Arbeiter 3½ Personen mit der Erzeugung industrieller Güter oder mit administrativen Tätigkeiten beschäftigt werden konnten.

Langfristig führte die Produktivitätssteigerung, die die technische Entwicklung hervorrief, zu einer Steigerung des Lebensstandards, zu einer Verkürzung der Arbeitszeit und zu mehr Freizeit. Die Jahre 1850–73 wurden im technisch und industriell fortgeschrittenen Westeuropa zu einer ersten Epoche des – wenn auch bescheidenen – Wohlstands. Selbst in der Krisenzeit der sogenannten „Großen Depression“ stiegen z.B. die Löhne in Deutschland von 1881–96 von 70 auf 94 Indexpunkte (1914 = 100), d.h. um 35%. Das Pro-Kopf-Einkommen der deutschen Bevölkerung betrug in den Jahren 1871/75 real 352 M im Jahr. Bis 1891/95 hatte es sich auf 555 M pro Kopf und Jahr erhöht, obwohl die Bevölkerungszahl gleichzeitig stark gestiegen war. Dabei war das Proletariat der Hauptnutznießer des durch den technischen Fortschritt erhöhten Nettoeinkommens. Wer, wie die Landarbeiter, nicht am technischen Fortschritt beteiligt war, fiel auch in der Lohnentwicklung zurück.

Schon in der ersten Hälfte des 19. Jahrhunderts führte die technisch-industrielle

Entwicklung zur Entstehung großer Städte und einer allgemeinen **Verstädterung**. Das starke Anwachsen der Bevölkerung zwang immer mehr Arbeiter, die in der Landwirtschaft und im Handwerk kein Auskommen mehr finden konnten, dazu, der Arbeit hinterherzuwandern und sich in den neuentstehenden Industriezentren niederzulassen. Sie strömten in die gewerblichen Zentren wie Sachsen, Berlin, die Rheinprovinz usw., wo sie einen industriellen Arbeitsplatz fanden. Gleichzeitig wanderten während des ganzen 19. Jahrhunderts Millionen Deutsche aus wirtschaftlichen (und politischen) Gründen ins Ausland aus. Landarbeiter, Kleinbauern, Bauernsöhne suchten in den Städten eine besser bezahlte industrielle Arbeit. Die Städte – um 1800 noch überwiegend Kleinstädte – wuchsen infolgedessen zu gewerblich geprägten Großstädten heraus. Hatte es um 1850 in ganz Europa nur zwei Städte über 500000 Einwohner gegeben (Paris und London), so waren es 1925 mehr als 25!

Durch den regellosen Bau von Vororten und Eingemeindungen wuchsen die Städte zu „Polypen" heran. Der Boden in diesen Städten wurde durch die gewerbliche Entwicklung und die steigende Bevölkerungszahl immer kostbarer und die Grundstücksspekulation gedieh. Große Kaufhäuser übernahmen seit den 70er Jahren die Versorgung der Bevölkerung und bedrängten Kleinhandel und Kleinhandwerk. Hatten in der vorindustriellen Stadt nicht selten mehrere Gesellschaftsschichten unter einem Dach gewohnt, so gab es jetzt ausgesprochen bürgerlich geprägte Viertel auf der einen und verschmutzte, unhygienische Arbeiterviertel mit hoher Kriminalität auf der anderen Seite. Die gesundheitlichen und hygienischen Verhältnisse in diesen Arbeitervierteln mit ihren großen Mietskasernen besserten sich erst, als gegen Ende des Jahrhunderts die Technik auch in der Infrastruktur dieser Bezirke ihren Einzug hielt und Versorgungsbetriebe für Gas, Elektrizität, Wasser und vor allem Kanalisation entstanden.

Industrie und Technik veränderten das gesellschaftliche und politische Leben im 19. Jahrhundert grundlegend. Die wichtigste und politisch folgenreichste Veränderung war zweifellos die Tatsache, daß die Zentralisierung der Produktion in den großen Fabriken, die auch technisch bedingt war, die Mehrheit der Bevölkerung in den Industriestaaten in unselbständige Arbeitnehmer verwandelte, die nicht mehr über ihr eigenes Werkzeug (Produktionsmittel) verfügte. Und diese breite Schicht der Arbeitnehmer äußerte und organisierte sich zunehmend politisch. Zunächst allerdings profitierte vor allen Dingen das Wirtschaftsbürgertum von den technischen und industriellen Fortschritten, die seine wirtschaftliche Macht erhöhten und es nach politischer Teilhabe am Staat verlangen ließen. Insofern sind Industrie und Technik wichtige Voraussetzungen zur Beseitigung ständischer Vorrechte, zur Überwindung des Feudalismus und absolutistischer Staatskontrolle, kurz: zur allgemeinen politischen und sozialen Demokratisierung gewesen. Was in der ständischen Gesellschaft undenkbar gewesen war, war jetzt an der Tagesordnung, ja geradezu Voraussetzung für die weitere wirtschaftliche und technische Entwicklung: die Menschen konnten ihren Beruf, ihre Arbeitsstätte, ihre Wohnung und – ihren Ehepartner frei wählen. Die komplizierter gewordene Technik verlangte nach einer Hebung des Bildungsniveaus der breiten Massen. Die Gesellschaft wurde beweglicher, sozialer Auf- und Abstieg leichter und damit auch das Bedürfnis, sich in Gruppen zu organisieren, größer. Immer breitere Schichten traten aktiv gestaltend in die Politik ein. Zunächst nahm diese „Politisierung" der Arbeiterschaft häufig die Gestalt zerstörerischer Gewalt gegen die Maschinen an, wie bei den englischen Webern um 1810. Dann traten bald allgemeine politische Zielsetzungen hinzu wie das allgemeine Wahlrecht und die Parlamentsreform. Ende der zwanziger Jahre blühte in England das Gewerkschaftswesen auf und der Staat sah sich hier wie anderswo bald gezwungen, mit den ersten Anfängen einer Sozialpolitik selbst gestaltend in die sozialen Verhältnisse einzugreifen. Das erste Gesetz über den Arbeitsschutz, die „Factory Act" von 1833, verbot die Nachtarbeit in der Textilindustrie, beschränkte die tägliche Arbeitszeit für Kinder unter 13 Jahren auf 8 Stunden und für Jugendliche unter 18 auf 12 Stunden. In den dreißiger Jahren war die Radikalisierung der englischen Arbeiter auf dem Höhepunkt. Als dann nach 1843 der viktorianische „Wohlstand" begann, ebbten die Aktivitäten jedoch ab und die Gewerkschaften erkannten die privatwirtschaftliche Ordnung stillschweigend an. In Deutschland formierten sich die Fabrikarbeiter seit Ende der 60er Jahre in Berufsverbänden (Gewerkschaften). Auch die Unternehmer und andere Bevölkerungsgruppen (Handwerker, Angestellte, Bauern etc.) schlossen sich im letzten Drittel des 19. Jahrhunderts in Interessenverbänden und sozial- und wirtschaftspolitischen Korporationen zusammen. Dieser Zug zur gruppensolidarischen Organisationsbildung gab dann der neuen Industriegesellschaft ganz wesentlich ihr Gepräge. Interessenverbände traten überall an die Stelle des Individualismus und füllten das Vakuum aus, das die Auflösung der alten Stände hinterlassen hatte. Die organisierte Masse trat über das allgemeine Wahlrecht und die Interessenverbände in die Politik ein. Auch der Konsum demokratisierte sich.

Die wirtschaftliche Entwicklung im 19. und dann vor allem im 20. Jahrhundert brachte eine ganz neue Gesellschaftsschicht, die **Angestellten**, hervor, die immer größer und wichtiger wurde. Bereits um 1850 waren in Deutschland 20% aller Beschäftigten im Dienstleistungsgewerbe beschäftigt. Die durch die neue Technik bedingten vergrößerten Produktionsmöglichkeiten forderten eine Umwälzung im Verkehrs- und Nachrichtenwesen, im Versicherungswesen, im Handel usw. heraus. Die verwaltende und koordinierende Tätigkeit von Angestellten und Beamten im privatwirtschaftlichen und staatlichen Bereich wurde immer wichtiger, je größer die gegenseitige Abhängigkeit aller Wirtschaftsbereiche wurde und je mehr sich in der Rohstoffversorgung, der Kraftgewinnung, der Produktion die Kapazitäten zentralisierten.

Technisierung und Industrialisierung vergrößerten die internationalen Abhängigkeiten, schürten aber auch im Ringen um Rohstoffe und Märkte den Imperialismus der Industrienationen. Kommunikation, Transport und Verkehr wurden wesentlich verbessert, zugleich aber auch Luft- und Umweltverschmutzung vergrößert. Die Mechanisierung ergriff immer weitere Bereiche – schließlich auch den Krieg. Die Komplizierung der Technik führte dazu, daß sie nur in Großbetrieben rentabel anwendbar war. Durch Gründung von Kartellen, Syndikaten und Trusts suchten sich diese Großbetriebe gegen zu große wirtschaftliche Risiken, die die gewaltigen technischen Investitionen gefährdet hätten, abzusichern. Im geistigen Bereich wurde durch die Industrialisierung ein ökonomistisches und materielles Denken – bis hin zu mechanistischen Theorien in der Biologie – gestärkt. Die Verstädterung bewirkte eine Schwächung traditioneller, moralischer und religiöser Werte. An die Stelle der alten Bindungen des Individuums traten vielfach rationelle, versachlichte zwischenmenschliche Beziehungen.

IX Ausblick: Die Technik vom letzten Drittel des 19. Jahrhunderts bis zur Gegenwart

Die „erste industrielle Revolution“ (bis etwa 1880) war in technischer Hinsicht vor allem gekennzeichnet durch die Dampfmaschine, die Revolutionierung des Verkehrswesens, die zunehmende Mechanisierung des Produktionsprozesses und durch die zentrale Rolle der Grundstoffe Kohle und Eisen. Seit etwa 1880 könnte man von einer **„zweiten industriellen Revolution“** sprechen, die vom Explosions- und Elektromotor, von der chemischen und elektrotechnischen Industrie bestimmt wurde. Nach dem Zweiten Weltkrieg führte der Einsatz automatischer Maschinen und die Nutzung der Kernenergie neue Entwicklungen herbei, die von manchen als „dritte industrielle Revolution“ bezeichnet werden. Hier können stichwortartig nur einige besonders wichtige ausgewählte Bereiche technischen Wandels in der Zeit von 1880 bis heute angesprochen werden. Solche Bereiche sind meines Erachtens vor allem:

1. Die weitere Verbesserung der Verkehrs-, Transport- und Nachrichtentechniken
2. die Fortschritte der Energiewirtschaft
3. die planvolle Veränderung der chemischen Eigenschaften bestimmter Stoffe (Entwicklung synthetischer Stoffe, chemische Großsynthesen)
4. die immer weitergehende Rationalisierung und Mechanisierung physischer und schließlich auch geistiger Tätigkeiten durch die Automation.

Einzelne Entwicklungen aus diesen Bereichen intensiver technischer Innovationen werden in den folgenden Kapiteln angesprochen.

IX.1 Immer neue Energieträger: Erdöl, Elektrizität, Atomenergie

Zu den besonders augenfälligen Kennzeichen der technischen und wirtschaftlichen Entwicklung seit der „Industriellen Revolution“ gehört mit Sicherheit die ungeheure Steigerung des Energieverbrauchs. Er hat inzwischen ein Ausmaß erreicht, das es erforderlich macht, ernsthaft über die sinnvolle Verwendung der verbliebenen Weltenergievorräte nachzudenken. Diese Diskussion erleben wir gegenwärtig.
Die explosionsartige Entwicklung des Energieverbrauchs und die Erschließung immer neuer Energiequellen hatte mehrere Ursachen. Da war zunächst die gewaltige Zunahme der Bevölkerung. Lebten um 1800 in Europa etwa 200 Mio. Menschen, so waren es 1980 bereits 700 Millionen. Doch die Zunahme des Energieverbrauchs war noch weit größer als die Zunahme der Bevölkerung, da im Zuge fortschreitender Industrialisierung und Mechanisierung pro Kopf der angewachsenen Bevölkerung immer mehr Güter produziert wurden und der materielle Wohlstand anstieg. Einzelne grundlegende Innovationen wie die Verhüttung von Eisenerzen mit Koks, die Ausbreitung des Maschinenwesens, die Eisenbahnen, die Telegrafie, das Automobil, das Flugzeug u. a. m. riefen einen immer größeren Energiebedarf hervor. Die Entwicklung des Weltenergieverbrauchs ergibt sich aus der folgenden Übersicht:
Zunächst wurde der steigende Energiebedarf vor allem durch die **Kohle** gedeckt, die um 1900 in allen Industrieländern die hauptsächliche Energiequelle war. In

Westeuropa wurden damals 97% der gesamten Energie (nicht nur des Stromes!) aus Kohle gewonnen. 1950 betrug der Anteil der Kohle am europäischen Energieaufkommen noch 82 und 1970 nur noch 30%. Bis 1970 war die Kohle weitgehend durch das Erdöl (60%) und das Erdgas (6%) ersetzt worden. Kohle, Erdöl und

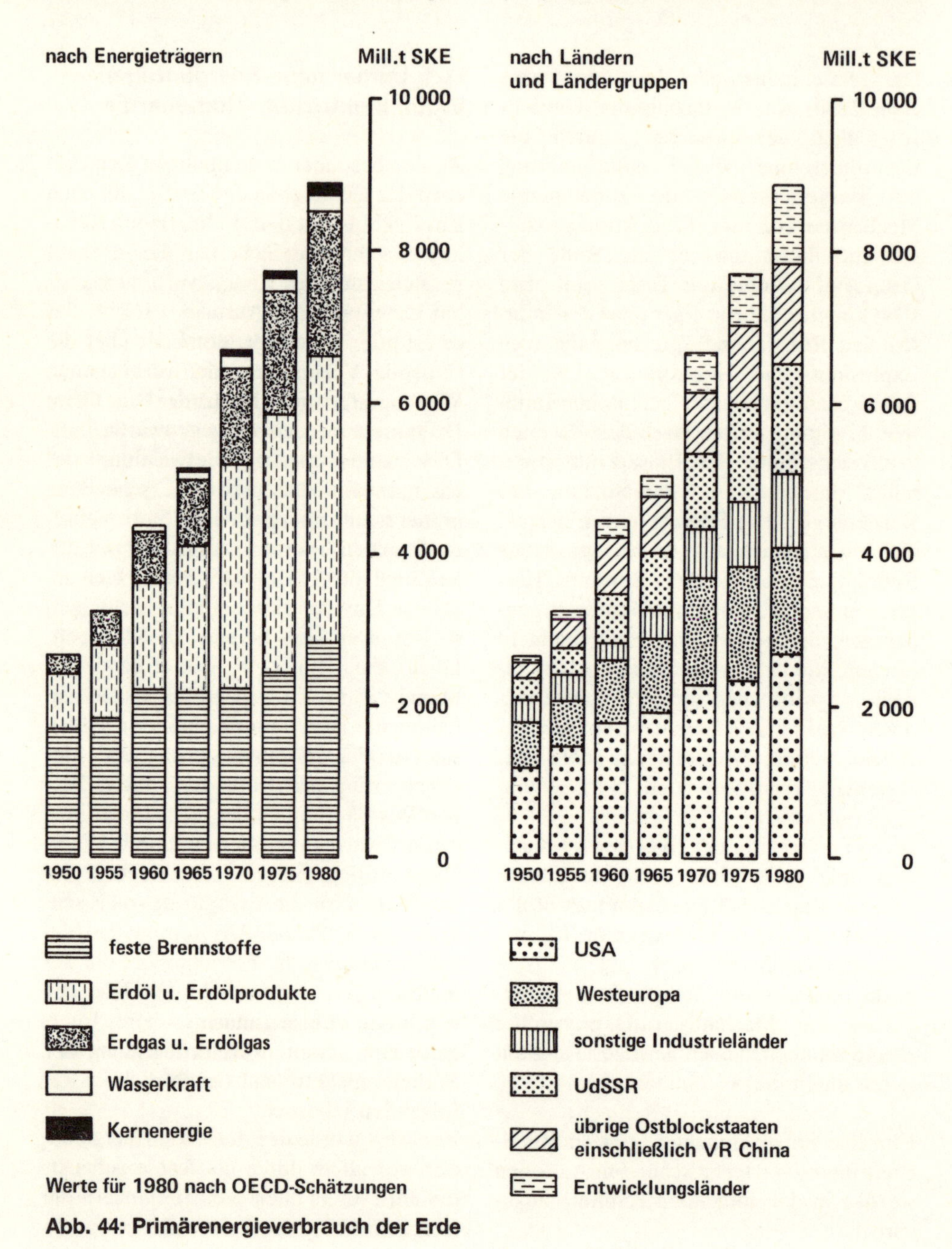

Abb. 44: Primärenergieverbrauch der Erde

Erdgas sind fossile Brennstoffe, und es ist abzusehen, daß auch um die Jahrtausendwende der weitaus größte Teil der in der Welt erzeugten und verbrauchten Energie nach wie vor aus fossilen Energiequellen gewonnen werden wird.

Es kann hier bei dem Versuch, einige charakteristische Grundzüge der technischen Entwicklung der Zeit nach der „Industriellen Revolution" herauszuarbeiten, nicht die Entwicklung der Energieerzeugung und -verteilung im einzelnen beschrieben werden. Wir müssen uns daher auf einige wesentliche Grundlinien beschränken.

Die ausschlaggebende Energiequelle der „Industriellen Revolution", die Kohle, wurde vielseitig genutzt. Mit Kohle wurde Metall erschmolzen. Ihre Energie trieb Dampfmaschinen, Lokomotiven, Dampfschiffe an und sorgte für Wärme in den Wohnungen. Ähnlich wie das Erdöl ist aber die Kohle weit mehr als ein bloßer Energielieferant. Sie ist nicht zuletzt Ausgangspunkt für eine ganze Reihe wichtiger chemischer Produkte, die man bereits im 19. Jahrhundert nutzbar machte (z.B. Ammoniak für Düngemittel, Teer als Basis für zahlreiche chemische Produkte, Gas für die städtische Beleuchtung usw.). Der Produktivitätsfortschritt beim Abbau der Kohle war dabei wesentlich geringer als derjenige im Bereich der Metallerzeugung und -verarbeitung, da sich ihr Abbau zunächst nur in Grenzen mechanisieren ließ. Noch um 1900 geschah der Abbau der Kohle mit Methoden, die sich kaum nennenswert von denen im 18. Jahrhundert unterschieden. Dann brachte allerdings die Anwendung der Elektrizität (Beleuchtung der Gruben, elektrische Bergbaumaschinen und Pumpen) große Produktivitätsfortschritte. Heute wird die Kohle nicht mehr von Hand, sondern von großen Maschinen abgebaut, über besondere Ladevorrichtungen, ein Förderbandsystem und elektrische Transportbahnen aus der Grube gebracht.

Das **Erdöl**, nach dem man zuerst 1859 in Pennsylvanien gebohrt hatte, wurde noch um 1900 vor allem zu Beleuchtungszwekken in Lampen angewandt. Als sich nach der Jahrhundertwende das Automobil und das Flugzeug ausbreiteten, entstand ein expandierender Bedarf für das im Rohöl als leichterer Bestandteil enthaltene Benzin.

Zunächst bohrten die Ölsucher einfach dort, wo Öl aus dem Boden sickerte. Ließ der unterirdische Öldruck nach, holte man das Öl mit Pumpen aus der Tiefe. Nicht selten blieb bei diesen Methoden über die Hälfte des Öls ungenutzt im Boden zurück. Mit der wachsenden Nachfrage nach Öl im 20. Jahrhundert wurden die wissenschaftlichen Suchmethoden und die Förderungsmethoden ständig verbessert. So pumpte man z. B. Erdgas oder Wasser in die ölführenden Erdschichten, um den Förderdruck aufrechtzuerhalten. Bereits aufgegebene Ölfelder konnten neu erschlossen werden. Die Ölausbeute steigerte sich beträchtlich.

Amerika war die Pioniernation auf dem Ölsektor. Öl aus amerikanischen Quellen machte noch 1950 mehr als die Hälfte der gesamten Weltförderung aus. Durch die allmähliche Erschöpfung der amerikanischen Ölquellen und das Auftreten neuer billiger Lieferanten am Persischen Golf wurde diese führende Rolle der amerikanischen Ölgesellschaften beeinträchtigt – mit weitreichenden Konsequenzen für die politische und wirtschaftliche Position der westlichen Führungsmacht.

Nach dem Zweiten Weltkrieg nahm der Energieverbrauch auf der Welt stark zu. Besonders steigerte sich die Nachfrage nach Erdöl. Immer neue Ölquellen mußten erschlossen werden. Heute bohrt man bereits in Gebieten mit Dauerfrost, in Wüstengegenden, in Sümpfen oder auf offener See und geht dabei bis in Tiefen von 5000 Meter. Die gesamten Mineralölreserven der Welt werden auf ca. 90000 Mill. t geschätzt. Die größten Reserven befinden sich im Nahen Osten, in Mittel- und Südamerika und im Ostblock.

Erdöl setzt sich aus vielen unterschiedlichen Verbindungen zusammen, die durch Raffination voneinander getrennt werden können. Als der natürliche Benzingehalt des Rohöls nicht mehr ausreichte, den mit der allgemeinen Automobilisierung wachsenden Bedarf zu decken, zerlegte man Erdölfraktionen im sogenannten Crackverfahren unter Anwendung von Hitze und Druck in kleinere Moleküle, die dem Benzin entsprechen:

Wie bei der Kohle fanden Wissenschaftler und Ingenieure auch beim Erdöl immer neue Wege, alle seine Bestandteile in Produkte umzuwandeln, die sich gewinnbringend absetzen ließen. So werden aus Erdöl heute mehr als 2500 chemische und synthetische Produkte hergestellt. Es dient als Basisstoff für die meisten Kunststoffe, Fasern und Farben.

Es genügte nicht, unerschöpfliche Energievorräte zu haben und sie auszubeuten. Diese Energie mußte vielmehr mit zunehmender Industrialisierung in immer stärkerem Maße in mechanische (Antriebs-)Energie umgesetzt werden. Die Dampfmaschine war zunächst der einzige Weg, die Energie der Kohle umzusetzen. Sie war aber nur in großen Betrieben rentabel und für den Handwerksbetrieb oder gar den „Normalbürger" unerschwinglich. Die Verfügung über Arbeitsenergie war unter diesen Umständen ein Privileg, das nur den Reichen offenstand.

Schon um die Mitte des 19. Jahrhunderts war es deshalb notwendig, nach neuen technischen Möglichkeiten zu suchen, größere Bevölkerungsgruppen (vor allem den Handwerkern) billige Energie zugänglich zu machen. Es kam darauf an, billige Energie nicht nur in zentralisierten großen Produktionsstätten (Fabriken) zur Verfügung zu haben, sondern überall dort, wo sie benötigt wurde. Langfristig wurde dieses Problem durch die Elektrizität gelöst, deren Verwendung heute in fast allen Privathaushalten zu den Selbstverständlichkeiten gehört.

Die **Elektrizität** ist die einzige Energieform, die sich beliebig erzeugen, verteilen und vor allem je nach Bedarf in andere Energieformen wie Licht, Wärme, Bewegung, Schall usw. umwandeln läßt. Ihre universelle Anwendbarkeit, ihre Sauberkeit und Anpassungsfähigkeit an die jeweiligen Einsatzbedingungen haben ihr eine hervorragende Stellung im gewerblichen und privaten Bereich verschafft.

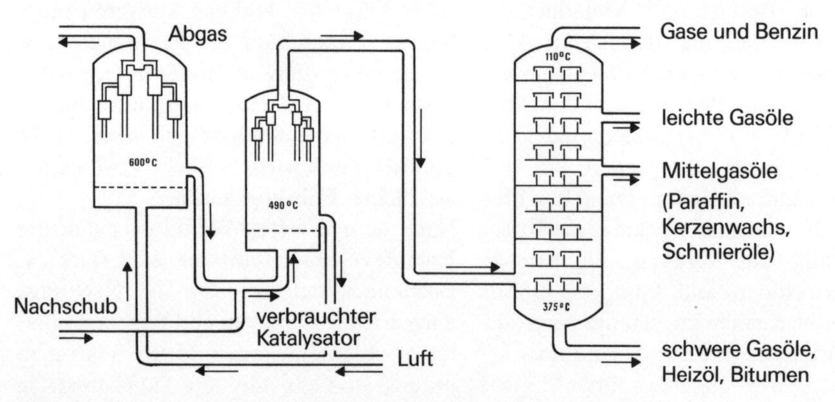

Abb. 45: Verarbeitung von Erdöl (Crackverfahren)

Erst die Elektrizität demokratisierte den Energieverbrauch. Sklaven, Wasserräder, Windmühlen oder Dampfmaschinen waren eben nicht jedem verfügbar gewesen. Die Elektrizität hat nicht nur die technische und wirtschaftliche Entwicklung vorangetrieben, sondern auch gesellschaftliche Strukturen (insbesondere die Rolle der Frau) in einem Maße beeinflußt, das nur wenigen wirklich bewußt ist.

In den Laboratorien und vornehmen Salons des 18. Jahrhunderts waren bereits die verschiedensten Experimente mit der Elektrizität gemacht worden. Sie regten dazu an, nach Wegen zu suchen, elektrische Energie zu erzeugen und aufzuspeichern. Um 1800 baute Volta Batterien, die aus zwei verschiedenen Metallplatten bestanden. Sie befanden sich in einer chemischen Lösung. Auf diese Weise wurde chemische Energie in elektrische umgewandelt. Obwohl solche Batterien in der Folgezeit weiterentwickelt wurden, blieben sie nur wenig leistungsfähig. Unter diesen Umständen war elektrische Energie um 1850 immer noch fünfundzwanzigmal teurer als Dampfkraft.

Die Entdeckung, die die Elektrotechnik auf ganz neue, diesmal zukunftsträchtige Wege brachte, war einem Zufall zu verdanken. Als der dänische Physiker Hans Christian Oersted im Jahre 1819 an der Universität Kiel eine Voltasche Säule (Batterie) vorführte, fiel ihm ein Leitungsdraht auf einen Kompaß, dessen Nadel sich daraufhin drehte und nach Entfernen des Drahtes wieder in ihre Ausgangslage zurückkehrte. Über dieses Phänomen dachte Oersted lange nach. Was er entdeckt hatte, war die offensichtliche Verbindung zwischen Elektrizität und Magnetismus. Ein von einem Strom durchflossener Leiter (Draht) zwang die Magnetnadel, sich zu drehen, bis sie mit dem Leiter einen Winkel von 90° bildete.

Der Engländer Sturgeon ersetzte in seinen Versuchen die Magnetnadel durch weiches Eisen. Um das Eisen legte er eine von einem Strom durchflossene Spule und stellte fest, daß es so lange magnetisch blieb, wie der Strom durch die Spule floß. Es war also möglich, mit Hilfe von Elektrizität Magnetismus zu erzeugen! Diese Erkenntnisse Sturgeons faszinierten den ehemaligen Buchbinder MICHAEL FARADAY (1791–1876), der als Laboratoriumsgehilfe die Versuche Sturgeons fortsetzte.

Faraday stellte die geniale Frage: Wenn es möglich ist, mit Hilfe von Elektrizität Magnetismus hervorzurufen, sollte es dann nicht ebenso möglich sein, diesen Vorgang umzudrehen und aus Magnetismus Elektrizität zu erzeugen? Dieser Gedanke ließ ihn nicht mehr los, und wenn Faraday in den Londoner Parks spazieren ging, trug er stets ein Stück Eisen und eine kleine Drahtspule mit sich herum.

Wieder kam der Zufall zu Hilfe: Faraday fand heraus, daß Spule und Magnet gegeneinander bewegt werden mußten, um Strom zu erzeugen. Diese Erkenntnis lag dem von ihm 1831 formulierten Gesetz der „elektromagnetischen Induktion“ zugrunde, das zur Grundlage der modernen Elektrotechnik wurde.

Faraday war das Prinzip des **Generators**, der mechanische Energie in elektrische

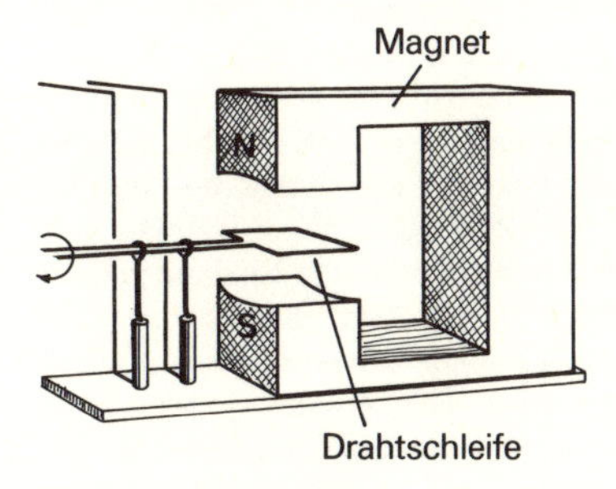

Abb. 46: Generator

Zwischen den Polen des Magneten wird eine Drahtschleife gedreht. Dadurch werden die Kraftlinien des Magnetfeldes geschnitten und es entsteht in der Schleife ein Strom.

verwandelt, bereits 1832 bekannt. So drehte er eine 30 cm breite Kupferschleife zwischen den Polen eines starken Hufeisenmagneten und erzeugte auf diese Weise Strom:

Als WERNER VON SIEMENS (1826–1904) 1856 den Doppel-T-Anker entwickelte und damit einen echten Spannungserzeuger konstruierte, war es möglich geworden, auf den Naturmagnetismus zu verzichten, stärkere Ströme zu erzeugen und die Anwendung der Elektrizität im großen Maßstab ins Auge zu fassen. Siemens drehte den mit einer Drahtwicklung versehenen Doppel-T-Anker (Rotor) mit Hilfe einer Handkurbel zwischen den Polen eines Magneten (Stator) und erzeugte dadurch im Draht der Wicklung einen elektrischen Strom. Ein Teil dieses Stromes wurde in den Magneten geleitet und rief dort den Elektromagnetismus hervor, mit dessen Hilfe wiederum im Rotor Strom erzeugt wurde. Damit war das **dynamo-elektrische Prinzip** geboren, dessen Bedeutung für die Zukunft von Siemens sofort erkannte. In einem Brief an seinen Bruder Wilhelm schrieb Werner von Siemens 1866 dazu:

„... Wir haben jetzt wieder alle Hände voll zu tun und erwarten noch viele weitere Bestellungen. Möglich, daß wir mal umgekehrt bei Euch Apparatbestellungen machen können. Auch Wassermesser gehen wieder gut und die Kontrollapparate können bald großartig einschlagen! Ich habe eine neue Idee gehabt, die aller Wahrscheinlichkeit nach reussieren und bedeutende Resultate geben wird. Wie Du wohl weißt, hat Wilde ein Patent in England genommen, welches in der Kombination eines Magnetinduktors meiner Konstruktion mit einem zweiten [besteht], welcher einen großen Elektromagnet anstatt der Stahlmagnete hat. Der Magnetinduktor (wie bei den Zeigern konstruiert) magnetisiert den Elektromagnet zu einem höheren Magnetismus, wie er durch Stahlmagnete zu erreichen ist. Der zweite Induktor wird daher viel kräftigere Ströme geben, als wenn er Stahlmagnete hätte. Die Wirkung soll kolossal sein, wie im Dingler mitgeteilt. Nun kann man aber offenbar den Magnetinduktor mit Stahlmagneten ganz entbehren. Nimmt man eine elektromagnetische Maschine, welche so konstruiert ist, daß der feststehende Magnet ein Elektromagnet mit konstanter Polrichtung ist, während der Strom des beweglichen Magnetes gewechselt wird, schaltet man ferner eine kleine Batterie ein, welche den Apparat also bewegen würde, und dreht nun die Maschine in der entgegengesetzten Richtung, so muß der Strom sich steigern. Es kann darauf die Batterie ausgeschlossen und entfernt werden, ohne die Wirkung aufzuheben. Es ist mit anderen Worten eine Holzsche Maschine, angewandt auf Elektromagnetismus. Man kann mithin allein mit Hilfe von Drahtwindungen und weichem Eisen Kraft in Strom umwandeln, wenn nur der Impuls gegeben wird. Dieses Geben des Impulses, welcher die Stromrichtung bestimmt, kann auch durch den rückbleibenden Magnetismus oder durch ein paar Stahlmagnete, welche dem Kern stets einen schwachen Magnetismus geben, geschehen. Die Effekte müssen bei richtiger Konstruktion kolossal werden. Die Sache ist sehr ausbildungsfähig und kann eine neue Ära des Elektromagnetismus anbahnen! In wenigen Tagen wird ein Apparat fertig sein. Mache Du doch auch Versuche, damit Wilde, der der Sache ganz nahe ist, uns nicht zuvorkommt. – Magnetelektrizität wird hierdurch billig werden, und es kann nun Licht, Galvanometallurgie usw., selbst kleine elektromagnetische Maschinen, die ihre Kraft von großen erhalten, möglich und nützlich werden! ...“

(Werner Siemens über die Entdeckung des dynamoelektrischen Prinzips. Brief an seinen Bruder Wilhelm in London vom 4. Dezember 1866; aus: C. Matschoß: Werner Siemens, Lebensbild und Briefe, Bd. I, Berlin 1916, S. 259f.)

Das Pendant zum Generator ist der **Elektromotor**, der den elektrischen Strom in mechanische Antriebskraft umwandelt und damit die Anwendung der Elektrizität zu zahlreichen gewerblichen Zwecken ermöglichte. Die beiden wichtigsten Bestandteile eines Gleichstrom-Elektromotors sind der Anker und die Feldmagnete. Die Feldmagnete sind in einem eisernen

Gehäuse am inneren Umfang angebracht. Zwischen diesen Feldmagneten befindet sich der drehbare, umwickelte Anker. Wenn der Strom durch die Wicklungen des Ankers und der Feldmagnete fließt, entstehen zwei magnetische Kraftfelder, deren Wechselwirkung den Anker dreht. Die Frage war zunächst, ob man Gleichstrom oder Wechselstrom verwenden sollte. Da der Wechselstrom ständig seine Richtung wechselt, hatte er zunächst kaum einen praktischen Wert, solange man nicht in der Lage war, mit Hilfe eines Mehrphasen-Synchron-Generators, der zwei oder drei verschiedene, zeitlich gegeneinander versetzte Wechselströme erzeugte, eine ausgeglichenere Stromlieferung zu erzielen. Solange die Elektrizität nur in kleinem Umfang und in kleinem Umkreis genutzt wurde, war der Gleichstrom sinnvoller, zumal die ersten Elektromotoren Gleichstrommotoren waren. Die ersten Elektrizitätswerke um 1880 lieferten daher Gleichstrom. 1887 wurde dann der Wechselstrommotor erfunden. Entschieden wurde die Frage Gleichstrom oder Wechselstrom durch den Ausbau des elektrischen Fernleitungsnetzes. Eine Stromlieferung über große Entfernungen war nur dann wirtschaftlich, wenn sie bei hohen Spannungen und niedriger Stromstärke erfolgte. Nur so konnte der Durchmesser der Kupferleitungen und damit die

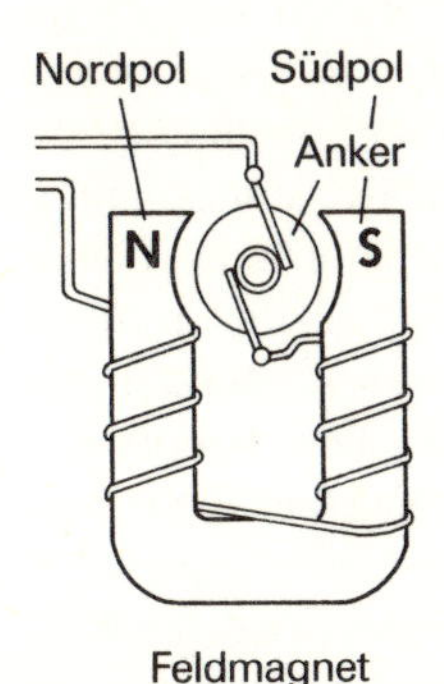

Abb. 47: Elektromotor

Höhe der Investitionskosten in vertretbaren Grenzen gehalten werden. Wechselstrom besaß den Vorteil, daß er sich beliebig umformen und ohne große Verluste über weite Entfernungen übertragen läßt. Die Verbreitung der Elektrizität kann hier nur in einigen markanten Stichpunkten dokumentiert werden:

- 1849 Erste elektrische Beleuchtung mit Bogenlampen in der Pariser Oper
- 1854 In New York baut der aus Deutschland eingewanderte Uhrmacher Heinrich Goebel eine erste brauchbare Glühlampe mit einem Glühfaden aus verkohlten Bambusfasern
- 1879 THOMAS ALVA EDISON erfindet die Glühlampe neu. Der Münchener Zentralbahnhof wird elektrisch erleuchtet. In Berlin fährt die erste Elektrolokomotive
- 1881 Edison baut in New York die erste „Elektrische Zentrale“, die ein Stadtgebiet von 2 qkm versorgt; Werner v. Siemens erreicht in Berlin mit einer Versuchsbahn von 5,5 PS eine Geschwindigkeit von 30 km/h
- 1882 Erste Glühlampenfabrik in Deutschland
- 1883 Die Erfindung des Transformators ermöglicht es, Strom mit hoher Spannung über weite Strecken zu transportieren
- 1884 Emil Rathenau erzeugt in der Zentralstation in der Berliner Friedrichstraße, dem ersten deutschen Kraftwerk, mit 7 Generatoren ca. 100 Kilowatt, mit denen 1800 Glühlampen und 18 Bogenlampen betrieben werden konnten
- 1887 Der Drehstrommotor wird gebaut
- 1890 In London fährt die erste elektrische U-Bahn-Lokomotive
- 1900 652 E-Werke versorgen in

	Deutschland 1,6 Mill. Glühlampen und 50000 Bogenlampen
1903	Ein Eisenbahntriebwagen der AEG erreicht 210 km/h. Es gibt Hochspannungsleitungen mit 40000 Volt

Der Generator wurde zuerst kommerziell angewandt, um Strom für die Versorgung der Bogenlampen in den Städten zu erzeugen. Die Beleuchtung bildete zunächst das wichtigste Feld der Elektrizitätsanwendung (bis etwa 1910). Als Edisons Glühlampe von 1878 immer mehr verbessert wurde, stieg die Zahl der E-Werke weiter an.

Gute Beleuchtung – das war noch bis 1900 und danach ein Privileg der Oberschichten. Kerzen, Öllampen und andere Lichtquellen waren nicht nur gefährlich (Brand-, Explosions-, Vergiftungsgefahr), sondern noch dazu für die Mehrheit der Bevölkerung unerschwinglich.

1802 hatte der Engländer Sir Humphry Davy einen Platindraht mit Strom zum Glühen gebracht und auch den Funkenüberschlag zwischen zwei Kohlestäbchen (das Prinzip des Bogenlichts) erkannt. 1844 war die Place de la Concorde in Paris mit solchen Bogenlampen hell erleuchtet worden. Doch die Bogenlampen erhellten vor allem das Leben und das Milieu der Oberschicht, z. B. die Pariser Oper. Auch als Edisons Glühlampe mit Schraubsockel und Kohlenfaden elektrisches Licht in Innenräume brachte, kamen zunächst vor allem Theater, Sitzungssäle, Kaffeehäuser usw. in den Genuß der neuen Lichtquelle. In den Privathaushalten der Unter- und Mittelschicht brannten noch lange Gas- und Petroleumlampen. In Berlin gab es 1884 nur 1800 Glüh-, aber 700000 Gaslampen. Einzug in die Privathaushalte hielt die elektrische Beleuchtung erst Jahrzehnte später. Das lag zunächst an den hohen Kosten: 1882 erzeugte Werner v. Siemens in der ersten deutschen Glühlampenfabrik 40 Glühlampen täglich. Ihr Preis lag bei etwa 7 Mark. Dafür hätte ein Maurer mehr als 2 Tage lang arbeiten müssen. Die Installationskosten einer einzigen Lampe in Höhe von 230 Mark hätten gar den gesamten Vierteljahresverdienst eines Handwerkers aufgefressen. Die Brennkosten lagen bei etwa 2,4 bis 4,2 Pfennig pro Stunde. Das entsprach dem Gegenwert von 100 Gramm Roggenbrot. Gemessen am heutigen Brotpreis würde das bedeuten, daß die Brennstunde einer Glühlampe etwa 40 Pf. kosten müßte! Schon hieraus ergibt sich die ungeheure Verbilligung, die die elektrische Energie und Beleuchtung bis in unsere Gegenwart im Vergleich zu anderen Lebenshaltungskosten erfahren haben. Seit Beginn des 20. Jahrhunderts wurden die Glühlampen schnell verbessert. Ihre Lebensdauer wurde erhöht, die Lichtausbeute vergrößert, der Verbrauch vermindert.

Die sozialen Folgen der Ausbreitung der Elektrizität sind vielfältig. Die neue Energie verbesserte die Konkurrenzfähigkeit des Handwerks gegenüber der Industrie. Sie hatte aber auch gravierende Auswirkungen im Bereich des Haushaltes, der traditionellen Domäne der Frau. Die wirtschaftlichen Verhältnisse zwangen im 19. Jahrhundert viele Frauen, einer gewerblichen Arbeit nachzugehen. Da sie daneben noch den Haushalt zu erledigen hatten, litten sie unter einer kräftezehrenden Doppelbelastung, die erst geringer wurde, als elektrische Geräte immer mehr Haushaltsarbeiten erleichterten. Diese Arbeiten – man denke nur an den berüchtigten Wasch-Tag – waren körperlich anstrengend, zeitaufwendig und monoton.

Elektrische Geräte für den Haushalt gab es bereits früher als man häufig annimmt: 1883 baute der Österreicher Friedrich Wilhelm Schindler-Jenny, der Pionier der elektrischen Haushaltsgeräte, das erste elektrische Bügeleisen. Wahrscheinlich wurde er dazu angeregt durch die Feststellung, daß die gerade erfundene Glühlampe nicht nur Licht, sondern auch Wärme erzeugte. Schindlers 1891 zum Patent angemeldete Konstruktion hatte einen mit Asbest umwickelten Platin-Heizdraht.

Vom Bügeleisen war es nur ein kleiner Schritt bis zur elektrischen Kochplatte. Der erste elektrische Kochherd war der Puppenherd, den Schindler der Enkelin des österreichischen Kaisers Franz Joseph 1892 überreichte. Es ist bezeichnend, daß der Herrscher das Geschenk mangels Verwendungsmöglichkeit zurückgab: selbst im kaiserlichen Haushalt gab es damals noch keinen Strom – und schließlich hatte man ja Dienstboten genug!

In den neunziger Jahren gründete Schindler eine eigene Firma, in der er Heißwasserbereiter, Teekessel, Öfen und Bügeleisen herstellte. Doch die Preise waren hoch: für ein Bügeleisen hätte ein Industriearbeiter 1897 ca. 20 Stunden arbeiten müssen, für einen Bratofen gar 300 Stunden.

Seit 1906 gab es die Entstaubungspumpe, den Vorläufer unseres heutigen Staubsaugers. Mehr oder weniger sinnvolle Küchengeräte folgten: Brennscherenwärmer, Eierkocher, Kaffeemaschinen, Wärmeplatten oder gar ein Elektromotor, der eine Brotmaschine, einen Fleischwolf und eine Messerputzmaschine antrieb. 1910 folgte der erste Elektrokühlschrank, der allmählich die Natureiskühlschränke verdrängte. Nach dem Ersten Weltkrieg kamen dann die ersten Waschmaschinen mit Elektromotor – noch waren es gewaltige Ungetüme mit Transmissionsriemen. Seit 1929 gab es schließlich die ersten, vornehmlich in Hotels verwandten Geschirrspülmaschinen.

Für den durchschnittlichen Bürger waren alle diese sensationellen Küchengeräte lange Zeit unerschwinglich. Solange der Strompreis im Vergleich zu den Löhnen viel zu hoch war, waren diese Geräte nicht einmal wirtschaftlich. Für Arbeiter mit einem Stundenlohn von 25 Pfennig war der Strompreis von 40–60 Pf/kwh nicht zu bezahlen. Elektrische Küchengeräte blieben noch lange den wohlhabenden Haushalten vorbehalten. Dort waren sie häufig eher prestigeträchtige Spielerei als wirtschaftliche Notwendigkeit, hatte man doch genug Geld für Dienstboten.

An dieser Situation änderte sich erst nach dem Zweiten Weltkrieg etwas. Elektrogeräte wurden allmählich für die Masse der Haushalte erschwinglich. Die größte Verbreitung erlebte der Elektroherd. 1929 gab es in Deutschland erst 35000, 1939 bereits 800000 und 1959 schließlich schon 6000000 Elektroherde. In dem Maße, in dem sich der Strom verbilligte, erhielten auch der Kühlschrank und die Waschmaschine, die heute fast in keinem Haushalt fehlen, eine ähnliche Bedeutung.

1958 hat man errechnet, daß elektrische Küchengeräte der Hausfrau pro Jahr eine Arbeitsersparnis von etwa 700 Stunden, d.h. täglich etwa 2 Stunden, brachten. Durch die Zeitersparnis wurde ein größerer Freiraum für Kindererziehung, Freizeit oder einen Beruf geschaffen.

Je größer der Anwendungsbereich der Elektrizität und die Zahl der Stromabnehmer wurden, desto mehr verbilligte sich der Preis des Stroms je Kilowattstunde. Nach 1910 wurde der größte Teil des Stromes nicht mehr für Beleuchtungszwecke, sondern für gewerbliche Kraftanlagen verwendet. Möglich wurde dies durch den Bau brauchbarer Elektromotoren. Die ersten Elektromotoren arbeiteten mit Batterien, „verbrauchten“ Zink und waren deshalb völlig unrentabel.

Erst als die Stromerzeugung durch den Dynamo so billig geworden war, daß die Elek-

trizität mit dem Dampf konkurrieren konnte, verbreitete sich auch der Elektromotor und förderte die weitere Verbreitung von Maschinen im gewerblichen Bereich.

Bereits in den neunziger Jahren war damit begonnen worden, die kleinen Kraftwerke zu größeren Einheiten zusammenzufassen und damit rentabler zu machen. Solange der Hauptanteil des verbrauchten Stroms auf die Beleuchtung entfiel, waren die Kraftwerke nur schlecht und vor allem abends und nachts ausgelastet. Je stärker aber die Elektrizität in anderen Bereichen verwendet wurde (Straßenbahnen, U-Bahnen, Elektromotoren und Maschinen im Gewerbe), um so ausgeglichener und rentabler wurde die Auslastung der Kraftwerke.

In den neunziger Jahren erfolgte in Europa der Durchbruch der Elektrizität. Der Elektromotor verbreitete sich, man verwendete Elektrizität, um Aluminium, Karbid und andere Chemikalien zu erzeugen und baute immer neue Kraftwerke. Vor allem aber begann man, diese Kraftwerke untereinander durch ein Verbundsystem zu verbinden, das elektrische Energie über weite Strecken übertrug und austauschte. Dadurch wurde die Auslastung der Kraftwerke optimiert. Heute gibt es in Europa ein internationales Verbundsystem, das alle Kraftwerke untereinander verbindet.

Die immer stärkere Verwendung der Elektrizität, der Bau immer größerer Kraftwerke und ihr optimaler Einsatz führten zu einer gewaltigen Verbilligung des erzeugten Stromes. Die Kilowattstunde kostet selbst heute nach mehrfachen Verteuerungen seit der „Energiekrise" nur noch einen Bruchteil des Preises von 1900 – und das bei seitdem stark gestiegenen Einkommen aller Bevölkerungsschichten. Mußte noch 1938 ein durchschnittlicher Industriearbeiter 14 Minuten für eine Kilowattstunde arbeiten, so waren es 1958 nur noch 5 und 1981 nur noch 1 Minute! Damit war die Preissenkung für Strom weitaus größer (im Vergleich zu den Löhnen) als die Preissenkung beim Nahrungsmittel Brot, für das der Arbeiter 1981 immer noch halb so lange arbeiten mußte wie 1938.

Der allergrößte Teil des in der Welt verbrauchten Stromes wird auch heute noch in konventionellen Kraftwerken erzeugt, die mit Kohle, Erdöl, Erdgas oder Wasserkraft betrieben werden. Zunächst verwandte man zur Stromerzeugung Kolbendampfmaschinen, die Generatoren antrieben. Dann setzte man zunehmend Dampfturbinen ein, die einen höheren mechanischen Wirkungsgrad haben, da die gewünschte Drehbewegung unmittelbar und nicht erst auf dem Umweg über eine Hin- und Herbewegung (wie bei der Dampfmaschine) erzeugt wird. Dazu traten Gas- und Wasserturbinen.

Euphorische Erwartungen wurden zunächst an die Nutzung der **Atomenergie** zu Zwecken der Stromerzeugung geknüpft. 1938 war es den beiden deutschen Chemikern Otto Hahn und Fritz Straßmann gelungen, Atomkerne zu spalten. Bei diesem Vorgang trifft ein Neutron mit hoher Geschwindigkeit auf einen Uran-Atomkern, der daraufhin zerplatzt. Dabei wird Energie in Form von Wärme frei. Bei der Spaltung des Atomkerns werden weitere Neutronen frei, die wiederum weitere Atomkerne spalten und eine Kettenreaktion hervorrufen. Dazu muß jedoch der Anteil des spaltbaren Isotops U 235, der im Natururan nur 0,7% beträgt, auf ca. 3% „angereichert" werden. In einer Atombombe verläuft die Kettenreaktion unkontrolliert. Bei kontrolliertem Verlauf kann sie benutzt werden, um in einem Kraftwerk Wärmeenergie zu erzeugen, die ihrerseits beispielsweise Wasser zum Verdampfen bringt. Der Wasserdampf treibt dann die Turbinen an, die

Turbine ihrerseits den Generator, der den Strom erzeugt. Die bei der Kernspaltung freiwerdende Energie ist unvorstellbar. So liefert 1 m^3 Uran U 235 genug Energie, um 1 km^3 Wasser mit einem Gewicht von 1 Milliarde Tonnen 27 km hochzuheben.

Zunächst trat im Zweiten Weltkrieg in den Vereinigten Staaten die militärische Nutzung der Atomenergie in der Atombombe in den Vordergrund des Interesses. Schon 1939, wenige Wochen nach der ersten Uranspaltung, war die US-Regierung auf die militärische Bedeutung dieser Entdekkung aufmerksam gemacht worden. Im August 1945 warfen die Amerikaner zwei Atombomben auf Hiroshima (Uran 235) und Nagasaki (Plutonium 238), deren verheerende Zerstörungen bis heute als Symbol für die zerstörerischen Kräfte der Atomenergie gelten.

1956 entstand in Calder Hall in Großbritannien das erste kommerzielle Atomkraftwerk der Welt. In der Bundesrepublik ging das erste Atomkraftwerk 1961 in Kahl am Main in Betrieb. Je deutlicher absehbar wurde, daß die fossilen Brennstoffe wie Kohle, Öl oder Gas in nicht allzu ferner Zukunft zur Neige gehen würden und je teurer nach den wiederholten „Energie(preis)krisen" vor allem das Erdöl wurde, desto stärker wurde von der Elektrizitätswirtschaft und vom Staat der Ausbau der Kernenergie forciert, um von Schwankungen des Welthandels unabhängig zu werden. 1981 gab es in der Bundesrepublik Deutschland 14 Kernkraftwerksblöcke. Sie erzeugten 17,4% des gesamten Stroms der öffentlichen Versorgung. Weltweit gab es 277 Kernkraftwerke. Wie sehr sich der Anteil der eingesetzten Energien am gesamten Stromaufkommen in den letzten Jahren verschoben hat, zeigt folgende Tabelle:

Anteile der Energieträger an der Stromerzeugung (BRD)

	1970	1981
Braunkohle	35	31
Steinkohle	33	29
Öl	13	3
Erdgas	5	13
Gase, Müll, Wasser,	10	7
Kernenergie	4	17

Es wird deutlich, daß der Zuwachs der Kernenergie um mehr als das Vierfache genau dem Rückgang des Ölanteils auf weniger als ein Viertel entspricht.

Gegenwärtig erleben wir eine lebhafte Diskussion um die Kernkraftwerke. Strittig sind vor allem die wirtschaftliche Rentabilität solcher Anlagen und ihre Sicherheit. Die Elektrizitätswirtschaft argumentiert, die Stromerzeugung in der Grundlast sei mit Kernenergie drei bis fünf Pfennig je Kilowattstunde billiger als mit Steinkohle, wobei die „Entsorgung" und die Stillegung veralteter Anlagen bereits eingerechnet seien. Die Gegner der Kernenergie bezweifeln diese Kostenrechnung. Die Befürworter der Kernenergie gehen davon aus, daß es auch in Zukunft eine weitere rapide Steigerung des Energieverbrauchs wie in der Vergangenheit geben wird (annähernd alle zehn Jahre eine Verdoppelung) und befürchten eine „Energielücke", wenn nicht die fossilen Energiequellen durch Kernkraft ersetzt werden. Die Gegner halten dem entgegen, daß es nicht angehe, einfach vergangene Entwicklungen in die Zukunft fortzuschreiben, daß der Energiebedarf veränderbar sei und keineswegs irgendwelchen „Gesetzen" folge. An diesem Punkt werden in der Argumentation dann auch alternative Lebens- und Wirtschaftsvorstellungen ins Feld geführt.

Umstritten ist aber vor allem auch die Beurteilung des mit den Kernkraftwerken verbundenen Sicherheitsrisikos. Da es hier um existentielle Ängste vieler Menschen geht, nützt es überhaupt nichts, daß die Elektrizitätswirtschaft in detaillierten „Risikostudien“ errechnet, daß „das Risiko durch den Betrieb von Kernkraftwerken für die Umgebung weit unter den sonstigen natürlichen und zivilisatorischen Risiken liegt“. Das mag mathematisch nach der Wahrscheinlichkeitsrechnung stimmen – doch werden da völlig unvergleichbare Dinge miteinander verglichen: natürliche Risiken (Krankheit, Tod, Unwetter etc.) sind weitgehend unvermeidbar, der Ausbau der Kernenergie jedoch ist eine bewußte (und daher theoretisch vermeidbare) menschliche Handlung. Auch mag zum Beispiel das Risiko, mit dem Flugzeug abzustürzen (zivilisatorisches Risiko) weit höher sein als dasjenige, an einem Atomkraftwerksunfall zu sterben, – doch beim Flugzeug trifft es nur die, die fliegen, im zweiten Fall aber auch Unbeteiligte. Mathematische Wahrscheinlichkeits- und Risikoberechnungen sind also nicht geeignet, die weit verbreiteten Bedenken gegen die Kernkraft zu zerstreuen. Mag das Risiko mathematisch noch so gering sein – es kann schon morgen eintreten.

Die Gegner der Kernkraft weisen außerdem immer wieder darauf hin, daß selbst bei perfekter technischer Beherrschung der Kernenergie immer noch menschliches Versagen, Sabotage oder kriegerische Zerstörung unkalkulierbare Risiken mit möglicherweise katastrophalen Folgen mit sich bringen könnten. Hingewiesen wird auch auf die Gefahr, daß mit dem in „Schnellen Brütern“ erzeugten Plutonium unkontrolliert Atombomben gebaut werden könnten und daß der hochradioaktive Abfall eine unvorstellbare lange Reihe von Folgegenerationen mit gefährlichem Atommüll belasten könnte (das Plutonium verliert z.B. nach etwa 25000 Jahren erst die Hälfte seiner Radioaktivität. Das aber ist ein Zeitraum, der die herkömmlichen geschichtlichen Zeitvorstellungen sprengt).

Die vielfältigen Sicherheitsbedenken gegen die Kernkraft drängen die wirtschaftlichen Erwägungen (wie die angestrebte Unabhängigkeit vom Erdöl, die damit verbundene Devisenersparnis, die volkswirtschaftliche Bedeutung billiger Energie usw.) in der öffentlichen Diskussion in den Hintergrund.

Es kann in diesem Buch keine detaillierte Darstellung der technischen Prozesse bei der Erzeugung von Kernenergie gegeben werden. Versucht werden soll aber, eine gewisse Vorstellung von dem zu geben, was sich in einem Atomkraftwerk abspielt.

Uran kommt in zwei Varianten vor: dem leichteren U-235 und dem schwereren U-238. Spaltbar ist nur das U-235. Bei der Kernspaltung werden bremsende Substanzen (Moderatoren) verwandt, die die Neutronen auf thermische Geschwindigkeiten, die der Wärmebewegung der Atome entsprechen, verlangsamen sollen, ohne sie ganz zu absorbieren. Dazu dienen einfaches Wasser, sogenanntes „schweres“ Wasser oder Graphit. Das künstlich erzeugte und deshalb sehr viel teurere schwere Wasser „fängt“ weniger Neutronen ein als einfaches Wasser, so daß Natururan verwendet werden kann, ohne daß man seinen Gehalt an spaltbarem U-235 vergrößern, d.h. das Natururan „anreichern“ müßte.

Es gibt verschiedene Reaktortypen mit unterschiedlichen wirtschaftlichen und sicherheitstechnischen Vor- und Nachteilen. Im Druckwasserreaktor sorgt ein gleichbleibender hoher Druck (ca. 160 at) dafür, daß das Wasser, das sowohl als Kühlmittel als auch als Wärmetransport-

mittel dient, nicht verdampft. Der Druckwasserreaktor hat (im Unterschied zum Siedewasserreaktor) zwei getrennte Kreisläufe (s. Grafik). Im ersten Kreislauf fließt das im Reaktorkern unter hohem Druck erhitzte Wasser in den Wärmetauscher. Dort entsteht der Dampf, der dann (im zweiten, getrennten Kreislauf) die Turbinen antreibt. Dampf und Reaktorwasser haben also keine direkte Berührung miteinander.
Die getrennten Kreisläufe des Druckwasserreaktors sind ein sicherheitstechnischer Vorteil, der aber dadurch ausgeglichen wird, daß der hohe Druck ein vergrößertes Risiko bedeutet. Demgegenüber hat der Siedewasserreaktor den Vorteil des niedrigen Druckes. Allerdings gelangt hier radioaktiver Wasserdampf bis in die Turbine.
Bereits in den vierziger Jahren hatten in den USA Glenn T. Seaborg und seine Mitarbeiter das Plutonium entdeckt, ein neues Element, das noch schwerer als Uran war und sich noch besser für die Kernspaltung eignete. Vor allem wurde es möglich, spaltbares Plutonium (239) in „Schnellen Brütern“ aus nichtspaltbarem Uran U-238 durch Neutroneneinfang zu erzeugen. Die Schnellen Brüter heißen deshalb so, weil sie nicht mit gebremsten Neutronen, sondern direkt mit den „schnellen“ Neutronen arbeiten, die bei

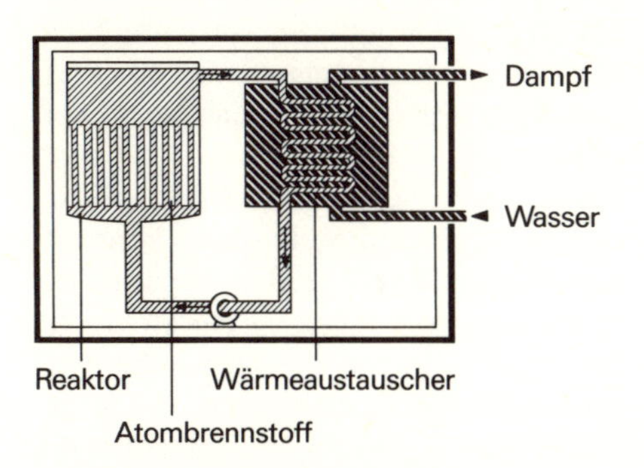

Abb. 48: Druckwasserreaktor

der Kernspaltung entstehen und weil sie ihren Brennstoff, das Plutonium, dabei selbst „erbrüten“. Da die „Schnellen Brüter“ sogar mehr Plutonium erzeugen als sie selbst verbrauchen, schien die Verfügung über unbegrenzte Energie in greifbare Nähe gerückt. Ende der vierziger Jahre rückte man jedoch in den Vereinigten Staaten zunächst von diesem Konzept ab, da es technische Probleme gab und gleichzeitig neue Funde von Uran 235 gemacht wurden.
Eine weitere Variante von Atomreaktoren stellen die noch in der Entwicklung befindlichen Hochtemperaturreaktoren dar, die nicht nur Uran 233 und 235, sondern auch Thorium verwenden können, aus dem bei der Spaltung Uran 233 und damit eine weitere Energiequelle entsteht.
Heute ist die zukünftige Anwendung der Kernenergie zum geringeren Teil eine technische Frage. Es geht in erster Linie um eine (politische) Wertentscheidung, die nur durch gründliches Nachdenken über die wirtschaftlichen Notwendigkeiten, aber auch über das zukünftige Gesicht unserer Gesellschaft getroffen werden kann. „Alternative“ Energien (z.B. Sonnen- und Windenergie) werden uns kaum der Notwendigkeit dieser Entscheidung entheben. Die Nutzbarmachung der Sonnenenergie erfordert einen hohen Aufwand an Investitionen und Fläche. Das größte Sonnenkraftwerk in den USA hat eine Leistung von nur 10 Megawatt. Die „Große Windenergieanlage“ (GROWIAN), die in Norddeutschland arbeitet, ist so hoch wie der Kölner Dom. Man brauchte 700 solcher Giganten, um bei Windstärke 3 soviel Strom wie ein herkömmliches Kraftwerk zu erzeugen.

IX.2 Die neue industrielle Massenproduktion: Verwissenschaftlichung der Technik, Großsynthesen, Rationalisierung, Fließband, Automation

Noch in der Industriellen Revolution wurde die technische Entwicklung entscheidend von den Erfindungen einzelner vorangetrieben. Gewiß: den genialen, häufig romantisch verklärten Einzelerfinder gibt es auch heute noch. Doch ist der wissenschaftliche und technische Fortschritt im 20. Jahrhundert in weit höherem Maße institutionalisiert worden – bis hin zur Systemforschung und „programmierten" Erfindung, die nichts dem Zufall überlassen, sondern planvoll und systematisch neue Produkte, neue Maschinen, neue Fabrikationsmethoden usw. entwickeln. Die Technik, noch im 18. Jahrhundert eine Angelegenheit vornehmlich von Männern der Praxis, „verwissenschaftlichte" seit dem 19. Jahrhundert zusehends. Die Zusammenarbeit zwischen Wissenschaft und Technik, die vorher nur an einzelnen Punkten mit wirklichen Folgen für die Praxis stattfand, wurde seit dem ausgehenden 19. Jahrhundert immer enger. Doch nicht nur die Technik wurde zunehmend wissenschaftlich betrieben, auch die Wissenschaft profitierte umgekehrt von den neuen apparativen Hilfsmitteln, die die Technik bereitstellte.

Während die englische Technik noch in der „Industriellen Revolution" stärker empirisch-pragmatisch ausgerichtet war, entstand am Ende des 18. Jahrhunderts in Frankreich die Pariser „Ecole polytechnique", die zur Keimzelle einer nach streng wissenschaftlichen Gesichtspunkten betriebenen Technik wurde und später die Technischen Hochschulen in Deutschland entscheidend mitbeeinflußt hat.

1825 wurde in Karlsruhe nach dem Vorbild der „Ecole" die erste deutsche polytechnische Hochschule eröffnet. Andere Schulen folgten: 1827 München, 1828 Dresden, 1829 Stuttgart, 1831 Hannover. In Karlsruhe lehrte seit 1841 Ferdinand Redtenbacher als Professor für Maschinenwesen. Er begründete dort den wissenschaftlichen Maschinenbau.

Die enge Verbindung von wissenschaftlicher Forschung und technischer Anwendung wird am deutlichsten am Beispiel der chemischen Industrie. Die ersten chemischen Fabriken des 18. Jahrhunderts waren nichts anderes als Laboratorien im großen Maßstab und die chemische Wissenschaft war noch nicht so weit gediehen, daß sie der chemischen Industrie nennenswerte Hilfestellung hätte geben können. Die Herstellung von Chemikalien, wie sie zum Beispiel in der sich rapide ausdehnenden Textilindustrie in großen Mengen gebraucht wurden, blieb eine Angelegenheit der praktischen Erfahrung. Erst seit dem Ende des 18. Jahrhunderts entwickelte sich die Chemie zu einer exakten, quantitativen Wissenschaft.

England und Frankreich hatten um die Mitte des 19. Jahrhunderts einen großen Vorsprung auf dem Gebiete der anorganisch-chemischen Industrie, deren Erzeugnisse (vor allem Schwefelsäure und Soda) von der Baumwollindustrie zum Bleichen und Färben benötigt wurden. In Deutschland entstand nach 1860 eine **organisch-chemische Großindustrie** der künstlichen Farben, die von vornherein eng mit dem wissenschaftlichen Fortschritt der organischen Chemie verknüpft war.

Als es 1828 Friedrich Wöhler gelang, einen organischen Stoff (den Harnstoff) aus anorganischen Stoffen herzustellen, rückte die Möglichkeit ins Blickfeld, daß der Mensch organische chemische Verbindungen auf synthetischem Wege gewinnen und die Natur manipulieren könne. Ähnliche Perspektiven eröffneten sich durch Justus v. Liebigs Arbeiten über die pflanzlichen Wachstumsbedingungen. Liebig war es auch, der einen ganz neuen, zukunftsweisenden Stil wissenschaftlichen Arbeitens kreierte: die akademische Teamforschung. Das von ihm 1824 an der Universität Gießen eingerichtete Chemielaboratorium wurde zu einer Ausbildungsstätte, die Generationen von Chemikern beeinflußte. Manche seiner Schüler wurden später Professoren, andere gingen in die Wirtschaft. Ein Assistent Liebigs, August Wilhelm von Hofmann, prägte mit seinen Arbeiten die Entwicklung der großindustriellen Herstellung synthetischer Farben ganz entscheidend. Als Hofmann die Aufgabe erhielt, den Inhalt eines Fläschchens Leichtpetroleums zu analysieren, entdeckte er dabei das Anilin. Hofmann setzte seine Arbeiten als Leiter des Royal College of Chemistry in London fort. Einer seiner Schüler, William Henry Perkins, stellte 1856 den ersten synthetischen organischen Farbstoff (das Mauvein) her. Das Interesse der englischen Textilbetriebe an den neuen Farben war jedoch zunächst gering, weil Großbritannien natürliche pflanzliche Farbstoffe zu günstigen Preisen aus seinen Kolonien beziehen konnte. In Deutschland fand die Herstellung synthetischer Farbstoffe dagegen weit größeres Interesse, da Deutschland vor 1884 keine Kolonien besaß und daher große Summen für die Einfuhr von Indigo und Farbhölzern aus Übersee ausgeben mußte.

Nach 1870 nahm die Farbenindustrie, aufbauend auf dem theoretischen Fortschritt der organischen Chemie, einen ungeheuren Aufschwung, an dem deutsche Wissenschaftler, die in der Tradition Liebigs standen, einen maßgeblichen Anteil hatten. Zwischen den Firmen entstand ein wahres Wettrennen um immer neue künstliche Farbstoffe. In Deutschland wurden bald große Mengen synthetischer Farben hergestellt. Aus Naphtalin und Anthrazen, die bis dahin als nutzlose Bestandteile des Kohlenteers angesehen worden waren, wurde eine ganze Reihe unterschiedlicher Farben hergestellt.

Um in dem sich verschärfenden Konkurrenzkampf auf dem internationalen Markt mitzuhalten, gingen immer mehr chemische Großfirmen dazu über, selbst einen Stab akademisch ausgebildeter Chemiker anzustellen und teuer und gut ausgestattete Laboratorien aufzubauen. Hier lag die Keimzelle der industriellen Forschung, die auf bestimmten Gebieten bald die Universitätsforschung überflügelte und konzentrierter auf praktische Ergebnisse ausgerichtet war. Besonders die deutsche chemische Industrie betrieb ihre eigene Forschung und begründete damit ihre internationale Spitzenstellung.

Die Fortschritte der Teerforschung seit dem Beginn des 19. Jahrhunderts führten zur Entwicklung der modernen Kohlenteerdestillierung, die es ermöglichte, alle Bestandteile des in den Kokereien und Gasanstalten anfallenden Teers nutzbringend zu verwenden. Immer mehr chemische Produkte wie Benzol, Toluol, Xylol usw. wurden bei der Teerdestillation entdeckt. Bis zum Ausbruch des Ersten Weltkriegs erlebte die deutsche Teerfarbenindustrie einen beispiellosen Aufschwung. Die Teerfarben machten nicht nur den Import pflanzlicher Farbstoffe überflüssig, sondern wurden selbst zu einem wichtigen Exportgut. Heute werden aus Kohleteer Tausende von Produkten wie Farben, synthetische Fasern, fotochemische Produkte, Holzschutzmittel, Drogen, Schmerzmittel (Aspirin) und unzählige Kunststoffe (Nylon) hergestellt.

Ergebnisse systematischer Forschung waren auch die für die chemische Industrie des 20. Jahrhunderts kennzeichnenden chemischen **Großsynthesen**. 1909 gelang es Karl Hofmann von den Bayer-Werken, aus Isopren synthetischen Kautschuk herzustellen (Buna = **Bu**tadim-**Na**trium; der Name nimmt Bezug auf Ausgangsstoff und Produktionsverfahren). Seine Forschungsergebnisse waren die Grundlage für die deutsche Buna-Fabrikation im Ersten Weltkrieg. 1936 wurde die großindustrielle Herstellung von Synthesekautschuk in der Nähe von Merseburg aufgenommen, die von erheblicher rüstungstechnischer Bedeutung war.

1908 war dem Chemiker Fritz Haber die direkte Vereinigung von Stickstoff und Wasserstoff zu Ammoniak gelungen. 1913 gelang es Haber und C. Bosch, aus dem Stickstoff der Luft und aus Wasserstoff auf synthetischem Wege in industriellem Maßstab Ammoniak zu gewinnen. In einen mit Koks beschickten Gasgenerator wurde abwechselnd Luft und Wasserdampf eingeblasen. Das dabei entstandene Gasgemisch (6% H_2, 30% CO, 61% N_2, 3% CO_2) wurde einem Kontaktofen zugeleitet, mit Wasserdampf versetzt und das in weiteren Teilprozessen entstehende Gemisch von 3 Teilen Wasserstoff und 1 Teil Stickstoff bei einem Druck von 200 atü und einer Temperatur von 500–600° C zu Ammoniak (NH_3) vereinigt.

Der im **Haber-Bosch-Verfahren** billig gewonnene Stickstoff sicherte im Ersten Weltkrieg die Versorgung der Landwirtschaft mit Stickstoffdünger, so daß auf die Einfuhr von Chilesalpeter und Guano verzichtet werden konnte. Die Weiterverarbeitung des Ammoniaks zu Salpetersäure ermöglichte zugleich die gesteigerte Produktion von Spreng- und Schießstoffen.

Heute wieder aktuell sind Versuche, aus Kohle synthetisches Benzin herzustellen (Kohleverflüssigung). Friedrich Bergius fand dafür 1913 das sogenannte „direkte Verfahren“ (Druckhydrierung). Es besteht im wesentlichen darin, daß man die Kohle, ein Gemisch von hochmolekularen, aber wasserstoffarmen Kohlenwasserstoffverbindungen, durch hohen Druck (200 at) und hohe Temperaturen (450° C) aufspaltet und nach Beginn der Zersetzung Wasserstoff an die Moleküle anlagert. Die Kohle wird fein gemahlen, vom Wasser befreit und zusammen mit Schweröl zu einem dicken Brei gemischt, der dann Druck und Hitze ausgesetzt wird. Danach werden dem Brei ein Katalysator und Wasserstoff zugesetzt. Die daraus entstehende Mischung enthält Benzin und Schweröl. Seit 1927 wurden nach diesem Verfahren in den Leuna-Werken in Merseburg größere Mengen synthetischen Benzins hergestellt. Völlig synthetisch und vor allem absolut unabhängig vom Schweröl ist das Fischer-Tropsch-Verfahren, nach dem die Ruhrchemie AG seit 1934 Benzin herstellte. Bei diesem Verfahren wird aus Koks, Luft und Wasser eine Art Rohöl erzeugt. Raffiniert man dieses Öl, so erhält man Benzin, Kerosin und Schmieröl.

Systematische Forschung spielte auch in anderen Branchen seit dem ausgehenden 19. Jahrhundert eine immer größere Rolle. Immer mehr Firmen gingen dazu über, mit eigenen Forschungseinrichtungen ständig nach einer Perfektionierung der Produktion und der Einführung neuer Produkte zu suchen, um nicht von der Konkurrenz überflügelt zu werden (besonders in den Bereichen Chemie, Erdöl, Nachrichtentechnik, Elektrizität). Es wurden ganze Teams von Wissenschaftlern angestellt, die systematisch ein wirtschaftlich aussichtsreiches Feld analysieren und „Erfindungen nach Maß“ machen sollten. Je mehr sich die internationale Konkurrenz durch das Auftreten neuer Industriestaaten auf dem Weltmarkt verschärfte, desto größere Summen investierten Privatunternehmen und Regierungen in die naturwissenschaftlich-technische Forschung. Das Angebot technisch-naturwissenschaftlicher Fächer an den Universitäten wurde vergrößert. Daneben wurden außerakademische Forschungsinstitute gegründet, die, wie die Kaiser-Wilhelm-Gesellschaft, Grundlagenforschung betrieben oder sich mit Fragen der Standardisierung und Normung befaßten, wie die 1887 in Deutschland gegründete Physikalisch-Technische Reichsanstalt. Die Regierungen hatten erkannt, wie wichtig die Grundlagenforschung für den industriellen Standard und die Wettbewerbsfähigkeit eines Landes waren. Die Technik erhielt damals ihren eigenen Platz im Bewußtsein der führenden Industrienationen. In Deutschland war man stolz darauf, den „alten“ Industrienationen England und Frankreich den Rang abgelaufen zu haben. Politische Macht und wirtschaftlich-technische Position wurden im öffentlichen Bewußtsein der Zeit um die Jahrhundertwende weitgehend gleichgesetzt. Daß Deutschland damals mehr Eisen und Stahl produzierte als England wurde gefeiert wie ein militärischer Sieg. Zweifellos haben die Erfolge der Technik im wilhelminischen Deutschland auch zu einer Übersteigerung des Nationalgefühls hin zum Nationalismus beigetragen, und die Hoffnung auf die völkerverbindende Wirkung der Technik, der man um die Mitte des 19. Jahrhunderts aus ehrlichem Herzen Ausdruck verliehen hatte, geriet immer mehr in den Hintergrund. Als weiteres Ergebnis der gesteigerten Bedeutung der Technik erhielten die Technischen Hochschulen jetzt das Promotionsrecht, d.h. sie wurden mit den alten Universitäten weitgehend gleichgestellt, und die gesellschaftliche Anerkennung des Technikers und Ingenieurs, die stets auf bildungsbürgerliche Vorbehalte gestoßen waren, verbesserte sich allmählich.

Der Erste Weltkrieg führte zu einer deutlichen Intensivierung der industriellen Forschung. Für die kriegführenden, aber auch für die neutralen Staaten war sie zu einer Überlebensfrage geworden, da viele herkömmliche Handelsrouten blockiert und viele Rohstoffe ausgefallen waren. Die deutsche Regierung beauftragte in dieser Situation die Wissenschaftler, Ersatzprodukte für Gummi, Chilesalpeter und Erdöl zu schaffen. Aber auch in Frankreich, Großbritannien, Japan und anderen Ländern wurde die Forschung straffer organisiert und direkt vom Staat unterstützt. Auch nach Beendigung des Krieges blieb die Überzeugung bestehen, daß direktes staatliches Engagement in der wissenschaftlichen Forschung und der Durchführung technischer Großprojekte unverzichtbar sei. Wie bedeutsam in der Gegenwart solche direkte Förderung der Technik ist, zeigt z.B. das amerikanische Raumfahrtprogramm.

Die industrielle Produktion um die Mitte des 19. Jahrhunderts war noch keine Massenproduktion. Selbst in Betrieben wie bei Krupp in Essen hätte man damals noch eher den Eindruck einer vergrößerten Handwerkswerkstatt gehabt. Handwerkliches Können spielte nach wie vor eine wichtige Rolle im Produktionsprozeß. Die industrielle Massenproduktion nahm ihren Ausgang von den Vereinigten Staaten. Günstige Marktchancen und Absatzmöglichkeiten vor allem in noch nicht industrialisierten Ländern regten dazu an, Massenprodukte aus genormten, typisierten und daher austauschbaren Teilen herzustellen. Auf diese neuartige Weise wurden in den Vereinigten Staaten zunächst austauschbare Einzelteile von Gewehrschlössern, dann auch Landmaschinen (nach 1850), Nähmaschinen (nach 1860), Schreibmaschinen (nach 1880) und Fahrräder (nach 1890) hergestellt – Produkte, für die ein Massenbedarf in der Bevölkerung vorhanden war oder geweckt werden konnte. Damit die Massenproduktion ohne Störungen verlief, gingen viele Herstel-

ler dazu über, sich vorgelagerte Produktionsstufen (Rohstoffe) und nachgelagerte Organisationen (Verkauf) anzugliedern. Daraus entstanden vertikal konzentrierte Unternehmen, unter deren Dach der ganze Herstellungsprozeß vom Rohstoff über die Verarbeitung bis hin zum Verkauf vereinigt war, um das Produktionsrisiko möglichst gering zu halten und die Produktionskosten möglichst günstig zu gestalten.
Voraussetzung für die industrielle Massenproduktion, die das 20. Jahrhundert kennzeichnet, waren neben günstigen Absatzchancen vor allem das Vorhandensein von Werkzeugmaschinen, mit denen präzise gearbeitete, austauschbare Einzelteile in Großserie hergestellt werden konnten und die Entwicklung besonderer legierter Werkzeugstähle (seit den 70er Jahren), die den Beanspruchungen der neuen Produktionstechnik standhielten (z.B. der 1898 entwickelte Taylor-Whitesche „Schnellstahl"). Im Werkzeugmaschinenbau waren die Amerikaner in der zweiten Hälfte des 19. Jahrhunderts führend. Die 1862 von der Firma Brown & Sharp vorgestellte Universal-Fräsmaschine und die Revolverdrehbank von Christoph M. Spencer (1873) waren hervorragend für die Serienproduktion geeignet. Die Drehbank Spencers kann bereits als Werkzeugautomat bezeichnet werden, da sie das Werkstück selbsttätig weiterbewegte. Mit ihr konnten Schrauben, Muttern und Zahnräder in Großserien präzise hergestellt werden.
Seit der Jahrhundertwende stellte die Ausdehnung des Automobilbaus neue Ansprüche an geeignete Werkzeugmaschinen (Zahnschneidemaschinen, Schleifmaschinen etc.). Die Verwendung von Elektromotoren schuf den geeigneten flexiblen, beliebig regulierbaren Antrieb für derartige Werkzeugmaschinen. Einen großen Aufschwung – auch außerhalb der USA – erlebte die Großserienproduktion im Ersten Weltkrieg, als die kriegführenden Länder vor der Notwendigkeit standen, große Mengen von Rüstungs- und anderen Produkten in kurzer Zeit herzustellen.
Die Massenproduktion in Großserien war ein erster Schritt auf dem Wege zur **Rationalisierung**. Als Rationalisierung könnte man das Bestreben bezeichnen, durch technische oder organisatorische Verbesserungen, die Leistungen eines Betriebes zu erhöhen, die Kosten zu senken und damit die Produktivität und Wettbewerbsfähigkeit zu steigern. Rationalisierung kann also auf sehr verschiedene Art verwirklicht werden. So kann man einen Betrieb durch vermehrten Kapitaleinsatz stärker mechanisieren (bis hin zur Automation) oder aber Verbesserungen in der Betriebsorganisation, der Lagerhaltung, dem Rechnungswesen, den Arbeitsmethoden usw. vornehmen. Alle diese Wege sind im 20. Jahrhundert beschritten worden. Der Einsatz von Antriebs-, Arbeits- und Werkzeugmaschinen in der „Industriellen Revolution" war der erste Schritt, um durch erhöhten Kapitaleinsatz zu einer rationelleren Produktion zu kommen. Es folgten der Ausbau der standardisierten Massenproduktion, das Fließbandsystem und schließlich die Automation. Dieser Weg konnte nur durch vermehrten Kapitaleinsatz beschritten werden. Das wiederum führte zu großen Betriebseinheiten, die sich gegen das Kapitalrisiko durch Zusammenschlüsse (Kartelle, Syndikate, Trusts) absicherten und bestrebt sein mußten, den Markt zu beherrschen.
Aber auch der andere Weg der organisatorischen Verbesserung der Produktions- und Arbeitsmethoden wurde schon früh beschritten – zum Beispiel von der sogenannten „Wissenschaftlichen Betriebsführung", als deren Begründer FREDERICK

Winslow Taylor (1856–1915) gilt, der als leitender Ingenieur in einem amerikanischen Stahlwerk in Philadelphia tätig war und sich u. a. mit Fragen der Arbeitsorganisation befaßte. In vielen amerikanischen Fabriken herrschte damals, gegen Ende des 19. Jahrhunderts, ein ausgesprochen schlechtes Betriebs- und Arbeitsklima. Bei den Arbeitskräften handelte es sich oft um Einwanderer aus Südosteuropa, die nur angelernt worden waren. Die Belegschaften wechselten häufig. Die Qualifikation der Arbeiter und teilweise auch der Meister war recht gering und das „Trödeln" an der Tagesordnung. In dieser Situation ging es Taylor vor allem darum, die Arbeitsproduktivität zu erhöhen. Er versuchte dieses Ziel durch gezielte Lohnanreize, eine systematische Auslese des Personals und genaue Zeit- und Bewegungsstudien zu erreichen. Das stark differenzierte Lohnsystem verlangte dem Arbeiter eine hohe Leistung ab, wenn er überhaupt ein akzeptables Einkommen erreichen wollte. Ausführliche Bewegungsstudien analysierten genau den Arbeitsprozeß und schrieben dem Arbeiter jeden einzelnen Handgriff vor, um ein optimales Arbeitsresultat zu erhalten. Auch die Zeit, in der die einzelnen Handgriffe von den Arbeitern auszuführen waren, wurde genau festgelegt. Die Betriebsleitungen stellten Produktionspläne auf, deren effiziente Durchführung von sogenannten „Funktionsmeistern" überwacht wurde, die an die Stelle der alten Meister traten. Das ausgeklügelte Planungs- und Kontrollsystem verstärkte die Rolle der neuen „technokratischen" Experten in den Betrieben. Taylor war denn auch u. a. von der „Technokratiebewegung" in den Vereinigten Staaten beeinflußt, deren Ziel die „Herrschaft der Experten" (Ingenieure) war.
Das Taylorsche System der „wissenschaftlichen Betriebsführung" bedeutete eine Zergliederung und Intensivierung des gesamten Arbeitsprozesses. Für das Personal war dieses System ohne Zweifel mit erhöhten physischen und vor allem psychischen Beanspruchungen und Belastungen verbunden. Die Zergliederung des Herstellungsprozesses in einfache, genau vorgeschriebene Handgriffe bedeutete eine Differenzierung und Spezialisierung der Berufsstruktur. Umfassende Fachkenntnisse waren für die meisten Arbeiter nicht mehr nötig (Tendenz zur Dequalifizierung). Trotz dieser aus Unternehmersicht unbestreitbaren Vorteile setzte sich Taylors System als Ganzes weder in Amerika noch in Europa durch. Lediglich einzelne Bestandteile fanden allgemeine Verbreitung, vor allem die Zeit- und Bewegungsstudien und die Personalauslese. Widerstand gegen die „wissenschaftliche Betriebsführung" gab es dagegen sowohl auf Unternehmer- als auch auf Arbeitnehmerseite. Die Gewerkschaften setzten sie mit Ausbeutung und Akkordschinderei gleich und die Unternehmer befürchteten nicht selten eine Beeinträchtigung ihrer Position durch die technischen Experten im Betrieb.
Mit dem Taylorschen System konkurrierte das System, das Henry Ford (1863–1947) in der amerikanischen Automobilindustrie einführte. Ford ging es weniger darum, kurzfristig seine Gewinne zu erhöhen, als vielmehr langfristig seinen Automobilen durch Preissenkungen Marktanteile zu sichern, seine Arbeiter durch verschiedene Maßnahmen an den Betrieb zu binden und die Arbeitgeber-Arbeitnehmer-Beziehungen zu harmonisieren.
Seit 1913 führte Ford das **Fließbandsystem** in die Serienherstellung seiner Automobile ein. Das Fließband zwang den Arbeiter, einem vorgegebenen Arbeitsrhythmus und -tempo zu folgen und zerlegte den Herstellungsprozeß in zahlreiche, im-

mer gleichbleibende Einzeltätigkeiten. Der Arbeitsfluß wurde beschleunigt und verlief ohne Unterbrechung. Zeit- und damit Kostenverluste durch Transport der Werkstücke von Abteilung zu Abteilung entfielen. Die Arbeit des einzelnen konnte stärker kontrolliert werden. Das Ausbildungsniveau der angelernten und ungelernten Arbeiter wurde nahezu bedeutungslos (Dequalifizierung). Die Tätigkeit am Fließband wurde häufig als monoton, physisch und psychisch zermürbend und ermüdend empfunden. Der Arbeiter war auf die ständige Wiederholung einzelner Handgriffe beschränkt. Zwischen Arbeiter und Produkt trat eine weitgehende „Entfremdung" ein. Gleichzeitig aber ermöglichte das Fließband niedrigere Verkaufspreise. Fords legendäres T-Modell konnte sich so immer größere Märkte erschließen. Er war deshalb in der Lage, seinen Arbeitern für die damalige Zeit hohe Löhne zu bezahlen. Verschiedene Sozialmaßnahmen (Fünftagewoche, Unfallrente etc.) führten in Verbindung mit den hohen Löhnen dazu, daß sich die Fordschen Arbeiter als industrielle Elite fühlten und mit dem Betrieb eng verbunden blieben, wie es der Fordschen Konzeption der „Werksgemeinschaft" zwischen Unternehmer und Arbeiter entsprach.

Nach dem Ersten Weltkrieg verbreitete sich das Fließbandsystem auch in Europa und fand – wie die Fordschen Wirtschaftsauffassungen insgesamt – geteilten Widerhall. Die „Betriebsgemeinschaft", wie sie Ford definiert hatte, erschien den einen als ein verheißungsvolles Bollwerk gegen den Kommunismus. Konservative Stimmen aus den Kreisen des Bildungsbürgertums, das der Industrialisierung schon im 19. Jahrhundert eher ablehnend gegenübergestanden hatte, wetterten gegen den sogenannten „Amerikanismus". Sie verstanden darunter ein lediglich am Profit und an materiellen Werten ausgerichtetes System, das ihrer Meinung nach der europäischen Kulturtradition widersprach und das sie deshalb abschätzig mit dem Begriff „Zivilisation" (im Gegensatz zu „Kultur") belegten. In zahlreichen Publikationen der zwanziger Jahre wurde die „Entseelung" der Arbeit durch die Massenproduktion, das Fließband, die Rationalisierung und die Arbeitszerlegung beklagt. Gegen den von der Maschine abhängigen, ohnmächtigen und von seiner Arbeit entfremdeten Fabrikarbeiter wurden der „ganzheitliche" Handwerker oder der mit der Natur verbundene Bauer als ideologische Identifikationsfigur angeboten. So hat die immer stärkere Mechanisierung und Rationalisierung auch das Entstehen irrationaler (politischer) Bewegungen und Kulte wie z.B. des Nationalsozialismus gefördert.

Diese Kritik wurde in den zwanziger Jahren vor dem Hintergrund einer wahren Rationalisierungseuphorie geäußert. Die Rationalisierungswelle hatte ihre wichtigsten Ursachen in der durch den Ersten Weltkrieg völlig veränderten weltwirtschaftlichen Situation. Während des Krieges hatte eine Reihe von Ländern die Schwelle zur Industrienation überschritten. Die internationalen Märkte wurden kleiner. Die Konkurrenz verschärfte sich. Viele Handelsverbindungen waren durch den Krieg zerrissen worden (dies wirkte sich vor allem für die deutsche Industrie negativ aus). Das Welthandelsvolumen schrumpfte und mit der gesteigerten internationalen Konkurrenz verringerten sich auch die Gewinne. Die USA versuchten gleichzeitig, ihre industrielle Überproduktion auf den internationalen Märkten abzusetzen.

Als Reaktion auf diese gewandelten weltwirtschaftlichen Bedingungen kam es in Deutschland nach 1924 (gefördert durch die amerikanischen Kredite nach dem

Dawes-Plan) zu einer rasanten Rationalisierungswelle. In der deutschen Automobilindustrie wurde jetzt das Fließband eingeführt. Die **Typung** der Produkte und die **Normung** der einzelnen Bestandteile machten ebenfalls Fortschritte. Schwerpunkte der Rationalisierung waren neben der Automobilindustrie der Maschinenbau und die Elektroindustrie. Rationalisierung fand auch durch wirtschaftliche Zusammenschlüsse zu großen Konzernen statt (1925 Gründung der IG-Farben, 1926 der Vereinigten Stahlwerke). Bereits vor dem eigentlichen Einbruch der Weltwirtschaftskrise führten diese Rationalisierungsmaßnahmen teilweise zur Überproduktion und vergrößerten die Arbeitslosigkeit.

Als Reaktion auf die „wissenschaftliche Betriebsführung" und Rationalisierung der zwanziger Jahre versuchten manche Unternehmer in den vierziger Jahren, die Monotonie des Arbeitsplatzes und die daraus resultierende Arbeitsunlust durch neue Organisationsformen wie **„Job Rotation"** und **„Job Enlargement"** (oder auch: Job Enrichment) zu überwinden. Bei der Job Rotation erhält der Arbeiter in einer bestimmten Folge eine andere Tätigkeit zugewiesen und muß daher nicht ständig die gleichen Handgriffe verrichten. Beim Job Enrichment, wie es zum Beispiel 1943 bei IBM eingeführt wurde, erhält der Arbeiter einen erweiterten Aufgaben- und Tätigkeitsbereich. Er arbeitet nicht mehr nur ein winziges Teilchen, sondern fertigt zumindest ein Zwischenprodukt oder gar ein Endprodukt an und sieht also, daß er einen wichtigen Beitrag zum Endprodukt leistet. Die schwedische Automobilfabrik Volvo entwickelte aus solchen Überlegungen heraus das System der Gruppenfertigung, bei dem eine Gruppe von Arbeitern gemeinsam an einem größeren Zwischenprodukt arbeitet.

Um 1950 setzte in den Vereinigten Staaten eine neue Welle verstärkter Rationalisierung ein, die nun durch zunehmende **Automatisierung** erfolgte. „Automatisierung" könnte man als das Bestreben definieren, Produktion und Administration von selbsttätig arbeitenden Maschinen oder Geräten erledigen zu lassen – unter möglichst weitgehendem, im „Idealfall" vollständigen Verzicht auf menschliche Arbeitskraft.

Wie so häufig, standen am Anfang wieder militärische Entwicklungen und Bedürfnisse. In den Vereinigten Staaten bemühte sich die Luftwaffe seit 1947, neue Methoden zur Produktion von Flugzeugteilen zu entwickeln und vergab einen entsprechenden Forschungsauftrag. Das Ergebnis war die erste numerisch gesteuerte automatische Werkzeugmaschine (**NC-Maschine**, Numerical-Control-Maschine). Solche Maschinen verbreiteten sich in der Folgezeit in der Elektroindustrie, der Automobilindustrie und im Maschinen- und Gerätebau – gefördert durch den Facharbeitermangel nach dem Kriege. Der nächste Schritt bestand darin, die damals bereits vorhandenen Computer mit solchen Werkzeugmaschinen zu verbinden. Damit war eine automatische Steuerung und Kontrolle des gesamten Produktionsprozesses möglich geworden. Bei solchen **CNC-Maschinen** (Computer Numerical Control Machines) vergleicht der Computer ständig die tatsächlichen Ist-Werte des zu produzierenden oder zu bearbeitenden Gegenstandes mit den einprogrammierten Soll-Werten. Gibt es Abweichungen, nimmt die Maschine auf „Befehl" des Computers automatisch die entsprechende Korrektur vor.

Dort, wo CNC-Maschinen eingesetzt wurden, verringerte sich die Belegschaftszahl. Die Arbeiter, die noch zur Bedienung der Maschine benötigt wurden, mußten nicht mehr so hoch qualifiziert sein wie etwa der Facharbeiter (z.B. Dreher, Fräser usw.). Die CNC-Maschinen hatten also eine deutliche Tendenz zur Arbeitsplatzverringerung und Dequalifizierung des verbleibenden Personals. Auf der anderen Seite wurden in den Herstellerbetrieben solcher Maschinen neue Arbeitsplätze geschaffen. Doch dürfte der durch den Einsatz von NC- und CNC-Maschinen bewirkte Arbeitsplatzabbau größer sein als die Zahl der durch diese Technologie neugeschaffenen Arbeitsplätze. CNC-Maschinen erfordern überhaupt kein Bedienungspersonal mehr.

NC- oder CNC-Maschinen entlasten auf der einen Seite den Menschen von teilweise monotonen oder gar gesundheitsgefährdenden Tätigkeiten. Auf der anderen Seite der Bilanz aber stehen die Ängste vieler Menschen vor einer weitgehenden Vernichtung ihrer Arbeitsplätze und die düstere Vision menschenleerer, gespenstischer Fabriksäle. Solche Ängste erhielten durch den seit 1963 auf dem Markt befindlichen **Industrieroboter** neuen Auftrieb. Er wird vor allem zum Heben und Transportieren schwerer Gegenstände oder zur Handhabung und Bearbeitung giftiger Stoffe eingesetzt und hat sich dann insbesondere in der Automobilindustrie durchgesetzt. Mit dem Industrieroboter hat die moderne Technik sozusagen menschenähnliche Gestalt angenommen und wird deshalb häufig als besonders bedrohlich empfunden.

Welche Folgen die Automatisierung letztlich auf die Arbeitsplätze und darüber hinaus auf die gesamte Gesellschaft haben wird, ist kaum vorauszusagen. Man kann nur hoffen, das jene düstere Prognose des amerikanischen Mathematikers NORBERT WIENER, der selbst maßgeblich an der Entwicklung der neuen Kommunikations- und Regelungsmaschinen beteiligt war, nicht zutrifft. Wiener schrieb:

„Die Rechenmaschine stellt das Zentrum der automatischen Fabrik dar, aber sie wird niemals die ganze Fabrik sein. Auf der einen Seite empfängt sie ihre ins einzelne gehenden Anweisungen von Elementen, die Sinnesorganen entsprechen. Ich denke an ‚Sinnesorgane', wie photoelektrische Zellen, Kondensatoren für das Ablesen der Dicke einer Papierbahn, Thermometer, Wasserstoffionenkonzentrationsmesser, und an die große Zahl von Geräten, die allenthalben von Instrumentenfirmen für nichtautomatische Steuerung industrieller Prozesse gebaut werden. Diese Instrumente werden heute bereits so hergestellt, daß sie über entfernte Stationen elektrisch berichten. Damit sie ihre Information in einen automatischen Hochgeschwindigkeitsrechner einführen können, benötigen sie lediglich ein Gerät, das Stellungs- oder Skalenwerte abliest und in das Schema einer Ziffernfolge übersetzt. Solche Geräte gibt es bereits, und weder ihr Prinzip noch ihre Konstruktionseinzelheiten bieten große Schwierigkeiten. Das Sinnesorgan-Problem ist nicht neu, es hat bereits gute Lösungen gefunden.

Neben diesen Sinnesorganen muß das Regelungssystem Effektoren oder Stellglieder enthalten, die auf die Außenwelt einwirken. Einige von diesen sind von bereits bekanntem Typ, wie ventilbetätigende Motoren, elektrische Kupplungen und ähnliches. Einige andere müssen erfunden werden, um die Funktionen der vom menschlichen Auge unterstützten menschlichen Hand möglichst gut zu ersetzen. Bei der maschinellen Bearbeitung von Automobilchassis ist es ohne weiteres möglich, gewisse Metall-Ansätze stehenzulassen, die auf der glatten Oberfläche als Bezugspunkte dienen; das Werkzeug – sei es nun Bohrer oder Nieter oder was immer wir brauchen – wird zuerst durch einen fotoelektrischen Mechanismus, der z. B. durch Farbpunkte in Gang gebracht wird, in die ungefähre Nachbarschaft dieser Oberfläche geführt. Die endgültige Einstellung bringt es dann auf die Bezugspunkte, und zwar so, daß eine feste, aber nicht zu enge Berührung hergestellt wird. Das wäre einer der Wege, um diese Aufgabe zu erfüllen. Jedem sachverständigen Ingenieur werden ein Dutzend weitere einfallen.

Natürlich nehmen wir an, daß die als Sinnesorgane handelnden Geräte nicht nur über den augenblicklichen Stand der Arbeit, sondern auch über das Ergebnis des Arbeitens aller vorhergehenden Prozesse berichten. So kann die Maschine Regelungshandlungen ausführen, sowohl solche der einfachen jetzt schon häufig erwähnten Art als auch solche mit komplizierten Unterscheidungsprozessen, die von der zentralen Regelung mit ihrem logischen oder mathematischen „Gehirn“ ausgeführt werden. Mit anderen Worten: das Gesamtsystem kommt einem vollständigen Lebewesen mit Sinnesorganen, Effektoren und Propriozeptoren gleich und entspricht nicht, wie die Höchstgeschwindigkeitsrechenmaschine, einem isolierten Gehirn, das für seine Erfahrung und für seine Wirksamkeit von unserem Eingreifen abhängt.

Die Schnelligkeit, mit der diese neuen Erfindungen in industriellen Gebrauch kommen werden, wird bei den einzelnen Industriezweigen sehr verschieden sein. Automatische Geräte, die den hier beschriebenen vielleicht nicht genau gleichen, die aber, roh genommen, die gleichen Funktionen erfüllen, sind bereits in ausgedehntem Maße in Industrien mit kontinuierlichen Fabrikationsprozessen, wie Blechdosenfabriken, Walzwerken und besonders Draht- und Feinblechwerken, in Gebrauch. Ebenso sind sie in Papierfabriken üblich, die auch einen kontinuierlichen Ausstoß haben. Unerläßlich sind sie auch bei Herstellungsprozessen, deren Regelung für eine größere Anzahl von Arbeitern mit Lebensgefahr verbunden wäre und in denen eine Störung wahrscheinlich so ernsthaft und kostspielig wäre, daß man ihre Möglichkeit besser vorher in Betracht ziehen und nicht der erregten Beurteilung im Ernstfalle überlassen sollte. Kann man einen Produktionsablauf im voraus ausarbeiten, so kann man ihn auch in ein Programm übertragen, das den vorgesehenen Ablauf in Übereinstimmung mit den Ablesungen der Anlage steuern wird. Mit anderen Worten, solche Fabriken sollten unter einem Kommandosystem stehen, das dem des Eisenbahnstellwerks mit seinen Signalen und Weichen ähnelt. Ein solches System besteht schon in Ölraffinerien, ebenso in manchen anderen chemischen Werken und bei der Verarbeitung derjenigen gefährlichen Stoffe, die bei der Ausbeutung der Atomenergie auftreten.

Wir haben schon erwähnt, daß beim Fließband diese Methoden angewandt werden. Beim Fließband wie in der chemischen Fabrik oder in der kontinuierlich arbeitenden Papierfabrik ist es nötig, eine gewisse statistische Kontrolle über die Güte des Produktes auszuüben. Solche Kontrollen beruhen auf einer Probenahme. Durch *Wald* und andere sind diese Probenahmen heute zu einer Methode entwickelt worden, die wir Sequenzanalyse nennen; hierbei entnimmt man nicht festgelegte Stichproben, sondern die Entnahme erfolgt als fortlaufender Prozeß Hand in Hand mit der Produktion. Da diese Auswertung nun so genormt ist, daß sie in die Hände eines statistischen Rechners gelegt werden kann, der die zugrunde liegenden Theorien nicht versteht, kann sie auch durch eine Rechenmaschine ausgeführt werden: d. h., die Maschine sorgt – wieder mit Ausnahme von Sonderfällen – für die regelmäßigen statistischen Kontrollen ebensogut, wie sie schon für den Produktionsprozeß sorgt.

Im allgemeinen ist in Fabriken die Buchhaltung unabhängig von der Produktion. Alle die Kostenberechnung angehenden Daten könnten, soweit sie von der Maschine oder dem Fließband kommen, direkt in die Rechenmaschine eingegeben werden. Andere Daten würden von Zeit zu Zeit durch menschliche Operatoren eingegeben, aber die große Masse der nötigen Schreibarbeit könnte auf die außergewöhnliche beschnitten werden. Man würde also für den Außenschriftverkehr und ähnliches noch Angestellte brauchen. Aber sogar davon könnte ein großer Teil durch die Korrespondenten auf Lochkarten empfangen oder durch äußerst niedrigbezahlte Arbeitskräfte auf Lochkarten übertragen werden. Von diesem Punkte an kann alles von der Maschine getan werden. Auch ein nicht zu unterschätzender Teil der Bücherei- und Registratureinrichtungen eines industriellen Betriebs ließe sich so mechanisieren.

Mit anderen Worten: Der Maschine ist es einerlei, ob sie Werkskittel-Arbeit oder Stehkragen-Arbeit tut. Die neue industrielle Revolution wird daher wahrscheinlich in sehr viele Gebiete eindringen und sich jede Arbeit, die in der Ausführung von Entscheidungen einfacher Art besteht, erobern, in ähnlicher Weise, wie die frühere industrielle Revolution auf allen Gebieten die menschliche Kraft verdrängte. Es wird natürlich Berufszweige geben, in die die neue industrielle Revolution des Entscheidens nicht eindringen wird: sei es, daß die neuen Regelungsmaschinen für Industrien nicht wirtschaftlich sind, die die beträchtlichen damit verbundenen Kosten nicht zu tragen vermögen, oder sei es, daß durch die Vielgestaltigkeit ihrer Arbeit für fast jeden neuen Arbeitsgang eine neue Programmierung notwendig würde. Ich glaube nicht, daß automatische Maschinen des beschriebenen Typs beim Kolonialwarenhändler an der Ecke oder in der Hinterhof-Tankstelle in Gebrauch kommen, während ich sie mir sehr wohl beim Großhändler und dem Automobilhändler vorstellen kann. Auch der Landarbeiter ist, obwohl er ihren Einfluß zu spüren beginnt, vor ihrem vollen Druck geschützt, teils wegen des Bodens, den er zu bearbeiten hat, teils wegen der besonderen Witterungsumstände usw., mit denen er rechnen muß. Trotzdem wird auch hier der Plantagenfarmer zunehmend abhängig von baumwollpflückenden und krautverbrennenden Maschinen, so wie der Weizenfarmer bereits seit langem von dem McCormick-Mäher abhängt. Wo derartige Maschinen benutzt werden können, ist auch eine gewisse Verwendung von Entscheidungsmaschinen vorstellbar.

Wie und wann die neuen Geräte eingeführt werden hängt natürlich weitgehend von wirtschaftlichen Bedingungen ab, für die ich kein Fachmann bin. Abgesehen von heftigen politischen Änderungen oder einem neuen großen Krieg möchte ich sagen, daß es grobgeschätzt etwa 10–20 Jahre dauern wird, bis sich die neuen Geräte durchsetzen werden. Ein Krieg würde all dies über Nacht ändern. Wenn wir in einen Krieg mit einer Großmacht wie Rußland verwickelt werden sollten, was ernste Anforderungen an die Infanterie und infolgedessen an unsere Menschenreserven stellen würde, wäre unsere industrielle Erzeugung nur sehr schwer aufrechtzuerhalten. Unter diesen Umständen könnte der Ersatz menschlicher Produktionskraft durch andere Produktionsweisen für uns wohl eine Frage auf Leben oder Tod werden. Wir haben bei der Entwicklung eines einheitlichen Systems automatischer Regelungsmaschinen bereits den Stand erreicht, den wir bei der Radarentwicklung 1939 hatten. Ebenso wie durch die gefährliche Lage der Schlacht um England das Radarproblem in intensiver Art und Weise in Angriff genommen werden mußte und dadurch die natürliche Entwicklung eines Gebietes beschleunigt wurde, die sonst Jahrzehnte erfordert hätte, genauso wird wahrscheinlich im Falle eines neuen Krieges auch die Notwendigkeit des Arbeiterersatzes einwirken. Der Kreis geschulter Radioamateure, Mathematiker und Physiker, die sich damals rasch für die Zwecke der Radarplanung in brauchbare Elektroingenieure verwandelten, ist für die sehr ähnliche Aufgabe der Entwicklung automatischer Maschinen noch verfügbar, und eine neue und von ihnen ausgebildete Generation wächst heran.

Unter diesen Umständen würde die Entwicklungszeit von zwei Jahren, die Radar bis zur vollen Einsatzfähigkeit auf dem Schlachtfelde brauchte, von der automatischen Fabrik wahrscheinlich kaum überschritten werden. Am Ende eines solchen Krieges würde das für den Aufbau derartiger Fabriken benötigte „Wissen-Wie“ allgemein geworden sein. Von den für die Regierung hergestellten Geräten würde sogar recht viel überschüssig sein und wahrscheinlich verkauft oder für die Industriellen verfügbar werden. So würde ein neuer Krieg fast unvermeidlich innerhalb weniger als fünf Jahren das automatische Zeitalter in vollem Schwange sehen...

Wir wissen ebenso, daß sie sehr wenig Hemmungen haben, wenn es sich darum handelt, den gesamten Profit, der aus einer Industrie gezogen werden kann, auch herauszuziehen und dann für die Allgemeinheit die Krümel übrigzulassen. Die ganze Geschichte der Holz- und der Grubenindustrie besteht nur daraus. Das gehört zu dem Phänomen, das wir bereits an anderer Stelle die traditionelle Fortschrittsgläubigkeit des Amerikaners genannt haben.

Unter diesen Umständen wird die Industrie mit den neuen Geräten rasch in solchem Umfange durchsetzt werden, daß sie sofortigen Gewinn abzuwerfen versprechen – ohne Rücksicht auf die Dauerschäden, die sie anrichten könnten. Wir werden dann einen Vorgang erleben, der dem bei der Benutzung der Atomenergie gleicht: Ihre Verwendung für Bomben hat es problematisch gemacht, sie an Stelle unserer Öl- und Kohlenvorräte zu setzen, die in Jahrhunderten, wenn nicht Jahrzehnten vollkommen erschöpft sein werden. Man bedenke wohl, daß Atombomben und Energiewirtschaft zweierlei sind.

Erinnern wir uns, daß der Automat, abgesehen von unserer Meinung über die Gefühle, die er haben oder nicht haben kann, das genaue wirtschaftliche Äquivalent des Sklaven ist. Jede Arbeit, die sich mit Sklavenarbeit mißt, muß sich an die wirtschaftlichen Bedingungen von Sklavenarbeit angleichen. Es ist völlig klar, daß das eine Arbeitslosigkeitslage herbeiführen wird, mit der verglichen die augenblicklichen Rückgänge und sogar die Depression der dreißiger Jahre als harmloser Spaß erscheinen werden. Diese Krise wird viele Industrien ruinieren und vielleicht gerade diejenigen Industrien, die aus den neuen Wirkungsmöglichkeiten Gewinn gezogen haben. Nun, in der industriellen Überlieferung gibt es nichts, was einem Industriellen verböte, einen sicheren und schnellen Profit einzustreichen und auszusteigen, bevor der Bankrott ihn persönlich berührt. So ist die neue industrielle Revolution ein zweischneidiges Schwert. Sie kann zum Wohle der Menschheit benutzt werden, vorausgesetzt, daß die Menschheit lange genug am Leben bleibt, um in eine Zeit einzutreten, in der das möglich wird. Wenn wir indessen den klaren und sichtbaren Linien unseres traditionellen Verhaltens folgen und unserer traditionellen Vergötterung des Fortschritts und der fünften Freiheit – der Freiheit, auszubeuten – treu bleiben, ist es so gut wie sicher, daß wir ein Jahrzehnt oder mehr des Darniederliegens und der Verzweiflung gewärtigen müssen."

(Wiener, Norbert: The human use of human beings. New York 1949. Dt. Übersetzung von G. Wolther u. d. T.: Mensch und Menschmaschine. Frankf./M. [3]1962, S. 167–72)

Die Automation wird sicherlich die Struktur und Zahl der Arbeitsplätze verändern. Doch sind der Automation auch Grenzen gesetzt. Da wären als Barriere zunächst die hohen Kosten zu nennen, die mit der Automatisierung einer Fabrik verbunden sind und nur von großen, kapitalkräftigen Unternehmen aufgebracht werden können. Dadurch verstärkt sich allerdings auch die Tendenz zur Massenproduktion und zur wettbewerbsfeindlichen wirtschaftlichen Konzentration. Eine Grenze der Automatisierung besteht auch darin, daß nur ein Teil aller Arbeitsplätze in Produktion und Verwaltung ihrer Struktur nach mit vertretbarem wirtschaftlichen Aufwand automatisierbar ist. Wie groß dieser Anteil ist – darüber gehen die Schätzungen allerdings stark auseinander. Die Automation vernichtet auch nicht alle Arbeitsplätze. Die optimistischen Erwartungen, die Automation schaffe in anderen Branchen mehr neue Arbeitsplätze als in den automatisierten Betrieben entfallen, haben sich allerdings bisher nicht erfüllt.

Die Struktur der Arbeitsplätze unterliegt durch die Automatisierung deutlichen Veränderungen. Die Zahl der ungelernten Arbeiter geht am stärksten zurück, wenngleich es in einigen automatisierten Betrieben immer noch Arbeitskräfte gibt, die einfache, repetitive Handgriffe auszuführen haben. In nur zum Teil automatisierten Betrieben bleiben Führungs-, Steuer- und Korrekturaufgaben für höher qualifiziertes Personal erhalten. Besondere Qualifikationen müssen auch die Instandhaltungsarbeiter besitzen, um bei Störungen die Fehlerquellen sofort zu beseitigen. Man wird in der Zukunft insgesamt wohl eine Zunahme der Kontrolleure, Wärter und Reparateure erwarten dürfen. Ob die Automaten letzten Endes zu einer Annäherung zwischen hoch und niedrig qualifizierten Arbeitskräften oder zu einer Polarisierung zwischen ihnen führen wird, ist ebenso umstritten wie die andere Frage, ob sie eine bessere Ausbildung der verbleibenden Arbeitskräfte (Höherqualifikation) bewirken oder zu einem allgemeinen Rückgang des Ausbildungsstandes (Dequalifizierung) führen wird. Gültige Aussagen sind hier derzeit noch nicht zu machen, erst recht keine endgültigen. Ebenso offen ist noch, ob die Automation eine allgemeine Arbeitszeitverkürzung bringen wird.

IX.3 Der mobile Mensch erobert Zeit und Raum: Fahrrad, Automobil, Flugzeug, Raumfahrt

Zu den augenfälligsten technischen Kennzeichen der Zeit vom letzten Drittel des 19. Jahrhunderts bis in unsere Gegenwart gehört mit Sicherheit die ungeheure Beschleunigung und Ausbreitung des Verkehrs. Zeit und Raum sind von der „Erfindung" des Fahrrads bis zur modernen Weltraumrakete in einem Tempo und einer Art und Weise zusammengeschmolzen, wie dies selbst die kühnsten technischen Utopisten sich nicht hätten träumen lassen. Die Benutzung der modernen Verkehrsmittel ist heute selbstverständlich geworden – auch für die, die zu Recht über die Zerstörung der Umwelt durch manche Errungenschaften der Technik klagen. Hier können nur exemplarisch drei dieser revolutionären Verkehrsmittel herausgegriffen werden: das Fahrrad, das Automobil und das Flugzeug.

Das heute wieder in Mode gekommene **Fahrrad** war das erste Individualverkehrsmittel der Geschichte im Massenmaßstab. Als der eigentliche Erfinder des Fahrrades darf der Freiherr Drais von Sauerbronn gelten. Im Gegensatz zu allen anderen Vorläufern hatte sein 1817 vorgestelltes „Velociped" (Schnellfüßer) nur zwei Räder und war lenkbar. Der Fahrer saß zwischen dem Vorder- und Hinterrad auf dem Holzrahmen dieses Laufrades und bewegte es vorwärts, indem er sich mit beiden Beinen vom Boden abstieß. Die „Draisine" war jedoch mehr eine Modelaune als ein wichtiger Beitrag zur Lösung des Verkehrsproblems.

Zukunftsweisend wurden die in den 60er Jahren entwickelten **Hochräder,** deren Vorderräder durch Pedale angetrieben wurden. Um mit einer Pedalumdrehung möglichst große Strecken zurückzulegen, mußte man möglichst große Vorderräder bauen. Der Fahrer thronte hoch oben auf seinem riesigen Gefährt, das weder Federung noch Gummibereifung hatte. Weil diesen Hochrädern jeder Komfort fehlte, bezeichnete man sie in England als „boneshakers" (Knochenrüttler). Ein solches Rad zu fahren verlangte einige körperliche Geschicklichkeit und war nicht ganz ungefährlich.

Als man durch technische Neuerungen billigen Stahl in großen Mengen herstellen konnte, baute Lawson 1876 sein Sicherheitsrad mit einem Rahmen aus Stahlrohr und Rädern mit Stahlspeichen. Dieses **Niederrad** (im Gegensatz zum herkömmlichen Hochrad) wurde mit Hilfe von Pedalen und einer über das Hinterrad laufenden Kette angetrieben. Seit 1885 wurden solche Sicherheitsniederräder in Massenproduktion hergestellt. Sie sahen unseren heutigen Fahrrädern schon sehr ähnlich. Als man in diese Gefährte noch Kugellager einbaute und sie (seit 1889) mit den von Dunlop erfundenen Luftreifen versah, war die Entwicklung eines leicht fortzubewegenden Fahrzeugs technisch im wesentlichen abgeschlossen. Bereits 1884 baute Daimler das erste mit Benzin getriebene Motor(fahr)rad, den Vorläufer aller heutigen Motorräder, ein hölzernes Fahrrad mit Eisenbereifung und Motor.

Das Fahrrad war und ist eine geniale Erfindung. Auch heute gibt es kein anderes Verkehrsmittel, das den Menschen mit einem so geringen Kraftaufwand und Energieeinsatz so weit und so schnell fortbewegt.

Ein Fußgänger kommt mit jedem Schritt etwa 70 cm näher an sein Ziel. Der Radfahrer kommt mit jedem Tritt aufs Pedal 2,8 m weiter, ohne daß er seine Beine schneller bewegen muß als der Fußgänger. In den Anfängen war das Niederrad allerdings ein Fahrzeug für die oberen Gesellschaftsschichten, da seine Anschaffung teuer war. Vor allem aber war es ein Sportgerät für die „besseren" Leute – selbst Könige waren sich nicht zu fein, an der sich um die Jahrhundertwende ausbreitenden allgemeinen Bewegung und Begeisterung um das Fahrrad teilzunehmen. Das Fahrrad, mit dem man bei sportlichen Ereignissen bis zu 50 km in der Stunde zurücklegen konnte, war das damals schnellste nichtschienengebundene Fahrzeug. Regierungen machten sich ernsthafte Sorgen um die nun ausbrechende „Raserei" auf den Straßen. Vielerorts mußten die Radfahrer eine behördliche Lizenz zum Führen eines Rades erwerben und unterlagen strengen Sicherheitsvorschriften. Das Fahrrad wurde als Befreiung von der Eisenbahn begrüßt, bei der jeder Passagier mit dem gleichen Tempo reiste und die Schönheiten der Natur – eingepfercht in Waggons – kaum wahrnahm. Mit dem Fahrrad konnte der Mensch sein eigenes Tempo und seine eigene Route bestimmen, leicht den häßlichen Städten entweichen und aktive Erholung suchen. Nachdem das Fahrrad durch die Massenproduktion so verbilligt worden war, daß auch Arbeiter es sich leisten konnten, konnten diese am Rand der großen Industriestädte in den Vororten wohnen und täglich als „Pendler" zur Arbeitsstätte fahren. Eine zeitgenössische Stimme erwartete davon die segensreichsten Auswirkungen auf die Volksgesundheit und die sozialen Verhältnisse: „Nicht in enge Dachstuben oder dumpfe Keller eingepfercht, allen Krankheitserregern der Großstadt ausgesetzt, sondern in frischer Landluft und genügend großen Räumen wächst der Nachwuchs auf Generationen kräftig auf."

Eine Auswirkung des Fahrrades wurde allerdings oft weit weniger positiv beurteilt: Die Tatsache nämlich, daß vor allem auch Frauen gern die Gelegenheit ergriffen, mit dem Rad ihrem Haushalt und vielleicht ihrem Ehemann zu entkommen – noch dazu in häufig schockierender, „unziemlicher" Kleidung wie enganliegenden Hosen. So gesehen, war das Fahrrad ein Beitrag zur „Emanzipation" der Frau, die nicht von allen gern gesehen wurde.

Technikhistorisch ist das Fahrrad ebenfalls ein wichtiger Markstein. Viele Einzelheiten, die später beim Automobilbau Verwendung fanden (Kugellager, Luftreifen), wurden zuerst beim Fahrrad eingeführt und erprobt. Darüber hinaus ging man im Fahrradbau schon früh zur standardisierten Massenproduktion über.

Als erstes Individualverkehrsmittel machte das Fahrrad den Menschen mit dem Rausch der Geschwindigkeit und der Lust am Fahren vertraut und schuf damit wichtige Voraussetzungen für die spätere Automobilisierung. Die Zeitgenossen waren so fasziniert von den neuen Möglichkeiten des Fahrrades, daß diese technische Pionierleistung in der Kunst und der Werbung der Zeit eine wichtige Rolle spielte.

Selbstfahrende Wagen – eben **Automobile** – gehörten ähnlich wie das Flugzeug zu den alten Träumen der Menschheit. So hatte z.B. Leonardo da Vinci einen kleinen Wagen entworfen, der sich mit Hilfe eines Federantriebes selbst fortbewegte. Zu den geistigen Ahnherrn des späteren Automobils gehören in der Folgezeit auch Wagen, die mit einer Handkurbel bewegt wurden. Solche Entwürfe und Modelle waren allerdings entweder nur en miniature funktionsfähig oder bedeuteten keinen grundsätzlichen Fortschritt gegenüber anderen Arten der Fortbewegung. Die Schranken der bisherigen Fortbewegungsarten zu überwinden war nur möglich, wenn es gelang, eine ganz neue Antriebskraft für Landfahrzeuge zu entwickeln. Und kaum war die Dampfmaschine funktionsfähig – da tauchten auch schon die ersten Projekte auf, diese neue Antriebskraft in Landfahrzeuge einzubauen. Doch für diese Zwecke war die Dampfmaschine viel zu schwer. Alle Experimente mit monströsen „Dampfkutschen" blieben daher ohne langfristige Auswirkungen auf die Entwicklung des Automobils. Erst der

Verbrennungsmotor brachte die Lösung, weil er pro Gewichtseinheit mehr Energie lieferte und durch seinen niedrigen Brennstoffverbrauch längere Fahrten wirtschaftlich machte.

Schon in der ersten Hälfte des 19. Jahrhunderts war man auf der Suche nach einer neuen, im Vergleich zur Dampfmaschine kleineren und billigeren Kraftmaschine. Dabei dachte man zunächst keineswegs an ihren Einsatz in Fahrzeugen, sondern sah in ihr eine Möglichkeit, den Handwerker und kleinen Gewerbetreibenden, der gegenüber den großen Fabrikanten vielfach ins Hintertreffen geraten war, wirtschaftlich zu retten und damit eine – so war jedenfalls die allgemeine zeitgenössische Überzeugung – staatspolitisch, gesellschaftlich und moralisch besonders wichtige Gesellschaftsgruppe zu erhalten.

Franz Reuleaux drückte das 1875 so aus: „Geben wir dem Kleinmeister Elementarkraft zu ebenso billigem Preise, wie dem Kapital die große mächtige Dampfmaschine zu Gebote steht, und wir erhalten diese wichtige Gesellschaftsklasse, wir stärken sie, wo sie glücklicherweise noch besteht, wir bringen sie wieder auf, wo sie bereits im Verschwinden ist.“
Der erste Gasmotor – noch kein Benzinmotor – wurde bereits 1784 in Frankreich patentiert. 1863 baute Lenoir den ersten Gasmotor, der praktisch verwendbar war und legte mit einem Fahrzeug 15 km zurück. Gas und Alkohol waren allerdings zu teuer, um das Problem des Automobils wirklich zu lösen. Erst als mit dem Petroleum ein neuartiger, in großen Mengen vorhandener und billiger Brennstoff zur Verfügung stand, gelang der Durchbruch. Angeregt durch die Maschine Lenoirs, arbeitete der Kölner NIKOLAUS OTTO (1832–1891), der Erfinder des **Otto-Motors**, an der Verbesserung der Gasmotoren. Er baute einen Motor nach dem Zylinderkolbensystem der Dampfmaschine. Der Motor mußte noch an eine Gasleitung angeschlossen werden, lief sehr geräuschvoll und ungleichmäßig. Etwa 5000 Motoren dieser Bauart wurden hergestellt und als Antrieb von Pumpen oder in Buchdruckereien verwendet. Leistungen über 3 PS konnten jedoch nicht erzielt werden. Grundlegend war Ottos Erkenntnis, daß das Gas zunächst verdichtet und dann im oberen Totpunkt gezündet werden mußte. Otto unterteilte daraufhin die Arbeitsweise seines Motors in vier Takte (4-Takt-Otto-Motor):
Diesen ortsfesten Motor lernte der Bäkkersohn und Ingenieur GOTTLIEB DAIMLER (1834–1900) kennen, der in den Kölner Otto-Werken eine Stellung angetreten hatte. Er dachte darüber nach, wie man diesen Motor so abändern konnte, daß er für den Straßenverkehr geeignet war. Die Lösung, die er nach jahrelangem Experimentieren verwirklichte, bestand in der Verwendung eines Benzin-Luft-Gemisches anstelle des Gases und eines elektrischen Zündsystems anstelle der Glühkerze. Seit 1882 bauten Daimler, der sich inzwischen in Stuttgart selbständig gemacht hatte, und sein Chefingenieur Wilhelm Maybach die ersten erfolgreichen Benzinmotoren mit bis zu 900 Umdrehungen in der Minute. Wegen ihrer leichten und gedrungenen Bauart waren sie zur Verwendung in leichten Fahrzeugen geeignet. Daimler und Maybach montierten einen dieser Motoren 1885 auf ein hölzernes Fahrrad und 1886 auf einen Kutschwagen. Daimler hatte weniger die Entwicklung eines Automobils als vielmehr die eines universell in Gewerbe, Verkehr und Handwerk anwendbaren Motors im Auge und betrachtete seine Motorkutsche nur als Versuchsfahrzeug. In Aussehen und Komfort unterschied sich die Motorkutsche Daimlers und Maybachs von 1886 in keiner Weise von einer Pferdekutsche. Nur die Pferde fehlten. An ihre Stelle war

ein 92 kg schwerer, einzylindriger Motor mit einer Leistung von 1,1 PS bei 462 cm^3 getreten. Wie alle frühen Automobile hatte der Wagen höhere Hinterräder, vorne ein Spritzbrett, bankähnliche Sitzplätze und war oben an den Seiten offen – alles typisch für die Pferdekutsche.

Anders KARL BENZ (1844–1929), der in Mannheim zur gleichen Zeit, aber unabhängig von Daimler und Maybach einen Viertakt-Benzinmotor entwickelt hatte: Benz setzte diesen Motor nicht in eine Kutsche ein, sondern baute eigens ein Straßenfahrzeug, so daß Wagen und Motor eine Einheit bildeten. Der Benz-Motorwagen von 1886 hatte einen Rohrrahmen, der das Verhältnis von Gewicht zu Motorleistung wesentlich verbesserte.

Neben dem Benzinmotor muß noch ein anderer Typ von Verbrennungsmotor erwähnt werden, der sich bei Personenkraftwagen erst seit der „Ölkrise" von 1973/4 zunehmend zu verbreiten beginnt: der **Dieselmotor**. Der junge Student RUDOLF DIESEL (1858–1913) besuchte 1878 am Polytechnikum in München eine Vorlesung von Prof. Linde über Thermo-Dynamik. Hier stellte sich der junge Diesel seine Aufgabe. Er selbst hat das folgendermaßen beschrieben:

„Als mein verehrter Lehrer, Professor Linde, am Polytechnikum in München 1878 seinen Zuhörern in der thermo-dynamischen Vorlesung erklärte, daß die Dampfmaschine nur 6–10% der disponiblen Wärme des Brennstoffes in effektive Arbeit umwandle, als er den Carnotschen Lehrsatz erläuterte und ausführte, daß bei der isothermischen Zustandsänderung eines Gases alle zugeführte Wärme in Arbeit verwandelt werde, da schrieb ich an den Rand meines Kollegienheftes: ‚Studieren, ob es nicht möglich ist, die Isotherme praktisch zu verwirklichen.' Damals stellte ich mir die Aufgabe! Das war noch keine Erfindung, auch nicht die Idee dazu. Der Wunsch der Verwirklichung

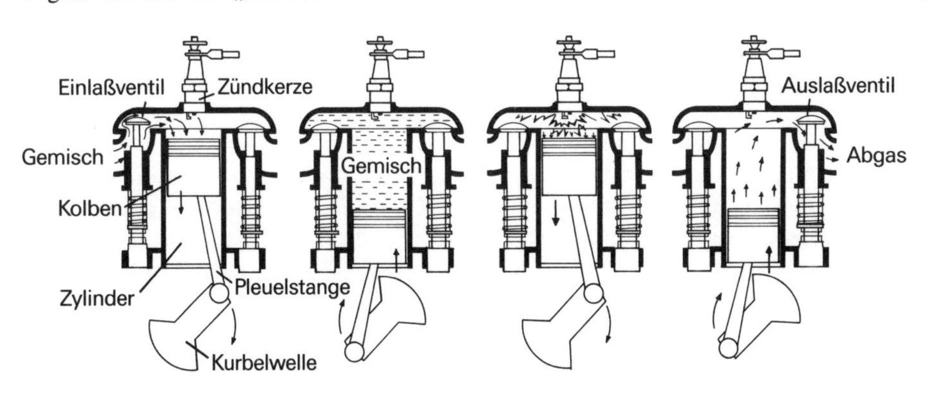

Abb. 49: Vier-Takt-Otto-Motor

Im 1. Takt bewegt sich der Kolben im Zylinder nach unten. Dadurch wird durch das Einlaßventil mit Gas vermischte Luft angesaugt (Ansaugtakt). Im 2. Takt (Kompressionstakt) geht der Kolben wieder nach oben und drückt dabei das Gas-Luft-Gemisch zusammen. Im 3. Takt wird das Gemisch mit Hilfe einer Glühkerze gezündet. Die entzündeten Gase dehnen sich schnell aus und drücken den Kolben wieder nach unten. Auf diese Weise wird die gewünschte Arbeit erzeugt (Arbeitstakt). Über die Pleuelstange wird die durch die Explosion des Gases erzeugte Kraft auf die Kurbelwelle übertragen. Die Kurbelwelle treibt ihrerseits die Räder an. Im 4. Takt geht der Kolben wieder nach oben und drückt dabei die verbrannten Gase durch das Auslaßventil hinaus.

des Carnotschen Idealprozesses beherrschte fortan mein Dasein. Ich verließ die Schule, mußte mir meine Stellung im Leben erobern. Der Gedanke verfolgte mich unausgesetzt.“

(Aus: Rudolf Diesel, Die Entstehung des Dieselmotors, Berlin 1913, S. 1ff.)

Diesel erkannte, daß allein die durch Verdichtung entstehende Hitze ausreichen müßte, Schweröl zu entzünden. Diese Theorie hatte Diesel in seinem ersten Versuchsmotor von 1893 in die Praxis umgesetzt. Der Diesel-Motor saugte im 1. Takt (wenn der Kolben nach unten ging) Luft an. Im 2. Takt komprimierte er die Luft (Kolben geht nach oben). Erst am Ende dieser Kompression wurde der Brennstoff eingespritzt, der sich in der hochkomprimierten Luft selbsttätig entzündete. Die Vorteile dieses Motors lagen auf der Hand: man brauchte keine Zündkerzen, keinen Vergaser zur Umwandlung des flüssigen Kraftstoffs in ein Gas-Luft-Gemisch und konnte vor allen Dingen auf das billigere Schweröl zurückgreifen. Allerdings standen diesen Vorteilen auch deutliche Nachteile gegenüber: der Motor war doppelt so groß wie ein Benzinmotor, teurer und lauter. Daß er dafür auch strapazierfähiger und wirtschaftlicher war als der Benzinmotor, war beim Bau von Personenkraftwagen zunächst unerheblich, denn die waren ohnehin noch so teuer, daß sie nur von den oberen Gesellschaftsschichten gekauft werden konnten. Wer sich damals ein Auto leisten konnte, dem dürfte es gleichgültig gewesen sein, ob es mit Benzin oder dem billigen Schweröl lief. Der Dieselmotor setzte sich daher vor allem bei Schiffen und Lastkraftwagen durch, ehe er, wie gesagt, in neuerer Zeit wieder von sich reden macht, nachdem sich die wirtschaftlichen Rahmenbedingungen fundamental gewandelt haben und das Automobil in alle Gesellschaftsschichten Eingang gefunden hat.

Die Verbreitung des Automobils begann in Frankreich, wo die Firmen Panhard & Levassor sowie Peugeot Daimlermotoren in Lizenz nachbauten. In Frankreich wurden auch die ersten Autorennen (seit 1894) veranstaltet. Der Sieger des ersten Rennens erreichte eine Geschwindigkeit von sage und schreibe 20,7 km. 1895 tauchte in einem Rennen das erste Fahrzeug mit Luftbereifung auf (ein Jahr später dann im Serienbau). Nachdem Frankreich Schrittmacherdienste geleistet hatte, wurde in ganz Europa der Automobilbau aufgenommen. Die europäische Autoindustrie hatte noch lange einen deutlichen technischen Vorsprung gegenüber den USA, wo man ab 1903 mit der Massenmotorisierung begann. Der legendäre Henry Ford produzierte von seinem ersten Serienwagen im Geschäftsjahr 1903/4 bereits 1700 Stück. In Europa beendete Daimler 1901 die technische Vorherrschaft der Franzosen im Automobilbau. Sein „Mercedes“-Wagen besiegte die französischen Autos in den Rennen. Der Mercedes war das erste Automobil, das sich nicht mehr an die Pferdekutsche oder das Fahrrad anlehnte, sondern ausschließlich funktionell war. Der Wagen hatte einen niedrigen Rahmen mit Frontmotor (4 Zylinder, 5198 cm^3, 35 PS). In der Form erinnerte er nicht mehr an die Postkutsche, sondern nahm in allen wesentlichen Teilen die Gestalt der späteren Automobile vorweg. Allerdings hatte er noch keine Windschutzscheibe und kein Verdeck. Der Rolls-Royce von 1904 – ansonsten nach der Bauweise des Mercedes konstruiert – wies erstmals diese Annehmlichkeiten auf. Der erste Mercedes erreichte die erstaunliche Höchstgeschwindigkeit von 72 km/h! Auch die amerikanischen Produzenten übernahmen die Form und die Technik des „Mercedes“. Sie richteten ihr Augenmerk weniger auf technische Verbesserungen als vielmehr auf die preisgünstige

Herstellung in großen Stückzahlen. Ein riesiger Binnenmarkt und der große Arbeitskräftemangel zwangen zu immer neuen rationellen Fertigungsmethoden. 1903 brachte Henry Ford den ersten Ford-Wagen als Massenfabrikat auf den Markt. 1908 führte er das legendäre T-Modell, ein robustes und anspruchsloses Kleinwagen-Modell, von dem bis 1927 15007003 Exemplare gebaut wurden, ein. Da er damit aber immer noch nicht die Käufer mit niedrigem Einkommen erreichte, sah er sich gezwungen, die Herstellung weiter zu verbilligen. Ende 1913 führte er das Fließband in die Automobilproduktion ein, das bereits in Gießereien und Konservenfabriken verwendet wurde. Mit dem Fließband stieg Fords jährlicher Ausstoß auf über eine Million Stück in den 20er Jahren an.

In Europa blieb das Auto noch lange (im Grunde bis nach dem Zweiten Weltkrieg) ein ausgesprochenes Luxusprodukt für exklusive Gesellschaftskreise. Zu Anfang des 20. Jahrhunderts mußte man beim Kauf eines solchen Prestigeobjektes den Gegenwert eines Einfamilienhauses hinblättern.

Nicht umsonst nannte man jene noblen Herren, die ein solches Gefährt fuhren, „Herrenfahrer". Viele von ihnen vergaßen ihre gute Erziehung, sobald sie sich hinter das Steuer gesetzt hatten und gaben sich gern dem Machtgefühl hin, das das Führen eines solchen Fahrzeugs – jedenfalls solange es noch ein soziales Privileg ist – vermittelt. Die zeitgenössischen Klagen über die Brutalität mancher Autofahrer sprechen eine beredte Sprache.

Nach dem Ersten Weltkrieg wurden die Wagen zwar auch in Europa billiger – „Volkswagen" waren sie deshalb aber noch nicht. 1935 hätte ein deutscher Arbeiter mindestens drei volle Jahresgehälter aufwenden müssen, um sich einen Adler-Trumpf oder einen 50-PS-Wanderer zu kaufen. Allenfalls konnte er – eine sparsame Lebensweise vorausgesetzt – daran denken, sich für 1000 RM ein kleines Motorrad zu kaufen. Dafür hätte er etwa 6 Monatslöhne aufwenden müssen. Heute bekäme er dafür einen stolzen Mittelklassewagen.

Die Massenmotorisierung begann in den Vereinigten Staaten in den zwanziger und dreißiger Jahren – in Westeuropa erst 20–30 Jahre später. Die Amerikaner waren seit den zwanziger Jahren aufgrund ihrer Fortschritte in der Massenfertigung die führende Autonation der Welt. Der Optimismus der Amerikaner nach dem gewonnenen Krieg führte in der Automobilindustrie zu zahlreichen Firmengründungen. Viele Firmen übernahmen sich und erlebten bereits 1929 ihren Zusammenbruch. Die Tendenz ging zu wenigen Großunternehmen mit monopolartiger Marktstellung. Die Automobilindustrie wurde zum Schlüsselzweig eines scheinbar endlosen Wirtschaftsbooms im Amerika der Nachkriegszeit. 1929 wurden in den USA 5,3 Mill. Pkw hergestellt (= 85% der gesamten Weltproduktion). Amerikanische Automobilfirmen versuchten den Absatz durch jährliche Modelländerungen, Inzahlungnahme von Gebrauchtwagen, Kredit- und Teilzahlungskauf zusätzlich zu fördern. Bereits 1913 waren die Amerikaner zur Ganzstahlkarosserie übergegangen. Der amerikanische Karosseriestil mit weichen Übergängen an Motorhaube, Kotflügel und Dach wurde international vorbildlich. Vorn liegende Motoren, Hinterradantrieb und blattgefederte Starrachsen kennzeichneten die Standardbauweise der großen und schweren amerikanischen 6- und 8-Zylinder-Autos.

Im wirtschaftlich geschwächten Europa gab es nach dem Ersten Weltkrieg keinen Markt für große teure Autos mehr, da das Großbürgertum an wirtschaftlicher Bedeutung eingebüßt hatte. Die neuen Käufer kamen aus der Mittelschicht. Nur wenige europäische Firmen wie Citröen, Austin, Opel und Fiat erkannten die Zeichen der Zeit und stellten nach amerikanischem Vorbild in Fließbandproduktion einfache, robuste Fahrzeuge in Standardbauweise her. Viele Autowerke boten dagegen eine ganze Palette unterschiedlicher Fahrzeugtypen an und waren wegen hoher Herstellungskosten nicht wettbewerbsfähig. Nur wenige der in England, Frankreich und Deutschland nach dem Kriege gegründeten Firmen überlebten das Ende der 20er Jahre. Während der dreißiger Jahre erfuhr das Automobil eine wesentliche technische Weiterentwicklung. Die amerikanische Autoindustrie erhöhte die Wirtschaftlichkeit und den Fahrkomfort (Freilauf, elastische Motoraufhängung, automatische Getriebe, Overdrive) ihrer Fahrzeuge. Die europäischen Autofirmen entwickelten nun Fahrgestelle und Karosserien, die hinter der Steigerung der Motorleistung technisch zurückgeblieben waren. Um 1930 wurden Schwing- und Pendelachsen eingeführt. 1931 gab es in Deutschland und Frankreich die ersten serienmäßig hergestellten Autos mit Frontantrieb. Straßenlage und Fahrkomfort wurden durch die neuen Radaufhängungen und Federungen verbessert. Die niedrigen Fahrgestelle ermöglichten strömungsgünstige Aufbauten. Der Opel Olympia von 1935 war der erste Serienwagen mit selbsttragender Karosserie ohne schweres Fahrgestell.

In Deutschland bildete die Motorisierung einen wichtigen Bestandteil der Pläne der Nationalsozialisten zur Überwindung der Wirtschaftskrise, aber auch zur Steigerung der (potentiellen) Rüstungskapazitäten. Steuerliche Erleichterungen für den Autofahrer, die Förderung des Motorsports und vor allem der forcierte Autobahnbau wirkten sich fördernd auf die allgemeine Motorisierung aus. Die neuen Autobahnen – 1938 gab es bereits 3000 km – waren leistungsfähiger als die Autos, die infolge der hohen Geschwindigkeiten Motorschäden, Reifenschaden und Federbrüche erlitten. Die Autobahnen förderten deshalb eine technische Vervollkommnung des Autos. Als die Anfangsmängel behoben waren, waren die deutschen Autos der internationalen Konkurrenz technisch überlegen. Hitler wollte die allgemeine Motorisierung mit einem geeigneten, für breite Volksschichten erschwinglichen **„Volkswagen“** fördern, dessen Preis 900 Mark nicht übersteigen sollte. Im Auftrage des Reichsverbands der deutschen Industrie wurde der legendäre VW ab 1934 im Konstruktionsbaubüro von Ferdinand Porsche (1875–1951) entworfen, da die Automobilindustrie selbst kein Interesse an der Schaffung eines Konkurrenzproduktes hatte und sich nicht in der Lage sah, Hitlers Preisvorstellungen und die geforderte Großserienproduktion zu realisieren. Hitler übertrug das Projekt daraufhin der „Deutschen Arbeitsfront“. 1938 wurde das Volkswagenwerk gegründet und der Öffentlichkeit wurden drei sogenannte „KdF-Wagen“ (Kraft-durch-Freude-Wagen) vorgestellt: Für Kaufinteressenten wurde ein Teilzahlungssystem eingeführt. Die eifrigen Sparer aber wurden um ihre Ansparbeiträge betrogen, denn infolge des Kriegsausbruchs wurden keine Wagen an die Sparer ausgeliefert. Das Volkswagenwerk lieferte statt dessen an die Wehrmacht vom KdF-Wagen abgeleitete Schwimm- und Kübelwagen, die sich ausgezeichnet bewährten und später den Ruf der Unverwüstlichkeit des Volkswagens begründeten. Da andere Firmen während des Krieges keine Konkurrenzwagen anbieten durften und die Sowjets nach Kriegsende die Produktionsanlagen für den Opel-Kadett demontierten, erlebten die Nachkriegsjahre eine Käfermonokultur. Infolge verschlechterter Währungsparitäten, hoher Lohnkosten in Deutschland und technischer Rückständigkeit des Käfers verlor das VW-Werk ab 1972 an Boden. Neben dem VW-Werk, das den als Symbol des deutschen Wirtschaftswunders geltenden „Käfer" herstellte, gab es nach dem Kriege in Deutschland eine ganze Reihe von Firmen, die Kleinstfahrzeuge produzierten (z.B. den Messerschmidt Kabinenroller und die Isetta von BMW). Mit zunehmendem Wohlstand mußten viele dieser Firmen Ende der 50er Jahre ihre Produktion umstellen. Das äußere Erscheinungsbild der Autos war keineswegs immer durch technische Rationalität bestimmt, sondern folgte häufig ausgesprochenen „Moden". Amerikanische Autodesigner gaben ihren Autos nach dem Zweiten Weltkrieg ein flugzeugähnliches Aussehen, weil sie wußten, daß viele Amerikaner seit dem Weltkrieg die Kampfflugzeuge bewunderten. Doppelrumpf und vorgezogene Kabine der Lockheed P-38 Lightning gaben z. B. die Anregung, betonte Kotflügelkopfstücke für die Aufnahme der Scheinwerfer zu bauen. Dem Bullet-nose-Design (Kugel-Nasen-Design) folgte die von Düsenflugzeugen entlehnte Heckflossenmode.

In den sechziger Jahren wurde das Auto auch in Europa Massen- und Konsumartikel. Das Auto wurde nun zum wichtigsten Verkehrsmittel. Schon von 1950 bis 1960 verdoppelte sich in der ganzen Welt der Autobestand. Im Jahre 1970 gab es in der Bundesrepublik 14 Millionen Pkw und die ganze Bevölkerung hätte darin bereits Platz finden können. Trotzdem gab es 1980 noch einmal 10 Millionen mehr Pkw, allen „Energiekrisen" zum Trotz. Die sogenannte Energiekrise von 1973/74 veranlaßte selbst die Amerikaner, ihre Autos zu verkleinern und ihren Verbrauch zu senken. Ganz neue Modelle wurden entwickelt und sparsame Dieselmotoren eingeführt. Leichtmetalle und Kunststoffe traten an die Stelle von Stahl und Grauguß. Motoren- und Karosseriegewichte wurden auf vielfache Weise verringert. 1980 betrug der Anteil der Diesel-Pkw an der gesamten Weltproduktion bereits 5% (1970: 0,6%). Die traditionellen Autoländer aus Europa und USA erhielten seit Mitte der 60er Jahre eine ernste Konkurrenz durch japanische Autos. Hochmechanisierte Fertigungsabläufe erlaubten den japanischen Firmen eine erhöhte Produktivität mit entsprechend günstigen Verkaufspreisen. Die Energiekrise von 1973/74, die im wesentlichen eine künstlich herbeigeführte Erdölverknappung und -verteuerung war, führte auch im Automobilbau zu neuen Überlegungen und zur Suche nach alternativen Energieträgern. Gewisse Aussichten kann man dem Wasserstoffbetrieb in traditionellen Hub- oder Kreiskolbenmotoren einräumen, da Wasser in Mengen vorhanden ist und die Abgase noch dazu ungiftig sind. Im Versuchsstadium befinden sich Pkw mit methanol- oder äthanolgetriebenen Motoren. Die Erfolge des **Wankelmotors** (nach Felix Wankel) scheinen nur vorübergehend gewesen zu sein. Dieser von 1954 bis 1960 von dem Konstrukteur FELIX WANKEL entwickelte Motor hat anstelle der seit der Dampfmaschine vertrauten auf- und abgehenden Kolben einen sich drehenden Kreiselkolben, der sich in einem ovalen Zylindergehäuse bewegt. Auch dieser Kreiselkolben bewegt sich in 4 Takten, doch es kommt dabei innerhalb einer einzigen Umdrehung des Kolbens zu drei Explosionen. Ein Kreiselkolben ersetzt somit drei Hubkolben. Der Wankelmotor ist deswegen wesentlich leichter und billiger in der Herstellung – ganz abgesehen davon, daß er auch minderwertige Treibstoffe „verdaut". Außerdem ist der mechanische Wirkungsgrad des Wankelmotors höher, da der Kreiselkolben sich nur in einer Richtung dreht und deshalb kein

Kurbelbetrieb notwendig ist, der beim Hubkolbenmotor die Auf- und Abbewegung des Kolbens in die Drehbewegung der Radwelle übersetzt.
Wenn die Automobilhersteller Mitte der 70er Jahre trotz unbestreitbarer Vorteile des Wankelmotors ihre Entwicklungsarbeiten in diesem Bereich einstellten, so lag das vor allem an den wirtschaftlichen und finanziellen Auswirkungen der „Energiekrise". Die Hersteller mußten jetzt neue Prioritäten setzen. Es galt vor allem, leichtere und sparsamere Autos zu bauen. Gleichzeitig große Summen in die Vervollkommnung des Wankelmotors zu investieren, erschien nicht mehr vertretbar.

Der Aufbau einer Automobilindustrie hat tiefgreifende Wirkungen gehabt. In den industrialisierten Ländern werden bis zu 20% des gesamten Bruttosozialprodukts von ihr erwirtschaftet (incl. Zulieferindustrie). Die Berufsstruktur wurde durch das Automobil vielfältiger und der Mensch mobiler und ungebundener. Die Verkehrswege wurden ausgebaut, das wirtschaftliche Wachstum und das Realeinkommen der Bevölkerung enorm gesteigert. Auf der anderen Seite der Bilanz stehen Luftverschmutzung, Lärm, Zerstückelung der Landschaft, Erschöpfung der natürlichen Energiereserven, viele Tausende Verkehrstote.

Wenn es gelingt, das Auto sparsamer, leichter, ruhiger, umweltfreundlicher und reparaturfreundlicher zu machen, wird es jedoch auch in Zukunft das wichtigste Verkehrsmittel bleiben.
In ungeahnter Weise schmolzen Zeit und Raum durch das **Flugzeug** zusammen. Der Wunsch des Menschen zu fliegen ist uralt. Viele Sagen und Legenden wie die von Daedalus und Ikarus künden davon, aber auch die Utopien mittelalterlicher Naturwissenschaftler wie Bacon oder die Bemühungen Leonardo da Vincis um das Studium des Vogelflugs.
Am 21. November 1783 stieg in Paris das erste bemannte Luftfahrzeug der Menschheitsgeschichte in die Lüfte auf: der Heißluftballon der Brüder Montgolfier. Der Ballonflug beruhte auf dem Prinzip „Leichter als Luft", das einfach zu verwirklichen und dem Menschen unmittelbar einsichtig war. Die eindrucksvollen Motorluftschiffe („Zeppelin"), die noch in den 20er und 30er Jahren unseres Jahrhunderts dem Flugzeug sogar im transatlantischen Verkehr ernsthafte Konkurrenz machten, funktionierten nach dem gleichen Prinzip.
Schon bei den **Flugballonen** zeigte sich jedoch sogleich andeutungsweise die Janusköpfigkeit der Flugtechnik: so verwandte man Ballons bereits im 19. Jahrhundert als Beobachtungsplattformen im Krieg. Nirgendwo lagen bis heute die friedliche, zivile Nutzung einer Technologie und ihre militärische, destruktive Anwendung so dicht beieinander wie bei der Luftfahrt. Die Bomber des Zweiten Weltkriegs und die heutigen, mit Atomwaffen bestückten Raketen haben diese Ambivalenz der Flugtechnik auf drastische Weise bestätigt und verdeutlicht. Dabei sind die Argumente, die man auch heute pro und contra Atomraketen anführt, im wesentlichen die gleichen, die man schon im 19. Jahrhundert in bezug auf den Luftverkehr äußerte: die einen sahen darin die Möglichkeit unabwendbarer Zerstörung, denen die Menschen schutzlos ausgeliefert sein würden, die anderen – die Optimisten – erwarteten, daß Flugzeuge letzten Endes den Krieg unmöglich machen würden, da es keinen wirksamen Schutz gegen Angriffe aus der Luft gebe. Das Flugzeug, so waren diese Optimisten überzeugt, werde vielmehr alle künstlichen Grenzen niederreißen, Entfernungen schrumpfen lassen und die Menschen einander näherbringen.
Die Möglichkeit, **Luftschiffe** nach dem Prinzip „Schwerer als Luft" zu bauen,

hing entscheidend von dem Vorhandensein einer geeigneten Antriebskraft ab, denn beim sogenannten „dynamischen" Flug erzeugt erst die schnelle Vorwärtsbewegung des Flugzeugs den notwendigen Auftrieb. Ein Flugzeug fliegt dann, wenn die Zugkraft größer ist als der Windwiderstand und der Auftrieb am Flugzeugflügel größer als das Gewicht des Fluggerätes. Den geeigneten Motor, der imstande war, die erforderliche Zugkraft hervorzubringen, hatten Daimler und Maybach 1883 entwickelt (s. S. 204). Am Anfang der Verwirklichung des Fluges stehen jedoch zwischen 1891 und 1896 mehr als 2000 Gleitflüge mit Ein- und Doppeldeckern durchführte.

Die weiteren Entwicklungsschritte des Flugzeugs können hier nicht vollständig wiedergegeben werden. Nur die wichtigsten Stationen seien kurz genannt: Die Brüder WILBUR und ORVILLE WRIGHT aus Amerika vollzogen den Schritt zum Motorflug. Sie bauten Flugzeuge mit doppelten Tragflächen und kleinen Verbrennungsmotoren. Ihr erstes Flugzeug von 1903 hatte einen Vierzylinder-Benzinmotor von 12 PS. Im Jahre 1905 flogen die Gebrüder Wright eine halbe Stunde ununterbrochen über eine Strecke von 40 km. Sie sahen in der Fliegerei zunächst nichts anderes als einen „phantastischen Sport". Doch 1905 boten sie ihr Flugzeug dem Kriegsministerium an, das zu diesem Zeitpunkt allerdings noch keinerlei Interesse zeigte.

In den Jahren nach 1905 entstand, angeregt durch diese ersten praktischen Versuche der Fliegerei, die neue Wissenschaft der **Aerodynamik**, deren Vertreter nun genaue mathematische, auf Naturgesetzen beruhende Berechnungen durchführten und das Verhalten der Luftströmungen bei verschiedenen Tragflächen beobachteten.

Als der Franzose BLÉRIOT dann 1909 mit einem Motorflugzeug den Ärmelkanal überquerte, war die zukünftige Bedeutung des Flugzeugs vorauszuahnen.

Der Erste Weltkrieg machte aus dem „phantastischen Sport" der Gebrüder Wright blutigen Ernst. Das Flugzeug erfreute sich jetzt forcierter staatlicher Förderung und wurde militärisch als Aufklärungs-, Bomben- und Jagdflugzeug eingesetzt. Während des Krieges entwickelten Claude Dornier, Adolf Rohrbach und Hugo Junkers das **Metallflugzeug**, das dann nach dem Kriege im zivilen Luftverkehr Verwendung fand. Hugo Junkers war es auch, der unmittelbar nach Kriegsende eigens für den Personen- und Güterverkehr ein ganz aus Metall gefertigtes Flugzeug, die berühmte F 13, herstellte. Dieses Angebot ging dem Markt weit voraus, da ein Luftverkehr ja noch gar nicht existierte. Und doch wurden überall in der Welt unmittelbar nach dem Kriege zahlreiche Luftverkehrsgesellschaften gegründet und erste **Luftverkehrslinien** eröffnet. Häufig baute man alte Militärflugzeuge für den zivilen Einsatz um. Gefördert und subventioniert wurde der noch junge Luftverkehr in dieser Phase vor allem von den staatlichen Postverwaltungen, die ein großes Interesse an der schnelleren Beförderung von Nachrichten hatten.

1927 überquerte der Amerikaner CHARLES LINDBERGH als erster den Atlantik in westöstlicher Richtung. Er brauchte dafür 33,5 Stunden. Ein regulärer Nordatlantik-Passagierdienst wurde im Juni 1939 eröffnet. Besonderes Interesse am Flugzeug entfalteten in den 20er und 30er Jahren die Kolonialmächte England und Frankreich. Für sie wurde das Flugzeug ein wichtiges Hilfsmittel zur Stützung und Sicherung ihrer Kolonien.

Sieht man einmal von der Postbeförderung ab, so wurde das Flugzeug schon in seiner Frühzeit zu einer ganzen Reihe auch wirtschaftlich bedeutsamer Aufgaben und Arbeiten verwendet. So war es jetzt möglich, noch weitgehend unbekannte Regionen der Erde – und das waren immer noch die meisten – kartographisch zu erfassen oder Forschungsstationen u. ä. aus der Luft zu versorgen. Dadurch wurden auch die Rohstoffsuche und -gewinnung erleichtert.

Seit dem Ende der 20er Jahre bahnte sich die technologische Überlegenheit der Amerikaner im Flugzeugbau an. Vielleicht hat gerade die Tatsache, daß die entstehende amerikanische Flugzeugindustrie kaum vom Staat subventioniert wurde, diese technologische Überlegenheit, die sich dann z. B. 1936 in der Douglas DC-3 ausdrückte, begünstigt. Auch die Gewichtung des zivilen und militärischen Sektors war in Europa und den USA höchst unterschiedlich: in Europa waren 92% des gesamten im Flugzeugbau investierten Kapitals im militärischen Bereich investiert, in den USA „nur" 54 (Stand 1928).

War der Flugzeugbau schon in seiner Frühphase nicht nur auf Rentabilität angelegt, sondern darüber hinaus auch eine hochpolitische, prestigegeladene Angelegenheit, so verstärkte sich mit dem Zweiten Weltkrieg, der die Weiterentwicklung der Flugzeugtechnik entscheidend beeinflußt hat, seine **militärische Bedeutung**.

Als Ernst Heinkel (1888–1958) im Jahre 1928 auf der Berliner Avus-Rennstrecke sah, wie der von Fritz von Opel gesteuerte Raketen-Rennwagen „Rak 2" eine solch hohe Geschwindigkeit erzielte, daß er fast von der Rennstrecke abhob, brachte ihn das auf den Gedanken, Flugzeuge mit Raketenantrieben auszustatten. Heinkel und der Physiker Wernher von Braun entwickelten in den folgenden Jahren die Flüssigkeitsrakete weiter. 1937 entstand mit der „He 176" das erste Raketenflugzeug, das zum Ausgangspunkt einer revolutionären Entwicklung der Luftfahrt wurde.

Der **Raketenantrieb** brachte jedoch einige Schwierigkeiten mit sich: das Flugzeug mußte mindestens 650 km/h Geschwindigkeit erreichen, die Metalle mußten außergewöhnlich hohen Temperaturen standhalten, und das Flugzeug war schlecht zu steuern. Die Lösung brachte die von dem Physiker Pabst von Oheim entwickelte Turbine:

Der Strahlenantrieb hatte viele Vorteile: die Reisegeschwindigkeit und die Zahl der Passagiere konnten verdoppelt werden, da jetzt höhere Leistungen bei geringerem Gewicht erzielbar waren.

Die Pioniere des **Strahlentriebwerks** waren absolute Außenseiter. Staatliche Hilfe erfuhr dieser Sektor von seiten der interessierten Regierungen erst kurz vor Kriegsausbruch – dann allerdings in massiver Form. Auch der Propellerantrieb wurde während des Krieges zur Perfektion gebracht.

Nach dem Zweiten Weltkrieg entwickelten insbesondere die Amerikaner – auf der Grundlage der bei Kriegsende in Göttingen und Braunschweig beschlagnahm-

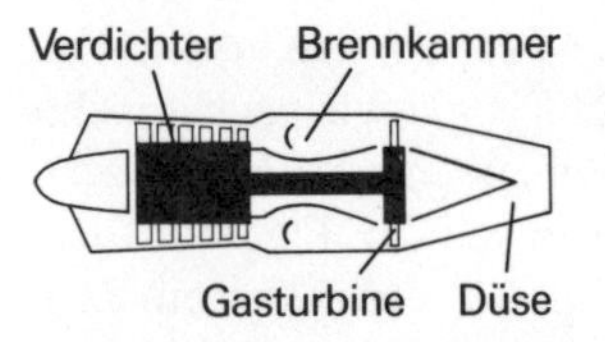

Abb. 50: Turbinen-Luft-Strahlentriebwerk

Die zur Verbrennung benötigte Luft wird von einem Axialverdichter angesaugt und auf Drücke bis zu 12 atü verdichtet. In der Brennkammer wird in die verdichtete Luft kontinuierlich Kraftstoff eingespritzt und unter großem Luftüberschuß verbrannt, damit die Temperatur der Gase niedrig bleibt. Die Gase treiben eine Turbine an, die für den Antrieb des Verdichters sorgt. Hinter der Turbine treten die Gase mit hoher Geschwindigkeit aus und erzeugen so die erforderlichen Schubkräfte.

ten wissenschaftlichen Erkenntnisse – die „Jets" zur Reife. Zunächst bedeutete diese Entwicklungsarbeit für die beteiligten Konzerne hohe Verschuldungen und Überkapazitäten (50er Jahre), dann aber folgte die Nachfrage dem Angebot. Vermehrter Wohlstand machte es immer mehr Menschen möglich, solche Flugzeuge zu benutzen (man denke nur an den entstehenden Massentourismus). Ein Flugzeug wie die 1962 eingeführte Boeing 727 wurde zum finanziell erfolgreichsten Geschäft der Flugzeuggeschichte.

Lange Zeit hatte die oberste Priorität im Flugzeugbau vor allem in der Steigerung der Geschwindigkeit bestanden – ein Überschallflugzeug wie die französisch-britische Concorde, deren Entwicklung 3 Milliarden Dollar verschlang und deshalb zu internationaler Kooperation zwang, ist ein beredter Ausdruck für diese Zielsetzung. Die „Ölkrise" von 1973 verschob auch hier – ähnlich wie im Automobilbau – die Prioritäten. Die Sparsamkeit und Umweltfreundlichkeit traten mehr in den Vordergrund.

Wie rasant die Entwicklung der Flugzeugtechnologie insgesamt war verdeutlicht die Tatsache, daß trotz stark gestiegener Treibstoffkosten, höherer Löhne und vermehrter Rohstoffkosten die Flugpreise nicht nur gehalten, sondern teilweise sogar gesenkt werden konnten.

Dieses Kapitel handelte von der Schrumpfung von Raum und Zeit durch die Fortschritte der Verkehrstechnologien seit dem Ende des 19. Jahrhunderts. Natürlich gehört auch die Raumfahrt in diesen Zusammenhang. Ihre Erfolge, ihre Perspektiven, Verheißungen und auch Bedrohungen sind jedoch allen mehr oder weniger bekannt, so daß sich ein Eingehen auf diesen Bereich im Rahmen dieser Technikgeschichte weitgehend erübrigt. Die Entwicklung der Rakete, die von Deutschland seit dem Ende der zwanziger Jahre ihren Ausgang nahm, war in vielleicht noch stärkerem Maße als die Entwicklung des Flugzeugs von politisch-militärischen Überlegungen geleitet. Dies gilt für die militärisch-politischen Erwägungen in Deutschland, das nach dem Versailler Vertrag keine Kanonen mit großer Reichweite bauen durfte, während der Bau von Raketen nicht ausdrücklich verboten war, ebenso wie von dem bekannten Wettlauf der Russen und Amerikaner um die Eroberung des Weltraums nach dem Zweiten Weltkrieg. Diese Dinge sind so brennend gegenwärtig, daß auf ihre Erörterung im Rahmen eines historisch orientierten Werkes verzichtet werden soll. Wohl aber muß man darauf hinweisen, daß die Weltraumfahrt heute der wohl wichtigste technologische Bereich ist, von dem zahlreiche Impulse auf andere technische Bereiche ausgehen (Miniaturisierung, Automatisierung, Entwicklung besonders widerstandsfähiger Werkstoffe usw.). So ist es für jede Industrienation unerläßlich geworden, an der Entwicklung der Raumfahrttechnologie mitzuarbeiten, wenn sie nicht den Anschluß an zukunftsträchtige Technologien auch im zivilen Bereich verlieren will.

IX.4 Der moderne „informierte" Mensch: neue Kommunikationstechniken (Telegrafie, Telefon, Rundfunk, Fernsehen)

Die Industrielle Revolution brachte nicht nur eine Revolution der Produktion, sondern auch eine solche der Information. Im vorindustriellen Zeitalter waren Nachrichten und Informationen im allgemeinen nicht schneller als der Mensch, das Pferd oder das Segelschiff.

Nachrichten brauchten im 18. Jahrhundert noch genauso lange, um ihren Empfänger zu

erreichen, wie schon zu Zeiten des Römischen Reiches. Um eine Nachricht um den ganzen Erdball zu schicken, benötigte man noch vor 200 Jahren 2 bis 3 Jahre. Heute geschieht dies in Bruchteilen einer Sekunde.

Epochale Ereignisse wie die Mondlandung der Apollo-Astronauten erleben heute Millionen Menschen auf aller Welt gleichzeitig. In früheren Zeiten war Nachrichtenübermittlung nicht nur langsam, sondern auch mit hohen Kosten verbunden und daher weitgehend das Monopol einer Oberschicht.

Den ersten Schritt auf dem Wege zur Umwälzung des Informationssystems bedeutete der **Telegraf**. Bevor sich die Elektrizität verbreitete, funktionierten die ersten Telegrafen auf optische Art und Weise. Schon immer hatten die Menschen Rauch- und Feuersignale eingesetzt, um wichtige Nachrichten zu übermitteln. Der Geistliche Claude Chappe (1752–1812) konstruierte 1792 einen optischen Telegrafen, der auf Türmen oder Gerüsten angebracht werden konnte. Indem man die beweglichen Flügel dieses Telegrafen verstellte, konnte man 200 verschiedene Signale übermitteln. Über 20 Zwischenstationen war es möglich, kurze Nachrichten von Paris nach Lille (270 km) innerhalb von 2 Minuten zu übermitteln. Die Benutzung solcher optischer Telegrafen blieb jedoch ausschließlich staatlichen oder militärischen Stellen vorbehalten. In den ersten beiden Jahrzehnten des 19. Jahrhunderts wurden dann auch verschiedene Telegrafen erfunden, die mit dem Strom von Batterien arbeiteten, aber nur sehr geringe Entfernungen überwanden und daher praktisch bedeutungslos blieben.

Den Durchbruch brachte der amerikanische Maler Samuel Finley Breeze Morse, der im Jahre 1836 aus einem Bilderrahmen seinen ersten elektromagnetischen Schreibtelegrafen baute und 1840 ein Patent für seine „Morsezeichen“ beantragte. Für 30000 Dollar wurde 1844 zwischen Washington und Baltimore die erste Telegrafen-Linie der Welt gebaut. Wenig später entwickelte Werner Siemens einen Buchstaben-Zeigertelegrafen. 1848 baute er die damals längste Telegrafen-Linie von Berlin nach Frankfurt.

Beim Morse-Apparat drückte man kürzer oder länger – je nachdem, welches Zeichen erzeugt werden sollte – eine Taste nieder. Dabei wurde ein Strom in die Leitung entsandt, der beim Empfänger einen Elektromagneten erregte. Der Elektromagnet zog daraufhin einen Anker an, dessen Bewegung mit Hilfe eines Hebels ein Farbrädchen an einen laufenden Papierstreifen drückte und so die Morsezeichen je nach Dauer des Tastendrucks sichtbar und lesbar machte.

1845 wurde der erste öffentliche Telegraf zwischen London und Gasport eingeweiht. Der Morsetelegraf verbreitete sich dann von den fünfziger Jahren an vor allem mit den Eisenbahnen. Mit seiner Hilfe ließen sich die Zugbewegungen gut ansagen und überwachen. Der Telegraf trug auf diese Weise wesentlich zur Hebung der Verkehrssicherheit im Eisenbahnwesen bei.

Um Nachrichten über sehr große Entfernungen zu übertragen, mußten isolierte Kabel verwendet werden. Seit 1847 isolierte man Kabel mit Guttapercha, dem eingetrockneten Milchsaft einer malaiischen Baumart (Isonandra Gutta), der wie Kautschuk vulkanisiert werden kann. Bald konnte man den ersten Versuch unternehmen, ein Transatlantikkabel zwischen Europa und Amerika zu verlegen. 1858 war das Kabel fertig verlegt worden. Schon nach einem Monat jedoch versagte es, so daß man erst 7 Jahre später einen neuen Versuch unternahm. Mit der „Great Eastern“, dem damals größten Schiff der Welt, wurde 1865/66 erneut ein Transatlantikkabel zwischen Irland und

Neufundland verlegt, das dank der besseren Isolierung funktionstüchtig war. Die Verlegung kostete 600000 Pfund Sterling – eine für damalige Verhältnisse ungeheure Summe. Für ein Telegramm von 25 Wörtern mußte man dementsprechend 100 US-Dollar bezahlen! Bald gab es ein zweites Kabel über den Nordatlantik. Eine ganze Reihe weiterer transkontinentaler oder internationaler Leitungen folgte (z.B. 1870 London–Kalkutta). Die Länder der Welt rückten dichter aneinander. Der teuerste Teil eines Telegrafensystems war die Leitung. Man mußte daher bestrebt sein, die Telegrafenleitungen möglichst optimal auszunutzen und gleichzeitig möglichst viele Signale über unterschiedliche „Kanäle" über den Draht laufen zu lassen. Dies gelang in der Folge mit Hilfe der Mehrfachtelegrafie mit hochfrequenten Wechselströmen. Bereits 1920 wurden in einer Versuchsschaltung Berlin–Frankfurt/M. über eine Doppelleitung 6 Frequenzen gesendet und gleichzeitig ein Telefongespräch übertragen. Solche Verfahren sind bis heute ständig weiterentwickelt worden.

Die Telegrafie verlor durch die Verbreitung des Telefons im 20. Jahrhundert viel an Bedeutung. Vor allem im geschäftlichen Nachrichtenverkehr aber spielt sie nach wie vor eine erhebliche Rolle. 1967 gab es in der Bundesrepublik Deutschland bereits 60000 Telex-Teilnehmer. Auch die moderne zeichenweise Datenkommunikation ist eine besondere Form der Telegrafie. Wie sehr die Entwicklung seit den Tagen des optischen Telegrafen vorangeschritten ist, zeigt die Tatsache, daß man heute ca. 32000 Zeichen pro Sekunde übertragen kann.

Noch größere Bedeutung als die Telegrafie erlangte das **Telefon**, mit dem Schallwellen auf elektrischem Wege übertragen werden. 1861 gelang es dem deutschen Physiklehrer PHILIPP REIS (1834–74), den Ton einer Stimmgabel zu übertragen. Reis interessierte sich besonders für die Physik des Hörens und hatte für seinen Physikunterricht u.a. ein hölzernes Modell des menschlichen Ohres mit Hammer, Amboß und Trommelfell gebaut. Elektrische Drähte sollten anstelle der Nerven die einzelnen Teile des Ohres miteinander verbinden. Als er die Drähte eines Ohres mit denen eines zweiten Ohres über eine Batterie verband, hörte Reis in dem einen Ohr, was in dem anderen gesprochen wurde. Doch mußte er erkennen, daß das Ohr, in das er sprach, anders geformt sein mußte als jenes, mit dem er hörte. Diese Erkenntnis führte ihn auf ganz neue Wege. Reis bohrte ein Loch in ein altes Fäßchen und spannte darüber eine Tierblase als Membran. Damit hatte er das Prinzip des Mikrofons entdeckt. In einen Geigenkasten baute er eine mit isoliertem Draht umwickelte Stricknadel ein, um die in das Mikrofon gesprochenen Laute wiederzugeben. Das war das Prinzip des Telefonhörers. Reis mußte jedoch lange um die wissenschaftliche Anerkennung seiner Erfindung kämpfen. Nachdem er sie 1872 auf der Naturforscher-Tagung in Gießen endlich erlangt hatte, starb er bereits 2 Jahre später, ohne die Verwirklichung seiner Erfindung zu erleben.

Die Verbreitung der Telefonie ist vor allem mit dem Namen ALEXANDER GRAHAM BELL (1847–1922) verbunden. An der naturwissenschaftlichen Fakultät der Universität Edinburgh hatte dieser junge Amerikaner schottischer Abstammung ein Reis-Telefon zu Gesicht bekommen und war auch mit den Forschungen des deutschen Physikers Helmholtz bekannt geworden, der Stimmgabeln durch Elektromagnetismus zum Klingen gebracht hatte. Bell überlegte, ob sich diese Entdeckung nicht zum Bau eines Telefons verwenden ließ. Auf die richtige Lösung kam er, als er in der Nähe eines drahtumwickelten Dauer-

magneten ein dünnes Eisenblättchen zum Schwingen gebracht hatte. Das Eisenblättchen erzeugte in dem Draht einen schwachen Strom, der im Rhythmus der Membranschwingungen schwankte. Es war also möglich, mechanische Schwingungen in elektrische Schwingungen umzuwandeln!
1876 konnte Bell nach fünfjährigen Experimenten mit dem Telefon den ersten vollständigen Satz übermitteln. Das Mikrofon stand im Dachgeschoß, der Hörer im Erdgeschoß seines Hauses. In das Mikrofon rief Bell die Aufforderung an seinen unten wartenden Assistenten Watson: „Mr. Watson, kommen Sie bitte zu mir, ich brauche Sie!" Watson kam.
Bell propagierte seine Erfindung auf einer Vortragsreise durch die USA und konnte demonstrieren, daß eine Verständigung zwischen Boston und dem 24 km entfernten Salem über eine Telegrafenleitung möglich war. Als 1877 die ersten Zeitungsreportagen mit Hilfe des Telefons übermittelt wurden, begann seine allgemeine Verbreitung.
In der Folgezeit wurde vor allem das Mikrofon weiter verbessert. Die erste Telefonzentrale der Welt wurde 1878 in Hartford/USA eröffnet. 1880 hatten in den Vereinigten Staaten bereits 50000 Personen ein privates oder geschäftliches Telefon.
In Deutschland nahm Werner von Siemens die Fabrikation von Telefonen auf, die er für 5 Mark als „Spielzeug" an die Berliner verkaufte. Am 26. 11. 1877 schrieb Siemens: „Die Telefone machen jetzt alle verrückt. Wir fertigen täglich schon 200 Paare an." Kurz zuvor, am 12. 11., war zwischen Rummelsburg und Friedrichsburg die erste „Telegrafenlinie mit Fernsprecher" eröffnet worden.
Auch das Telefon war zunächst eine Angelegenheit für die oberen Gesellschaftsschichten. 1880 kostete ein privater Hausanschluß in Preußen eine jährliche Gebühr von 200 Mark. Für jede handvermittelte Nachricht wurde eine Grundgebühr von 10 Pfennig erhoben. Zusätzlich kostete jedes Wort einen Pfennig. Solche Preise waren etwa für einen Handwerker, der vielleicht 60–70 Mark im Monat verdiente, unerschwinglich.
Je mehr sich die Benutzung des Telefons verbreitete, desto billiger wurden auch die Gespräche. Bald war das Telefonnetz so dicht, daß man in den Großstädten seit den neunziger Jahren dazu übergehen mußte, unterirdische Leitungen zu verlegen. Zur Verbilligung des Telefonierens trug u. a. der sogenannte Wellenfilter bei, der es ermöglichte, mehrere Gespräche auf einer Leitung zu führen. Dadurch reduzierte sich der Kupferverbrauch für die Telefonleitungen erheblich. Um größere Entfernungen überbrücken zu können, hatte man seit 1900 in Abständen von einigen hundert Metern sogenannte „Pupinsche Ladespulen" in die Leitungen eingebaut, die die Abschwächung und Verzerrung der Stimme aufhoben und als Verstärker wirkten. Damit waren Gespräche über Entfernungen von bis zu 2000 Kilometern möglich. Seit 1915 kannte man Vakuumröhren-Verstärker, die weit größere Sprechentfernungen überbrücken konnten und auch in der Radio- und Elektronentechnik eine große Rolle spielen sollten.
Bald war es nicht mehr möglich, die stark zunehmende Zahl der Gespräche von Hand zu vermitteln. 1909 wurde das erste automatische Amt in Deutschland in Betrieb genommen.
Das seit 1935 in Deutschland eingeführte Koaxialkabel erlaubte es, 200 Gespräche auf einem Kabel zu führen. Einen weiteren Schritt zur fortschreitenden Konzentrierung und Verbilligung von Ferngesprächen bedeuten die neuen Lichtwellenleiterstrecken (in Deutschland ab 1979).
1956 wurde mit einem Kostenaufwand von 42 Millionen Dollar das erste Transat-

lantik-Telefonkabel mit 36 Sprechkanälen zwischen Großbritannien und Kanada verlegt. Bis dahin war die Funktelegrafie die einzige Möglichkeit gewesen, den Atlantik im Fernsprechverkehr zu überbrükken. Heute gibt es insgesamt mehr als 5000 Sprechkanäle auf 5 Unterseekabeln. Mehr als die Hälfte der transatlantischen Gespräche werden bereits über Satelliten abgewickelt.

Das moderne Telefon beruht auf folgenden Grundprinzipien: Das Mikrofon wandelt die Schallwellen des Sprechers in elektrische Stromschwankungen um. Diese Stromschwankungen pflanzen sich in der Drahtleitung fort und werden im Empfängerhörer wieder in Schallwellen zurückverwandelt.

Ähnlich wie die Eisenbahn weckte auch die Erfindung des Telefons zunächst große Hoffnungen auf eine verbesserte internationale Verständigung und ein Zeitalter des Friedens. Inzwischen ist jedoch der „heiße Draht" zwischen den Machtzentren dieser Welt eher zu einem Symbol für die existentielle Gefährdung der Menschheit geworden. In der alltäglichen Praxis aber ist das Telefon zu einer der selbstverständlichsten technischen Errungenschaften geworden. Es schafft nicht nur Kontakte, sondern erspart dem Sprechenden – sei er Privat- oder Geschäftsmann – auch sehr viel Zeit und ist daher von großer volkswirtschaftlicher Bedeutung.

Neben dem Telegrafen und dem Telefon brachte der **Rundfunk** eine weitere große Steigerung der Informationsmöglichkeiten. Bereits seit 1893 wurde in Budapest auf der Basis des Drahtfunks ein Programm mit Musik, Nachrichten und dramatischen Darbietungen gesendet. Doch erst die drahtlose Funktechnik ermöglichte es, ein größeres Publikum einfach und kostengünstig mit Informationen und Unterhaltung zu versorgen.

Am Anfang des drahtlosen Rundfunks stand die Entdeckung des deutschen Physikers Gustav Hertz von 1887. Hertz erzeugte in seinem Labor mit Hilfe eines Funkeninduktors elektromagnetische

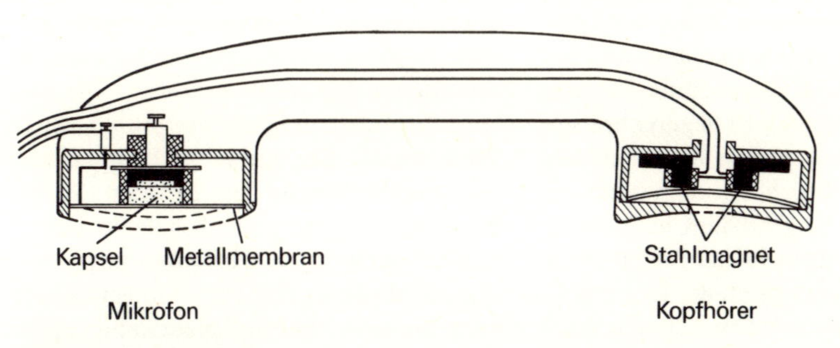

Abb. 51: Telefonhörer

Das Mikrofon besteht im wesentlichen aus einer mit Kohlekörnern gefüllten Kapsel und einer Metallmembran. Beim Auftreffen der vom Sprecher erzeugten Schallwellen fängt die Membran zu schwingen an. Je nachdem, ob die Schwingungen der Membran stärker oder schwächer sind, werden die Kohlekörnchen unterschiedlich stark verdichtet. Dabei ändert sich entsprechend ihr elektrischer Widerstand. Da die Stromspannung stets gleich bleibt, bedeutet das, daß die erzeugten Ströme mit der Veränderung des Widerstands schwanken. Die Stromschwankungen gelangen in den Hörer des Empfängers, der im wesentlichen aus einem Stahlmagneten besteht, vor dessen Pole eine Stahlmembran gespannt ist. Je nach Stromstärke wird diese Membran verschieden stark angezogen und erzeugt so unterschiedliche Schallwellen, die das Gesprochene wieder hörbar machen.

Schwingungen, die er in der anderen Ecke des Labors mit Hilfe eines Empfängers wiedergeben konnte. Zwischen Funkeninduktor und Empfänger bestand keine Drahtverbindung.

Der zwanzigjährige italienische Student Guglielmo Marconi hatte von diesen Versuchen gehört. Ihm gelang es in der Folgezeit, die Entfernungen, über die elektromagnetische Schwingungen übertragen werden konnten, ständig zu vergrößern. 1896 konnte er Morsezeichen drahtlos über eine Entfernung von 3 km übertragen. Auf Einladung des englischen Heeres und der Flotte führte Marconi seine Erfindung in der Ebene von Salisbury vor. 1899 konnte bereits die erste drahtlose Verbindung zwischen England und Frankreich hergestellt werden. Im Dezember 1901 gelang es Marconi schließlich, Morsezeichen drahtlos über 3400 km von Großbritannien nach Kanada zu übertragen.

Zur Realisierung des Rundfunks aber bedurfte es zweier entscheidender Innovationen: der 1906 erfundenen Verstärkerröhre, die auch schwache Antennensignale wahrnehmbar machen konnte, und des 1912 eingeführten Regenerativ-Verstärkers. Ähnlich wie in der Fliegerei brachte der Erste Weltkrieg auch im drahtlosen Funk den Durchbruch. Da man seine militärische Bedeutung erkannt hatte, wurden die notwendigen Mittel für die Weiterentwicklung bereitgestellt. Der drahtlose Funk fand weite Verwendung bei den kämpfenden Truppen. Die Röhrentechnik wurde besonders für Flugzeuge weiterentwickelt. Aufklärungsflugzeuge waren bereits in der Lage, Funkkontakt über eine Entfernung von 300 km aufrechtzuerhalten.

Der Durchbruch des öffentlichen Rundfunks fand in Amerika und Europa Anfang der zwanziger Jahre statt. In Deutschland wurde das erste Konzert am 20. 9. 1920 übertragen, und von 1923 an wurden regelmäßig Sonntagskonzerte ausgestrahlt. In den USA gab es 1922 bereits 60000 Empfangsgeräte und 400 Rundfunkstationen. Ende der zwanziger Jahre kamen die ersten preiswerten Geräte auf den Markt. Insbesondere die Nationalsozialisten erkannten schnell die Möglichkeiten, mit Hilfe des Rundfunks Meinungen zu beeinflussen und politische Propaganda zu verbreiten. Sie propagierten deshalb den legendären „Volksempfänger“, der 75 Reichsmark kostete und von dem bis 1938 2,5 Millionen Exemplare verkauft wurden.

Eröffnete schon der Rundfunk die Möglichkeit, die Massen mit Unterhaltung, Nachrichten, Informationen und Bildungsbeiträgen zu versorgen, sie andererseits aber auch zu manipulieren, so wurden diese Möglichkeiten durch das **Fernsehen** noch weiter ausgedehnt.

Am Weihnachtsabend 1883 fand der damals dreiundzwanzigjährige Student Paul Nipkow (1860–1940) einen praktikablen Weg, mit Hilfe der Elektrizität Bilder zu übertragen und zu empfangen – fernzusehen. Nipkow hatte von der kurz zuvor erfundenen Selenzelle erfahren. Die Selenzelle bildete in einem Stromkreis einen Widerstand. Bei großer Lichtintensität war dieser Widerstand für den Strom durchlässig. Unterschiedlich helle Blickpunkte konnten mit Hilfe der Selenzelle in Stromschwankungen umgewandelt werden. In einem Empfänger ließen diese Stromschwankungen dann eine Birne heller oder dunkler aufleuchten, so daß es möglich war, das ursprüngliche Bild Punkt für Punkt wieder zusammenzusetzen und sichtbar zu machen.

Doch zunächst mußte das Bild Punkt für Punkt auf seine Helligkeit abgetastet und gewissermaßen zerlegt werden. Das besorgte die Nipkowsche Scheibe. Nipkow hatte in eine Pappscheibe spiralförmig angeordnete Löcher gebohrt und die Scheibe vor dem Bild in Drehung versetzt. Durch die Löcher fiel das von den einzelnen Bildpunkten kommende unterschiedlich intensive Licht auf die Selenzelle, die entsprechend schwankende Ströme erzeugte. (Selen ist ein chemisches Element, dessen elektrische Leitfähigkeit bei Lichteinfall stark zunimmt, so daß mit Selenzellen Lichtschwankungen in Stromschwankungen umgewandelt werden können.) Beim Empfänger sollte eine Lampe die Stromschwankungen wieder in Lichtschwankungen zurückverwandeln. Eine zweite Nipkowsche Scheibe mußte dazu das ursprüngliche Bild wieder auf einer Mattscheibe zusammensetzen und erscheinen lassen.

Auf diesen Nipkowschen Prinzipien beruhten bis Anfang der dreißiger Jahre praktisch alle vorgeführten Fernsehsysteme. Der erste, der auf die Nipkowsche Idee zurückkam, war der Schotte John Logie Baird. Mit seinem Fernsehgerät übertrug er 1925 zum erstenmal ein menschliches Gesicht von einem Zimmer ins andere. Allerdings war das 30zeilige Bild noch sehr unklar.

Einen entscheidenden Fortschritt brachte die 1897 von FERDINAND BRAUN erfundene **Braunsche Röhre**. Bei der Erforschung der elektrischen Leitfähigkeit in nahezu luftleeren Röhren hatte man herausgefunden, daß die vom Minus-Pol (Kathode) ausgestrahlten und vom Plus-Pol (Anode) beschleunigten Elektronen beim Aufprall auf das Glas ein grünes Licht erzeugten. Mit Hilfe einer Metallblende in der Anode filterte man einen feinen Strahl heraus, so daß auf dem Zinksulfid-Leuchtschirm ein Lichtpunkt sichtbar wurde. Die Helligkeit des Lichtpunktes konnte durch die Selenzelle geregelt werden, die die Lichtschwankungen des zu übertragenden Bildes in Stromschwankungen umsetzte. Um jedoch auf dem Bildschirm ein zusammengesetztes Bild erscheinen zu lassen, mußte der Elektronenstrom gleichlaufend mit dem Abtasten des Bildes durch die Nipkow-Scheibe abgelenkt werden. Zu diesem Zweck schmolz man zwei senkrecht zueinander angeordnete Plattenpaare (Kondensatoren) in die Röhre ein, die in einem Stromkreis lagen. Die negativen Elektronen wurden von der positiven Platte der Horizontalablenkung angezogen und dadurch nach links gelenkt. Die Vertikalablenkung lenkte den Elektronenstrom von oben nach unten ab.

An die Stelle der mechanischen Bildabtastung durch die Nipkow-Scheibe trat später eine elektronische, und die Selenzelle, die auf die Hell-Dunkel-Signale zu langsam reagierte, wurde durch die empfindlichere Photozelle ersetzt.

1935 konnte in Deutschland das erste reguläre Fernsehprogramm der Welt in Betrieb genommen werden. Das Bild hatte 180 Zeilen, und in der Sekunde wurden 25 Bilder übertragen. Bis zum Zweiten Weltkrieg war die technische Entwicklung des Fernsehens im Prinzip abgeschlossen.

Der Telegraf, das Telefon, der Rundfunk und das Fernsehen erleichterten die weltweite Kommunikation in ungeahnter Weise. Diese Entwicklung hatte positive

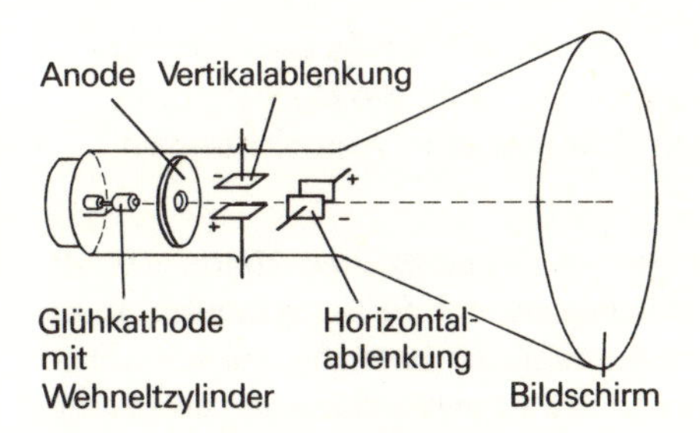

Abb. 52: Braunsche Röhre

Die beheizte Glühkathode gibt Elektronen ab, die im Wehneltzylinder gebündelt werden und durch die Anode auf den Bildschirm schießen. Horizontale und vertikale Platten sorgen für die Ablenkung des Elektronenstrahls.

wie negative Aspekte. Die Welt verkleinerte sich und der allgemeine Informations- und Kenntnisstand wurde sicherlich gehoben. Auf der anderen Seite aber waren durch Rundfunk und Fernsehen auch neue Möglichkeiten der Manipulation gegeben – besonders eklatant beim Fernsehen, wo Bild und Ton eine einprägsame Verbindung eingehen. Das Bild aber ist jederzeit manipulierbar und kann eingesetzt werden, um unterschwellig bestimmte Aussagen zu suggerieren. Schon durch ihre Auswahl können Bilder ein Thema einseitig und tendenziös beleuchten. Das Fernsehen fördert eine Weltsicht, die auf das Sensationelle konzentriert ist. Es weckt – nicht nur durch die Werbung – Wünsche und Bedürfnisse, die für viele Menschen gar nicht erfüllbar sind und verbreitet eine allgemein akzeptierte uniforme Konsumhaltung. Bei unkritischem „Gebrauch" kann es zu einer rezeptiven, passiven Haltung führen. Auf der anderen Seite sollte man nicht vergessen, daß es nicht nur vielen alten und kranken Menschen eine Teilnahme am gesellschaftlich-politischen und am kulturellen Leben ermöglicht, die ihnen sonst nicht möglich wäre.

IX.5 Der verwaltende und der verwaltete Mensch: die Bürotechnik und ihre sozialen Auswirkungen

Je größer in der zweiten Hälfte des 19. Jahrhunderts mit fortschreitender Industrialisierung die Betriebe wurden, desto mehr Verwaltungs-, Planungs- und Koordinationsaufgaben mußten auf untergeordnete Angestellte delegiert werden, deren Zahl seit dem Ausgang des 19. Jahrhunderts stark zunahm, viel stärker sogar als die Zahl der Arbeiter. In der gleichen Richtung wirkte die starke Zunahme des sogenannten „tertiären" Sektors der Volkswirtschaft (Dienstleistungsbereich). Mit der Industrie wuchsen nämlich auch Banken, Versicherungen, Verkehrsbetriebe usw. Je stärker der Staat in die wirtschaftlichen und sozialen Verhältnisse eingriff, desto größer wurde die Zahl der staatlichen Angestellten und Beamten – eine Entwicklung, die bis heute so weitergegangen ist. Die neue soziale Gruppe der Angestellten war von Anfang an durch einen unsicheren, labilen Status zwischen der Arbeiterschaft und den „bürgerlichen" Gruppen der Gesellschaft charakterisiert.

Die starke Zunahme von Verwaltungstätigkeiten im privatwirtschaftlichen und staatlichen Bereich in der sich ausbildenden Industriegesellschaft konnte zunächst durch eine immer stärker ausgeprägte Berufstätigkeit der Frau aufgefangen werden, die den größten Teil der einfachen Büroarbeiten erledigte. Doch je größer der Bedarf an Verwaltungskräften wurde, desto größer wurden auch die Bestrebungen, die Bürotätigkeiten zu rationalisieren und zu verbilligen.

Um die Jahrhundertwende hatte die Technik in die meisten Büros noch nicht ihren Einzug gehalten. Man arbeitete nach wie vor mit teilweise jahrhundertealten Methoden und Hilfsmitteln. Anstelle von Rechenmaschinen, Schreibmaschinen und Datenkarteien prägten Rechenschieber, Stahlfedern und Aktenordner das Bild.

Amerikanische, englische und deutsche **Schreibmaschinen** gab es seit den siebziger Jahren als zusätzliches Angebot einiger Maschinenbaufirmen. Doch blieb die Nachfrage bis etwa zur Jahrhundertwende recht gering. Bereits 1864 hatte der Tiroler Zimmermann Peter Mitterhofer (1822–1893) eine hölzerne Schreibmaschine gebaut, die ihrem Aussehen nach ganz unseren heutigen Vorstellungen entsprach. Die Typenhebel schlugen jedoch von unten nach oben gegen das Papier, so daß man jedesmal den Wagen abheben mußte, um das Geschriebene lesen zu können. Diesen Nachteil beseitigte 1888 der Deutschamerikaner Franz Xaver Wagner. Bei seiner Maschine wurden die Schwinghebel nicht mehr in einem Kreis aufgehängt, sondern in den Schlitzen eines feststehenden Segmentes geführt. Sie übersetzten die Abwärtsbewegung des Tastenhebels in die Aufwärtsbewegung des Typenhebels. Nach diesem Prinzip bauten die Amerikaner ihre Schreibmaschinen. Die Schwinghebelmaschine „Underwood" (seit 1899) kam der heutigen mechanischen Schreibmaschine nach Aussehen und Leistung schon sehr nahe. Sie hatte einen weichen, elastischen Anschlag, und vor allem konnte man das Geschriebene sofort lesen.

Die Olympia-Werke brachten nach dem Ersten Weltkrieg ihre Klaviatur-Schreibmaschine heraus, die in Serienproduktion hergestellt wurde und deren Tastatur ganz den uns heute vertrauten Vorstellungen entsprach.

Mit einer mechanischen Schreibmaschine kann eine sehr gute Schreibkraft heute bis zu 600 Anschläge in der Minute erreichen. Die Steigerung des Schreibtempos war jedoch zunächst nicht der entscheidende Grund, warum sich Betriebe Schreibmaschinen zulegten. Wichtiger waren die Sauberkeit der Schrift und die Tatsache, daß man auf einer Schreibmaschine mit Hilfe von Kohlepapier billige Durchschläge herstellen konnte.

Daneben gab es schon um die Jahrhundertwende verschiedene Verfahren, von getippten Briefen Kopien anzufertigen (z.B. seit 1870 die Kopierpresse).

Seit dem Ersten Weltkrieg wurden Schreib- und Rechenmaschinen elektrifiziert. 1921 erschien die „Elektra" der Thüringer Mercedes-Werke auf dem Markt. Sie war die erste gut arbeitende elektrische Schreibmaschine. Die elektrischen Maschinen verringerten die erforderliche Anschlagskraft und sorgten für ein gleichmäßigeres Schriftbild.

Die mechanische und die elektrische Schreibmaschine hatten eine starke Beschleunigung der Schreibarbeiten in den Büros zur Folge. Aus der Sicht der Büroleiter wurde die Schreibarbeit damit effizienter und rationeller. Eine Arbeitskraft konnte in ihrer Arbeitszeit mehr Briefe schreiben. Doch für die meist weiblichen Arbeitskräfte bedeutete das keine Erleichterung, wie es ihnen von den Herstellerfirmen immer wieder versprochen wurde. Ihre Arbeit wurde vielmehr zur monotonen, fast „fabrikmäßigen" Akkordarbeit.

Auch diverse mechanische **Rechenmaschinen** waren bereits um die Jahrhundertwende in staatlichen Verwaltungen, Banken, Versicherungen und Postämtern in Gebrauch. Sie arbeiteten meist nach dem Sprossenradsystem. Schon 1856 hatten der Schwede Willgodt Theophil Ohdner und der Amerikaner Frank Stephan Baldwin Rechenmaschinen mit Sprossenrädern gebaut. Das Sprossenrad als Mittel der Ziffernübertragung (ein Zahnrad mit radial verschiebbaren Zähnen, die die eingestellte Zahl auf das Resultatwerk übertrugen) geht bereits auf Professor Poleni (1709) zurück. Aber auch die schon vorher erfundene Staffelwalze (s. S. 125) fand bei diesen Rechenmaschinen Verwendung.

Mußte man die Zahlenwerte zunächst mit Schiebern einstellen, so gelang dem amerikanischen Mechaniker Dorr E. Felt 1887 der Übergang zu Rechenmaschinen mit Volltastatur. Damit man die Ergebnisse der Rechnungen auch sichtbar machen und ablesen konnte, entwickelte Felt auch eine druckende Addiermaschine. Nach der Jahrhundertwende verbreitete sich anstelle der Volltastatur die einfachere Zehnertastatur. Der eigentliche Durchbruch der Rechenmaschine erfolgte nach dem Zweiten Weltkrieg. Die mechanische Maschine wurde zunehmend durch elektrische und elektronische Produkte ersetzt.

Kurz nach der Jahrhundertwende verbreiteten sich vor allem in größeren amerikanischen Betrieben die ersten elektrischen **Sprechmaschinen** und **Diktiergeräte**, die sogenannten „Phonographen". Die gesprochenen Worte wurden auf abschleifbare Wachszylinder (Sprechwalzen) aufgenommen und mußten dann mit Gummi- oder Metallschläuchen abgehört werden, da die Töne nur schwach wiedergegeben wurden. In der Folgezeit wurde eine Vielzahl von Phono- oder Parlographen, Parlo- oder Diktaphonen entwickelt, deren Vorteile dem Diktierenden zugute kamen: er war nicht mehr an das Personal und die Bürozeiten gebunden und konnte konzentrierter und schneller ohne Rücksichtnahme auf eine Stenotypistin diktieren. Gleichzeitig konnte er seine Bürokräfte effizienter einsetzen, da diese jetzt während der Zeit, in der sie sonst das Stenogramm aufnahmen, bereits das Diktat abhören und mit der Schreibmaschine tippen konnten. Die Diktiergeräte führten auch vielfach zu einer Dequalifizierung der Bürokräfte: sie mußten nicht unbedingt mehr stenographieren können und konnten durch billigere Arbeitskräfte ersetzt werden. Die Tätigkeit der meist weiblichen Bürokräfte wurde zunehmend auf das Schreiben mit der Schreibmaschine konzentriert. Für das Personal war das ein Nachteil, denn gerade die Mischung vieler unterschiedlicher Tätigkeiten hatte die Monotonie durchbrochen und ihnen Möglichkeiten geistiger „Erholung" und Abwechslung gegeben. Je stärker die Arbeit einer Bürokraft auf die ausschließliche Tätigkeit an einer bestimmten Maschine konzentriert wird, desto stärker nimmt ihre Arbeit den Charakter fabrikmäßiger Akkordarbeit an, desto stärker wird ihre Leistung kontrollierbar. Entsprechend unbeliebt sind solche Tätigkeiten auch heute bei Sekretärinnen. Wenn z.B. im öffentlichen Dienst der Tätigkeitsbereich einer Bürokraft in einer Arbeitsplatzbeschreibung festgelegt wird, legen die Betroffenen größten Wert darauf, daß der Zeitanteil, den sie an solchen Maschinen verbringen müssen, genau umschrieben und möglichst eng begrenzt wird. Je geringer der Anteil bloß „mechanischer" Bürotätigkeiten ist, desto höher wird die Stelle besoldungsmäßig bewertet.

Banken, Behörden, Energieversorgungsunternehmen und große Industriebetriebe verwendeten seit der Jahrhundertwende verschiedene Registrierbuchungsmaschinen, kombinierte Schreib-Rechen-Maschinen, schreibende Addier- und Fakturiergeräte und bald auch die ersten **Lochkartenmaschinen**, die auf den Statistiker Hermann Hollerith zurückgingen. Dieser hatte die ersten Lochkartenmaschinen bei der 11. gesamtamerikanischen Volkszählung von 1890 eingesetzt.

Eine Lochkarte besteht aus dünnem Karton, der in 60–90 senkrechte Einzelspalten unterteilt ist. Jede Spalte enthält die Ziffern 0–9. Diese senkrechten Einzelspalten enthalten die wichtigsten aufzunehmenden Zahlenangaben. Bei der Verarbeitung statistischer Angaben, bei Rechenvorgängen und Buchungen wird die Lochkarte in den entsprechenden Spalten und Zeilen mit Löchern versehen. Die Karten werden dann unter einem System elektrischer Kontaktbürsten entlang geführt. Sobald eine Bürste ein Loch in der Karte trifft, wird ein Stromkreis geschlossen. Je nach Lochung wird die Karte dann in eines der Sortierfächer befördert und dabei die Zahl der Fälle registriert. Mit derartigen großen Zählmaschinen können bis zu 24000 Karten in der Stunde ausgezählt und ausgewertet werden.

Obwohl die Rationalisierung der Büroarbeit in der Zwischenkriegszeit mit der Einführung einer ganzen Reihe neuer Geräte große Fortschritte machte, kam es kaum zu einem nennenswerten langfristigen Personalabbau in den Verwaltungen. Der Hauptvorteil der Büromaschinen für die Betriebe und Verwaltungen lag vielmehr in der Erhöhung der Arbeitsproduktivität je Bürokraft und in der Einführung von Akkordarbeit in den Bürobereich. Qualifizierte Arbeit wurde weitgehend überflüssig. Die Arbeit wurde zwar körperlich leichter, dafür aber auch monotoner und nervenaufreibender. Elektrische Büromaschinen trieben zu schnellerem Arbeitstempo an.
Gegenwärtig vollzieht sich in vielen Büros eine revolutionäre Entwicklung, deren Konsequenzen für den Arbeitsplatz und die Gesamtgesellschaft sich kaum abschätzen lassen. Gemeint ist vor allem die Ausbreitung elektronischer Rechen- und Datenverarbeitungsanlagen. Der 1942 von Konrad Zuse (TH Berlin-Charlottenburg) fertiggestellte „Z 3“ und der zur gleichen Zeit in den Vereinigten Staaten konstruierte Rechner „MARK 1“ waren die ersten brauchbaren programmgesteuerten Relaisrechner. Die USA wurden zum Zentrum der **Computer-Entwicklung**. 1946 wurde hier der erste elektronische Digitalrechner „ENIAC“ (Electronic Numerical Integrator and Calculator) gebaut. Er hatte 18000 Elektronenröhren und 20 Rechenwerke. Die ersten Computeranlagen dienten zunächst ausschließlich militärischen Zwecken. Mit ihnen ließen sich ballistische Kurven berechnen und Flugabwehrgeschütze steuern. Sie waren noch viel zu groß und zu teuer, um im zivilen Bereich Anwendung zu finden. Erst die ebenfalls von den USA ausgehende Entwicklung des Transistors (das sind elektronische Schalter oder Verstärker, die aus Halbleiterkristallen bestehen) ermöglichte es, die Anlagen stark zu verkleinern, zu verbilligen und den Strombedarf zu reduzieren. In den 60er Jahren konnten die Computer der dritten Generation dann dank der „Integrierten Schaltkreise“ (Integrated Circuit, IC) noch kompakter gebaut werden. In einem modernen „Chip“ können auf einer winzigen Fläche mehr als 100000 Transistorfunktionen untergebracht werden. Der Preis für eine integrierte Schaltung nahm in den 60er Jahren dramatisch ab, so daß sie nun auch außerhalb der Raumfahrt und des Militärwesens (amerikanisches Minuteman-Raketenprogramm!) in immer mehr Geräten als Regelungs-, Steuerungs- oder Datenverarbeitungselemente verwendet werden. Immer mehr mechanische und elektrische Bauteile werden durch elektronische Mikroprozessoren ersetzt. Die „dritte industrielle Revolution“ hielt ihren Einzug in die Büros und beunruhigt die Betroffenen, die nun immer weniger Mischtätigkeiten ausführen, sondern stundenlang konzentriert vor Bildschirmen sitzen müssen und einer erhöhten geistigen Anspannung unterliegen.

Nachwort

Ein paar Tausend Jahre Technikgeschichte sind an uns vorbeigezogen. Blickt man auf ihren vorläufigen Endpunkt, könnte man dem Fehlschluß erliegen, es sei die Geschichte eines stetigen, linearen „Fortschritts" gewesen. Doch das wäre zumindest bis zur „Industriellen Revolution" ganz falsch. Es hat auch in der Technik immer wieder Aufstieg, Stagnation, Niedergang und Neuanfang gegeben. Wie die kulturellen Mittelpunkte, so verlagerten sich auch die technischen Zentren im Laufe der Geschichte. Es wird auch deutlich geworden sein, daß man nicht einfach sagen kann, die Technik der Epoche A ist besser als die der Epoche B. Vielmehr ist die Technik in einem engen Zusammenhang mit dem jeweiligen kulturellen, wirtschaftlichen, gesellschaftlichen und politischen Umfeld zu sehen. Was für die einen eine „gute" und „richtige" Technik ist, muß es nicht notwendigerweise auch für die anderen sein.
Möglicherweise hat dieses Buch bei dem einen oder anderen Leser auch gewisse Vorstellungen über die technischen Leistungen älterer Geschichtsperioden korrigiert – man denke nur an das – fälschlicherweise – so oft beschworene „finstere" Mittelalter.
Wie dem auch sei: man wird sagen können, daß die Technik erst im 18. und 19. Jahrhundert, ausgehend von England, einen zentralen Platz im Leben einiger Industrienationen einzunehmen beginnt. Der technische Fortschritt wurde zu einem kumulativen, sich selbsttragenden und verstärkenden Prozeß, den man alsbald nicht mehr dem Zufall oder der Eingebung genialer Neuerer überließ. Der technische Fortschritt wurde vielmehr institutionalisiert (in Laboratorien, Hochschulen, Schulen, Forschungsinstituten usw.). Die Produktion wurde zunehmend mechanisiert, elektrifiziert, rationalisiert und schließlich automatisiert. Sie stieg seit der „Industriellen Revolution" in den Industrieländern (freilich unterbrochen von konjunkturellen oder gar krisenhaften Einbrüchen) langfristig stetig an – und zwar sehr viel stärker als die sich stark vermehrende Bevölkerung.
Das gewaltige Wachstum der Industrieproduktion, das zu einem erheblichen Teil durch den technischen Fortschritt ermöglicht und getragen wurde und sich schließlich zur industriellen Massenproduktion entwickelte, war in diesem Ausmaß nur möglich, solange der innere und der äußere Markt genügend aufnahmefähig waren. Auf dem äußeren Markt aber drängten zunehmend Konkurrenten nach vorn, die mit den „alten" Industrienationen um den Absatz wetteiferten. Schon Ende der zwanziger Jahre, in der Weltwirtschaftskrise, diskutierte man angesichts dieser gewandelten Situation über das – vermeintliche – „Ende des Kapitalismus". Nach den Zerstörungen des Zweiten Weltkrieges folgte zunächst eine Periode scheinbar unbegrenzten Wachstums. Die Wachstumseuphorie erhielt durch Ölpreisschocks, Umweltbelastungen und Zerstörungen, umstrittene technische Großprojekte, die Diskussion um die Kernenergie und die gegenwärtige Massenarbeitslosigkeit einen nachhaltigen Knick. Es wird eifrig über den Sinn des Wachstums und der Technik gestritten, und die angebotenen Rezepte, wie man die gegenwärtige Situation überwinden könne, sind höchst gegensätzlich.
Es ist nicht Sinn eines historischen Buches, über die Zukunft im allgemeinen

und die Zukunft des „Wachstums" im besonderen zu philosophieren. Dies möge der Leser selber tun. Um ihn dazu anzuregen, sei hier abschließend ein Leitartikel aus der gewiß allen „linken" und „alternativ-grünen" Tendenzen unverdächtigen Nordwestzeitung (NWZ), Oldenburg, wiedergegeben, in dem sich Wolf Hepe am 6. 9. 83 mit den „Grenzen des Wachstums" auseinandersetzte. Ihn als Aufforderung zum Nachdenken an den Schluß dieses Buches zu setzen ist ein ganz unwissenschaftlicher, willkürlicher und subjektiver Akt. In einem Nachwort außerhalb der eigentlichen Darstellung aber sollte diese Subjektivität einmal erlaubt sein. Wolf Hepe schrieb:

Alle Monat' wieder rückt die Bundesanstalt für Arbeit in den Mittelpunkt des öffentlichen Interesses. Dann gibt ihr Präsident, Josef Stingl, die neuesten Arbeitslosenzahlen bekannt, und weil seit Jahren, gleichgültig unter welchen Koalitions-Vorzeichen auch immer, diese Zahlen selten den Bonner Vorstellungen und Wünschen entsprechen, soll schon Ex-Bundeskanzler Helmut Schmidt Josef Stingl als „die Unke der Nation" bezeichnet haben.
Die neuesten Daten bestätigen diesen Ruf. Indes, es liegt wahrhaftig nicht an Stingl, daß er keine der Regierung genehmeren Zahl präsentieren kann. Allenfalls bestätigen seine monatlichen Auftritte, daß die Industriegesellschaften von den Fehlern ihrer Vergangenheit eingeholt worden sind. Seit der ersten industriellen Revolution, der Einführung von Maschinen, vor nunmehr fast 200 Jahren, ist im Wettlauf um Märkte und Absatz weniger daran gedacht worden, den Faktor Arbeit zu erleichtern, als vielmehr neue Techniken in erster Linie zu immer neuen Produktionsrekorden zu nutzen. Das konnte aber nur solange funktionieren, wie genügend Märkte vorhanden waren, die diese Produktion aufnahmen.
Damit ist es fürs erste vorbei. Die Explosion der Energie-Preise vor einem runden Jahrzehnt hat die Länder der Dritten Welt so schwer getroffen, daß sie nur bedingt für Industrieprodukte aufnahmefähig sind. Die sogenannten Schwellenländer sind samt und sonders pleite und scheiden damit ebenfalls als Abnehmer aus. Und ausgerechnet in dieser Situation beginnt die zweite industrielle Revolution sich auszuwirken: Mikro-Chips und Computer bedrohen immer mehr Arbeitsplätze und es erscheint höchst fraglich, ob Josef Stingl von seinem makabren Ruf in absehbarer Zeit herunterkommt, um so weniger, als allen Tarifpartnern und Politikern einstweilen nichts anderes einfällt, als alte Rezepte anzupreisen.
Zweifellos haben die Gewerkschaften in jahrzehntelangem zähen Ringen verdienstvoll zu einer vernünftigen Regelung der Arbeitszeit beigetragen. Ob aber jetzt die Forderung nach der 35-Stunden-Woche der Weisheit letzter Schluß sein kann, erscheint fraglich. Kommt sie doch in einem Augenblick, in dem die Argumente der Arbeitgeber angesichts der Wettbewerbslage auf den Weltmärkten endlich einmal ernst genommen werden können, nachdem sie sich jahrelang durch stete Einfallslosigkeit nahezu selbst ad absurdum geführt hatten.
Was bleibt ist die Befürchtung, daß weiter rationalisiert wird, und daß in Zukunft die Arbeitslosenzahlen noch mehr ansteigen werden.
Diese Situation erscheint nahezu ausweglos. Und dennoch bietet sie Chancen: Angesichts einer inzwischen auf fast fünf Milliarden Menschen angestiegenen Erdbevölkerung, angesichts wachsender Dürregebiete, zunehmend verseuchter Ozeane, angesichts eines Waldsterbens, dessen Ausmaße geradezu bedrohlich zu werden drohen böte sich an, die durch die Überhandnahme der Technik verursachten Umweltschäden zu beseitigen, die zunehmend unwirtlich gewordene Erde wieder in einen Zustand zu versetzen, der auch künftigen Generationen den notwendigen Lebensraum läßt.
Der Hinweis auf die Grenzen des Wachstums ist Jahrzehnte alt. Weil ihn offenbar außer dem Club of Rome niemand so recht ernst genommen hat, ist jetzt ein Zustand eingetreten, der diese Mahnung täglich deutlicher vor Augen führt. Mit Griffen in ökonomische Mottenkisten dürfte daran auf absehbare Zeit nichts zu ändern sein. Für die Bewältigung der Zukunft sind neue Denkweisen nötig, nicht nur bei Politikern, sondern bei jedem einzelnen. Je schneller dieser Prozeß in Gang kommt, desto besser. Mit allmonatlich hoffnungsvollen Blicken nach Nürnberg ist die Zukunft nicht zu gewinnen.

(Aus: NWZ v. 6. 9. 1983)

Zitierte und weiterführende Literatur

Agricola, Georg: Zwölf Bücher vom Berg- und Hüttenwesen. (1556 in lateinischer Sprache) Dt.: Stuttgart 1977

Bohnsack, A.: Spinnen und Weben. Entwicklung von Technik und Arbeit im Textilgewerbe. Reinbek 1981

Burchardt, Lothar: Technischer Fortschritt und sozialer Wandel. Das Beispiel der Taylorismus-Rezeption, in: Deutsche Technikgeschichte, Vorträge vom 31. Historikertag am 24. Sept. 1976 in Mannheim, Göttingen 1977, S. 52–98

De Camp, L. S.: Ingenieure der Antike. Düsseldorf 1964

Christmann, Helmut: Technikgeschichte in der Schule. Ravensburg 1976

Dessauer, Friedrich: Streit um die Technik. Frankfurt 1956

Eggebrecht, A. (Hrsg.): Geschichte der Arbeit. Köln 1980

Feldhaus, Franz Maria: Die Technik der Vorzeit, der geschichtlichen Zeit und der Naturvölker. Berlin 1914

Feustel, R.: Die Technik der Steinzeit. Weimar 1973

Forbes, R. J.: Ancient Technology Studies. 2. Aufl., Leiden 1964–66

Geitel, Max: Die Geschichte der Dampfmaschine. Leipzig 1913

Geschichte der Technik. Hrsg. v. R. Sonnemann. Leipzig 1978

Geschichte der Technik. Hrsg. v. A. A. Sworykin. Leipzig 1964

Gibbs-Smith, Charles: Die Erfindungen von Leonardo da Vinci. Stuttgart, Zürich 1978

Gille, Bertrand: Histoire des Techniques et Civilisations. Techniques et Sciences. Paris 1978

Ders.: Die Ingenieure der Renaissance. Wien 1968

Gimpel, J.: Die Industrielle Revolution des Mittelalters. München 1980

Heggen, Alfred: Moderne Geschichtswissenschaft und Technik, in: Aus Politik und Zeitgeschichte, Beilage zur Wochenzeitung „Das Parlament" v. 28. 7. 1978, S. 41–54

Histoire Générale des Techniques. Hrsg. v. M. Daumas. 5 Bde., Paris 1962–1979

A History of Technology. Hrsg. v. Ch. Singer, T. Williams u. a. 7 Bde. Oxford 1954–1978

Johannsen, O.: Geschichte des Eisens. 3. Aufl. Düsseldorf 1953

Kiechle, Franz: Sklavenarbeit und technischer Fortschritt im Römischen Reich. Wiesbaden 1969

Klemm, Friedrich (Hrsg.): Technik. Eine Geschichte ihrer Probleme. Freiburg 1954

Ders.: Zur Kulturgeschichte der Technik. Aufsätze und Vorträge 1954–1978. München 1979

Von Klinckowstroem, C.: Geschichte der Technik. Berlin 1960

Landels, John Gray: Die Technik in der antiken Welt. München 1979

Lilley, S.: Men, Machines and History. London 1965

Ludwig, Karl-Heinz: Entwicklung, Stand und Aufgaben der Technikgeschichte, in: Archiv für Sozialgeschichte 18 (1978), S. 502–523

Ders.: Technik und Ingenieure im Dritten Reich. Düsseldorf 1974

Matschoß, Conrad: Große Ingenieure. Lebensbeschreibungen aus der Geschichte der Technik. München ^{4}1954

Ders.: Ein Jahrhundert deutscher Maschinenbau 1819–1919. Berlin 1919

Ders.: Die Entwicklung der Dampfmaschine. 2 Bde., Berlin 1908

Moderne Technikgeschichte. Hrsg. v. K. Hausen, R. Rürup. Köln 1975

Mommertz, K. H.: Vom Bohren, Drehen, Fräsen. Zur Kulturgeschichte der Werkzeugmaschinen. Reinbek 1981

Pankoke, E.: Die industrielle Arbeitswelt in der Rationalisierungs- und Automationsphase. Stuttgart 1972

Reulecke, Jürgen, und Weber, Wolfhard (Hrsg.): Fabrik–Familie–Feierabend. Beiträge zur Sozialgeschichte des Alltags im Industriezeitalter. Wuppertal 1978

Sass, F.: Geschichte des Verbrennungsmotorenbaues 1860–1918. Berlin 1962

Schivelbusch, Wolfgang: Geschichte der Eisenbahnreise. Zur Industrialisierung von Raum und Zeit. München/Wien 1977

Stahlschmidt, Rainer: Quellen und Fragestellungen einer deutschen Technikgeschichte des frühen 20. Jahrhunderts bis 1945. Göttingen 1977

Stromer, W. von: Die Gründung der Baumwollindustrie in Mitteleuropa. Wirtschaftspolitik im Spätmittelalter. Stuttgart 1978

Technik-Geschichte. Historische Beiträge und neuere Ansätze. Hrsg. v. U. Troitzsch, G. Wohlauf. Frankf./M. 1980

Technik und Gesellschaft. Hrsg. v. H. Sachsse. 3 Bde., München 1974–1976 (mit ausführlichen Literaturangaben)

Technik und Gesellschaft im 19. und 20. Jahrhundert. Hrsg. v. R. Rürup. Göttingen 1978

Technik und Naturwissenschaft im 19. Jahrhundert. Hrsg. v. K. Mauel und W. Treue. 2 Bde. Göttingen 1975

Timm, A.: Einführung in die Technikgeschichte. Berlin 1972

Treue, W.: Achse, Rad und Wagen. München 1965

Treue, W., Pönicke, H., Manegold, K.-H.: Quellen zur Geschichte der industriellen Revolution (Quellensammlung zur Kulturgeschichte 17, 1966)

Troitzsch, U. und Weber, W. (Hrsg.): Die Technik. Von den Anfängen bis zur Gegenwart. Braunschweig 1982

Varchmin, J. und Radkau, J.: Kraft, Energie, Arbeit. Energietechnik und Gesellschaft im Wechsel der Zeiten. Reinbek 1981

White, L. jr.: Die mittelalterliche Technik und der Wandel der Gesellschaft. München 1968

Namen- und Sachregister

Académie des Sciences 116, 121, 158
Adel 64, 67, 69, 72, 76, 82, 94f., 98, 111, 113, 175
Agricola, Georg 112
Angestellte 176, 220ff.
Araber 64, 66, 76, 112
Arbeitslosigkeit 11, 198, 200f., 225f.
Arbeitsteilung 18, 23, 32, 47, 72, 85, 92, 111, 172
Arbeitszeit 87f., 91, 114, 174
Archimedes 33, 42, 46, 49, 100
Aristoteles 33, 66, 115
Arkwright, Richard 132
Atomenergie 11, 128, 177, 178, 186ff., 200, 225
Aufklärung 100, 117
Automation 11, 124, 177, 195, 197ff., 213, 224f.
Automobil 67, 106, 116, 120, 161, 179, 194, 195f., 197, 203ff.

Bacon, Francis 115ff.
Bacon, Roger 66
Bauern 72, 83, 98, 196
Baumwolle 99, 123, 129, 132ff., 135f.
Benz, Karl 205
Bergbau 22, 33f., 49f., 51, 78, 98f., 108ff.,116, 121, 122, 129, 136ff., 146ff., 161, 164ff.
Bessemer, Henry 152, 169
Bevölkerungsentwicklung 65, 67, 72, 73, 85, 98, 129, 173f., 177, 224
Bewässerung 17f., 25ff., 50
Bildung 89, 94, 172, 175
Biringuccio, Vanoccio 104, 112
Blasebalg 34, 79, 80
Bohrmaschine 106, 141, 154, 156
Boulton, Matthew 141
Brille 66, 88
Bronze 17, 20ff., 34
Brunelleschi, Filippo 102, 106
Buchdruck 88f., 101, 110, 112
Bürgertum 94f., 97, 111f., 175, 207

Calvinismus 124, 130
Cartwright, Edmund 133f.
Chemie, chemische Technologie 104, 110, 135, 156ff., 177, 190ff.
Christentum 62, 65f., 97, 100
Computer 197ff., 223, 225
Cort, Henry 147f., 150f.
Crompton, Samuel 132f.

Daimler, Gottlieb 202, 204f., 206
Dampfkutsche 160f., 203
Dampfmaschine 3, 35ff., 74, 77, 83, 84, 114, 116, 121, 122, 124, 128f., 134, 136ff., 146f., 148, 154, 156, 159, 160ff., 172, 180, 181, 204, 205
Darby, Abraham 147
Dequalifizierung 170, 173, 195f., 196f., 201, 222
Dieselmotor 169, 205f., 209
Dinnendahl, Franz 143
Drehbank 112, 154f. 155f-. 194
Düngung 68, 70, 157, 174, 192

Ecole Polytechnique 114, 190
Edison, Thomas Alva 183f.
Eisen 20ff., 34, 62, 65, 68, 69, 78ff., 99, 110, 122, 127, 128f., 146ff., 154, 168, 193
Eisenbahn 109, 147, 148f., 151, 152, 153, 156, 159ff., 170ff., 203, 214
Elektrizität, Elektrotechnik, Elektroindustrie 128, 177, 180ff., 197
Elektromotor 177, 182, 185f., 194
Empirie, technische und wissenschaftliche 23, 96, 143, 190
Erdgas 178f., 187

Erdöl 128, 178, 179f., 187, 209, 213, 225
Erntemaschinen 47, 62, 174
Esel 43, 55, 59
Experiment 33, 66, 101f., 105f., 115, 120, 140

Fabrik 87, 95, 114, 128, 132, 135, 142, 144, 146, 172f., 175
Facharbeiter 96f., 115, 124, 151, 156, 173, 197, 201
Fahrrad 193, 202f., 206
Familie 145, 173
Faraday, Michael 181
Faustkeil 15
Fernsehen 218ff.
Feuer 15, 16
Feuerstein 20ff.
Fidelbohrer 19
Fioravante, Aristotele di 102f.
Flaschenzug 33, 35, 39f., 45, 104
Fließband 195ff., 207
Flug(zeug) 67, 105f., 116, 119, 120, 179, 203, 209, 210ff.
Fontana, Domenico 103f., 119
Ford, Henry 195f., 206
Fortschritt 11, 18, 23, 58, 62, 63, 65, 70, 72, 94, 117, 128, 171, 174, 201
Frauenarbeit 114, 123, 134, 135, 145, 146, 173, 220ff.
Frischvorgang 80, 122, 149ff.

Galilei, Galileo 115
Generator 153, 181f.
Geometrie 27, 31
Getreidemühlen 17, 22, 58, 74
Getriebe 26, 33, 50, 57f., 77, 142
Gewerkschaften 176, 195, 225
Gewichtsräderuhr 66, 90f.
Gewinde 106, 155
Gilchrist, Percy C. 153
Göpel 40, 103f., 109, 119, 123, 154
Grosseteste, Robert 66
Großsynthesen 177, 191f.
Grundherrschaft 64, 67, 73, 78, 83
Guericke, Otto von 120
Gußeisen 83, 150, 152, 161 164
Gutenberg, Johannes 89
Haber-Bosch-Verfahren 192
Hacke 16, 17, 47, 73
Hahn, Otto 186
Hammermühlen 75f., 81
Handel 19ff., 54, 64, 65, 67, 91, 99, 114f., 129, 130, 176, 196
Handwerk(er) 16, 17, 20, 23, 38, 48, 63, 64, 65, 72, 86, 92, 94, 99, 101f., 114, 123, 124f., 134, 154, 173, 180, 184, 204, 216
Hargreaves, James 132
Haspel 39, 42, 78, 108
Haushaltsgeräte 184f.
Hebel 33, 35, 46, 60, 119
Heron 34ff., 45, 64, 74
Hochofen 80, 110, 122, 141, 148ff., 152f.
Holz 15, 17, 20, 22, 65, 69, 80, 100, 106, 123, 127, 128f., 133, 134, 136, 146, 154, 167
Holzkohle 80, 110, 122, 128f., 136, 146, 148, 150
Homo sapiens und Vorformen 14f.
Hufeisen 69, 80, 91
Hugenotten 115
Hungersnöte 70, 94
Huygens, Christian 84, 120f.

Industrialisierung, Industrielle Revolution 17, 22, 108, 110, 112, 115, 117, 127, 128ff., 177, 190, 199, 213, 224f.
Ingenieur 10, 28, 31, 48, 63, 64, 83f., 95, 99, 101ff., 116, 126, 156, 166, 193, 195
Innovation 96f., 110, 111, 112, 117, 146, 177

Jagd 16, 18
Job Enlargement, Job Rotation 197

Kanäle 26, 113, 127, 159ff., 164
Kanonen 83, 84, 112, 127, 154
Kapitalismus 94f., 98, 111
Karren 19, 78, 109, 146f.
Katapulte 41f., 60f., 62
Kay, John 130
Kinderarbeit 114, 123, 134, 145, 146, 173
Klemm, Friedrich 10, 125, 149, 156

Klöster 65, 73, 74f., 76, 90, 100
Kogge 57, 93
Kohle 62, 78, 80f., 110, 127, 128f., 136, 146ff., 177ff., 187
Kohlehydrierung 192
Kopernikus, Nikolaus 100
Kran 30, 39f.
Kreuzzüge 65, 73, 76, 87, 89
Ktsebios von Alexandria 34f.
Kugellager 36, 106, 202, 203
Kultur 16f., 23, 73, 88ff., 112, 117, 171f., 196, 220
Kummet 69, 91
Kunst 101ff., 108
Kupfer 20ff., 78, 110
Kurbel(welle) 22, 39, 97, 106, 123, 142, 203, 205, 210
Kutsche 54, 92, 126, 204, 206

Landwirtschaft 16ff., 23, 61f., 63, 64, 65, 67ff., 70, 94, 98, 115, 129, 174
Lastwagen 54, 91f., 206
Lebensstandard 22, 23, 65, 94, 174f., 210, 224
Leibniz, Gottfried Wilhelm 125
Leupold, Jacob 117
Liebig, Justus 191
List, Friedrich 164, 171
Lohnarbeit, Löhne 87, 92, 109, 111, 114, 128, 173ff., 185f., 196
Luftpumpe 116, 120, 141
Luftwiderstand 84, 105

Manufakturen 32, 38, 47f., 87, 113f., 116, 118, 145
Maschinenbau 63, 108, 124, 135, 154, 156, 164f., 190, 197
Maschinenfeindlichkeit 130f., 134, 162, 166, 176
Massenproduktion 87, 110, 128, 154, 159, 165, 193f., 203
Mathematik 27, 32, 66, 100, 114, 116, 124
Matschoß, Conrad 10, 145, 162f.
Maudslay, Henry 154ff.
Maultier 43, 55
Mechanik 100, 102, 106f., 116f., 124
Menschenkraft als Antriebsenergie 17, 20, 28ff., 38, 74, 119, 120, 128, 133
Merkantilismus 113, 116, 126
Metall(verarbeitung), Metallindustrie 104, 108ff., 110, 122, 124, 133, 136, 143, 146ff., 154ff., 164, 179
Militärtechnik, Militärwesen (s. auch Katapulte, Schießpulver) 19, 41, 104f., 113, 120, 200, 210ff., 218, 223
Motorrad 202, 207

Nahrungsmittel(spielraum) 16ff., 22, 27, 61, 65, 70
Nasmyth, James 155f.
Naturgesetz 96, 106, 115ff.
Newcomen, Thomas 37, 116, 121, 137ff., 141
Nockenwelle 37, 74, 75, 76, 79, 81, 109
Normung 89, 156, 197

Ochse 17, 26, 28, 43, 55, 69
Otto, Nikolaus 204

Papier 88
Papin, Denis 121, 136f.
Paracelsus 100
Patentwesen 102, 116, 140, 141, 142
perpetuum mobile 97
Pferd 43, 55, 69, 91f., 103f., 109, 123, 159, 161
Pflug 17, 47, 61f., 68ff., 73, 174
Platonismus 32f.
Produktivität 12, 22, 70f., 97, 113f., 123, 151, 152f., 174, 179, 194, 223, 224
Proletariat 87, 95, 111, 130, 174
Protestantismus 101, 130
Puddle-Prozeß 150f., 152
Pyramiden 29f.

Rad 18f., 35
Rationalisierung 194ff., 220ff., 224
Reaktoren 188f.
Realschulen 114
Rechenmaschine 124f., 220ff. (s. auch Computer)
Reibungswiderstand 105, 106, 109, 119
Reisen 54, 92, 126, 160, 165f.

Renaissance 37, 98ff.
Reuleaux, Franz 108, 204
Roberts, Richard 133, 134, 156
Roboter 198
Roebuck, John 140f., 157
Royal Society 116
Rundfunk 217f.

Saiger-Verfahren 110
Savery, Thomas 37, 116, 121, 137
Schießpulver(waffen) 80, 83f., 112
Schießpulvermaschine 120f.
Schiffe 19ff., 43f., 56f., 92ff., 112, 120, 127, 144, 153, 167ff., 206
Schmiedeeisen 80, 150, 152
Schneller Brüter 120, 188f.
Schöpfrad 50, 57
Schraube 38, 155, 194
Schreibmaschine 193, 220f.
Schwefelsäure 157f.
Schwert 21
Seidenindustrie 87, 122f.
Serienproduktion 48, 126, 194, 206
Seßhaftwerdung 16, 18
Siemens-Martin-Verfahren 153, 169
Siemens, Werner von 182, 184, 214, 216
Sklaven 29f., 31f., 33, 38, 39, 47f., 55, 58, 59, 62, 65, 135, 181
Smeaton, John 139
Sonnenenergie 189
Spinnmaschinen 131ff.
Spinnrad 86, 97, 107, 131
Staatsorganisation 22f., 25ff., 64, 84, 110ff., 112, 113, 116, 119, 120, 126, 175ff.
Städte 59, 65, 67, 72, 73, 85, 98, 144, 149, 175
Stahl 108, 122, 127, 149f., 152f., 168f., 193, 209
Stangenkünste 109, 119
Steigbügel 80, 82
Stephenson, George 161
Strahlantrieb 36, 212f.
Straßen(bau) 43, 45, 48, 53f., 92, 113, 126, 159f.
Systemforschung 192f.

Taylorismus 194f.
Technische Hochschule 114, 190
Technokratie 115f., 195
Technologie 114
Technologietransfer 96, 111, 143
Teer 179, 191
Telefon 215f.
Telegrafie 165, 214f.
Textilherstellung, -industrie 84ff., 87, 98, 106f., 113, 122f., 129, 130ff., 156f., 190f.
Theophilus 65
Thomas, Sidney G. 153
Tierkraft 17, 22, 29, 38, 50, 74, 82, 119, 120, 128, 134
Timm, Albrecht 10
Töpferei 17f., 48
Transportkosten 91, 165, 170
Tretmühle 39, 50, 108, 119, 123
Treue, Wilhelm 10
Trevithick, Richard 144, 160f.
Turbinen 183, 186, 189

U-Boot 67, 116
Uhr 35, 66, 80, 87, 90f., 108, 112, 124
Umwelt(-verschmutzung, -schutz) 11, 16, 78, 110, 127, 202, 225f.
Universitäten 114, 115, 130, 139, 191, 193
Unternehmer 95f., 129

Vakuum 34, 116
Verbrennungsmotor 84, 153, 177, 204ff.
Verkehrswesen 19, 43, 48, 53ff., 65, 73, 91f., 126f., 144, 149, 159ff., 176, 177
Verlag 86, 98f., 123, 130
Vinci, Leonardo da 84, 102, 104ff., 210
Vitruv 38, 51, 52, 57f., 63, 76, 101
Volkswagen 208f.

Walkmühle 74f.
Walzwerk 152, 161
Wankelmotor 209f.
Wasserkraft 57ff., 62, 73ff., 78, 97, 108f., 128, 132, 135, 144f., 154, 178
Wasserrad 19, 26, 38, 57ff., 60, 79, 80, 81, 88, 118ff., 122f., 146, 180

Wasserversorgung 49ff., 127
Watt, James 83, 139ff., 144, 154, 156, 161
Webstuhl 17, 18, 48, 84f., 97, 99, 112, 123, 130, 133ff.
Werkzeuggebrauch 14, 16, 18
Werkzeugmaschinen 108, 128, 139, 141, 144, 154ff., 194
Whitworth, Joseph 156
Wilkinson, John 141, 154
Windenergie, Windmühle 20, 37f., 76f., 97, 119, 128, 144, 181, 189
Wissenschaft 31, 32f., 45, 48, 62, 65, 66, 67, 84, 89, 90, 96, 99ff., 101ff., 108, 114, 115ff., 120, 128ff., 139, 190ff.
Wöhler, Friedrich 190
Worcester, Marquess von 37, 121
Wyatt, John 132

Zahnrad 124, 142, 162, 194
Zentralisierung der Produktion (s. auch Fabrik) 76f., 87, 92, 97, 132, 144, 149
Zisterzienser 65, 74
Zivilisation 10, 53, 71, 77, 196
Zünfte 78, 86, 92, 96, 98, 112, 113, 115, 123
Zuggeschirr 55, 65, 69